生物分离工程

田瑞华　主编

科学出版社
北　京

内 容 简 介

本书主要对生物分离工程的基本理论、方法原理、基本设备、典型应用进行了论述，目的是使读者了解、熟悉、掌握生物分离纯化过程的四个阶段和基本单元的操作。全书共十章，包括发酵液的预处理、细胞的分离、沉淀、萃取、膜技术、吸附与离子交换、色谱技术、离心、生物产品的浓缩结晶与干燥等生物产品分离纯化过程所涉及的全部技术内容。本书通俗易懂、深入浅出，可读性较强。

本书可作为高等院校相关专业本科生的教材，也可供从事生物分离工程工作及研究的有关人员参考。

图书在版编目(CIP)数据

生物分离工程/田瑞华主编. —北京：科学出版社，2008

ISBN 978-7-03-020814-9

Ⅰ.生… Ⅱ.田… Ⅲ.生物分解-高等学校-教材 Ⅳ.Q503

中国版本图书馆 CIP 数据核字(2008)第 015198 号

责任编辑：王玉时 / 责任校对：陈玉凤
责任印制：张 伟 / 封面设计：耕者设计工作室

科学出版社 出版
北京东黄城根北街 16 号
邮政编码：100717
http://www.sciencep.com
北京凌奇印刷有限责任公司 印刷
科学出版社发行 各地新华书店经销
*
2008 年 2 月第 一 版 开本：787×1092 1/16
2023 年 1 月第十七次印刷 印张：20
字数：540 000

定价：69.00 元

（如有印装质量问题，我社负责调换）

编委会名单

主　　编　田瑞华

副 主 编　田洪涛　李　娜　秦学功　秦宝福

编写人员（按姓氏汉语拼音排序）

安红波（黑龙江八一农垦大学）

蔡　皓（华中农业大学）

李　娜（西安交通大学）

刘建党（西北农林科技大学）

马晓燕（河北农业大学）

梅余霞（华中农业大学）

秦宝福（西北农林科技大学）

秦学功（黑龙江八一农垦大学）

田洪涛（河北农业大学）

田瑞华（内蒙古农业大学）

万永青（内蒙古农业大学）

肖莉杰（黑龙江八一农垦大学）

杨玉红（沈阳农业大学）

赵国芬（内蒙古农业大学）

前　言

生物工程技术是21世纪高新技术革命的核心内容，在解决人类所面临的诸多生存问题（资源问题、环境问题、健康问题、能源问题等）方面显示出了强大的作用。随着人类基因组工程取得巨大成就，生物技术步入了后基因组时代。生物工程为生物技术的发展搭建了一个广阔的平台，而生物分离工程（bioseparation engineering）则是构成这一工程平台的重要组成部分。生物技术的主要目标是生物物质的高效生产，分离和纯化是最终获得商业产品的重要环节。生物分离工程技术研究的内容是开发高分辨率的产品分离纯化新技术、新介质和新设备；设计和优化分离纯化过程的工艺流程和单元操作，提高分离效率，降低生产成本。目前，生物制品涉及人类生活的方方面面，生物技术产业必将成为21世纪的支柱产业。生物分离工程技术的研究是生物技术产业实现生存、进步和可持续发展的重要保证。

生命科学与技术被认为是21世纪最具活力的学科，生物分离工程技术作为其中的重要环节引起了科学界、高等教育界和生产企业的高度重视。与其相关的科学专著、教材、专业杂志种类很多，内容各有侧重，写作风格各异。为适应学科发展和社会需要，很多高校设有生物工程及生物技术或与之相关的本科专业，生物分离工程是专业必修课之一。

生物分离技术涉及的学科面广，同时生物分离工程又属工科课程，如果学生要较好地完成学习任务，除要具备良好的数学、物理、化学、微生物学、发酵工程学等基础外，还要有一定的分离科学和材料科学的知识。通览目前的有关教材，我们发现其中少有高等农业院校相关专业学生适用的教科书。在科学出版社的大力支持下，主要由多所农业院校合作，酝酿编写了这部针对性较强的生物分离工程教材。

参与编写本教材的老师主要来自国内部分农林、综合类院校。他（她）们都长期从事与生物分离工程相关的教学及研究工作，有着扎实的理论功底和丰富的实践经验。本书旨在通过对生物分离工程原理、方法深入浅出地论述使学生掌握生物分离工程技术的基本理论、方法原理、基本设备，熟悉常见物质的分离纯化过程。教材内容涵盖生物分离纯化过程的四个阶段和基本单元操作，在保证教材理论性、科学性、前瞻性的基础上，突出论述的简洁性、概括性和实用性，力争做到按概述、基本原理、基本方法、基本设备、基本应用的结构层次进行写作，使阅读具有更强的连贯性和层次感。全书共十章，每章最后都附有一定数量的复习思考题，供读者检验学习效果。本书可作为生物工程专业本科生的教科书，也可供从事生物分离工程工作的科技人员及相关企业人士参考。

本书由下列人员共同编写：田瑞华（内蒙古农业大学，绪论）、刘建党（西北农林科技大学，发酵液的预处理）、梅余霞（华中农业大学，细胞分离技术）、秦宝福（西北农林科技大学，沉淀技术）、田洪涛、马晓燕（河北农业大学，萃取技术第一节至第四节）、秦学功、安红波（黑龙江八一农垦大学，萃取技术第五节至第九节）、李娜（西安交通大学，膜分离过程）、田瑞华、万永青（内蒙古农业大学，吸附与离子交换）、赵国芬（内蒙古农业大学，色谱分离技术第一节、离心技术）、杨玉红（沈阳农业大学，色谱分离技术第二节至第四节）、肖莉杰（黑龙江八一农垦大学，色谱分离技术第五节至第六节）、蔡皓（华中农业大学，浓缩、结晶与干燥）。全书由田瑞华、田洪涛、李娜、秦学功、秦宝福负责审阅，最后由田瑞华进行定稿。

在本书的编写过程中，我们参考了许多国内外相关的教材和文献资料，引用了一些重要的结论、公式、数据及图表，在此向各位前辈及同行表示深深的敬意及谢意。

本书的编写得到了相关院校领导及有关部门的关心和大力支持，特别是得到了科学出版社领导的支持及编辑的悉心指导，在此表示衷心的感谢。另外，向给我们提供计算机文字处理帮助的侯文洁、陈丽红、刘潇、边文祥、赵红军、付妍、任丽表示感谢。

由于编者的水平有限，加之时间仓促，书中定有不少错误和疏漏，诚挚的希望专家、同行以及广大读者给予批评指正。

编 者

2007年11月

目 录

第一章　绪　　论

无论是古代的冶炼术还是现代的分子生物学技术，无论是公元二世纪华佗从一种野生浆果中提取出麻沸散（又名麻肺散）还是现代航天器使用的推进剂，都离不开分离。分离技术贯穿于人类生活的方方面面，可以说物质的分离是对物质进行科学研究的第一步。分离科学是一门涉及多学科知识反过来又推动其他学科发展的重要学科。分离技术是在分离科学指导下实现目标物质分离的一种重要手段。

分离工程是指依据分离技术和工程学的原理、利用特定的设备对相关的工业产品进行分离纯化的过程。

第一节　生物分离工程的性质、内容与分类

一、生物分离工程的性质

1. 生物分离工程的概念

生命科学与技术由于为解决人类所面临的能源、资源、环境及健康等问题做出的巨大贡献，而成为21世纪最具生命力的领域。它的发展必须借助于工程技术的平台，必须得到工程技术的强力支持。生物分离工程则是构成这一工程平台的重要组成部分。

生物分离工程是指从发酵液、酶反应液或动植物细胞培养液中分离、纯化生物产品的过程。它描述了生物产品分离、纯化过程的原理、方法和设备。因为它处于整个生物产品生产过程的后端，所以也称为生物工程下游技术。

2. 生物分离工程的发展过程

从公元前4228年利用蒸馏、过滤等原始方法酿造的第一锅酒算起，生物分离技术的应用已有几千年的历史了，后来又发现了制奶酪等的记载。16世纪出现了用水蒸气从鲜花与香草中蒸馏提取天然香料的方法。19世纪60年代，由于微生物功能的发现，生物技术产业进入了近代酿造产业阶段。20世纪40年代初，开始利用发酵的方法大规模生产抗菌素。进而因为大型好气性发酵装置的开发和化工单元操作的引进，酿造产业扩展为发酵产业。同时，化学工业中的分离方法约有80%在生物技术产品的生产中得到应用。80年代以来，由于基因工程、酶工程、细胞工程、微生物工程等的迅速发展和新的分离与纯化方法的出现，推动了现代生物技术产品的研究和开发（如人工胰岛素、动物疫苗等）。可以预计，随着生物工程技术的不断进步、工程学理论研究的不断深入、材料科学发展带来的新分离原理的采用、机械制造水平提高导致的分离纯化设备性能的增强，一个门类众多、品种齐全、品质优良、技术先进、应用广泛的现代生物工程产业必将会屹立于世界产业之林。

3. 生物分离工程的重要性

从分离科学角度看，分离是认识物质世界的必经之路；分离是各种分析技术的前提；浓缩延伸了分析方法的检出下限；分离科学是其他学科发展的基础；分离科学大大提高了人类的生活品质。

从分离工程角度看，①生物工程粗产物的纯度很低，却要求经分离纯化后得到高纯度的产品。例如，发酵液中抗生素的质量浓度仅为 10～30kg/m^3、维生素 B_{12} 约为 0.12kg/m^3、酶约为 2～5kg/m^3，而杂质含量却很高；②产品基质性质多样，须采用不同的分离途径；③经生物反应过程得到的产物很复杂，产品类型也很多，不但有初级代谢产物，也有次级代谢产物，还有生物转化产物，其分子结构比基质更复杂，产物的多样性导致了分离纯化技术的多样性。这些因素使得生物制品的生产对下游技术的要求越来越高。

从生物制品的生产成本看，分离和纯化是最终获得商业产品的重要环节。因为生物分离工程的特性主要体现为产品的特殊性、复杂性以及对产品质量要求的严格性，所以在大部分发酵工业生产中，分离和纯化占整个生产成本的大部分，并且还有增加的趋势。分离纯化技术落后，不仅无法保证产品质量，还会提高生产成本，严重影响产品在市场上的竞争力。

综上所述，生物分离过程是生物工程中必不可少的也是极为重要的过程环节。

二、生物分离工程的研究内容

生物工程技术的主要目标是生物产品的高效生产，其中生物分离工程是完成生物产品分离纯化、得到高质量商品的重要环节。那么，生物分离工程研究的内容就应该包括两方面：一是研究目标产品及其基质的性质；二是研究根据产品及基质选择适宜的分离纯化技术，包括对基本技术原理、基本方法、基本设备的研究。

1. 生物分离工程主要目标产品类型

生物分离过程主要针对两方面的产品：一是直接产物，即由发酵直接生产，分离过程从发酵罐流出物开始；二是间接产物，即由发酵过程得到细胞或酶，再经转化和修饰得到产品。这些产品可按相对分子质量大小分类，也可按产品所处位置分类。相对分子质量＜1000 的，如抗生素、有机酸、氨基酸等；相对分子质量＞1000 的，如酶、多肽、蛋白质等。不被细胞分泌到胞外的胞内产品，如胰岛素、干扰素等；在胞内产生又分泌到胞外的胞外产品，如某些抗生素和酶等。不同类型的产品对分离纯化的要求不同，所采用的分离纯化技术也不同。对这些产品性质的深入了解，有助于有效选择分离纯化技术。

2. 生物分离工程技术原理的探讨

分离是利用混合物中各组分在物理性质或化学性质上的差异，通过适当的装置和方法，使各组分分配至不同的空间区域或者在不同的时间依次分配至同一空间区域的过程。分离只是一个相对的概念，我们不可能将一种物质从混合物中百分之百地分离出来，但追求尽可能高纯度、高效率的分离纯化是生物分离工程研究的重要内容。对分离技术原理的探讨和不同分离原理的组合研究，是开发高效率分离纯化新技术、新介质的基础。

3. 生物分离工程设备的研究

生物分离工程设备是实现生物工程产品高效率分离和纯化的基本保障，对分离设备性能、选择原则的研究有利于开发新设备。

4. 生物分离操作过程的设计与优化

研究设计、优化分离操作过程对生物工程产品的生产十分重要，合理的、完善的分离操作过程是充分利用所采用分离技术原理的特点、充分发挥分离设备的技术性能的前提，有利于达到提高分离效率、减少分离步骤、获得高质量产品、降低生产成本、提高企业经济效益的目的。

三、生物分离过程的分类

混合物之所以能够通过一定的介质和装置被分离，是因为混合物中不同物质间的物理、化学、生物学性质存在差异，而具有特定选择性的介质和装置能够识别这些差异，通过优化分离过程的操作还能够扩大这些差异，使分离具有更高的效能。从物质传质的动力学过程看，性质不同的组分在分离操作过程中，传质速率不同或者平衡状态不同。

生物分离过程的分类很灵活，可以按被分离物质的性质分类，也可以按分离过程的本质分类。按被分离物质的性质分类，可分为物理分离法、化学分离法、物理化学分离法。表 1-1 列出了常用于分离的物质性质。按分离过程的本质分类，可分为平衡分离过程（根据不同组分在两相间分配平衡的差异实现分离）、差速分离过程（利用外加能量强化不同组分迁移的速度差进行分离）、反应分离过程（利用外加能量或化学试剂，促进化学反应进行而达到分离）。表 1-2 至表 1-4 列出了按分离本质分类的各种分离方法。

表 1-1　通常用于分离的物质性质

<table>
<tr><td rowspan="4">物理性质</td><td>力学性质</td><td>密度、摩擦因素、表面张力、尺寸、质量</td></tr>
<tr><td>热力学性质</td><td>熔点、沸点、临界点、蒸气压、溶解度、分配系数、吸附</td></tr>
<tr><td>电磁性质</td><td>电导率、介电常数、迁移率、电荷、淌度、磁化率</td></tr>
<tr><td>输送性质</td><td>扩散系数、分子飞行速度</td></tr>
<tr><td>化学性质</td><td>热力学性质反应速率</td><td>反应平衡常数、化学吸附平衡常数、离解常数、电离电势
反应速率常数</td></tr>
<tr><td>生物学性质</td><td></td><td>生物亲和力、生物吸附平衡、生物学反应速率常数</td></tr>
</table>

引自丁明玉，2006

表 1-2　常见的平衡分离方法

<table>
<tr><th rowspan="2">第二相</th><th colspan="4">第一相</th></tr>
<tr><th>气相</th><th>液相</th><th>固相</th><th>超临界汽体相</th></tr>
<tr><td>气相</td><td>—</td><td>汽提、蒸发、蒸馏</td><td>升华、脱附</td><td>—</td></tr>
<tr><td>液相</td><td>吸收、蒸馏</td><td>液-液萃取</td><td>区带熔融、固相萃取</td><td>超临界流体吸收</td></tr>
<tr><td>固相</td><td>吸附、逆升华</td><td>结晶、吸附</td><td>—</td><td>超临界流体吸收</td></tr>
<tr><td>超临界流体相</td><td></td><td>超临界流体萃取</td><td>超临界流体萃取</td><td>—</td></tr>
</table>

引自丁明玉，2006

表 1-3　速度差分离方法

<table>
<tr><th colspan="3" rowspan="2">能量种类
场</th><th rowspan="2">热能</th><th rowspan="2">化学
（浓度差）</th><th colspan="3">机械能</th><th rowspan="2">电能</th></tr>
<tr><th>压力电梯</th><th>重力</th><th>离心力</th></tr>
<tr><td rowspan="3">均匀空间</td><td colspan="2">真空</td><td>分子蒸馏</td><td rowspan="3">分离扩散</td><td></td><td>沉降</td><td>超速离心、旋风分离</td><td>质谱、电集尘</td></tr>
<tr><td colspan="2">气相</td><td>热扩散</td><td></td><td>沉降</td><td>旋液分离、离心</td><td>电泳</td></tr>
<tr><td colspan="2">液相</td><td></td><td></td><td>浮选</td><td>超速离心</td><td>磁力分离</td></tr>
<tr><td rowspan="4">非均匀空间</td><td rowspan="2">多孔滤材</td><td>气相</td><td></td><td></td><td>气体扩散、过滤集尘</td><td></td><td></td><td></td></tr>
<tr><td>液相</td><td></td><td></td><td>过滤</td><td>重力过滤</td><td>离心过滤</td><td></td></tr>
<tr><td rowspan="2">多孔膜</td><td>凝胶相</td><td rowspan="2">渗透汽化</td><td rowspan="2">透析</td><td>气体透过</td><td></td><td></td><td>电泳</td></tr>
<tr><td>固相</td><td>反渗透</td><td></td><td></td><td>电渗析</td></tr>
</table>

引自丁明玉，2006

表 1-4 常见的反应分离方法

反应体	反应体类型	反应类型	分离方法
有反应体	再生型	可逆反应或平衡交换反应	离子交换、螯合交换、反应萃取、反应吸收
	一次性	不可逆反应	反应吸收、反应结晶、中和沉淀、氧化、还原（化学解析）
	生物体	生物反应	活性污泥
无反应体		电化学反应	湿式精炼

引自丁明玉，2006

由于生物分离技术的多样性，分类方法并不局限于上述简单的分类。不同分离原理可以组合构成新的分离技术。

第二节 生物分离工程的一般流程

生物分离纯化的过程是指利用产物与杂质理化性质的不同，从发酵液中提取、分离、纯化产物的过程。生物分离工程工艺流程的设计受产品所处的位置、分子的大小、产品的类型、用途和质量要求的影响。不同产物分离纯化的流程多种多样，但绝大多数生物分离加工过程，按工艺流程顺序分为四个主要阶段：①发酵液的预处理；②提取；③精制；④成品加工。每个阶段又有若干单元操作。

一、发酵液的预处理

由生物分离的工艺过程可知，无论对胞内的还是胞外的代谢产物，在分离纯化目的产物时，首先都要进行发酵液的预处理，将固相、液相分离后，才能采用各种物理、化学、生物的方法进行产物的进一步分离纯化。发酵液的预处理也称不溶物的去除，主要采用凝聚和絮凝等技术来加速固相、液相分离，提高过滤速度。过滤和离心是发酵液预处理最基本的单元操作。

二、产物的提取

产物的提取过程也就是产物的初步纯化过程，通过这一阶段的操作，将目标物和与其性质有较大差异的杂质分开，使产物的浓度有较大幅度的提高。这是一个多单元协同操作的结果。可采用沉淀、吸附、萃取、超滤等单元操作。

三、产物的精制

产物的精制过程也是其被高度纯化的过程，这一阶段操作主要是除去与目标物性质相近的杂质。在这个过程中常常采用对目标物具有高选择性的分离方法。能够有效完成这一生物分离过程的技术首选色谱分离技术。目前这一阶段的单元操作涉及色谱分离技术有层析（包括柱层析和薄层层析）、离子交换、亲和色谱、吸附色谱、电色谱。

四、成品的加工处理

经过上述三个阶段的分离纯化过程，已经获得了所要的生物产品，但它还不是商用成品，还要根据产品的用途、质量要求进行最后的加工。这一阶段的单元操作有浓缩、结晶与干燥。

上述四个步骤和其所包含的单元操作是生物分离过程的基本程序，生物产品种类繁多，每一个具体目标物都有自己特定的分离纯化过程，具体分离制备过程可以参考相关手册。例如，常见生物药物的制备可参考李良铸等所编、中国医药科技出版社2000年出版的《最新生化药物制备技术》。

五、生物分离纯化工艺过程的选择依据

生物分离与纯化的工艺过程，首要考虑产品的性质，如产品的位置、分子结构、在基质中的浓度等。在遵循产品性质规律的前提下，要注意以下几点。

1. 生产成本要低

分离与纯化所需的费用占产品总成本的很大比例，尤其对于基因工程药物，有时分离与纯化费用占到生产成本的80%～90%。因此，成本是分离纯化工艺设计的首要考虑因素。

2. 工艺步骤要少

所有的分离纯化过程都有多个步骤和多个单元操作，步骤越多产品回收率越低，而且还会影响到操作成本。若用吸附和重结晶法纯化某产品，步骤多回收率低。改用高效液相色谱法后，尽管高效液相色谱法成本高，但由于其操作步骤少，提高了回收率，总体经济效益上升。

3. 操作程序要合理

在对生物产品进行分离与纯化时，要根据产品的特点设计各个步骤的先后次序，也可以通过每种方法在分离纯化中所起的作用来确定使用各种方法的先后次序。沉淀能处理大量的物质，且受干扰物质影响小，因此首先使用沉淀操作；离子交换用来除去对后续分离产生影响的化合物，可以放在沉淀之后色谱分离之前；亲和色谱的纯化效率很高，对目的物纯度也有较高的要求，通常在流程的后阶段使用；凝胶过滤介质的容量比较小，故分离过程的处理量也比较小，一般常在纯化过程的最后一步程序中使用。

4. 适应产品的技术规格

不同技术规格的产品，分离纯化过程的方案差别很大。产品技术规格包括纯度要求、活性形式、物理特性、卫生指标等。分离纯化的过程应与之相适应。

5. 生产要有规模

不同的单元操作适合于不同的生产规模。冷冻干燥只适合于小批量生产，而大规模生产需要干燥时，就应采用真空干燥或喷雾干燥。因此，要综合考虑规模效应。

6. 产品具有稳定性

通常用调节操作条件的方法，将由于热、pH变化或氧化所造成的产品降解减到最小程度。例如，对于一些热不稳定生物产品，可以采用冷冻干燥工艺进行成品加工。对于易被氧化的产品，必须考虑怎样减少空气进入系统并使用抗氧化剂。

7. 环保和安全要求

设计工艺过程时，要充分注意废物的排放和危险生物质的处理。

8. 生产方式

有些单元操作适用于分批生产，有些则能够连续运行，若要适应上游发酵过程分批

或连续的操作方式，分离纯化过程的单元操作必须改进。

第三节 生物分离过程的特点

生物分离过程的处理对象是发酵液、酶反应液或动植物细胞培养液，它们都是具有生理活性的复杂的多相体系，且溶质浓度很低。在使溶质保持生物活性和功能的前提下，将其从复杂体系中分出具有很大的难度。因此，生物分离纯化过程与化学分离过程相比有许多特殊之处。

一、生物分离过程的体系特殊

1. 原料液的特点

(1) 生物分离与纯化处理的原料液体系十分复杂，含有微生物细胞、菌体、代谢产物、未耗用的培养基以及各种降解目标产物的杂质（如蛋白酶等）。

(2) 原料液中常存在与目标分子在结构等理化性质上极其相似的分子及异构体，形成用普通方法难于分离的混合物。

(3) 除少数特定的生化反应系统，原料液是产物浓度很低的水溶液。

(4) 原料液抵御环境变化（热、pH、药物等）的能力差，容易发生活性降低甚至丧失（变性失活）。

2. 对产物的要求

(1) 在分离纯化过程中必须保持目标物的生物活性。

(2) 粗产物的纯度较低，而最终产品要求的纯度却极高。

(3) 用作医药、食品和化妆品的生物产物与人类生命息息相关，要求最终产品的质量必须符合药典、试剂标准和食品规范等国家标准。

二、生物分离过程的工艺流程特殊

1. 工艺设计

(1) 为保持目标产物的生物活性和功能，必须设计合理的分离过程、优化单元操作条件，实现目标产物的快速分离纯化，获得高活性目标产品。

(2) 为实现性质相似产物的分离需利用具有高度选择性的分子识别技术或高效液相色谱技术纯化目标产物，并且采用多种分离技术和多个分离步骤完成一个目标产物的分离纯化。

(3) 为提高产品回收率，必须优化设计分离过程和各个单元操作，并努力开发和应用新型高效的分离纯化技术。

(4) 为与生物工程上游技术相衔接，要求分离纯化过程有一定弹性，能够处理各种条件下的原料液，特别是染菌的发酵液。

2. 单元操作

(1) 因为生物产品的种类和性质都呈多样性，所以用到的单元操作也多种多样。

(2) 同一单元操作可以在不同的工艺阶段使用。

(3) 为获得最佳分离效率，不同的单元操作可以组合。

三、生物分离过程的成本特殊

生物分离纯化过程的代价昂贵，且产品回收率低。例如，抗生素在精制后一般要损失 20%左右。因此，生物分离纯化成本是制约经济效益的重要因素。

总之，生物技术产品的特点给生物分离工程提出了特殊的要求；生物技术产业没有生物分离工程的配套就不可能有工业化的结果。没有生物分离工程的进步，就不可能有工业化的经济效益。

第四节 生物分离工程的发展趋势

生物工程技术是 21 世纪高新技术革命的核心内容，生物技术产业是 21 世纪的支柱产业之一，生物分离工程是生物工程技术的重要组成部分，在生物技术研究和产业发展中发挥着重要作用。生物科学的研究进展，为生物分离工程技术打下了坚实的理论基础，而生物工程技术实践又为生物科学研究成果的验证提供了广阔的操作平台。因此，近年来生物分离工程技术取得了飞速的发展，新的分离与纯化方法不断涌现，解决了许多实际问题，提供了一大批生物技术产品。但生物分离工程是生物技术产业的一个环节，它的发展不仅涉及技术层面还要遵从商品经济的规律（必须考虑成本与效益）。所以，成本控制和质量控制将是生物分离工程发展的方向和动力。

一、生物分离工程的发展趋势

1. 新型、高效分离纯化技术的研究和开发

(1) 分离介质的性能对提高分离效率起到关键的作用，介质的机械强度、对目标物的选择性是工艺设计时要考虑的重要因素。以凝胶和天然糖类为骨架的色谱分离介质，由于其强度较弱，难以实现工业化的大规模生产。因此，进行新型、高效的分离介质的研制是生物分离与纯化工艺改进的一个热点。

(2) 色谱分离技术已成为最有效和应用最广泛的分离技术。利用生物亲和作用的高度特异性与其他亲和纯化技术（如膜分离、双水相萃取、反胶团萃取、亲和沉淀、亲和色谱和亲和电泳等）配合，提高分离过程的选择性。

(3) 膜分离具有选择性好、分离效率高、节约能耗等优点。随着膜质量的改进和膜装置性能的改善，推广应用膜分离技术是今后的发展方向。

2. 生物产品整个生产工艺的改进

工艺流程更加灵活，不再将发酵过程和产物分离纯化过程截然分开。例如，将发酵与提取相结合，在发酵罐中加入吸附树脂或利用具有半透膜的发酵罐，在发酵过程中就把产物分离出来。

二、生物分离工程研究应注意的问题

1. 加强基础理论研究

(1) 尽快加大力度开展分离过程热力学和动力学基础理论的研究。

(2) 非理想液体中溶质与添加介质之间选择性及其影响因素的研究。

(3) 生物分离过程数学模型的建立。

2. 注意新技术、新方法的建立

(1) 在成熟技术的基础上努力推进多种不同分离技术优点的结合，发展交叉分离技术；不同分离方法相互渗透形成新的分离方法。

(2) 注意生物技术上游工程与下游工程的结合，上游的工艺设计应尽量为下游的分

离纯化创造条件。

3. 工程问题的研究不容忽视

（1）生物分离工程的原料是液体，大型分离装置中的流变学特性、传质、传热规律，是确定各操作单元工艺参数的依据。对它们的研究有助于解决生物分离装置的设计与放大问题，高效率地实现生物分离纯化过程的产业化。

（2）生物分离纯化过程工艺流程的设计必须注意节能、环保和可持续发展。

思考题

1. 何谓生物分离工程？
2. 简述生物分离工程的历史及其应用。
3. 生物分离工程在生物技术产业中的地位怎样？
4. 生物分离过程的分类依据是什么？
5. 生物分离纯化过程的一般流程可分为几大部分？分别包括哪些单元操作？
6. 生物分离工程的特点有哪些？
7. 在设计生物分离纯化过程前，必须考虑哪些问题方能确保我们所设计的工艺过程最为经济、可靠？

第二章 发酵液的预处理

微生物是经过好气性发酵或厌氧性发酵培养后，其菌体都会大量繁殖，并合成和积累了相当浓度的代谢产物，这时便应终止发酵，进入分离加工过程。

由生物分离纯化工艺过程可知，无论对胞内的还是胞外的代谢产物，在分离纯化目的产物时，首先都要通过发酵液的预处理（pretreatment），将固相、液相分离后，才能采用各种物理、化学、生物的方法进行产物的进一步分离纯化。发酵液的预处理是指采用凝聚和絮凝等技术来加速固相、液相分离，提高过滤速度。过滤（filtration）和离心（centrifugation）是其最基本的单元操作。

发酵液预处理技术水平的高低、质量的好坏，无论对减轻后续分离纯化的负荷，还是对后续分离纯化的回收率及产品质量、生产成本等均具有重大影响。尤其是从发酵液中进行菌体的回收是目前发酵液预处理的瓶颈问题之一。

第一节 发酵液预处理的方法

由于发酵产物无论在发酵液中还是在菌体中浓度都较低，并与大量可溶的和混悬的杂质（如可溶性杂蛋白、残糖、色素、无机离子等）混杂在一起，同时发酵液大多属于非牛顿型流体，其黏度大、过滤性能差，所以在过滤之前，发酵液必须进行预处理。

一、发酵液的一般特征

由于不同的发酵过程所用的微生物、原料、培养基种类和发酵工艺过程各不相同，发酵液的特性也就各不相同，因此需根据不同发酵液的特性来合理选择和优化发酵液预处理的方法及条件。要对发酵产物进行分离纯化，首先要对发酵液的特性进行预处理。发酵液的一般特征可归纳为以下 6 个方面。

(1) 发酵液的组成大部分为水，其含水量一般达 90%～99%。

(2) 发酵液中发酵产物的浓度较低。虽然不同的发酵过程发酵液中产物的浓度有一定的差异，但就总体而言，发酵液中产物的浓度普遍较低。例如，工业上酒精、葡萄糖酸、柠檬酸等发酵液中产物的浓度在 10%以上；其余的氨基酸、核酸等发酵液中产物浓度在 10%以下；抗生素发酵液中产物的浓度更低（在 1%以下）。

(3) 发酵液中的悬浮固形物主要是菌体和蛋白的胶状物。因此，发酵液的黏度大、不易过滤，增加了后续提取、分离和纯化工序的操作难度。例如，在后续提取、分离纯化过程中，当采用浓缩操作时易产生泡沫使黏度进一步增大；当采用萃取操作时，由于杂蛋白的存在会产生乳化现象，使萃取液的分层困难；当采用离子交换操作时，蛋白质、色素、残糖、无机离子等的存在，会加重树脂的负荷，影响其交换的容量和选择性。

(4) 发酵液中含有培养基中的残留成分，如无机盐类、非蛋白质大分子及其降解产物等，对后续提取、精制等操作产生一定的影响。

(5) 发酵液中除代谢产物外，还含有其他少量的代谢副产物。这些代谢副产物的结构、理化特性与发酵产物极为相似，会给提取、分离等后续操作带来困难。

(6) 发酵液中还含有色素、毒性物质、热原质等有机杂质。这些杂质不仅增加提取等过程的困难，而且会对产品的质量、安全及卫生标准等产生负面影响。因此，应通过发酵液的预处理将这些有机杂质尽量除去。

二、发酵液预处理的目的和要求

由发酵液的一般特性可知，发酵液属于复杂的多相体系，其中的产物浓度较低、杂质的组成复杂。如果发酵液不经过预处理，不仅会对后续的提取和精制造成严重影响，还会造成发酵液固液分离过滤或离心操作速度过慢或无法进行，使发酵很难实现规模化的工业生产。例如，枯草杆菌的发酵液由于菌体自溶，核酸、蛋白质和其他有机黏性杂质的存在，使发酵液非常混浊，若不对其进行预处理就直接过滤或离心沉淀，不但过滤或离心的速度极慢，而且也得不到澄清的发酵液。所以，对发酵液进行固液分离和提取之前，必须进行预处理。

（一）发酵液预处理的目的

对发酵液进行预处理的目的不仅在于分离菌体，还要将发酵液中的杂质除去和改变滤液性质，以利于提取、精制等后续工序的进行。在保证发酵产品质量和卫生指标的同时尽可能提高产品回收率和操作效率。发酵液预处理要达到以下 3 个方面的目的。

(1) 改变发酵液中固体粒子的物理性质，如改变其表面的类型、增大它的尺寸、提高其硬度等，加快悬浮液中固体颗粒的沉淀速度。

(2) 尽可能使发酵产物转移入后续工序处理的相中（多数为液相）。

(3) 能够除去部分杂质，减少后续处理的负荷。例如，使某些可溶性的胶状物变成不溶性的粒子；改变发酵液的物理性质（如降低其黏度和密度等）。

（二）发酵液预处理的要求

发酵液的预处理过程满足以下要求，才能达到处理的目的。

1. 菌体分离

发酵液中除了发酵产物外，还含有大量的菌体，为方便提取和精制等后序操作进行，首先要将菌体与发酵液分离，通常采用的方法为离心和过滤两种方法。为保证离心和过滤的顺利进行，要正确控制发酵终点。若周期太长，则菌体自溶，使发酵液变得黏稠，影响过滤和分离效果，有的发酵产物甚至会因过滤时间过长而遭到变性或破坏，为了保证发酵产品质量和卫生标准，应设法提高过滤速度和分离效率。

2. 固体悬浮物的去除

通过过滤处理，将发酵液中相当数量的固体悬浮杂质去除，获得透光度合格的澄清处理液。

3. 蛋白质的去除

发酵液除去菌体和悬浮固体物质后，一些可溶性蛋白质仍留在滤液中，必须设法除去。除去蛋白质的滤液要保证在一定的 pH 范围内不发生混浊，否则影响溶媒提取（乳化严重）和离子交换提取（影响树脂的吸附量）的效果。

4. 重金属离子的去除

重金属离子不仅影响提取、精制的操作，而且直接影响发酵产物的质量和收得率，必须除去。

5. 色素、热原质、毒性物质等有机杂质的去除

尤其对于药用的发酵产品，特别是针剂产品，如抗生素、ATP、核酸、酶、氨基酸等，都要设法将色素、热原质和毒素物质等除去。

6. 改变发酵液的性质，以利于提取和精制后续工序的操作顺利进行

当发酵终了时，发酵产物可能在发酵液中，也可能在菌体内部或两相同时存在。常常采用调节pH、酸性或碱性的方法使发酵产物转入后续处理的相中（多数是液相中）。例如，四环素类抗生素由于能和Ca^{2+}、Mg^{2+}等形成不溶解的化合物，大部分沉积在菌丝体内，用草酸酸化后，就能将抗生素转入水相；链霉素在中性的发酵液中，约有25％在菌丝体内，当酸化后就能逐步释放出来；新生霉素则可在碱性下转入水相。

7. 调节适宜的pH和温度

一方面是为了满足后续工序的要求，另一方面保证预处理时发酵产物的质量，避免因pH过高或过低而引起产物的破坏损失。

三、发酵液预处理的方法

由于发酵液属非牛顿型流体、黏度大，从发酵液中分离固形物的速度，取决于该流体的物理性质。对于不同的发酵过程，其发酵液的流动特性不同。例如，细菌和放线菌的发酵液黏度大；一般发酵液也因菌体自溶、存在核酸、蛋白质和其他有机杂质，而呈混浊的悬浮液状态。正因如此，发酵液直接过滤的速度极慢。为了提高过滤速度，发酵液预处理时，常采用絮凝和凝聚的方法，使悬浮液中的固体粒子增大，沉降速度提高。或采用稀释、加热、调pH等方法降低发酵液的黏度，以利于过滤。

发酵液杂质中对后续提取、纯化影响最大的是高价的无机离子（如Ca^{2+}、Mg^{2+}、Fe^{2+}等）和杂蛋白。例如，高价无机离子会显著影响离子交换的选择性；杂蛋白会造成离子交换容量的降低和萃取的分层困难等。根据杂质种类和性质不同，采用有机溶剂沉淀法、离子交换等方法除去这些杂质。为后续的提取、纯化创造有利条件。

根据发酵液中产物杂质性质上的差异（如pH和热稳定性、相对分子质量的大小、蛋白变性等）、预处理的目的及要求、发酵液预处理的方法，按预处理的目的分为：提高过滤速度的方法、改变发酵液性质的方法和杂质去除的方法三类。其具体的方法有凝集和絮凝、加热法、调节pH法、加水稀释法、加入助滤剂法、加吸附剂法或加盐法、高价态无机离子去除的方法、可溶性杂蛋白质去除的方法、色素及其他杂质去除的方法等。

（一）凝集和絮凝方法

凝集和絮凝是发酵液预处理的主要方法，其处理的基本过程就是将化学药剂预先加入发酵液中，通过改变菌体细胞和蛋白质等胶状粒子的分散状态，破坏其稳定性，使它们聚集成可分离的絮凝体，再进行分离。凝集和絮凝方法不仅能使悬浮颗粒的尺寸有效增加，并且会加大颗粒的沉降或浮悬速度，从而使过滤饼在深层过滤时产生较好的颗粒保留作用。

1. 凝集

凝集是指在投加的化学物质（如水解的凝集剂，铝、铁的盐类或石灰等）作用下，发酵液中的胶体脱稳并使粒子相互凝集成为1mm大小块状絮凝体的过程。其中凝集剂的作用，有些是对初始粒子表面电荷的简单中和，有些是消除粒子表面稳定的双电荷层，还有些是通过氢键或其他复杂的形式与粒子相结合，并最终使胶体粒子的排斥电位降低而发生聚沉。

2. 絮凝

絮凝是指某些高分子絮凝剂能在悬浮粒子之间产生桥梁作用，使胶粒形成粗大絮凝团的过程。絮凝在发酵液预处理中的作用是增大发酵液中悬浮粒子的体积，提高固液分离速度和滤液质量。根据絮凝作用机理的不同，絮凝法分为高分子电解质絮凝法、电场絮凝法和微生物抽提蛋白质絮凝法。

(1) 常用的絮凝剂主要有以下几种类型：①无机絮凝剂：主要有硫酸铝、氯化钙、氯化镁、碱式氯化铝和一些高分子无机聚合物（如聚合硫酸亚铁、聚合氯化铁等），它们可使胶体的排斥电位降低而发生沉淀，称为凝聚；②有机絮凝剂：主要有中性、阴性和阳性絮凝剂，包括：天然的絮凝剂，如壳多糖及其衍生物、海藻酸钠、明胶、骨胶等高分子聚合物；人工合成的絮凝剂，如丙烯酰胺类、聚苯乙烯类、聚丙烯酰类、聚乙烯亚胺类。这些絮凝剂的活性基团通过静电引力强烈地吸附在胶粒表面上，降低了胶粒双电层的排斥电位，在胶粒间产生架桥作用，使其相互连接成块状结构而沉淀，称为絮凝。另外，有机高分子絮凝剂还含有许多离子化基团（$—NH_2$、—COOH、—OH 等），分子中电荷密度很高，中和电性的能力也很强，所以也能起凝聚作用。

实际使用时，由于细胞壁表面常常带负电，所以常用阳离子絮凝剂处理发酵液。对于细胞表面带正电荷的发酵液可用阴离子或中性絮凝剂处理。目前絮凝剂可用于青霉素、金霉素、土霉素、四环素、制菌素等发酵液的预处理。例如，对青霉素发酵液进行预处理时，可加入 0.01%～0.03%的聚苯乙烯类絮凝剂，能析出沉淀物 6g/L 以上；利用脱乙酰多糖和聚乙烯亚胺阳离子絮凝剂以及氧化钙无机电解质，分别在细胞破碎前后处理 β-半乳糖苷酶发酵液（有机絮凝剂在破碎前加入，氯化钙在细胞破碎后加入），可大大改善分离后滤液的澄清度，使细胞碎片的去除率提高 10 倍，并凝固了部分可溶性杂蛋白，将滤液总蛋白含量降低了 40%，而且对 β-半乳糖苷的活性并无影响。

(2) 影响絮凝效果的因素主要有：①絮凝剂的种类：絮凝剂相对分子质量越大，链越长，吸附架桥效果越好，但它在水中溶解度会减小，所以应选择相对分子质量适当的絮凝剂；②絮凝剂浓度：在低浓度时，增加絮凝剂用量，架桥充分，但用量过多，絮凝效果反而下降，因此其浓度要适中。例如，α-淀粉酶发酵液的絮凝试验中，絮凝剂用量对絮凝效果（滤速）的影响如图 2-1 所示，适宜的用量通常由实验确定；③pH：pH 影响絮凝剂活性基团的解离度，应选择合适的 pH，使絮凝剂解离度最大，架桥作用就越强。例如，采用碱式氯化铝和阴离子聚丙烯酰胺配合使用，处理碱性蛋白酶发酵液，pH 对阴离子聚丙烯酰胺絮凝效果的影响如图 2-2 所示。pH 适当提高能增大滤速，这

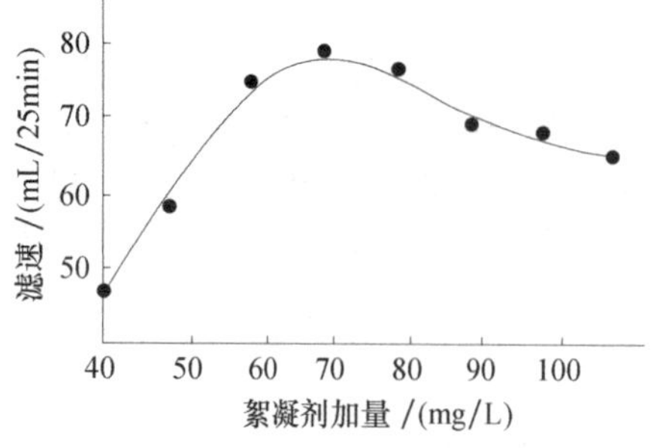

图 2-1 絮凝剂用量对 α-淀粉酶发酵液絮凝效果的影响
（引自梁世中，2002）

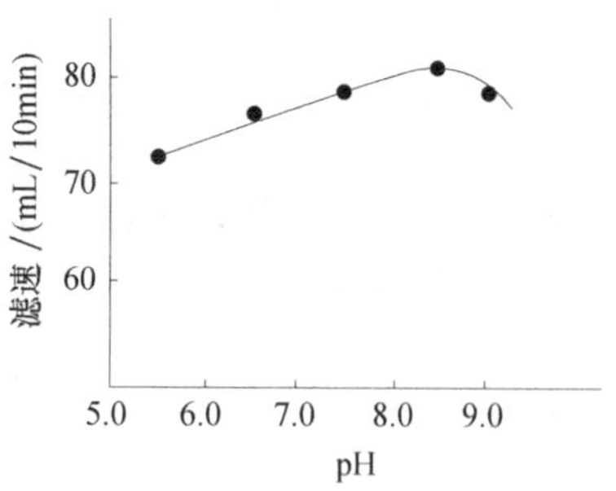

图 2-2 pH 对絮凝效果的影响
（引自梁世中，2002）

是因为聚丙烯酸胺分子链上的羧基离解程度提高，使其达到较大的伸展程度，发挥了较好的架桥能力；④搅拌转速和时间：在初加入絮凝剂时，搅拌转速要快，以利其迅速分散，但絮团形成后过快的转速又会打碎絮团，因此操作时应控制搅拌的转速和时间。例如，在用壳聚糖絮凝大豆蛋白发酵液时，不同的搅拌时间和处理温度对絮凝效果（FR）的影响如图 2-3 和图 2-4 所示。

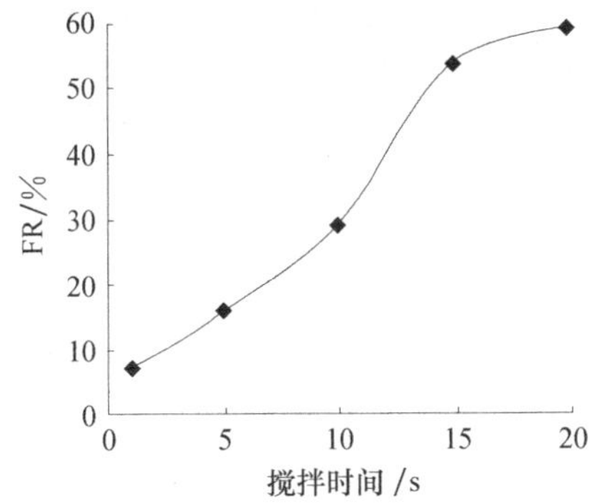

图 2-3 搅拌时间对大豆蛋白发酵液絮凝的影响
（引自王秋京等，2007）

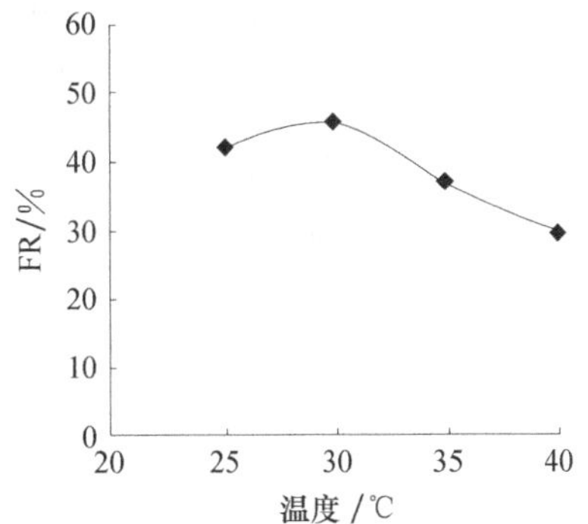

图 2-4 絮凝温度对大豆蛋白发酵液絮凝的影响
（引自王秋京等，2007）

3. 对发酵液凝聚和絮凝方法的研究

目前，在发酵工业上主要针对高黏度的非牛顿型发酵液（如抗生素、蛋白质等发酵液）进行絮凝和凝聚的絮凝剂种类和絮凝条件进行研究。

(1) 凝聚与絮凝法预处理万古霉素发酵液的工艺研究。初步选用 3 种凝聚剂、3 种絮凝剂，以滤速、沉淀物重量、滤液澄清度、滤液中万古霉素含量以及万古霉素液相色谱峰面积占总峰面积百分比为指标，考察凝聚剂与絮凝剂的作用效果。从中选择偏铝酸钠、壳聚糖，并详细研究其用量、pH 对预处理效果的影响，结果显示偏铝酸钠为较合适的凝聚剂。还研究了搅拌时间对凝聚效果的影响，通过正交试验确定了最佳凝聚工艺条件为：pH 4，偏铝酸钠用量为 750mg/L，搅拌时间为 6min。

(2) 用组合连续絮凝法及容器实验絮凝法对林可霉素发酵液进行絮凝分离的研究。容器实验絮凝法试验结果显示，阳离子型聚丙烯酰胺絮凝分离效果优于壳聚糖和草酸，其最佳浓度为 70mg/L，此时絮体沉降速率比用草酸时高 24%，过滤速率高 31%。组合连续絮凝法是对容器实验絮凝法的改进，其实验路线为：泵和管道输送发酵液→絮凝剂和发酵液在混合器中混合→絮凝柱连续流动絮凝→分离器固液分离。絮凝柱流量 1L/min，平均停留时间 10min，pH 3，温度为 20℃，阳离子型聚丙烯酰胺浓度为 70mg/L。结果显示，组合连续絮凝法比容器实验絮凝法的沉降速率提高 46%，过滤速率提高 67%。该结果为工业发酵液高效过滤分离及高效离心分离提供了重要依据。

(3) 用壳聚糖絮凝大豆蛋白发酵液的研究，讨论 pH、絮凝剂浓度、温度和搅拌时间对絮凝效果的影响。结果是壳聚糖用量 200mg/L、pH 4、搅拌 12min、温度 30℃时，效果最好。

(4) 采用含 1%壳聚糖的醋酸溶液（含醋酸 1%）作为絮凝剂，分离谷氨酸发酵液菌体、蛋白质、胶体、残糖等。研究结果表明，絮凝剂最佳用量为发酵液的 1.2%～1.3%，絮凝时搅拌速度以 120r/min 为宜，发酵液的 pH 最好调到 6 或 6 以下。采用以上方法，菌体去除率超过 95%，分离后的菌体可直接作为优质饲料蛋白。

(5) 用磁聚复配物预处理 L-乳酸发酵液的研究，讨论了 pH、复配物用量、搅拌速度与时间、温度、磁场强度对絮凝效果的影响。实验结果显示，在 pH 5～6，40mg/L 壳聚糖与 100mg/L Fe_3O_4复配，200r/min 下搅拌 5min，35～55℃，外加磁场（0.5T）作用 1min 的情况下，发酵液的絮凝率达到了 98.5%，这说明磁聚复配物对 L-乳酸发酵液中的蛋白质具有优良的絮凝能力，且更大的优势在于显著提高了固液分离的速度。

（6）12 种絮凝剂或沉淀剂对 1,3-丙二醇发酵液预处理效果的研究和壳聚糖絮凝 *Klebsiella pneumoniae* 细胞再利用可行性的探索。以菌体和蛋白质去除率为指标，从 12 种絮凝剂中筛选出壳聚糖为有效的絮凝剂，并确定了适宜的工艺条件为：温度 37℃，搅拌转数 300r/min，pH 5.0，壳聚糖相对分子质量 40 000，浓度 0.5g/L，搅拌 20min，静置 15min。发酵液的菌体和蛋白质去除率分别为 99.97%和 91.56%。絮凝细胞的发酵实验表明，絮凝的 *K. pneumoniae* 可再次利用，菌体浓度高达 11.4（OD 值）。

（7）阳离子聚丙烯酰胺絮凝剂与硅藻土助滤剂配合使用对 α-淀粉酶发酵液絮凝处理工艺的研究。结果表明，适宜的絮凝条件为：pH 7.0～7.5，温度 30～35℃，阳离子聚丙烯酰胺用量 0.4～0.5mg/L，硅藻土用量 20g/L，此时菌体絮凝率（FR）可达 95%以上。α-淀粉酶发酵液经絮凝处理后，过滤速率（FV）为未处理发酵液的 9.63 倍，滤液澄清率（TR）在 98%以上，α-淀粉酶活力回收率达 92%以上。

以上相关研究结果表明，对于不同的发酵液，首先应根据发酵液的性质、杂质的种类等，采用实验的方法进行絮凝剂和凝集剂的筛选；然后对筛选得到的絮凝剂或凝聚剂，再用实验的方法分别从絮凝剂或凝聚剂的用量、温度、pH、搅拌转速、时间等几个影响絮凝效果因素的角度，进行絮凝或凝集处理工艺条件的优化，达到提高絮凝效果的目的。

（二）加热法

对于产物热稳定性高的发酵液，可采用加热法对发酵液进行预处理。该种方法是最简单和廉价的预处理方法，就是将发酵液加热至所需温度并保温一定的时间。通过加热可降低发酵液的黏度，加速聚集作用以除去某些热变性杂蛋白，破坏凝胶状胶体结构，增加滤饼孔隙率，减少发酵液最终体积，利于固液分离的目的。例如，发酵液的温度从 20℃提高到 50℃，其黏度一般会降低 45%左右。

（三）调节 pH 法

调节发酵液的 pH，不仅可以促进絮凝和凝聚作用，而且还可以使存在于胞内的发酵产物转入液相中或使发酵产物以合适的离子状态或游离状态存在于发酵液中，防止其沉淀、氧化或变性等。例如，四环类抗生素由于能与 Ca^{2+}、Mg^{2+}等形成不溶解的化合物，故大部分沉积在菌丝体内，用草酸酸化后，就能将抗生素转入水相。在进行 pH 调节时，一般采用草酸等有机酸或某些无机的酸碱来进行。调节时还要尽量避免过酸或过碱，防止发酵产物的破坏和损失。

（四）加水稀释法

加水稀释法适应于离心沉降分离的发酵液预处理过程，对同重量悬浮固体物的发酵液，加水稀释至适当倍数，对提高后续的离心沉降分离速度非常有利。例如，用 BRPX-213 离心机分离放线菌链霉素发酵液时，先加 1 倍于发酵液体积的水进行稀释后，再加 1%草酸，于 70～75℃热处理 15min，最后再离心分离。

（五）加入助滤剂法

为了加速发酵液的过滤，常在发酵液预处理过程中加助滤剂（filter aid），以避免滤布或生成的滤饼阻塞而影响过滤。这是因为在从发酵液中分离菌体、蛋白质等胶态杂质时，其中的悬浮物往往是细小而易受压的，如果不加助滤剂，这些物质易阻塞或粘住过滤介质的细孔，并且很难消除。助滤剂的加入就能在过滤介质和要分离的固形物之间形成一层不可压缩的多孔且极为细密的滤层，从而截留了悬浮杂质，保证过滤操作的顺利进行。另外，助滤剂还能使形成的滤饼疏松，具有85%～90%的孔隙，形成畅通的细密管道。在实际生产中由于酶制剂和抗生素发酵液的黏度较大，通常加入助滤剂。常用的助滤剂有纸浆、石棉、活性炭、纤维素、硅藻土、珠光岩、酸性白土等。

助滤剂的使用方法有两种，一种为在过滤器的滤布上预先涂上一层助滤剂，作为过滤介质使用，过滤结束后与滤布一起除去。该种方法适用于对非常细小的或可压缩的低固形物含量（≤5%）的发酵液进行处理；另外一种为将助滤剂按一定比例均匀混入发酵液中，然后一起进入过滤器或离心机，使滤层形成疏松的滤饼，降低其可压缩性，使过滤顺畅。还有一种方法是将含助滤剂的发酵液通过压滤机，形成过滤介质层，然后再进行过滤，可提高滤饼渗透性。该种方法适用于菌体细小、黏度较大的发酵液。

（六）加吸附剂法或加盐法

加吸附剂法或加盐法就是将吸附剂加入到细菌发酵的悬浮液中，使细菌细胞吸附在吸附剂上的方法。用无机盐等在发酵液中形成庞大的絮状物把悬浮液中的悬浮粒子裹住，吸附在其中。常用的吸附剂有磷酸氢二钠和氯化钙形成的$CaHPO_4$凝胶、氧化铝凝胶和聚丙烯酰胺凝胶等。例如，在枯草杆菌的发酵液中加入磷酸氢二钠和氯化钙后，二者形成庞大的凝胶，同时多余的Ca^{2+}又与发酵液中菌体自溶释放出的核酸类物质生成不溶性钙盐，它们会与其他粒子一起包着沉淀下来，从而大大改善了发酵液的过滤特性。

（七）高价态无机离子去除的方法

在发酵液中高价态的无机离子主要为Ca^{2+}、Mg^{2+}和Fe^{3+}三种。

1. Ca^{2+}的去除

发酵液中的钙离子主要来自于发酵培养基中的营养盐成分，常采用加入酸化剂的方法将其去除，经常选用的酸化剂为草酸。例如，当用草酸或草酸钠去除发酵液中的Ca^{2+}时，其与Ca^{2+}生成草酸钙沉淀而滤除，同时生成的草酸钙沉淀还能促使发酵液中的杂蛋白质凝固，有利于提高滤液的过滤速度和滤液的质量。另外，用草酸酸化后，还能使四环素类抗生素发酵产物从菌丝中释放出来而转入水相中。例如，预处理链霉素发酵液，加草酸8～12kg/m^{3}发酵液，搅拌30～60min，调pH 2.8～3.5以除去金属离子。

2. Mg^{2+}的去除

Mg^{2+}的去除是采用加入磷酸盐，使Mg^{2+}生成磷酸镁沉淀的方法。通常采用加入三聚磷酸钠以除去Ca^{2+}、Mg^{2+}、Fe^{3+}。例如，在环丝氨酸发酵液中加入磷酸盐可大幅度降低Ca^{2+}、Mg^{2+}的浓度。三聚磷酸钠去除Mg^{2+}的反应机理如下：

$$Na_5P_3O_{10}+Mg^{2+}=\!=\!=MgNa_3P_3O_{10}+2Na^+$$

3. Fe^{3+}的去除

Fe^{3+}通常采用加入黄血盐，生成普鲁士蓝沉淀的方法而除去。也可采用加入碱化剂（如NaOH、Na_2CO_3、NH_4OH等）生成$Fe(OH)_3$沉淀而除去Fe^{3+}，同时也能沉淀部分蛋白质。加入黄血盐除Fe^{3+}的反应机理如下：

$$4Fe^{3+}+3K_4[Fe(CN)_6]=\!=\!=Fe_4[Fe(CN)_6]_3\downarrow+12K^+$$

（八）可溶性杂蛋白质的去除法

利用可溶性杂蛋白质的两性性质、亲水性质、遇酸碱和热能变性的性质等，除了采用上述的絮凝和凝聚法对蛋白质进行去除外，通常采用的方法还有等电点沉淀法、热处理法、化学变性沉淀法和吸附法等。

1. 等电点沉淀法

利用蛋白质等两性化合物在等电点时溶解度最低，易产生沉淀的性质，用酸化剂或碱化剂调节发酵液的 pH，使其达到菌体蛋白的等电点而产生沉淀。但有些蛋白质在等电点时仍有一定的溶解度，所以单靠等电点法不能除尽蛋白质，还要结合其他的化学变性方法。

2. 热处理法

利用加热能使蛋白质变性，变性的蛋白质分子空间构象发生改变或破坏，内部疏水基团暴露，溶解度降低易产生沉淀的性质，在目标产物本身耐热允许的范围内，采用加热处理发酵液的方法，达到去除可溶性杂蛋白的目的。另外，加热还能降低发酵液黏度，加快过滤速度，在抗生素生产中常用加热的方法除去杂蛋白。例如，在分离链霉素时，采用的方法为：pH 3.0，加热至 70℃，保持 0.5h 后过滤，能使滤液黏度降低至原来的 1/6，过滤速度提高 10～100 倍，除去了大量杂蛋白。

3. 化学变性沉淀法

使蛋白质变性的化学因素有极端 pH、有机溶剂（乙醇、丙酮等）、生物碱试剂及重金属盐等。在生产上较常采用的方法有：加入酸化剂将发酵液 pH 调至酸性范围（pH 2～3），使蛋白质变性而沉淀；加入有机溶剂、碱金属中性盐、表面活性剂等，使蛋白质赖以稳定的双电层和水化层受损、溶剂的介电常数降低，从而溶解度降低而达到沉淀的目的，但该种方法成本昂贵，只适用于处理量小的发酵液或浓缩液；另外，当发酵液 pH＞蛋白质 pI 时，蛋白质能与 Ag^{+}、Cu^{2+}、Zn^{2+}、Fe^{3+}、Pb^{2+} 等形成沉淀；当发酵液 pH＜蛋白质 pI 时，蛋白质带正电荷，可与一些阴离子物质（如三氯醋酸盐、苦味酸盐、水杨酸盐、鞣质酸盐等）形成沉淀。因此，也可采用重金属变性沉淀法、复合盐变性沉淀法等。

4. 吸附法

吸附法是利用吸附作用分离除去杂蛋白质的方法。例如，在四环素发酵液中加入磺酸盐和硫酸锌生成亚铁氰化锌钾胶状沉淀，能够有效吸附杂蛋白质；在枯草杆菌的碱性蛋白发酵液中加入氯化钙和磷酸盐生成磷酸钙沉淀，其不仅能够吸附杂蛋白质，而且还能够起助滤剂作用。

（九）色素及其他杂质的去除方法

发酵液中的色素物质可能是由微生物生长代谢过程分泌的，也可能是培养基（如糖蜜玉米浆等）带来的，色素物质化学性质的多样性增加了脱色的难度。常用的脱色方法有离子交换和活性炭吸附等方法。例如，用 DEAE-纤维素从含酶溶剂中吸附色素物质时，通常可除去非活性蛋白，提高纯化倍数 2～5 倍；利用盐型强碱性阴离子交换剂对解朊酶的果胶酶溶液进行脱色，其活性损失不超过 15%～20%。

第二节　发酵液的过滤

发酵液经过预处理后，就要采用不同的方法和设备来进行固液分离，得到澄清的发酵液，为下一步的提取、精制做好准备。离心分离（centrifugal separation）和过滤分离（filtration separation）是目前发酵工业上进行固液分离的主要方法。对于发酵液中体积较小的细菌和酵母菌体一般采用离心分离的方法；而对细胞体积较大的丝状菌，如霉菌和放线菌的分离，一般采用过滤的方法。

离心分离是指在离心场的作用下，将悬浮液中的固相和液相加以分离的方法。离心分离主要用于颗粒较细的悬浮液和乳浊液的分离。离心分离的方法按照离心原理的不同分为差示离心（differential centrifugation）、均匀介质离心、密度梯度离心、等密度梯度离心和平衡等密度离心等。

一、发酵液过滤的目的

由于发酵产物在发酵液中存在的位置只有细胞内和细胞外两种方式，因此发酵液固液分离的目的：一是为了获得含所需产物的细胞（菌丝体）或发酵液；二是为了除去发酵液中的固形杂质。发酵液的固液分离是指用过滤离心等手段除去发酵液中的悬浮固体（如菌体、细胞、细胞碎片、蛋白质及其絮凝体）的过程。

二、影响发酵液过滤的因素

发酵液的过滤速度除与菌体细胞的体积大小、发酵时的条件（如培养基的组成、未利用的培养基浓度、消沫剂的种类和浓度、发酵周期、发酵液预处理质量等因素）有关外，还与发酵本身有密切的关系，其主要影响因素是菌种和发酵液黏度两个方面。

（一）菌种

菌种决定了发酵液中各种悬浮粒子的大小和形状。一般真菌、霉菌及其蛋白质的絮凝团，因其比较粗大，容易过滤分离，不需做特殊处理，可采用常规过滤方法除去（真空过滤）；放线菌、细菌，由于体积小，菌丝体细而分枝，交织成网络状，过滤困难，需先经预处理，以凝固蛋白体胶体，再选用适当的方法除去。

（二）发酵液黏度

通常发酵液黏度越大，分离速度越慢，影响发酵液黏度的因素有：

1. 发酵条件

发酵条件包括培养基组成、未用完的培养基的量、消沫剂、发酵周期等。例如，同一种发酵液，批号不同，由于发酵条件的差异，其黏度不同，过滤速度也有差异；同一菌种，菌浓度高，有机碳源、氮源越丰富，其黏度越大，过滤越困难。用黄豆粉、花生粉作为氮源，用淀粉作碳源都会使发酵液黏度增大，发酵液中未用完的培养基或后期消沫用的消沫剂，也会使发酵液黏度增大。

2. 放罐时间（发酵终了时间）

如果推迟放罐时间，虽然相对延长了发酵周期，使发酵单位有所提高，但由于菌体自溶，使发酵液中的色素、胶状杂质增多，增大了其黏度，使最终产品质量降低，过滤困难。因此，实际生产中应在菌体自溶前放罐。

3. 发酵染菌

染菌的发酵液黏度增加，过滤困难。

4. 发酵液的 pH、温度

发酵液的 pH、温度影响发酵液的黏度，从而影响过滤。

三、发酵液过滤的方法

在工业上主要采用过滤与离心两种方法进行发酵液的固液分离。

（一）过滤

按过滤时料液流动方向的不同，分为常规过滤和错流过滤。

1. 常规过滤

料液流动方向与过滤介质垂直即为常规过滤，通常适用于过滤直径为 10～100μm 的悬浮粒子。例如，霉菌、放线菌的发酵液，在过滤时，料液垂直穿过滤饼或过滤介质的微孔。常用的过滤设备有真空鼓式过滤机、板框压滤机。真空鼓式过滤机主要适用于霉菌发酵液的过滤，如青霉素发酵液的过滤。然而，对于细小菌体或黏度大的发酵液，需加入助滤剂或在转鼓面上铺一层助滤剂，来使滤饼疏松，滤速增大。板框压滤机适合于不同过滤特性的发酵液，具有结构简单，过滤面积大，能耐受高压差等特点。因此，它是发酵液过滤最常用的设备之一。

2. 错流过滤

料液流动方向与过滤介质平行的过滤属于错流过滤，其常用的过滤介质为微孔滤膜或超滤膜，主要适用于悬浮粒子细小的发酵液，如细菌发酵液的过滤。但其滤膜易被污染，应经常清洗。

（二）离心分离

离心分离适用于大规模的分离过程，其常用的设备有过滤式离心设备和沉降式离心设备两种。过滤式离心设备主要用于分离晶体和母液，而沉降式设备适合于分离含固量较低（10%）的发酵液。按卸料方式的不同，其常用的设备为喷嘴型碟片式离心机（可连续出渣，用于含固量较高的发酵液，如酵母的分离）、自动间歇卸料型离心机（用于分离放线菌发酵液）、倾析式离心机（适用于含固态物料很高的发酵液，可以自动除渣，不仅用于简单的固液分离，还可用于从发酵液中萃取发酵产物，即液液的分离）。

（三）发酵液不经固液分离直接提取的分离

发酵液通过过滤或离心分离，达到固液分离后，会使某些具有活性的发酵产品由于机械性破坏而造成一定的损失（如某些抗生素发酵液经过滤后，抗生素效价损失达10%～20%）。对这些发酵产物常采用不经固液分离直接提取的方法，其主要方法是离子交换法或萃取法。例如，链霉素、新霉素、卡那霉素、庆大霉素、赖氨酸等采用离子交换法直接提取；青霉素、红霉素等采用萃取法直接提取，其回收率比传统的分离提取法高 8%～10%。但对于菌体要回收综合利用或作为畜用饲料的工艺，上述方法不适用。

四、提高过滤性能的方法

在实际的生产中，常常会遇到难以过滤的发酵液，因此需用提高发酵液的过滤性能、降低滤饼比阻值的方法来加快过滤速度。按照强化过滤速度措施的不同，提高过滤性能的方法主要分为：①降低滤饼比阻力（r_0）的方法。如果不计滤布阻力，一切能够显著降低 r_0 的方法都可能成为加快过滤速度的有效方法。例如，添加电解质、絮凝剂、凝固剂等，还可以添加硅藻土等助滤剂；②降低发酵液黏度（μ）的方法。如果滤液从滤饼的毛细孔道流过，它的黏度愈低，过滤阻力愈小。因此，可以对某些非热敏性液体采用提高温度的方法降低其黏度；③降低悬浮液中悬浮固体浓度（x_0）的方法。如果不计滤布阻力，即过滤速度与获得单位体积滤液所形成的滤饼体积成反比。因此，对同一浓度的发酵产物，应尽可能降低培养基配料浓度（如玉米粉、豆饼粉的浓度），但不能采用加水稀释降低悬浮液中悬浮固体浓度（x_0）的方法；④热处理方法。热处理能使蛋白质等胶体粒子变性凝固，使过滤速度大为提高。除了本章第一节所介绍的絮凝和凝集、杂蛋白去除等方法外，还有加入助滤剂、添加填充固定剂、酶降解等提高发酵液过滤性能的方法。

（一）加入助滤剂

在含有大量细小胶体粒子的发酵液中加入固体助滤剂，这些胶体粒子会吸附于助滤剂微粒上，助滤剂就作为胶体粒子的载体，均匀地分布于滤饼层中，相应地改变了滤饼结构，降低了滤饼的可压缩性，也就减小了过滤阻力。目前生物工业中常用的助滤剂是硅藻土，其次是珍珠岩粉、活性炭、石英砂、石棉粉、纤维素、白土等。助滤剂的选择应考虑以下几点。

1. 粒度

助滤剂颗粒大，过滤速度快，但滤液澄清度差；反之，颗粒小，过滤阻力大，澄清度高。粒度选择应根据悬浮液中的颗粒和滤液的澄清度通过试验确定。一般情况下，颗粒较小的滤饼应采用细小的助滤剂。

2. 助滤剂的品种

应根据过滤介质选择助滤剂品种。使用粗目滤网时易泄漏，选择石棉粉、纤维素或二者的混合物，可有效地防止泄漏；采用细目滤布时，可使用细硅藻土；若采用粗粒硅藻土，则悬浮液中的细微颗粒仍将透过预涂层到达滤布表面，从而使过滤阻力增大：若滤饼较厚时（50～100mm），为了防止龟裂，可加入1％～5％纤维素或活性炭。

3. 用量

间歇操作时，助滤剂预涂层的厚度应≥2mm。连续过滤时应根据过滤速度确定助滤剂加入悬浮液中的量。使用硅藻土时，通常细粒用量为 $500g/m^3$，粗粒用量 $700\sim1000g/m^3$，中等粒度用量 $700g/m^3$，且应均匀分散于悬浮液中而不沉淀，故一般设置搅拌混合槽。

另外，若助滤剂中的某些成分会溶于酸性或碱性液体中，对产品有影响时，使用前对助滤剂应进行酸洗或碱洗。

（二）添加填充凝固剂

添加填充凝固剂是利用凝固剂之间的相互作用或和某些溶解盐类反应生成不溶解的

沉淀（如 $CaSO_4$、$AlPO_4$ 等），生成的沉淀能防止菌丝体粘结，使菌丝具有块状结构，沉淀本身可作为助滤剂，并能够使胶状物和悬浮物凝固。例如，新生霉素发酵液中加入氯化钙和磷酸钠，生成的磷酸钙可作为凝固剂和助滤剂，又可使某些杂蛋白凝固。

（三）加入降解酶

对于发酵液中存在不溶解的多糖时，可在发酵液中添加酶制剂，使多糖转化为单糖，来提高过滤时的速度。例如，万古霉素用淀粉作为培养基，在发酵液预处理时加入0.025%细菌淀粉酶，搅拌30min后，再加入2.5%硅藻土助滤，从而使过滤速度比原来提高5倍。

五、过滤介质的选择

过滤介质除了具有过滤作用外，还是滤饼的支撑物。为了提高发酵液的过滤速度，所选择的过滤介质应具有足够的机械强度和尽可能小的流动阻力。合理选择过滤介质取决于许多因素，其中过滤介质所能截留的固体粒子的大小以及对滤液的透过性是过滤介质最主要的技术特性。

过滤介质所能截留的固体粒子的大小通常以过滤介质的孔径表示。常用的过滤介质中，纤维滤布所能截留的最小粒子约10μm，硅藻土为1μm，超滤膜可小于0.5μm。过滤介质的透过性是指在一定的压力差下，单位时间单位过滤面积上通过滤液的体积量，它取决于过滤介质上毛细孔径的大小及数目。

工业上常用的过滤介质按制造材料的不同主要有以下几类。

（一）织物介质

织物介质又称滤布，包括由棉、毛、丝、麻等织成的天然纤维滤布和合成纤维滤布，也包括天然毛毡和合成滤毡。这类滤布的应用最广泛，其过滤性能受许多因素的影响，其中最重要的是纤维的特性、编织纹法和线型。生物工业常用的棉纤维、尼龙和涤纶滤布的某些特性及编织纹法、线型对过滤性能的影响分别如表2-1和表2-2所示。

表2-1　几种常用纤维滤布的物理性能

性能种类	最高安全温度/℃	密度/(kg/m³)	吸水率/%	耐磨性
棉	92	155	16～22	良
尼龙	105～120	114	6.5～8.3	优
涤纶	145	138	0.04～0.08	优

引自梁世中，2002

表2-2　不同编织纹法滤布对过滤性能的影响

性能纹法	滤液澄清度	阻　力	滤饼中含水	滤饼脱落难易	寿　命	堵孔倾向
平纹 斜纹 缎纹	依次下降↓	依次下降↓	依次减少↓	依次变易↓	中 长 短	依次变易↓

引自梁世中，2002

在进行织物介质选择时，对于天然纤维和合成纤维的滤布，应当结合过滤的要求，根据不同织物纤维的种类、纹法、线形的差别和不同纤维耐热磨的物理性能及耐酸碱的化学性能等进行纤维滤布的挑选。而天然毛毡和合成滤毡类织物介质由于其无黏合剂，微孔大小经过严格控制，因此可以使滤饼与助滤剂间的滤层形成迅速，主要用于过滤细粒和黏稠的胶状物醪液，比较适合于发酵液的过滤。

（二）粒状介质

粒状介质主要有硅藻土、珍珠岩粉、细砂、活性炭、白土等。粒状介质最常用的是硅藻土。硅藻土主要具有以下特性：①一般不与酸碱反应，化学性能稳定，不会改变液体组成；②形状不规则，空隙大且多孔，工业使用的硅藻土粒径一般为 2～100μm，密度 100～250kg/m^3，比表面积 10 000～20 000m^2/kg，具有很大的吸附表面；③无毒且不可压缩，形成的过滤层不会因操作压力变化而阻力变化，因此其是一种良好的助滤剂。硅藻土过滤介质通常有 3 种用法。

1. 作为深层过滤介质

形状不规则的粒子所形成的硅藻土过滤层具有曲折的毛细孔道，借筛分、吸附和深层效应作用除去悬浮液中的固体粒子，截留效果可达到 1μm。

2. 作为预涂层

在支持介质的表面上预先形成一层较薄的硅藻土预涂层，用以保护支持介质的毛细孔道不被滤饼层中的固体粒子堵塞。

3. 用作助滤剂

在待过滤的悬浮液中加入适量的硅藻土，使形成的滤饼层具有多孔，支撑滤饼，降低滤饼的可压缩性，以提高过滤速度和延长过滤周期。近年来发展的各种硅藻土过滤机常将后两种方法结合起来操作，收到良好的效果。

硅藻土的粒度分布对过滤速度的影响很大。主要表现为：粒度小，滤液澄清度好，但过滤阻力大；粒度大，则相反。工业生产中，根据不同的悬浮液性质和过滤要求，选择不同规格的硅藻土，通过实验确定适宜的配合比例，可取得较好的效果。

（三）多孔固体介质

多孔固体介质主要包括多孔陶瓷、多孔玻璃、多孔塑料、金属陶瓷、泡沫金属、烧结树脂等，其可加工成板状或管状，孔隙很小且耐腐蚀，常用于过滤含有少量微粒的悬浮液。

1. 多孔陶瓷、金属陶瓷和烧结树脂

这三种多孔固体介质均具有良好的再生能力，通常在每次过滤结束后，可用空气或清水反冲的方法使其达到再生的目的。在发酵工业上，多孔陶瓷、金属陶瓷和烧结树脂固体介质主要用于发酵液的菌体过滤和半成品的过滤净化等。

2. 多孔塑料与泡沫金属

这是一类新兴的过滤介质，商品形式包括聚酯类型的脲烷多孔塑料和镍、铜、镍铬合金类型的泡沫金属。这类固体介质在空间具有三维的网状结构，纤维只占总体积的 3%左右，空隙率接近 97%，其具有良好的透水、透气性能，在发酵工业上主要用于空气除菌、发酵液和菌体的过滤等。

（四）微孔纤维素薄膜和金属薄膜介质

微孔纤维素薄膜介质的种类主要有醋酸纤维素、聚碳酸酯纤维素等。其在发酵工业

上主要用于透析培养、酶反应器、酶以及发酵产物的分离和提纯、空气除菌、菌种分离、微生物快速检验方面。

金属薄膜介质是近几年来适应发酵、制药和食品工业无菌操作需求而发展的一种非纤维型的过滤介质，其具有性能优异、可耐受高压蒸汽和火焰灭菌的优点。目前已广泛的应用于抗生素、疫苗、胰岛素和酶等的发酵生产之中。

总之，针对特定的发酵液过滤过程，在进行过滤介质选择时，应使选择的过滤介质具有阻力小、滤液清、价格低、来源丰富、机械强度高、使用寿命长、耐化学腐蚀和排渣方便等优点。

六、过滤操作条件优化

为了改善发酵液的过滤性能，提高过滤和固液分离的质量，过滤操作条件优化主要包括改善发酵液的物理性质、采取适当的工艺措施和改善设备结构两个方面。

(1) 改善悬浮液的物理性质主要是改善发酵液过滤时所形成的滤饼结构，通常采用的就是如前所述的发酵液预处理和提高过滤性能的各种物理化学方法，如酸化凝结法（等电点法）、热处理法、絮凝和凝集法、添加助滤剂法等。

(2) 改善设备结构一方面是指扩大设备尺寸、增加过滤面积，另一方面就是采用反向过滤、动态过滤、挤动过滤、电场过滤、磁性过滤以及自动化过滤等技术措施对设备本身的结构进行改造，来强化设备的处理能力。另外，在一定压力差范围内，增大压差对过滤有利，但当压差大于某一值后，继续增大将使过滤速度减慢。

目前对于不同的发酵过程，发酵液预处理和过滤操作条件优化的研究主要集中于预处理和过滤条件的研究以及新型的过滤介质或过滤方法在实际生产中应用效果的研究。

1. VB_{12}发酵液絮凝预处理的研究

由正交实验确定影响絮凝的主要因素，结果表明，最佳絮凝条件：絮凝剂为聚合氯化铝、加入体积分数 7%、pH 6、搅拌速度 140r/min、搅拌时间 45s。通过加压过滤实验，得到絮凝后滤饼的过滤特性；在此基础上，加入硅藻土助滤剂以探讨对滤饼结构和过滤速率的影响，并考察滤饼的比阻值及可压缩性。实验表明，絮凝预处理后的滤饼为高可压缩滤饼，加入硅藻土后滤饼的比阻值降低，可压缩性系数减小到 0.387，过滤速率提高 30%。

2. 提高透明质酸成品质量和提取收率的研究

针对透明质酸发酵液中菌体和蛋白质的物化特性，采用 25g/L 三氯乙酸灭活菌体并使蛋白质变性沉淀，以发酵液质量 1.2%的混合硅藻土（粗细硅藻土比例为 1.5∶1）为助滤剂，过滤温度为 60℃，pH 7.0 的发酵液预处理工艺提取透明质酸粗品，再以乙醇沉淀、气浮、乙醇造粒的后处理工艺，所得成品透明质酸中葡萄糖醛酸含量达 46.39%，蛋白质含量仅为 0.047%，相对分子质量为 1 900 000，提取收率为 91.3%。

周海东等人分别采用 0.45μm、0.20μm 微滤膜和截留相对分子质量 3000、100 000 的超滤膜，对错流过滤透明质酸发酵液的特性参数进行了研究。超滤膜在稳态时的通量大于微滤膜稳态时的通量，微滤膜、超滤膜的最佳操作压力分别 0.1MPa、0.15MPa，最佳流速应为 1.25m/s，透明质酸浓度以 2g/L 以下为宜。在 pH 4，增加的离子强度为 0.2～0.25mol/L NaCl 时，微滤膜对透明质酸有 85%的透过率，且通量增大，而菌体被完全截留；超滤膜在 pH 7，增加的离子强度为 0.2～0.25mol/L NaCl 时，蛋白质对透明质酸有很高的筛分系数，透明质酸被选择性截留。研究表明，微滤和超滤相结合可实现发酵液中透明质酸分离。

3. 金属膜过滤的各种操作参数对L-缬氨酸发酵液过滤效果的影响

综合各方面的因素确定了最适工艺条件：进出膜压力分别为4.0MPa和3.0MPa，过滤温度为25℃，过滤液pH 3.0。在此操作条件下，蛋白质去除率达到87.36%，色素去除率达48.61%，L-缬氨酸收率达90.2%。

4. 对宁南霉素发酵液酸化处理的研究

杨路清等人以实验室成功实验数据为依据，在工业生产中，用浓硫酸作为酸化剂对宁南霉素发酵液进行酸化处理实验，最佳反应条件为pH 2.0～2.5，酸化时间为60min，与传统加热工艺生产的产品进行了比较。工业生产试车结果表明，酸化灭菌法不会影响宁南霉素的生物效价及产品稳定性，而且产品生产周期缩短，生产效率提高，产品生产成本也大幅度的降低。

5. 谷氨酸生产的关键环节分离菌体的研究

为解决絮凝法提取方法存在的收率低、废水量大、劳动强度高等问题，研究了无机钛合金膜除菌体的操作条件、溶液pH、膜表面流速、温度等对通量的影响。实验表明，钛合金膜对菌体的截留率大于99%，膜清洗后通量回复率大于97%，可满足生产需要。

可见，对过滤方法的改进和对过滤条件的优化及过滤新介质的研究是今后发酵液过滤研究的方向。

七、过滤设备

发酵液的过滤设备形式很多，按过滤的推动力分为重力式过滤器、压力式过滤器、真空式过滤器和离心式过滤器四种。重力式过滤器主要应用于啤酒麦芽汁制备过程的麦汁过滤，而其他3种型式的过滤器在发酵液过滤中的应用比较普遍。目前，国内外对发酵液的分离和过滤常采用的设备为板框式压滤机、板式压滤机、自动板框压滤机和真空过滤机4种型式。

在进行发酵液过滤时，首先需选择过滤设备的类型，其选择的原则为：

(1) 根据物料的过滤性能，初步确定选择哪种推动力的过滤设备。

(2) 根据处理物料的化学性质，检查所选择的过滤设备类型是否正确。

(3) 根据工艺过程的特点和生产规模可对选择的过滤设备进行筛选。

(4) 根据对滤饼的纯度或母液回收率等要求来确定过滤设备类型。

(5) 根据对滤饼含湿率的要求，决定是否选用带有机械挤压过程的设备。

(6) 根据所选择的过滤设备，物料的基本特性数据进行设备生产能力和最佳操作条件的计算，以确定设备的大小、投资费用、操作费用等。

(一) 板框式压滤机

板框式压滤机在发酵工业上的应用以发酵液的过滤最为普遍，其具有对滤饼性能的适应性强、结构简单、制造方便、造价低廉、过滤推动力大、动力消耗小、辅助设备少和经常能够洗涤再生滤布及滤布的检查、更换十分方便等优点。但在使用过程中劳动强度大，间歇式操作影响了其在某些场合的应用。

1. 板框式压滤机的结构

板框式压滤机主要由许多滤板和滤框间隔排列而组成。滤板和滤框的结构如图2-5

所示，板框式压滤机组成如图 2-6 所示，其滤板和滤板角孔如图 2-7 所示。

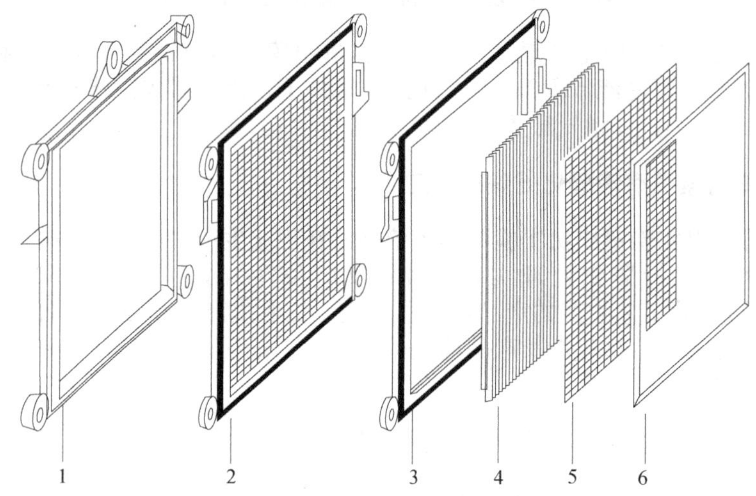

图 2-5　板框压滤机的滤框和滤板

1. 滤框；2. 滤板；3. 滤板外框架；4. 滤板栅；5. 支撑格筛；6. 压盖框

（引自梁世中，2002）

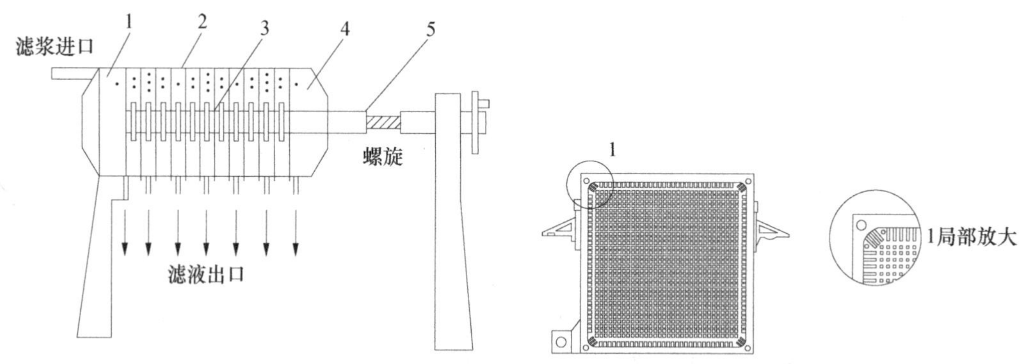

图 2-6　板框压滤机的组成

1. 固定端板；2. 滤布；3. 板框支座；4. 可动端板；5. 支撑横梁

· 过滤板　∶滤框　⁝洗涤板

（引自梁世中，2002）

图 2-7　滤板和滤板角孔

板框式压滤机的板和框多做成正方形，角端均开有小孔，装合压紧后即构成供滤浆或洗水流通的孔道。框的两侧覆以滤布，空框与滤布围成了容纳滤浆及滤饼的空间，滤板用以支撑滤布并提供滤液流出的通道。为此，滤板的两面制成沟槽，并分别与洗水孔道和滤出口相通。滤板又分为洗涤板与非洗涤板两种，其结构与作用有所不同。每台板框压滤机有一定的总框数，其数目由生产能力和悬浮液固体浓度确定，最多可达 60 个，需要框数少时，可插入盲板以切断滤浆流通的孔道。

2. 板框压滤机的工作原理

板框压滤机工作原理示意如图 2-8 所示。

板框式压滤机在过滤时，悬浮液由离心泵或齿轮泵经滤浆通道打入框内（图 2-8A），滤液穿过滤框两侧滤布，沿相邻滤板沟槽流至滤液出口，固体则被截留于框内形成滤饼。滤饼充满滤框后停止过滤。滤液在引出方式上有明流与暗流之分。凡是滤液

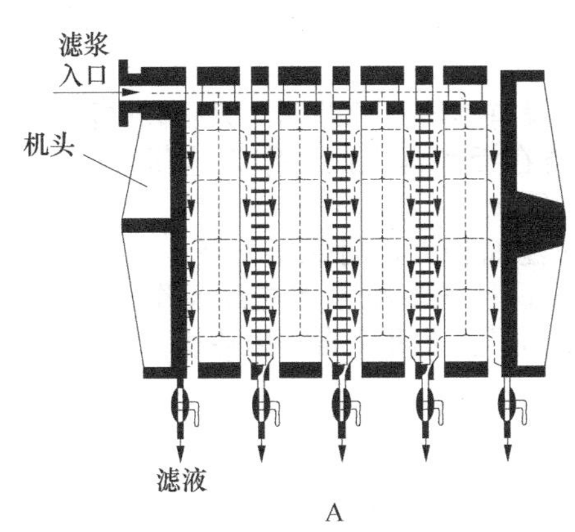

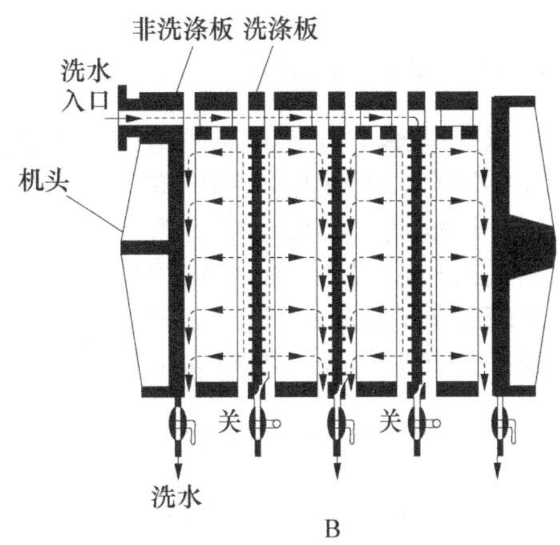

图 2-8　板框式压滤机操作示意图
A. 过滤阶段；B. 洗涤阶段
（引自梁世中，2002）

从每一滤板下方直接引出的称明流。而集中在末端出口流出的称为暗流。前者适用于一般场合，如发酵液的过滤，后者则用于滤液需保持无菌，不与空气接触等场合。

洗涤滤饼时，洗水经由洗水通道进入滤板与滤布之间（图 2-8B）。由于关闭洗涤板下部的滤液出口，洗水便横穿滤框两侧的滤布及整个滤框厚度的滤饼，最后由非洗涤板下部的滤液出口排出。由于洗水通过滤饼的厚度为最终过滤操作时的一倍，而洗水通过的过滤面积仅为过滤操作时的 1/2。因此，洗涤速率仅为最终过滤速率的 1/4。洗涤结束后，旋开压紧装置并将板框拉开，卸出滤饼，清洗滤布，重新组装，进行下一循环操作。

板框压滤机的最大操作压力可达 10×10^5Pa，通常使用压力为（3～5）$\times10^5$Pa。发酵液过滤时，处理量约为 15～25L/(m^2 · h)。

（二）板式压滤机

1. 板式压滤机的结构

板式压滤机较常见的是凹腔板式压滤机，也称箱式压滤机，其全部由滤板并列组合而成，滤板具有板和框的双重作用。滤板通常为凹面形圆盘，滤板两侧各有一凸出的边框，这样当两块滤板合拢时，中间的内腔即形成滤箱。每块滤板的两侧覆以滤布，利用螺旋活接头将滤布紧贴于板的凸缘平面上，这样可将滤箱空间分隔成滤布与板面间的滤液空间及滤布外部的滤浆空间。凹腔板式压滤机的结构示意如图 2-9 所示。

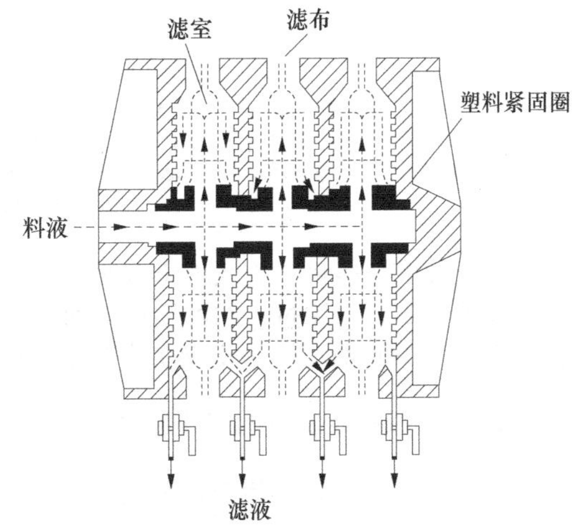

图 2-9　凹腔板式压滤机的结构

2. 板式压滤机的工作原理

当用凹腔板式压滤机进行发酵液过滤时，料液经滤板的中央进料孔进入滤浆空间，滤渣沉积于滤布上形成滤饼，而滤液穿过滤布进入板面的沟槽内，并从下部的孔道流出。

3. 板式压滤机的特点

板框式硅藻土过滤机与典型的板框式压滤机没有本质上的差别。只是以硅藻土过滤介质代替滤布，它使用特制的多孔隙滤纸板夹持在板和框之间，作为硅藻土层的支撑物，每一过滤周期结束后需更换新的滤纸板和硅藻土。

板式或板框式压滤机结构简单。价格低，过滤面积大，耐受压力高，动力消耗小，适用于较难处理物料的过滤，故使用较广泛。但这种压滤机不能连续操作，劳动强度大，辅助操作时间长，滤布易损坏。目前已研制出半自动和全自动压滤机。

（三）自动板框压滤机

1. 自动板框压滤机的结构

自动板框压滤机在板框压紧、卸饼、清洗等操作中可自动完成，具有劳动强度小，辅助操作时间短的优点。但自动压滤机结构复杂，价格昂贵，在一定程度上限制了它的应用和发展。图 2-10 为一种型号的自动板框压滤机的结构示意图。

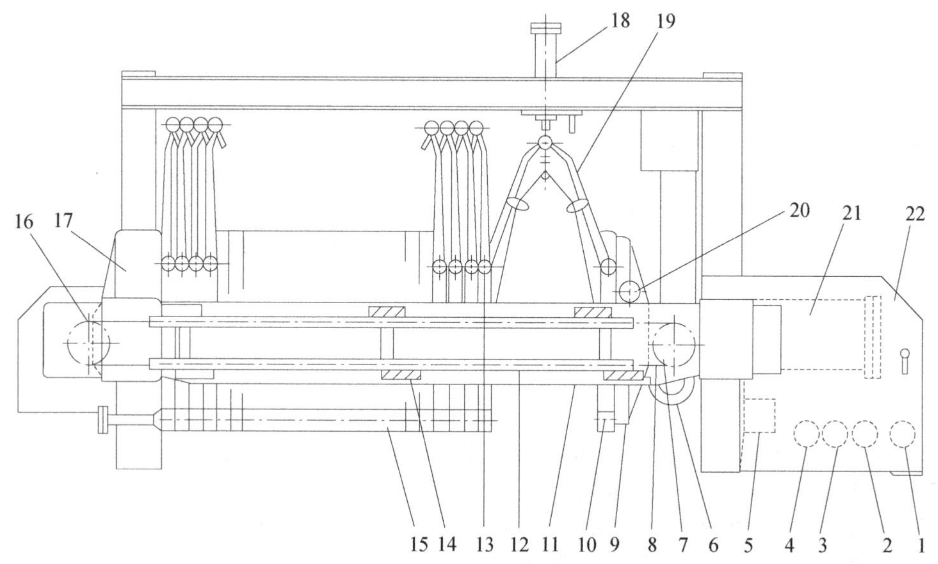

图 2-10　一种型号的自动板框压滤机

1. 油压开关；2. 油压阀；3. 滤板输送电机；4. 减速机；5. 接线盒；6. 齿轮箱；7. 传动轮；8. 输送链；9. 限位开关；10. 活动端板；11. 横梁；12. 导轨；13. 滤板关闭装置；14. 附件；15. 滤板；16. 张紧轮；17. 固定端板；18. 滤布振动器；19. 滤板张开装置；20. 活动端板滚轮；21. 油压缸；22. 传动装置箱

（引自梁世中，2002）

自动板框压滤机只有滤板没有滤框，由滤板两侧的凹陷部分组成滤饼室，所以称为板框压滤机不过沿用过去的习惯称呼而已。滤板的材料可根据过滤液性质和要求采用铸铁、铸钢、不锈钢、衬橡胶或在铸铁上涂树脂涂料等。

2. 自动板框压滤机的工作原理

以 IFP 型自动板框压滤机为例（图 2-11）。该压滤机的规格型号如表 2-3 所示。

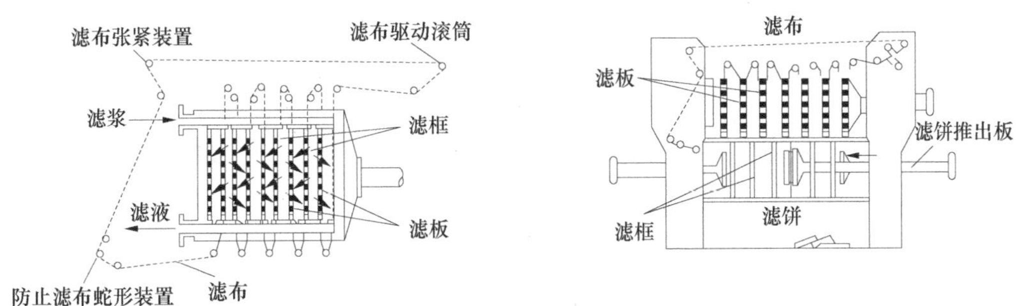

图 2-11　IFP 型自动板框压滤机的工作原理图
（引自梁世中，2002）

表 2-3　IFP 型自动板框压滤机规格

框外部尺寸/mm	800×800			1000×1000			1250×1500		
框数/个	20	30	35	20	40	60	30	50	60
总过滤面/mm	19.1	28.6	33.4	31.0	62.0	93.0	104.6	172.3	209.1
框总体积/L	286	428	500	465	929	1394	1568	2614	3136
全长/mm	3000	5000	6000	3000	7000	8700	5000	7850	8700
全宽/mm		1400			1600			2300	
全高/mm		2500			3000			4000	

引自梁世中，2002

IFP 型自动板框压滤机与上一页中的压滤机的结构与普通板框压滤机大体相同。只是板与框各有 4 个角孔，滤布是首尾封闭的整体，并配有自动控制操作系统。过滤时，悬浮液从板框上部两个角孔形成的通道并行压入滤框，滤液穿过滤框两侧的滤布，沿滤板表面的沟槽流入下部角孔形成的通道，滤饼则在滤框内形成。洗涤滤饼也按过滤流向进行。洗饼完毕，油压机将板框拉开，并使滤框下降。然后开动滤饼推板，框内滤饼将以水平方向推出落下。传动装置带动环形滤布绕一系列转轴旋转，以达到洗涤滤布的目的，最后使滤框复位，重新夹紧，完成一个操作周期。全部操作可在 10min 内完成。

（四）真空过滤机

真空过滤机是以大气与真空之间的压力差作为过滤操作的推动力。其主要的设备型式有圆盘真空过滤机、转鼓真空过滤机等。真空过滤机适用于发酵液黏度不高、颗粒度均匀的发酵液的连续性过滤操作，在发酵工业上，用得较多的是转筒式真空过滤机。

1. 转筒真空过滤机的结构

转筒真空过滤机是一种连续操作的过滤设备，其过滤操作的流程如图 2-12 所示，该设备的结构如图 2-13 所示。

转筒真空过滤机的主体是一个由筛板组成能转动的水平圆筒，表面有一层金属丝网，网上覆盖滤布圆筒内沿径向被筋板分隔成若干个空间，每个空间都以单独孔道通至筒轴颈端面的分配头上，分配头内沿径向隔离成 3 个室，它们分别与真空和压缩空气管路相通。

2. 转筒真空过滤机的工作原理

转筒真空过滤机的工作过程示意如图 2-14 所示。

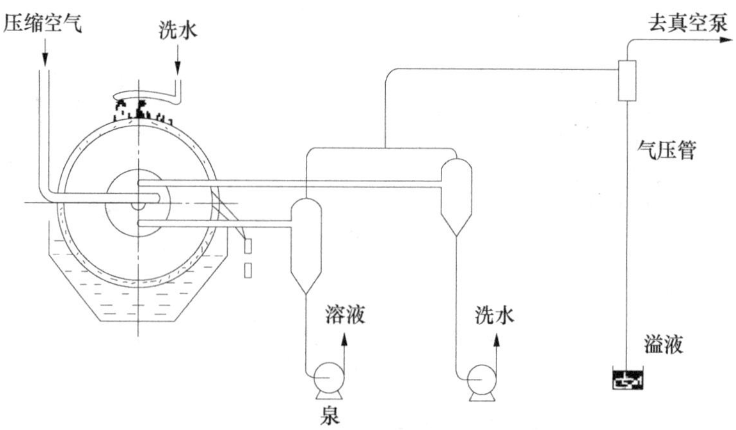

图 2-12　转筒真空过滤机工作流程图
（引自梁世中，2002）

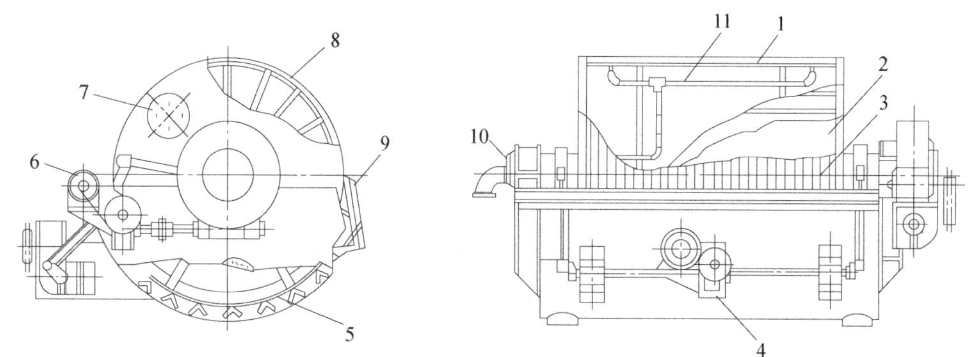

图 2-13　转筒真空过滤机
1. 转鼓；2. 滤布；3. 金属网；4. 搅拌器传动；5. 摇摆式搅拌器；6. 传动装置；7. 手孔；8. 过滤室；9. 刮刀；10. 分配阀；11. 滤渣管路
（引自梁世中，2002）

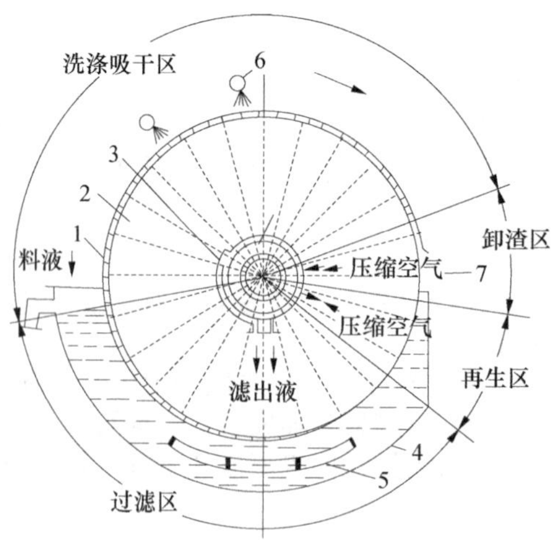

图 2-14　转筒真空过滤机转筒结构及工作过程
1. 转鼓；2. 过滤室；3. 分配阀；4. 料液槽；5. 摇摆式搅拌器；6. 洗涤液喷嘴；7. 刮刀
（引自梁世中，2002）

转筒真空过滤机在过滤时，转筒下部浸入滤浆槽中，浸没角约 90°～130°，圆筒缓慢旋转时（转速约 0.5～2r/min），筒内每一空间相继与分配头中的Ⅰ、Ⅱ、Ⅲ室相通，可顺序进行过滤、洗涤、吸干、吹松、卸饼等项操作，即整个圆筒分为过滤区、洗涤及脱水区，卸渣及再生区三个区域。

过滤区 圆筒内下部的空间与料浆相接触，由于在这个区中的空间与真空管连通，于是滤液被吸入筒内并经导管和分配头排至滤液贮罐中，而固体粒子则被吸附在滤布的表面形成滤饼层。为防止滤浆中固体沉降，在料液槽中装置摇摆式搅拌器。

洗涤及脱水区 当圆筒从料浆槽中转出后，由喷嘴将洗涤水喷向圆筒面上的滤饼层进行洗涤，由于此区也与真空管路相通，于是洗涤水穿过滤饼层而被吸入筒内，并经分配头引至洗水贮罐中。为了避免滤饼层裂缝，可在此区上安装一滚压轴以提高脱水效果，防止空气从裂缝处大量流入筒内而影响真空度。

卸渣及再生区 经洗涤和脱水的滤饼层继续旋转进入此区。由于此区与压缩空气管路连通，于是压缩空气从圆筒内向外穿过滤布而将滤饼吹松，随后由刮刀将其刮除。刮掉滤饼后的滤布继续吹以压缩空气，以吹净残余滤渣，使滤布再生。

3. 转筒真空过滤机的使用性能和特点

转筒真空过滤机的过滤面积有 $1m^2$、$5m^2$、$20m^2$ 及 $40m^2$ 等不同规格，目前国产的最大过滤面积约 $50m^2$，型号有 GP 及 GP-x 型，GP 型为刮刀卸料，GP-x 型为绳索卸料。直径 0.3～4.5m，长度 0.3～6m。滤饼厚度一般保持在 40mm 以内，对于难于过滤的胶状料液，厚度可小于 10mm。对于菌丝体发酵液，过滤前在滚筒面上预涂一层 50～60mm 厚的硅藻土。过滤时，可调节滤饼刮刀将滤饼连同一薄层硅藻土一起刮去，每转一圈，硅藻土约刮去 0.1mm，这样可使过滤面不断更新。

转筒真空过滤机可吸滤、洗涤、卸饼、再生连续化操作，生产能力大，劳动强度小，但辅助设备多，投资大，且由于真空过滤，推动力小，最大真空度不超过 8×10^4Pa，一般为 2.7×10^2～6.7×10^4Pa，滤饼湿度大，常达 20%～30%。

除真空转筒过滤机外，还有转盘真空过滤机，真空翻斗式过滤机等。转盘真空过滤机及其转盘的结构、操作原理与转筒真空过滤机类似，每个转盘相当于一个转筒。过滤面积可以大到 $85m^2$。

思考题

1. 什么是发酵液的预处理和过滤？发酵液预处理的目的和要求有哪些？
2. 发酵液预处理的方法有哪些？并简述各种发酵液预处理方法的原理、特点及应用。
3. 发酵液进行过滤的目的是什么？影响发酵液过滤速度的因素有哪些？
4. 发酵液过滤的方法有哪些？并简述各种方法的类型、特点和应用。
5. 根据影响发酵液过滤的因素，如何来提高发酵液的过滤性能？
6. 如何进行过滤介质的选择和过滤条件的优化？
7. 如何进行过滤机的选择？
8. 发酵液过滤所用过滤机的类型有哪些？并简述各种过滤机的结构、特点和应用。
9. 离心和过滤操作的差别在哪里？
10. 提高过滤压力和增大过滤面积是否为强化过滤的最有效措施？

第三章　细胞分离技术

基因重组技术的飞速发展，使得不同微生物作为宿主表达蛋白质及其他具有重要应用意义的生物产品成为可能。人类对大肠杆菌研究时间较长，对其特性和遗传背景了解得最清楚。尽管大肠杆菌因其培养容易、生长繁殖快、具有有效去除其内毒素的方法而成为最常用的一种外源基因表达工具。然而，在某些过程中大肠杆菌不符合生物安全的规定（根据美国食品药品管理局要求），如食品相关的蛋白生产过程，这些情况下也常采用酿酒酵母。这种微生物具有能够简单糖基化、高生长速率、低蛋白酶水平及清晰的遗传体系等优点。遗憾的是，作为大规模生产过程中最主要的宿主选择，大肠杆菌和酿酒酵母都有一个缺陷——它们不能将产物高水平地释放到培养基中。同样，在动植物细胞培养过程中也存在着胞内产物的问题。这就需要一些普遍适用且成本经济的方法去分离细胞，并对细胞进行破碎，以使产物释放到培养基中。

第一节　细 胞 分 离

在微生物或动植物细胞培养过程中，无论目标产物是位于胞内还是被分泌到培养液中，首先都需要进行细胞与液体物质的分离。常用的固液分离方法包括过滤与离心沉降。

一、过滤

利用多孔性介质截留固液悬浮液中的固体颗粒（如细胞），进行固液分离的方法称为过滤。过滤不但是传统的化工单元操作，而且是目前工业生产中用于分离细胞和不溶性物质的主要方法。

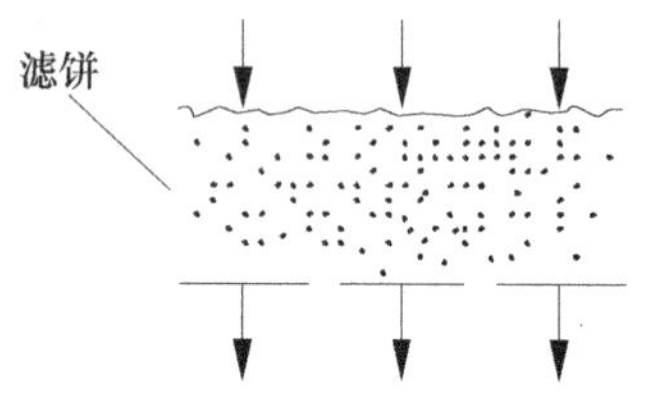

图 3-1　一般过滤操作示意图

根据被分离物质颗粒的大小，可分为一般过滤和膜过滤。微生物菌体、动植物细胞或细胞碎片的分离利用一般过滤即可，所用的过滤介质有滤布、纤维、多孔陶瓷及石棉等。而蛋白质等物质的选择性分离则要用到膜过滤的方法（详见第六章）。一般过滤操作以压力差作为推动力（图 3-1）。这种滤液流动方向与滤饼基本垂直的过滤，也称为封头过滤。这种过滤可采用常压或加压的操作方式，但由于分离的固体颗粒细微，可压缩性大，所形成的滤饼阻力很大，随着过滤的进行，过滤速度迅速下降。为了降低滤饼阻力，可以加入助滤剂（如硅藻土），但以收集菌体或细胞为目的的操作中，助滤剂的加入往往不利于后续分离纯化。

工业中常用的过滤设备有水平圆盘真空过滤机、转鼓真空过滤机、水平带式真空过滤机及板框过滤机等。

二、离心沉降

沉降法是固体颗粒在外力作用下与液体物质作相对运动最终实现固液分离的细胞分离技术。根据作用外力的不同，可分为重力沉降和离心沉降。重力沉降虽然简便易行，但由于细胞体积很小，沉降速度很慢，实际使用中多采用离心沉降。

离心沉降是利用惯性离心力和物质的沉降系数或浮力密度的不同而进行的一项分

离、浓缩或提取操作。这种方法对于固体颗粒很小、液体黏度很大、过滤速度很慢、甚至难以过滤的悬浮液十分有效，对那些忌用助滤剂或助滤剂使用无效的悬浮液的分离，也能得到满意的效果。

当固体粒子在无限连续流体中沉降时，受到两种力的作用，一种是连续流体对它的浮力，另一种是流体对运动粒子的黏滞力。

$$u=\frac{d^2}{18\mu}(\rho_s-\rho)g \tag{3-1}$$

由（3-1）式可知，重力场中固体粒子最终的沉降速率与粒子直径的平方成正比，与粒子和流体的密度差成正比，而与流体的黏度成反比。

$$u=\frac{d^2}{18\mu}(\rho_s-\rho)\omega^2\gamma \tag{3-2}$$

在离心力场中，重力加速度应换成离心加速度。这样，只要根据要求改变或提高 ω，使粒子作快速旋转，就可获得比重力沉降或过滤高得多的分离效果。一般采用离心分离因子 Fr 来定量评价离心设备的分离能力。

$$Fr=\frac{\omega^2\gamma}{g} \tag{3-3}$$

Fr 表示了粒子在离心机中产生的离心加速度与自由下降的加速度之比。Fr 越大，越有利于分离。在实践中常按 Fr 的大小对离心沉降设备进行分类：$Fr<3000$，为常速度离心机；$Fr=3000\sim5000$，为中速离心机；$Fr>5000$ 为高速离心机；$Fr=2\times10^4\sim10^6$ 为超速离心机。

离心分离法根据其操作方式的不同，又可分为差速离心和密度梯度离心。差速离心是在密度均一的介质中由低速到高速逐级离心，用于分离不同大小的细胞和细胞器。研究表明，菌体和细胞一般在 500～5000g 的离心力下即可完全沉降。密度梯度离心是用一定的介质在离心管内形成一连续或不连续的密度梯度，将细胞混悬液置于介质的顶部，通过重力或离心力场的作用使细胞分离。密度梯度离心常用的介质是氯化铯、蔗糖和多聚蔗糖。差速离心和等密度梯度离心等方法已经成功地应用于各种亚细胞物质的制取，如线粒体、微粒体、溶酶体、肿瘤病毒等。它已成为现代生物技术领域研究中不可缺少的实验室分析和制备手段。

还有一类离心过滤方法，是将料液送入有孔的转鼓中结合离心力作用进行过滤的过程。这种操作方式以离心力为推动力完成过滤作业，兼有离心和过滤的双重作用，因此分离效率远高于单独的离心或过滤。

第二节　细 胞 破 碎

胞内产物与培养基的隔离是由于细胞壁和细胞膜的屏障引起的，细胞破碎就是要利用各种不同的方法去破坏这种结构，有效地释放出胞内产物。了解细胞结构，对于破碎方法的选择和破碎过程的合理改进具有十分重要的意义。

一、细胞壁的结构

细胞的结构根据其种类不同差别很大。例如，动物细胞没有细胞壁，只有一层细胞膜的保护，破碎很容易；而植物、微生物细胞则有一层坚韧的细胞壁，破碎工作相对比较困难。一般来说，细胞壁的结构和强度取决于其组成以及相互之间交连的程度，破碎细胞的主要阻力来自于连接细胞壁网状结构的共价键。

1. 细菌细胞壁

根据革兰氏染色法，细菌被分为两类，革兰氏阴性菌（G^-）和革兰氏阳性菌

(G^+)，其实质是基于二者细胞壁结构的差异。

革兰氏阴性菌以大肠杆菌为例。大肠杆菌的细胞壁由外层膜和肽聚糖层组成（图3-2)。由于交联的肽聚糖层，使细菌的细胞壁具有了一定的强度。除细胞壁外，由磷脂组成的细胞膜保持了细胞与环境间的浓度梯度。但是这层膜缺乏强度，因此细胞破碎主要是要除去细胞壁。外层膜是个复杂的不完整结构，只能允许有限的分子扩散通过。它主要由跨膜蛋白、磷脂和脂多糖的脂双层构成。它通过与外层膜蛋白结合以及二价阳离子（如 Mg^{2+}、Ca^{2+}）与脂多糖分子非共价交联等方式锚定。脂蛋白在磷脂双层的较低层与肽聚糖相连接。肽聚糖层由若干个多糖链组成，每个多糖分子又是由若干个 *N*-乙酰葡萄糖胺（NAG）和 *N*-乙酰胞壁酸（NAM）通过β-1,4-糖苷键连接而成。这些糖链大致平行，且通过氨基酸侧链肽键交联。

革兰氏阳性菌可以金黄色葡萄球菌（*Staphylococcus aureus*）为代表。它的细胞壁具有多达40层的厚（20～80nm）而致密的肽聚糖层，占细胞壁成分的60%～90%，与细胞膜的外层紧密相连（图3-3)。细胞壁中还含有磷壁酸，它是甘油和核糖醇的聚合物，通常以糖或氨基酸的酯而存在。磷壁酸是革兰氏阳性菌细胞壁特有成分，具有壁磷壁酸和膜磷壁酸两种类型。因带负电荷，磷壁酸在细胞表面能调节阳离子浓度。

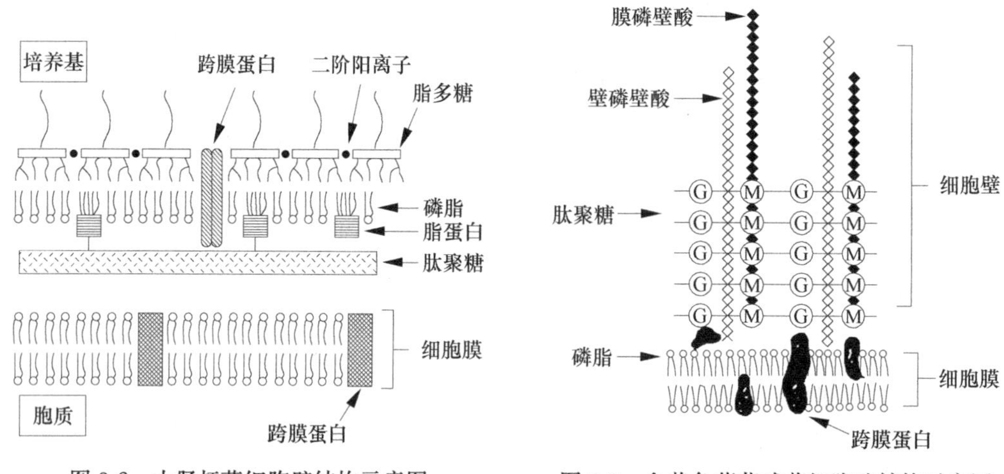

图3-2　大肠杆菌细胞壁结构示意图
（引自Anton，1995）

图3-3　金黄色葡萄球菌细胞壁结构示意图

革兰氏阳性菌与阴性菌细胞壁结构差异较大，具体比较见表3-1。

表3-1　革兰氏阳性菌（G^+）与革兰氏阴性菌（G^-）细胞壁结构的比较

指　标	金黄色葡萄球菌（G^+）	大肠杆菌（G^-）
肽聚糖含量	多，一般占细胞壁干重60%～90%	少，只占细胞壁干重的10%左右
肽聚糖层数	多，可达50层	少，只有1～2层
磷壁酸	有	无
外膜	无	有
厚度	厚，20～80nm	薄，2～3nm
强度	坚韧	疏松

2. 酵母细胞壁

酵母菌属于单细胞真核微生物，其细胞壁的厚度大约为0.1～0.3μm，当细胞老化时，厚度还会增加。酵母细胞壁主要由葡聚糖（35%～45%）、甘露聚糖（40%～

45%)、蛋白质(5%～10%)、几丁质(1%～2%)、脂类(3%～8%)、无机盐(1%～3%)等构成。细胞壁呈三明治状结构——外层为甘露聚糖，内层为葡聚糖，二者都是复杂的分枝状聚合物，中间夹有一层蛋白质分子，因此酵母细胞壁结构相对较坚韧。以啤酒酵母(*Saccharomyces cervisae*)为例，酵母细胞壁的结构见图 3-4。

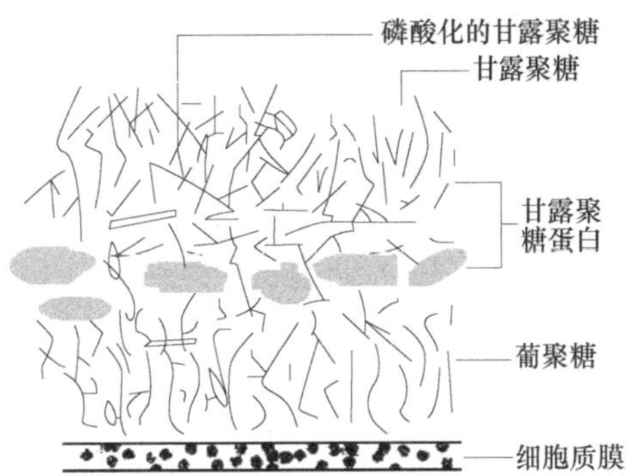

图 3-4　啤酒酵母细胞壁结构示意图
(引自杨翠竹等，2006)

3. 植物细胞壁

植物细胞壁的主要组成物质可分为构架物质和基质。构架物质主要是纤维素。它是由 D-葡萄糖以 β-1,4 糖苷键组成的大分子多糖，化学性质比较稳定，能够耐受酸、碱及其他很多溶剂。基质则主要是果胶物质、半纤维素等非纤维素多糖以及蛋白质和水。基质是一种亲水性凝胶，膨胀力强，可塑性大，易变形。

典型的植物细胞壁是由胞间层、初生壁以及次生壁组成的(图 3-5)。胞间层位于两个相邻细胞之间，为两相邻细胞所共有的一层膜，主要成分是果胶质。随着子细胞的生长，原生质向外分泌纤维素，纤维素定向地交织成网状，而后分泌的半纤维素、果胶质以及结构蛋白填充在网眼之间，形成质地柔软的初生壁。细胞停止生长后，在初生壁内侧继续积累的细胞壁层，称为次生壁。次生壁也是由纤维素和半纤维素组成，但常常含有木质素。次生壁较厚，一般为 5～10μm，质地较坚硬，有增强细胞壁机械强度的作用。在光学显微镜下，次生壁可以显出折光不同的外、中、内三层。

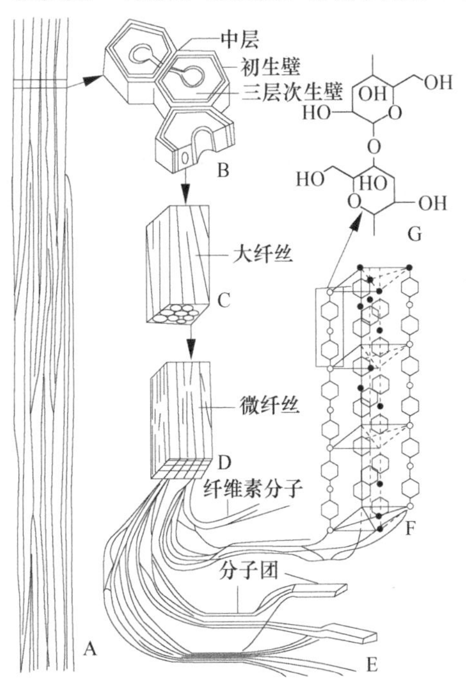

图 3-5　植物细胞壁的组成与超微结构
A. 纤维细胞束；B. 纤维细胞横剖面；C. 次生壁的第二层部分放大；D. 大纤丝的一部分；E，F. 纤维素分子链聚集为微纤丝的状况；G. 纤维素分子的一部分

二、细胞破碎动力学

细胞破碎效果通常用细胞破碎率来衡量。细胞破碎率，定义为被破碎细胞的数量占初始总细胞数量的百分比，用公式表示为

$$X(\%) = \frac{N_0 - N}{N_0} \times 100\% \tag{3-4}$$

式中，X——细胞破碎率，%；

N——经 t 时间操作后未破碎细胞的数量，个/cm^3；

N_0——细胞初始量，个/cm^3。

要计算细胞破碎率，就必须对 N 和 N_0 进行统计。通常测定 N 和 N_0 可采用直接法或间接法。直接法是将样品适当稀释后，利用平板计数器(或血球计数器)直接对细胞数进行计数。这种方法简单易行，但误差较大，因此并不能得到很精确的数据。间接测定法主要是测定破碎过程中胞内产物释放到悬浮液中的浓度变化。

随着破碎的进行，N 不断发生变化，而 N_0 是恒定不变的，因此细胞破碎率也不断

发生改变。根据 Heim 和 Solecki（1998）建立在物质交换基础上的过程模型，提出了细胞破碎动力学的线性方程

$$dN = k(N_0 - N)dt \tag{3-5}$$

式中，t——破碎过程持续的时间，s；

k——速率常数。

由式（3-5）两边积分得到

$$\ln\frac{N_0}{N} = kt \tag{3-6}$$

线性相关实验证实了 $\ln\frac{N_0}{N}$ 与 t 之间确有很好的相关性，相关系数为 0.9835～0.9935。尽管线性模型的精确性已得到证实，但某些实验的结果却与动力学线性方程（3-6）出现了一定的偏差。

Heim 等（2007）考察了酵母细胞浓度对珠磨法破碎细胞过程的影响。在低浓度值时实验值与模型过程能够保持高度一致，但当悬浮浓度高于 0.02gdw/cm³ 时，细胞破碎速率在初始阶段就比线性模型得出的结果要高。而当生物量高于 0.08gdw/cm³ 时，由线性方程计算得到的起始阶段细胞破碎率比实验值高。研究表明，细胞浓度的增加会导致 k 的增加，二者的关系可用下式表示：

$$k = a_1 S^2 + a_2 S + a_3 \tag{3-7}$$

式中，a_i——系数，i=1，2，3；

S——悬浮细胞浓度，gdw/cm³（g 干重/cm³）。

式（3-7）说明细胞破碎过程随时间是非线性的。初始细胞浓度 N_0 的增加会导致式（3-6）中 k 的增加。对此加以考虑的话，破壁过程需用一个非线性方程来描述，如式（3-8）。它包括了细胞浓度和相邻细胞中心的距离。

$$\ln\frac{N_0}{N} = k\left[1 + \left(\frac{S}{b}\right)^{a_4}\right]t \tag{3-8}$$

式中，b——相邻细胞中心的距离；

a^4——指数。

对于高压匀浆法的动力学过程，Hetherington（1971）通过产物（如蛋白质）释放动力学的研究，认为其符合一级动力学规则。

$$\ln\left(\frac{R_m}{R_m - R}\right) = kP^a N = k'N \tag{3-9}$$

式中，R_m——蛋白质最大释放量，mg/g；

R——N 次匀浆后蛋白质累计释放量，mg/g；

P——匀浆机工作压力，kPa；

k——速率常数。

kP^a 项可合并为 k′，即有效破碎常数。

三、细胞破碎的方法

细胞破碎的方法较多，根据破碎机理不同，可分为机械破碎法、物理破碎法、化学渗透法及酶溶法4 种。

（一）机械破碎法

机械法就是通过机械设备，借助机械作用将细胞壁和膜撕裂，使胞内物质全部释放出来。常用的机械法包括珠磨法、高压匀浆法及超声波破碎法等。

1. 珠磨法

珠磨法是目前工业上应用较多的一种细胞破碎方法，最初是为涂料工业中湿磨颜料和制陶业中陶器与石灰石的碾磨而设计的，主要依靠珠磨机进行工作（图 3-6）。珠磨机的基本构造是一个带夹套的碾磨腔，中心有一个可旋转的轴。轴上连接着各式的搅拌桨，能赋予磨腔中磨珠以能量促使它们相互碰撞。磨珠（<1.5mm 玻璃珠）由过滤网筛截留在碾磨腔中。事实上，所有的能量最终都转化成为热，所以必须有相应的冷却装置。在可接触的区域，通过压紧或剪切作用（图 3-7）将能量由磨珠传给细胞，使其破碎。

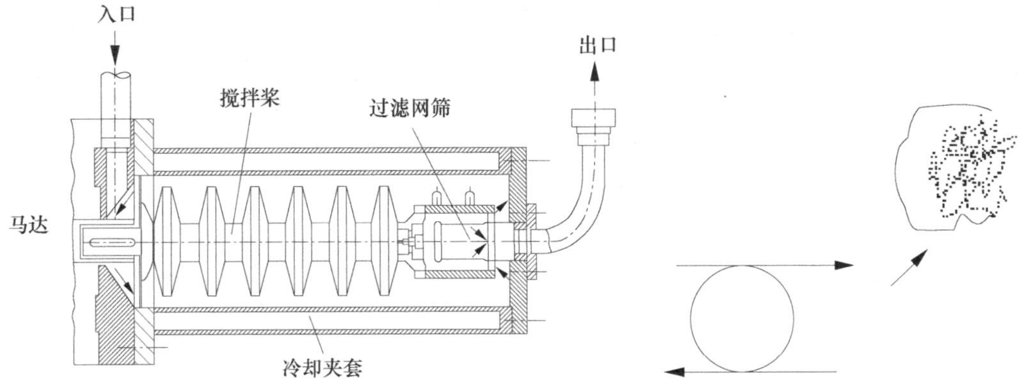

图 3-6　Netzsch Type LME 4 水平式珠磨机　　图 3-7　剪切作用造成细胞的破碎

在珠磨过程中有许多参数对破碎效果有影响，包括磨珠大小、搅拌转速、流量、细胞浓度、装珠量及温度等。要想获得最大的破碎率，起始条件是很重要的，如较高的装珠量（80%～90%）、较高的搅拌速度（5～10m/s）、较小的磨珠直径（0.5mm）以及适中的细胞浓度（40%～50%）。在珠磨法发展的早期，Dunnill 和 Lilly 就认识到较高的装珠量和较高的搅拌速度的积极作用。Schutte 等在提取 D-葡萄糖-6-磷酸脱氢酶时，当磨珠直径为 0.55～0.85mm 之间时获得最大破碎率；而 α-6-葡萄糖苷酶提取时则使用了更大的磨珠。这是因为对于释放胞内酶而言，细胞的完全破碎是不必要的。Torner 和 Asenjo 已证实胞内酶的释放速率取决于其在细胞中的位置。例如，胞质空间的酶释放比胞液中酶或线粒体中酶要快，而细胞壁中的酶释放就更快了。近年来，越来越多的研究者认识到细胞浓度对破碎过程的重要影响。Gurpilhares 等（2006）采用珠磨法对 *Candida guilliermondii* 细胞破碎释放 D-葡萄糖-6-磷酸脱氢酶进行了研究，并通过响应面分析法优化，得到了最佳的细胞浓度和珠磨时间。Heim 等（2007）研究了细胞浓度对珠磨法的影响，结果表明，细胞浓度对破碎过程有着非常重要的影响，细胞破碎动力学非线性方程就是在此基础上建立的。

2. 高压匀浆法

高压匀浆法是 Hetherington 等人于 20 世纪 70 年代开发的。此法破碎微生物细胞速度快、胞内产物损失小、设备容易放大，因而从 80 年代以来受到相关业界的重视。高压匀浆破碎法所用设备是高压匀浆机（图 3-8）。细胞悬浮液从高压室压出，经阀座的中心孔道高速喷出，喷射到静止的碰撞环上，被迫改变方向从

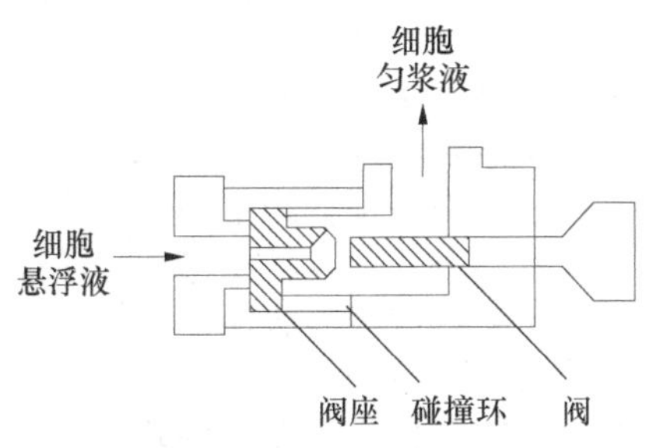

图 3-8　丹麦产 Rannie 匀浆器结构示意图

出口管流出。在此过程中，由于突然减压和高速冲击，细胞受到强烈的液体剪切力和撞击力等综合作用而遭到破坏。

研究显示，压力大小、匀浆次数、进料细胞悬液的浓度及不同悬浮体系等都会不同程度地影响高压匀浆法破碎细胞的效果。孙海翔等（2002）对高压均质破碎啤酒酵母细胞壁进行了研究。由图 3-9 可知，相同酵母浓度下，压力越高，细胞破壁率越高；浓度对破壁率的影响也较大，在 15%的酵母浓度下，破壁率最高，继续升高浓度，细胞破壁反而下降。吴蕾等（2001）利用高压匀浆破碎大肠杆菌，提取包含体中重组人白细胞介素-6（rhIL-6）。实验就匀浆次数对破碎效果的影响进行了分析，结果（图 3-10）显示，匀浆 3 次细胞破碎率上升迅速，而 rhIL-6 含量达最大值；3 次后破碎率上升缓慢，再增加匀浆次数，破碎率变化不大，而目标蛋白含量下降。可见匀浆次数存在一个最佳值，若次数过多，会造成细胞碎片尺寸太小，不利于后续分离；同时，目标蛋白也会在匀浆作用下裂解成小分子，使其纯度下降。最佳匀浆次数应根据细胞破碎率和后续分离工艺两方面综合考虑。另外，不同溶液构成的悬浮体系同等条件下细胞破碎效果也存在着差别，这主要是由于细胞存在于不同溶液中渗透压环境不同而造成的。

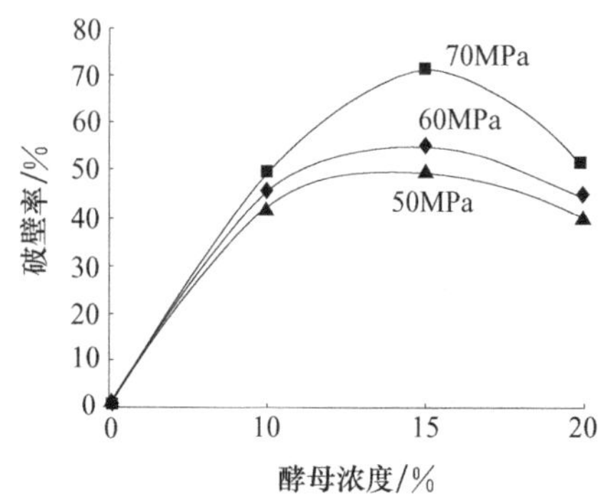

图 3-9　细胞浓度及压力对破碎率的影响
（引自孙海翔等，2002）

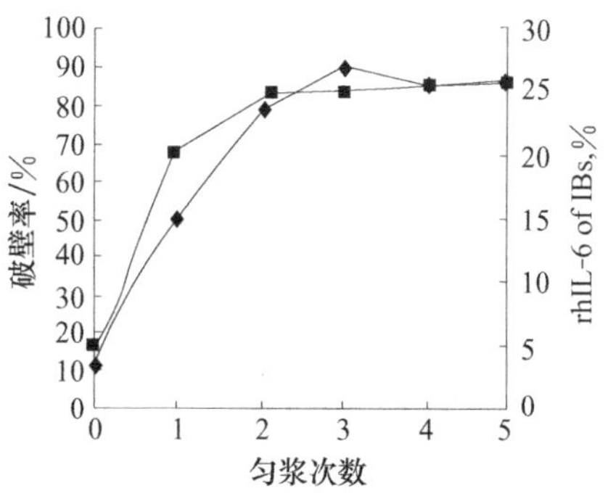

图 3-10　匀浆次数对破碎效果的影响
（引自吴蕾等，2001）

虽然高压匀浆法比珠磨法操作参数相对少些，易于操作，但由于高压匀浆机结构的特殊性，团状或丝状真菌、较小的革兰氏阳性菌以及质地坚硬的亚细胞一般不宜采用这种破碎方法，因为这些类型的细胞容易造成高压匀浆阀门处堵塞或损坏匀浆阀。

3. 超声波破碎法

超声波是一种频率超过人耳能听得见的频率范围的声波，其频率一般在 20kHz 以上，是一种弹性机械震动波。当超声波在液体介质中引起空化作用时，产生大量直径 10μm 的空泡，空泡爆裂过程中产生高达几千大气压的冲击波（即空化现象）和局部高温，从而使细胞破碎。马永征等人（2005）用超声波破碎方法提取氯化血红素，得率比珠磨法提高了 15%（图 3-11）。

超声波对细胞破碎的效率与细胞种类、浓度和超声波的声频、声能、作用时间等有关。由于超声处理会产生局部高温现象，操作时宜在冰浴条件下进行，同时超声模式宜选择间歇的方式，以防止热敏性活性物质变性。

由于超声波破碎法操作简易，破碎效果好，已运用于各种不同类型的细胞破碎，如革兰氏阴性菌 *Arthrobacter simplex*、大肠杆菌及酵母等。但其装置存在着放大方面的问题，因而这种方法处理样品量较少，目前主要应用于实验室规模（图 3-12）。

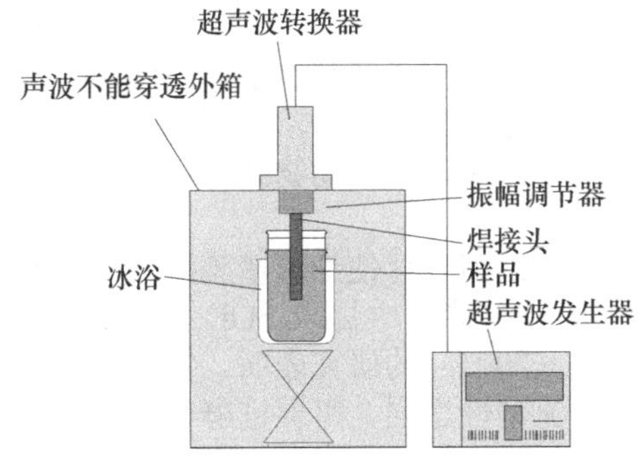

图 3-11 超声波细胞破碎仪的结构示意图

图 3-12 USB600 型微电脑控制超声波细胞粉碎机

4. 其他类型的机械破碎法

随着相关技术的发展，近年来出现了一些新的机械破碎方法，如 X-press 法、微波破碎法、纳米细胞破碎机破碎法、激光破碎法、高速相向流撞击法等。X-press 法是将浓缩的细胞悬液冷却至－25℃，使之形成冰晶体，再施加 500MPa 以上的高压，使细胞从高压阀出口的小孔中挤出。高压冲击造成冰晶体磨损，而使细胞破裂。由于适应性广、破碎率高、产物活性保持较好，这种方法逐渐引起了人们的关注，目前主要用于实验室操作。微波破碎法是基于胞内物质局部受热、内压升高而使细胞发生破碎的，其最大的特点是只使细胞表面出现孔洞或裂纹，使小分子物质能够自由出入细胞，但并未将细胞内容物完全释放到胞外，细胞仍保持其形态。因此，相对传统的机械破碎法，微波破碎更有利于下游分离的操作。另外，有研究指出，在微波处理过程中蛋白质分子的三维结构随微波场方向变化而被破坏，蛋白质分子缠绕成球，从而改变了其溶解性，便于包含体中重组蛋白的回收。

（二）化学渗透法

化学渗透法是有选择性地加入某些化学试剂，改变细胞壁或膜的通透性，而使胞内的物质有选择性地渗透出来的一种方法。不同类型的化学试剂以及不同的细胞结构与组成，其破碎机理也不相同。

传统的化学渗透剂包括酸碱、盐、表面活性剂、有机溶剂、变性剂、螯合剂等。

酸碱法 通过加入酸或碱来调节溶液的 pH，以改变两性物质（如蛋白质）的电荷性，从而使蛋白质之间或蛋白质与其他物质之间的相互作用力降低而易于溶解。因此，利用酸碱调节 pH 可以加快细胞壁的溶解。有人从废弃啤酒酵母泥中提取核酸时曾利用氢氧化钠溶液对啤酒酵母进行破壁。

盐法 高浓度的盐可以产生高的渗透压，破坏细胞壁的通透性，使细胞失水、质壁分离，造成细胞自身破裂而释放出内容物。王凤琴等（1999）在从啤酒废酵母中提取 RNA 时就曾使用 10%NaCl 溶液对酵母破壁，高盐对细胞壁的损伤（图 3-13）。

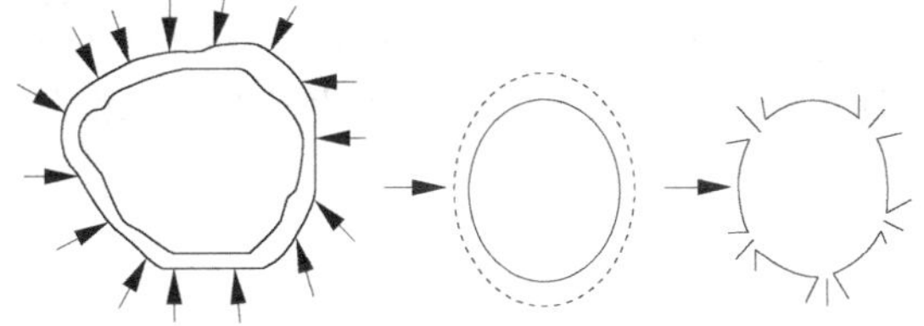

图 3-13 高盐对细胞壁的损伤

表面活性剂处理 表面活性剂可以作用于与膜结合的蛋白质，形成胶束而溶解膜，使得细胞破碎。表面活性剂有天然和合成型之分。天然的表面活性剂有牛黄胆酸钠及磷脂等，合成的表面活性剂有十二烷基磺酸钠（SDS）、吐温（Tween）、TritonX-100 等。有人用 SDS 处理酵母细胞，胞内蛋白质释放率最高可达 8%。有些动物细胞，如肿瘤细胞，也可利用 SDS、去氧胆酸钠等破坏细胞膜。

有机溶剂法 许多有机溶剂（如苯、甲苯等）处理细胞，可使细胞壁膜溶胀，进而发生破碎，使胞内物质释放出来。明景熙（2003）从啤酒酵母中提取 SOD（超氧化物歧化酶）时发现，利用异丙醇破壁效果最好。韩刚等（2005）的研究表明，氮酮对生物膜类脂具有特异性溶解作用，使酵母菌细胞内膜类脂流动性增强，可促进酵母菌体内蛋白质释放。

变性剂法 变性剂（如盐酸胍和脲）的加入，可削弱氢键的作用，使胞内产物相互之间的作用力减弱，从而易于释放。

温和化学渗透剂处理 前面所述化学试剂在改变细胞壁或细胞膜通透性的同时，胞内目的物质也易变性，所以近年来有人提出“温和化学渗透剂”的概念。温和化学渗透剂一般是采用甘氨酸、丙氨酸等分子质量较小的非极性 R 基氨基酸。据分析，其破碎机理可能是因为小分子的甘氨酸、丙氨酸更易渗透到细胞壁中，通过氢键、范德华引力、静电引力等化学亲和力改变细胞壁结构，从而改变细胞壁和细胞膜的通透性。李夏兰等（2000）通过温和化学渗透剂与传统化学渗透剂的比较发现，甘氨酸和丙氨酸在破碎细胞的同时，又能维持 ADH 的高活性，这对释放胞内产物，尤其对胞内具有生物活性的生化大分子物质的释放有着广泛的应用前景。

虽然化学渗透法比机械破碎法的选择性高，但是操作时间长，加入的化学试剂对产物存在着一定的毒性，往往需要进一步的分离除去这些试剂。

（三）酶溶法

酶溶法是利用某些酶溶解细胞壁中特定成分，使细胞壁受到破坏，进而使胞内物质释放出来的方法。根据不同细胞类型细胞壁组成成分的区别，添加的酶的种类也有差异。例如，溶菌酶可降解肽聚糖中多糖链的 β-1,4 糖苷键，通常适用于细菌细胞壁的分解，葡聚糖酶作用于酵母细胞壁，而植物细胞壁则常用纤维素酶、半纤维素酶或果胶酶等进行处理。除此之外，蛋白酶的添加也可用来水解细胞壁的蛋白质层，加快细胞壁的裂解。其他种类的酶还包括糖苷酶、多肽酶、甘露聚糖酶、壳多糖酶等。实际操作中，可以单独使用上述几种酶，也可以使用复合酶，如蜗牛酶是从蜗牛的嗉囊和消化道中提取的混合酶，含有纤维素酶、果胶酶、淀粉酶、蛋白酶等 20 多种。

酶溶法处理时，条件温和，产物有选择性地释放，且破坏较少，但相对成本较高。另外，用酶溶法破壁时，常常存在产物抑制的问题，而产物抑制往往会导致胞内物质释放率降低，如甘露糖对蛋白酶有抑制作用。

在某些情况下，即使不添加酶，也会发生酶溶，这种现象称之为自溶，也就是细胞自身产生的酶发挥作用。采用乳糖发酵短杆菌发酵生产谷氨酸时，利用 pH 10 的缓冲液配成 3%的细胞悬浮液，加热到 70℃时，保温搅拌 20min，菌体即发生自溶。对酵母的自溶也研究得较多，其中起主要作用的是蛋白酶、核酸酶和葡聚糖酶。Arnold 指出在活性酵母细胞中自溶酶原位于细胞质膜的内侧，在特定条件下激活后与相应的底物作用。

（四）物理破碎法

1. 冻融法

冻融法是将细胞冻结后再融化。冻结的目的是为了破坏细胞膜的疏水键，增加其亲水性和通透性，同时由于细胞内水结晶使细胞内外产生溶液浓度差，而导致渗透压产生，并且细胞内形成的冰晶也会破坏细胞壁。

2. 低温玻璃化法

低温断裂是近年来低温生物学特别是生物和食品材料低温玻璃化保存中遇到的一个挑战性新问题，它能从超微结构上损伤细胞，使细胞壁、细胞膜等成分遭受破坏。低温玻璃化破碎技术正是在此基础上提出来的一种新技术。由于该方法在低温水平下从超微结构上进行破碎，避免了通常提取方法中使用高温高压、强酸强碱处理对营养成分活性的破坏，故具有低温稳定性好、产品质量高等优点。

（五）其他方法

烈性噬菌体可裂解细胞，但由于不可控性，通常并不采用。温和性噬菌由于其可控，所以相对于用烈性噬菌体裂解细胞的方法来说更具吸引力。Park 等（1994）报道用野生型的噬菌体 Φ434 感染溶源菌大肠杆菌（P90c/λHL1）构建了一株双溶源菌大肠杆菌（P90c/(λHL1，434)）。将噬菌体的 DNA 整合到大肠杆菌的染色体上以获得溶源菌，利用溶源菌中的噬菌体来裂解细胞壁以使胞内积累的产物释放。这种方法具有破壁效率高、可控、操作条件温和等优点，具有潜在的应用价值。但是，这种方法只有在细胞对数生长期的中前期时，效果才明显。对于大多数产品来说，在细胞中积累达到最大量的时期往往是稳定期或者对数生长期的后期。所以，这种破壁方法仍存在一定的问题。

研究发现，对细胞起裂解作用的主要是 λ 噬菌体 DNA 上裂解基因所编码的酶。于是人们开始研究利用克隆噬菌体裂解基因的方法破碎细胞。Garrett 等（1981）将 λ 噬菌体的裂解基因克隆到质粒 pBH20 中，使 SRRz 的表达置于 Lac 启动子的控制之下，用 Lac 的诱导剂异丙基硫代 β-D-半乳糖苷（IPTG）诱导 Lac 启动子，使 SRRz 在细胞内表达，在加入诱导剂 35min 后可使细胞有效裂解。

与现有的细胞破壁法相比较，利用克隆 λ 噬菌体的裂解基因 SRRz 破细胞壁的方法具有许多的优点：细胞裂解控制方便、不需加入其他物质，成本低廉，条件温和，可避免对产物的降解。

（六）各种破碎方法的比较及选择

虽然细胞破碎的方法较多，但每种方法都各有优缺点及适用范围（表 3-2）。在具体选用时应根据细胞类型、操作规模、经济性等多方面因素综合考虑。

表 3-2　主要细胞破碎方法的比较

分　类	具体方法	优缺点及适用范围
机械破碎法	珠磨法	细胞破碎率高，作用时间短，成本低，可实现连续操作，适用于各种不同细胞类型，应用范围为实验室及工业规模，但操作参数较多，控制复杂，液体损失量大，且碎片细小，后处理麻烦
	高压匀浆法	细胞破碎率高，作用时间短，成本低，易于控制，可用于大规模操作。但团状或丝状真菌、质地坚硬的亚细胞器等不适用
	超声波破碎法	适用于实验室规模，少量样品的处理
物理破碎法	冻融法	不依赖于设备，操作容易，成本低，但不适合于对冷冻敏感的细胞
	低温玻璃化法	冰冻剂无毒，不影响产物品质，设备技术要求高，投资大，适用于实验室规模

续表

分类	具体方法	优缺点及适用范围
化学渗透法	加入酸碱、盐、表面活性剂、有机溶剂、变性剂、螯合剂等	选择性高，不依赖于特定设备，细胞碎片大，有利于后处理，宜用于实验室规模。缺点是：作用时间长，效率低，所用试剂大多对产物有毒害作用，通用性差
酶溶法	多种酶对细胞壁的降解	作用方式温和，选择性高，细胞碎片大，易分离，但成本较高，通用性差，且易造成产物抑制作用，一般用于实验室

每种细胞破碎方法都有其局限性，单独运用一种破碎方法往往达不到理想的效果，可考虑将几种不同的方法结合使用，以达到高破碎率与高产物活性的相对平衡。例如，Anand 等（2007）先用 EDTA 处理大肠杆菌，再使用高压匀浆法，可降低操作压力，减少胞内蛋白活性损伤，同时得到的破碎率也比单独使用一种方法要高。刘红等（2004）通过分析比较得到了酶解——超声法对大肠杆菌进行破碎的优化方法。在酵母破碎中，人们也常常采用酸—热法，即利用盐酸对细胞壁中的多糖和蛋白质进行作用，使细胞壁的空间结构变得疏松，再经沸水浴和速冷处理，使胞壁结构得以破坏。这种方法实际上是化学法和物理法的结合。

第三节　胞内产物的溶解及复性

随着重组 DNA 技术日益发展成熟，利用微生物大规模生产蛋白质药物或多肽，已成为一个有效的蛋白质生产新途径。在众多外源蛋白表达系统中，以大肠杆菌为宿主菌的原核基因工程成为最具吸引力的表达系统之一。然而，大肠杆菌中高效表达的蛋白质常常在胞内聚集，并形成不可溶、无生物活性的包含体，包含体必须经过变性、复性才能获得生物学功能。

一、包含体及其形成

包含体是聚集蛋白形成的浓密颗粒（密度达 1.3mg/mL），可在光学显微镜下观察到，直径可达 μm 级，呈无定形或类晶体，与其亚细胞位置无关。在适当条件下，包含体中蛋白可达细胞中总蛋白的 50%，甚至更多。这种在原核细胞中易看到的包含体形成现象，在酵母、真核细胞中也可观察到，甚至内源蛋白质的过高表达也会在细胞中形成包含体（图 3-14）。虽然包含体是高密度的颗粒，但仍然是含水的，并且具有多孔结构。包含体中几乎不含宿主蛋白、核糖体组分或 DNA/RNA 片段，主要包含的是重组蛋白。

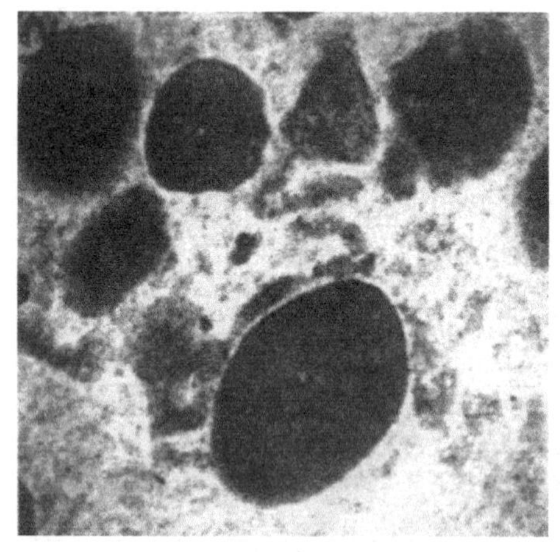

图 3-14　大肠杆菌中的胰乳酶原包含体电镜照片
（引自 Marston，1986）

包含体是蛋白的沉积与溶解的不平衡状态形成的一种动力学结构，包含体中蛋白的聚集是可逆过程。蛋白质高水平的表达、蛋白质形成错误的二硫键、重组蛋白在大肠杆菌中表达时，缺乏相应的翻译后加工功能、蛋白折叠过程中缺乏酶和辅助因子等是包含体形成的主要原因。

二、包含体的分离和溶解

包含体蛋白没有生物活性，需要有效的溶解、折叠和纯化工艺使其恢复成具有某种功能的活性产物。细胞破碎后，分离出来的包含体中主要包含的是重组蛋白（占 50%以上），但也含有一些细菌成分，如一些细胞碎片、膜蛋白、脂类、核酸及其他杂质等，需要进行分离。由于包含体密度较大，通常用低速离心法就可有效实现分离纯化。为避免离心过程中杂质的共沉淀，应选择适宜的细胞破碎及包含体离心分离方式。蔗糖梯度离心可较好实现包含体蛋白的纯化。实际操作中，往往加入去污剂 Triton X-100、脱氧胆酸盐和低浓度的变性剂（如尿素）等充分洗涤以去除杂质，避免重组蛋白的降解。

在包含体中，重组蛋白处于错误折叠的状态，它们之间的聚集靠非共价键维持，包括疏水力、范德华力、氢键、静电引力等，唯一的共价键是半胱氨酸之间的二硫键。因此，要获得正确折叠的蛋白质首先要破坏这些非共价键和二硫键，也就是使蛋白解体变性，由原来不溶的聚集体成为可溶性蛋白。通常使包含体变性溶解采用的是添加高浓度强变性剂或去污剂的方法。常用的强变性剂，如 8mol/L 尿素和 6mol/L 盐酸胍，其主要作用是破坏蛋白质的次级键（如氢键、离子键、疏水作用），引起天然构象的解体。变性剂的选择及浓度随不同的蛋白质而异。Triton X-100、SDS 等去污剂也经常使用，它们与蛋白质的疏水区域发生相互作用，避免蛋白质形成疏水核心。实验表明，变性剂与去污剂的共同作用可以引起包含体的解聚和溶解。然而，β-巯基乙醇（β-ME）或 DTT、Cly 等还原剂的添加，有助于半胱氨酸残基维持还原态，可防止碱性条件下，高浓度的外源蛋白内（间）形成二硫键而聚集。EDTA 等螯合剂也是使用较多的，可防止金属催化的半胱氨酸空气氧化。

吴蕾等（2000）对大肠杆菌表达的重组人白细胞介素-6（rhIL-6）包含体溶解的影响因素进行了研究，pH 8.4 的 50mmol/L Tris-HCl 缓冲体系中，加入 8mol/L 尿素和 50mol/L β-ME，在包含体浓度为 10mg/mL，4℃的条件下处理 1h，可获得 13mg/mL 的溶解蛋白，其中 rhIL-6 的溶解率达到 98%，纯度为 50%左右。

三、蛋白质复性

蛋白质复性又称再折叠，是指变性蛋白质在变性剂去除或浓度降低后，就会自发地从变性的热不稳定状态向热力学稳定状态转变，形成具有生物学功能的天然结构。一般来说，包含体蛋白复性需要如下步骤完成：包含体自大肠杆菌中分离；聚集蛋白的溶解；溶解蛋白的折叠和纯化（图 3-15）。在这些过程中，溶解和再折叠对于高收率获得蛋白质至关重要。在包含体溶解操作中需要添加变性剂、去污剂、还原剂或螯合剂。一旦除去这些物质，给变性的蛋白分子提供正确的再折叠及恢复活性的环境，溶解蛋白即可自发折叠成天然构象。也就是说，蛋白质构象随变性剂浓度的变化而变化（图 3-16）。如果有某些高分子的杂质存在时，则需要纯化后再折叠。

（一）蛋白质复性方法

1. 稀释与透析复性法

稀释复性是将变性蛋白质溶液直接加入到复性缓冲液中，蛋白质周围变性剂浓度降低，从而使蛋白质折叠成天然构象。

复性率与蛋白质起始浓度、稀释倍数、操作时间及温度等因素有关。可溶混合物中蛋白质的折叠收率低，一个重要原因就是它们的聚集性。当变性剂浓度降低后，变性蛋白分子迅速折叠形成具有大量二级结构的中间体，中间体分子表面暴露的疏水区域发生分子内或分子间作用，即产生聚集（图 3-17）。蛋白质的聚集是一个高阶反应，而其折叠只是一阶反应。这样，在蛋白浓度高的情况下，其聚集速率比折叠速率要大得多。由于这种动力学的竞争，当增加蛋白质浓度时，正确折叠的蛋白收率则相应减小。实验中

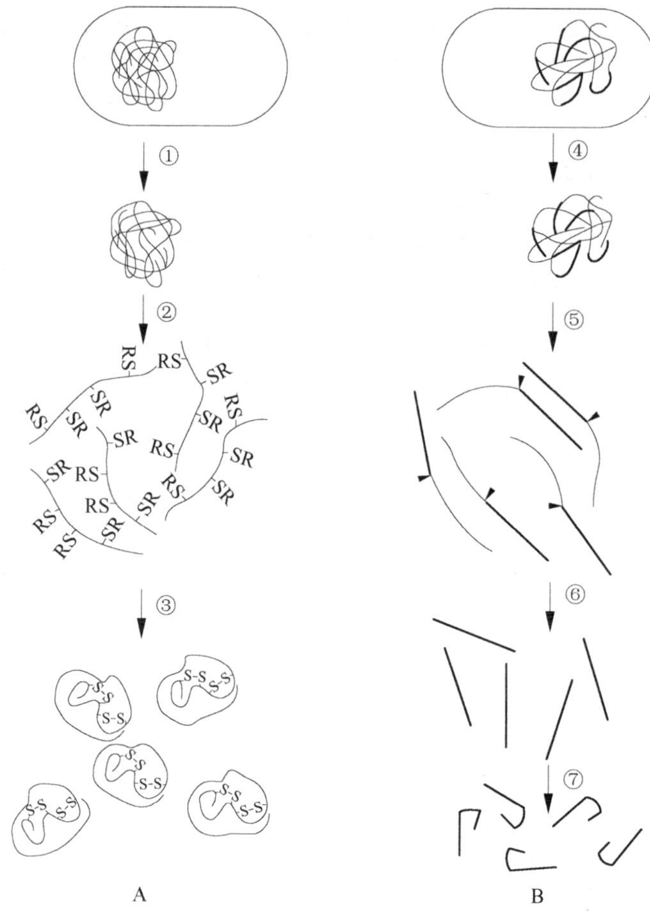

图 3-15　大肠杆菌胞质中蛋白复性的一般过程

A. 直接表达产物：①细胞裂解，包含体分离；②变性；③再折叠。图中代表具有二硫键的情形，R代表—H或—SO_3—；B. 融合蛋白：④同①；⑤同②；⑥释放重组肽链；⑦再折叠

（引自 Marston，1986）

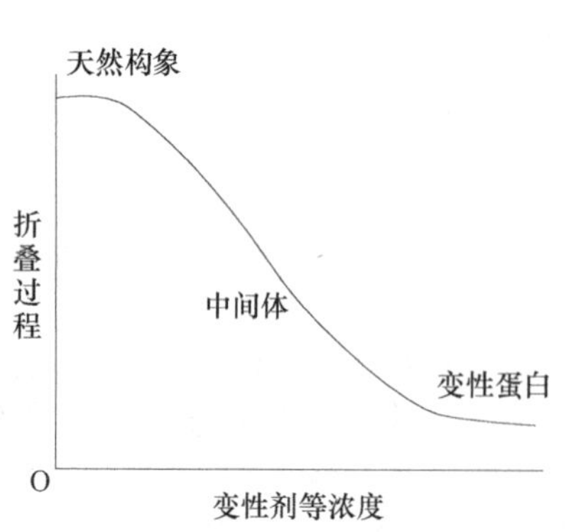

图 3-16　蛋白质构象与变性剂浓度的关系

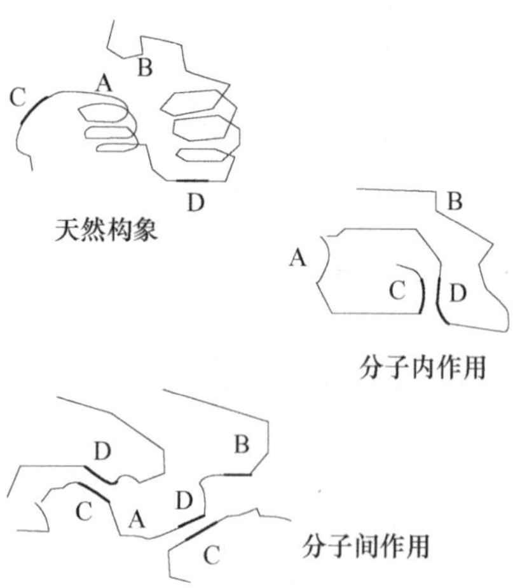

图 3-17　折叠过程的几种可能性

（引自 Tsumoto et al.，2003）

通常折叠时蛋白浓度为 10～15μg/mL。

稀释复性法操作简单快速，是目前最常采用的蛋白质复性方法之一。但是，在稀释过程中，有些变性蛋白会发生错误折叠或重新形成聚集体，造成复性率下降。Chen 等（2004）对此作了一些改进，将变性蛋白质慢速连续或快速不连续地加入到复性缓冲液，并确保在两次加入变性蛋白质的间隔时间内，越过易于聚集的早期中间体阶段（图 3-18）。

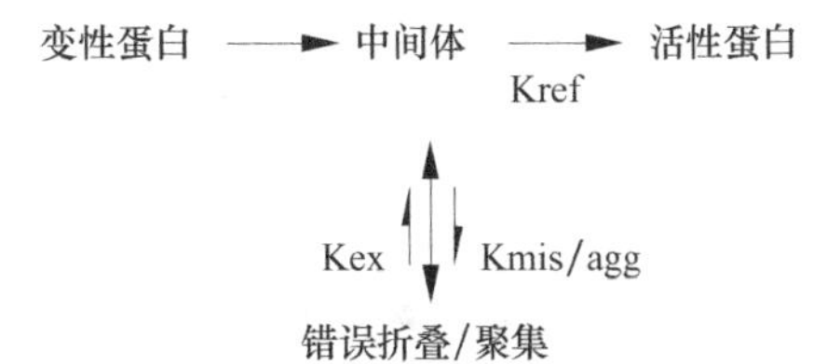

图 3-18　折叠与聚集的竞争
Kref：从中间体到活性蛋白的折叠速率常数；
Kex：从错误折叠/聚集形式回复到中间体的速率常数；
Kmis/agg：错误折叠/聚集的速率常数

稀释法的缺点是增大了体系体积（20～100 倍），使蛋白质浓度变稀（0.1mg/mL），需要较大的容器、大量缓冲液和附加的浓缩步骤，因此其成本较高，大规模操作存在问题。

透析复性是将变性蛋白装入透析袋中，对复性缓冲液进行透析，也是基于去除变性剂的机理使蛋白质复性。由于透析过程依赖扩散作用，需要较长的时间，易造成蛋白质聚集。Makabe 等（2005）设计了一种缓慢透析法，用浓度为 8mol/L 尿素溶液作为起始透析液，然后逐渐稀释透析液的尿素浓度。由于变性剂浓度下降更连续，不会出现变性剂浓度突变的情况，有助于减少蛋白质复性中产生的沉淀，提高了活性蛋白效率。

2. 色谱复性技术

近年来，利用固相基质层析柱进行蛋白质的再折叠研究逐渐引起人们的关注，尺寸排阻色谱、吸附色谱和离子交换色谱等都已得到了应用。这些方法本质上都涉及物理分离，在移去变性剂的同时分离各蛋白分子，使其免于聚集，从而提高活性蛋白的收率；并且该过程可实现自动控制。其基本操作流程见图 3-19。

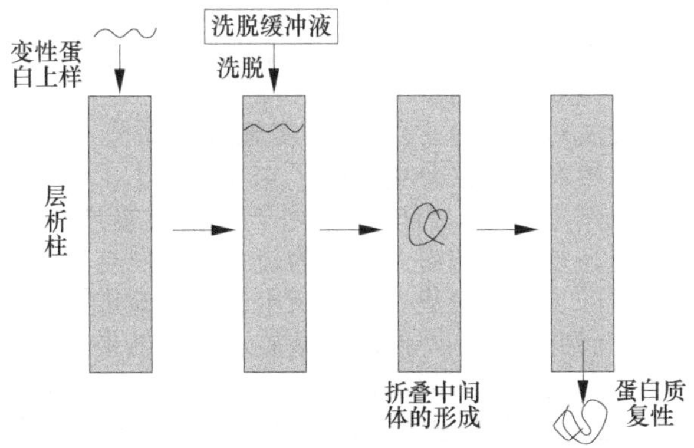

图 3-19　色谱法复性过程的示意图

(1) 凝胶过滤色谱（GFC）。凝胶过滤色谱，也即体积排阻色谱（SEC），可实现变性剂的去除和蛋白复性同时进行。采用适宜大小的凝胶过滤体系，根据折叠中间体的力学半径，通过捕获其不同形式将蛋白质分子相互分开，从而减少折叠中间体的相互作用，提高复性得率。Batas 和 Chaudhuri（1996）利用丙烯葡聚糖凝胶 S-100 成功地获得了复性的溶菌酶和碳酸酐酶。

凝胶介质的分离范围、分离度、蛋白浓度、进样体积、蛋白在柱内的保留时间、凝胶柱的尺寸等因素会影响 SEC 复性的效果。由于 SEC 法具有多种优点，可实现体系的交换、蛋白质再折叠和聚集体中单体的分离，为高浓度条件下包含体蛋白复性提供了一种理想的途径。

实验表明，使用无梯度缓冲液进行洗脱，往往会造成蛋白的错误折叠或再次聚集，降低复性率。Gu 等（2001）利用 Superdex 75 柱设置直线梯度减少的尿素梯度，对溶菌酶进行复性研究。实验对三种不同处理方式的效果进行了比较（图 3-20），显然设置梯度变化的凝胶过滤复性率高于无梯度的凝胶过滤，而稀释复性相比之下效果最差。由此可见，梯度变化的凝胶过滤处理方式可有效增加活性蛋白的得率。

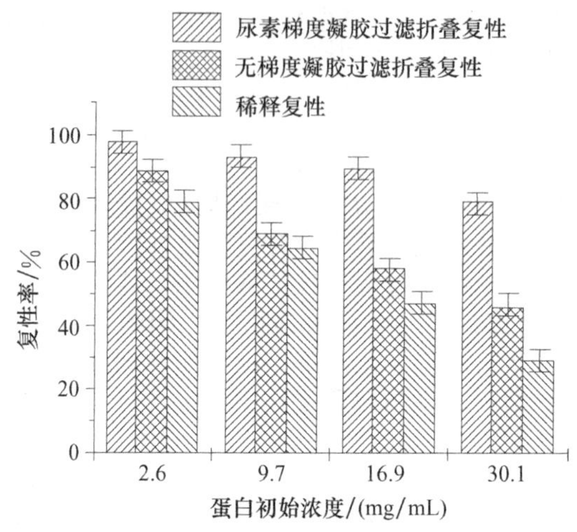

图 3-20　不同复性处理效果的比较
（引自 Gu et al.，2001）

(2) 吸附色谱。利用色谱固相介质对变性蛋白的吸附作用，将其固定在介质表面，使蛋白质分子彼此分开，免于聚集，这种复性技术称为吸附色谱复性法。根据其吸附机理的不同，可分为疏水作用色谱（HIC）、离子交换色谱（IEC）、金属螯合色谱和亲和色谱等。

Choi 等（2005）对填充床和扩张床吸附色谱固相复性进行了研究，通过这两种固相复性技术以及稀释复性法对脂蛋白“LK68”实施复性操作，并加以比较，结果这两种固相复性技术的得率比稀释复性法分别提高了 4.3 倍和 1.7 倍。

耿信笃等最早对疏水作用色谱（HIC）运用于蛋白质复性进行研究。有研究者认为，疏水作用基质更有提高复性率的潜力，因为疏水性基质与变性蛋白大量暴露的疏水基团之间的疏水作用能进一步降低聚集。采用疏水作用色谱进行蛋白复性时，疏水性基质的选择是非常重要的。研究表明，不同填充基质，复性结果是不一样的（表 3-3）。Li 等（2004）利用疏水作用色谱对溶菌酶折叠复性进行了研究，首先将溶菌酶在高盐浓度下吸附于 Poros PE 疏水柱上，再用尿素进行梯度洗脱，在有甘油共存的条件下，活性蛋白得率达到 86.3%。

表 3-3　不同疏水基质对疏水作用色谱复性的影响

疏水基质	活性得率/%	可溶性蛋白得率/%	相对活性得率/%
Porous PE	52	69.7	74.7
Butyl FF	55.7	79.5	70
Octyl FF	59.3	81.2	69.8
Phenyl HP	55.9	89.2	62.7

注：相对活性得率（%）=(可溶性蛋白得率/活性得率)×100
引自 Li et al.，2004

Yashimoto 和 Kubio（2003）运用离子交换色谱成功地获得了溶菌酶的高浓度复性

产物，其收率达到100%。运用离子交换色谱复性时，如果变性蛋白溶液的pH或离子强度不适于蛋白的吸附和复性，应首先对此进行调整。

固定化金属离子亲和层析能特异性捕获带组氨酸的变性蛋白，结合的蛋白利用含咪唑基的复性缓冲液洗脱，得以复性和纯化，操作时将变性蛋白分批吸附到介质后上柱，避免直接上柱时发生聚集。

3. 反胶束萃取复性法

将变性蛋白萃取到反胶束中，也可以达到蛋白质分子彼此分隔的目的，相应提高了蛋白质的复性率。Hatton等（1990）利用阴离子表面活性剂AOT反胶束萃取变性溶菌酶。但是变性剂的存在会抑制变性蛋白萃取的过程。然而，非离子型表面活性剂反胶束的复性处理有望解决这一问题。Sakono等（2004）利用非离子型表面活性剂四甘醇十二烷基醚形成反胶束使碳酸酐酶B复性，20h内收率达到70%以上（图3-21）。

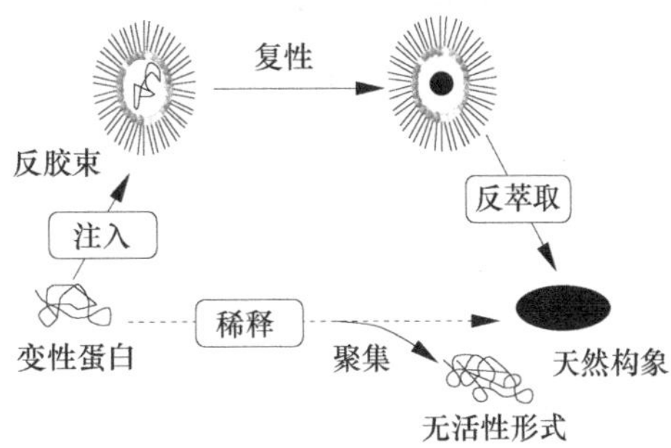

图3-21 反胶束萃取复性与稀释复性相比较
（引自Sakono et al.，2004）

（二）提高复性率的策略

1. 二硫键的形成

拥有多重二硫键的蛋白，需要更复杂的再折叠过程，要求氧化剂和还原剂都在最佳的浓度下，以便于二硫键的形成。当有金属催化剂存在时，空气氧化是氧化蛋白最简单的方式，但主要依靠经验操作。氧化也可利用添加氧化和还原性硫醇试剂得以实现，如谷胱甘肽、半胱氨酸、胱胺等。常用的硫醇试剂有还原型和氧化型谷胱甘肽（GSH/GSSH）、DTT/GSSH，半胱氨酸/胱氨酸以及半胱胺/胱胺等，使用的总浓度为5～15mmol/L，还原型与氧化型的摩尔比分别为1∶1到5∶1。应用氧化型谷胱甘肽形成二硫键，有助于含二硫键蛋白的复性。这其中包括了谷胱甘肽和还原型谷胱甘肽催化下复性产生的变性蛋白间的二硫键。于是，混合二硫化物的使用有利于非正确二硫键的减少。

2. 小分子添加剂

降低蛋白聚集的一个简单有效的策略是使用一些小分子添加剂，如丙酮、乙酰、尿素、去污剂、蔗糖、短链醇、DMSO和PEG等（表3-4）。最常用的小分子添加剂是L-

表3-4 小分子添加剂的使用实例及机理

小分子添加剂	目标蛋白举例	作用机理
非变性剂浓度的促溶剂（尿素、盐酸胍）	猪生长激素、溶菌酶	在非变性剂浓度下促进复性
去污剂和表面活性剂（SDS、Tween、Triton-100）	人生长激素、β-干扰素、碳酸酐酶	有效促进折叠，特别是对含有二硫键的多亚基蛋白，但是会在蛋白上形成胶粒，很难去除
L-精氨酸	IgG、tPA	可使不正确折叠的蛋白结构以及不正确连接的二硫键变的不稳定，而使折叠过程向正确方向进行
短链醇	碳酸酐酶	可减少一些蛋白的聚集，通过与中间体特异地形成非聚合物而阻止疏水中间体的聚集

精氨酸、低浓度（1～2mol/L）尿素或盐酸胍以及去污剂（SDS）。其中，L-精氨酸/HCl对于减少聚集的积极作用在不同蛋白中已得到证实。通常，0.4～1mol/L精氨酸有利于蛋白聚集的减少，这样便可提高折叠复性的得率。精氨酸中胍基与蛋白质色氨酸残基间的交互作用也是减少蛋白聚集的一种方式。这些添加剂对展开蛋白的溶解和稳定性，以及蛋白的折叠都存在着影响。它们往往很容易从溶液中去除。

3. 模拟体内蛋白折叠过程

在细胞内，内源肽链的折叠和聚集过程受分子伴侣和折叠酶的调节。因此，共表达分子伴侣或折叠酶可提高外源蛋白的可溶性表达。在复性过程中添加上述分子也能提高复性率。但是分子伴侣或折叠酶的使用能否提高某一特定蛋白的可溶性表达或复性率尚无法预测，这需要确定蛋白质与分子伴侣或折叠酶的相容性。而且，分子伴侣或折叠酶的加入也增加了后续纯化步骤，提高了生产成本。

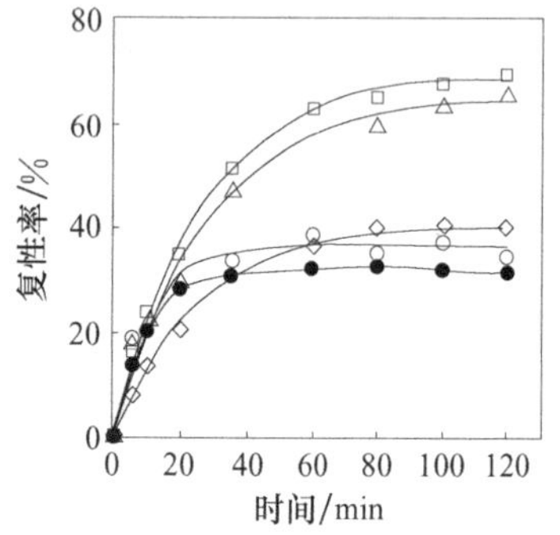

图 3-22 凝胶色谱与人工分子伴侣耦合提高复性率

● 简单稀释

○,□,△,◇分别添加0.724，0.98，1.2，2.02(mol/L)人工伴侣进行凝胶过滤色谱

（引自 Dong et al.，2002）

近年来，不少研究者尝试采用人工分子伴侣辅助折叠，首先利用复性液中的去污剂捕获变性蛋白，形成蛋白-去污剂复合物，抑制蛋白的聚集，然后加入环糊精从复合体中除掉去污剂，使蛋白逐渐复性。Dong等（2002）的研究表明，利用CTAB和β-环糊精组成的人工伴侣体系与体积排阻色谱耦合处理对蛋白复性过程有利，并且可在高流速范围获得较高的复性得率（图 3-22）。

4. 温和溶解工艺相结合提高复性率

为减少蛋白质聚集，应采用一种适宜的再折叠过程，使中间体不变成有聚集倾向的结构，如疏水性基团不完全暴露。温和溶解工艺符合这一要求。只要调节pH远离蛋白的等电点，就可使蛋白在低浓度变性剂中溶解。一旦蛋白在这种温和条件下溶解，氨基酸序列再折叠及纯化过程将变得较简单。该方法已成功应用于大肠杆菌中人生长激素、带状疱疹透明蛋白、重组LHRH多聚体的提取。

Speed等（1996）利用P22蛋白对蛋白聚集过程进行详细的分析结果表明，包含体形成基本发生在蛋白折叠过程的后期，这样蛋白质可保持其二级结构。例如，如果在蛋白溶解时（温和溶解）没有破坏其二级结构，那么在再折叠过程中蛋白质聚集的程度将会大大降低，从而提高活性蛋白的得率。包含体温和溶解，不产生无规则卷曲，将是提高活性蛋白收率的关键。

Burgess等（1996）通过温和溶解法复性RNA聚合酶，获得了较高的活性蛋白得率。Puri等（1992）利用阳离子表面活性剂对人生长源激素进行溶解复性研究，也得到了较理想的结果。Tsumoto等（2003）也采用胍和精氨酸温和溶解包含体中绿色荧光蛋白。

总之，蛋白质复性机理研究的逐步深入将使现有复性方法日益完善，也将出现更多新的复性方法和新的蛋白复性辅助物质。然而，不同蛋白的复性过程及方式不同，特异的复性环境，包括缓冲液的组成、蛋白浓度、温度、pH等应根据蛋白的不同而异。究竟采用怎样的复性工艺，除了技术上的可行性外，还要从下游工艺、生产工艺的稳定性、技术经济性等方面进行综合考虑，才能选择最适当的工艺路线。

思考题

1. 常用细胞分离的方法有哪些？试述其基本原理。
2. 请比较细菌、酵母及植物细胞壁组成的差异。
3. 为什么要进行细胞破碎？有哪些具体的方法？
4. 请指出珠磨法与高压匀浆法各自的原理及适用范围。
5. 超声波破碎法受哪些参数的影响？
6. 珠磨法破壁效率与哪些因素有关？
7. 哪些物质可作为化学渗透剂破碎细胞？原理是什么？
8. 细胞破碎常以什么指标来衡量？
9. 试比较机械法与非机械法进行细胞破碎时的优缺点及适用范围。
10. 细胞破壁时应注意哪些问题？
11. 什么是包含体？实验室中常用哪些试剂溶解包含体？
12. 目前包含体复性的方法有哪些？
13. 要提高包含体复性率有哪些具体措施？请谈谈你的看法。

第四章　沉淀技术

第一节　概　　述

沉淀又称为沉析，是指在溶液中加入沉淀剂使溶质溶解度降低，生成无定形固体从溶液中析出的过程。沉淀分离就是通过沉淀，在固液分相后，除去留在液相或沉积在固相中的非必要成分。如果非必要成分留在固相中，则沉淀就同时起了分离与澄清的作用；如果非必要成分留在液相中，目的物留在沉淀中，则沉淀同时起了分离与浓缩的作用，而且往往有利于保存或进一步处理。

沉淀和结晶在本质上同属一种过程，都是新相析出的过程，主要是物理变化。当然也存在有化学反应的沉淀或结晶，如普鲁卡因青霉素的纯化就属于化学反应的沉淀。沉淀和结晶的区别在于形态的不同，同类分子或离子以有规则排列形式析出称为结晶；同类分子或离子以无规则的紊乱排列形式析出称为沉淀（图 4-1）。

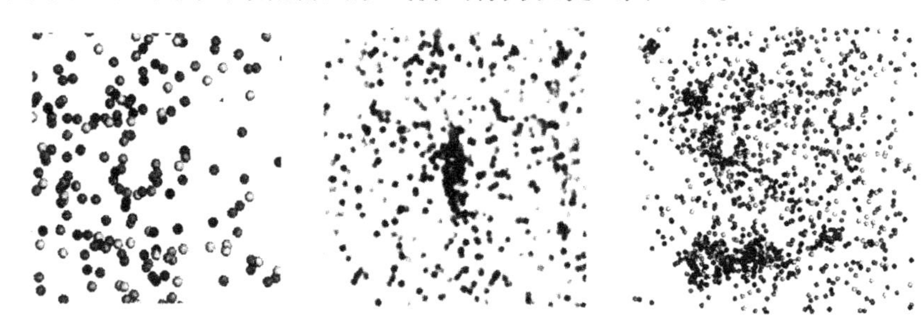

图 4-1　沉淀形成的过程
（引自田亚平等，2006）

沉淀法的优点是过程简单、成本低、原材料易得、便于小批量生产，在产物浓度愈高的溶液中沉淀越有利，收率越高；缺点是所得沉淀物可能聚集有多种物质，或含有大量的盐类，或包裹着溶剂，过滤也较困难，所以沉淀法所得的产品纯度较低，需重新精制。

沉淀法广泛用于生化物质的提取。它不仅用于抗生素、有机酸等小分子物质，而更多地用于蛋白质、酶、多肽等大分子物质。青霉素和链霉素早期也分别用 *N*，*N*-二苄基乙二胺与苯甲胺进行沉淀，并在酸性条件下分解以制得成品。苹果酸、柠檬酸和乳酸都采用钙盐沉淀法提取。

应用沉淀技术分离蛋白质（酶）起始于 19 世纪末，无论是实验室规模还是工业生产，沉淀法都得到了普遍应用。工业上利用蛋白质溶解度之间的差异从天然原料（如血浆、微生物油提液、植物浸出液和基因重组菌）中分离蛋白质混合物。

在有些蛋白质的纯化工艺中，沉淀法可能是唯一的分离方法，如从血浆中生产高纯度的免疫球蛋白（IgG）和白蛋白。而有些蛋白质若在单独使用沉淀达不到要求时，尚需与层析等其他分离方法相结合使用。

随着科技的发展，一些新的沉淀剂或技术应用，给沉淀分离技术带来了新的发展。

1. β-环糊精共沉淀法

具有筒状结构的β-环糊精能与多种化合物形成包和物，这种包合物一般溶解度较小，能包和着待分离的物质而与溶液中的其他成分分离，然后再将这种包和物在一定条件下解络，重新释放目标物质。主要应用于绿原酸等能和β-环糊精形成包和物的成分的提取。

2. “磁种”分离法

将 Fe_2O_3 磁粉进行硅烷化处理，在 Fe_2O_3 表面形成一层单分子的硅烷耦联剂，再用戊二醇活化，从而得到具特殊吸附沉淀能力的“磁种”，将该“磁种”加入到溶液中，“磁种”表面的醛基靠共价键及分子间的相互作用，使溶液中的悬浮物被吸附或沉淀到“磁种”表面，从而实现有效分离。主要用于食品加工企业废水处理和被大肠杆菌等污染、含悬浮颗粒较多的地表水的处理。

3. 染色质免疫沉淀技术

随着生物技术的迅速发展，在核酸和蛋白研究领域又出现了一些新技术。染色质免疫沉淀技术，是一种在体内研究 DNA 和蛋白质相互作用的方法。它的发明最早可以追溯到 20 世纪 60 年代，早期曾多用于研究核小体上的 DNA 和组蛋白的相互作用以及组蛋白的修饰。该技术在国外已经得到了广泛的应用，但在国内还鲜有报道。染色质免疫沉淀技术的原理是在生理状态下把细胞内的 DNA 与蛋白质交联在一起，超声波将染色质打碎后，用所要研究的目的蛋白特异性的抗体沉淀这种交联复合体。只有与目的蛋白结合的 DNA 片段才能够被沉淀下来。

4. 加压 CO_2-乙醇-水体系沉淀分离

利用加压挥发性 CO_2 的溶入来调整溶液的酸度，乙醇为助沉淀剂，达到沉淀的目的，属于等电点沉淀分离的范畴。由于此法所用的乙醇浓度一般不超过 30％，比常规有机溶剂沉淀的浓度低得多，因此对活性生物大分子稳定的影响不大，故而有希望用于酶的分离纯化。

第二节 蛋白质表面性质

由于组成、空间构象及分子的溶剂体系的特点，蛋白质的溶解行为具有独特性，因此在采用沉淀技术进行分离时，必须了解其表面性质。

一、蛋白质表面的亲水性和疏水性

蛋白质主要由疏水性各不相同的 20 种氨基酸组成。在水溶液中，多肽链中的疏水性氨基酸残基具有向内部折叠的趋势，使亲水性氨基酸残基分布在蛋白质立体结构的外表面，形成亲水区，但仍有部分疏水性氨基酸残基暴露在外表面，形成疏水区。亲水性氨基酸含量高的蛋白质的亲水区大，亲水性强，疏水性氨基酸含量高的蛋白质的疏水区大，疏水性强。蛋白质表面由亲水区和疏水区构成。蛋白质在自然环境中通常是可溶的，故其表面大部分是亲水的，内部大部分是疏水的。

二、蛋白质表面的电荷

蛋白质是两性高分子电解质，可看作是一个表面分布有正、负电荷的球体，这种正、负电荷由氨基和羧基的离子化后形成。因此，蛋白质表面由不均匀分布的荷电基团形成的荷电区、亲水区和疏水区构成（图 4-2）。

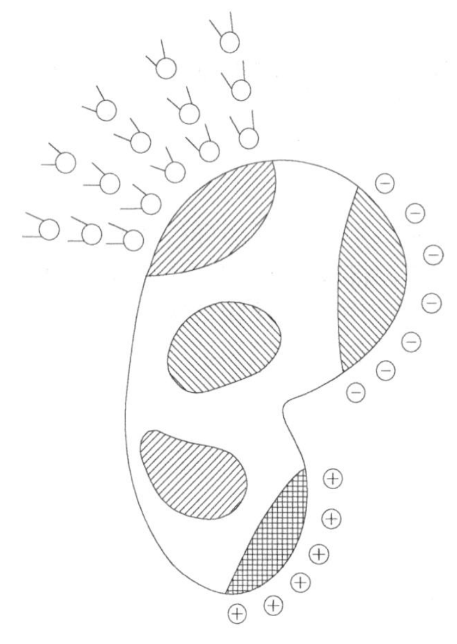

图 4-2 蛋白质表面的憎水区域和荷电区域

水分子 憎水区域
阳离子 荷负电区域
阴离子 荷正电区域

（引自严希康，2001）

三、蛋白质胶体的稳定性

蛋白质的相对分子质量在 $5\times10^{3}\sim1\times10^{6}$ 之间，分子直径约 1～30nm。因此，蛋白质的水溶液呈胶体性质。蛋白质胶体具有稳定性因素主要是蛋白质周围的水化层和蛋白质分子间的静电斥力。

（一）蛋白质周围的水化层

在蛋白质分子周围存在与蛋白质分子紧密或疏松结合的水化层。紧密结合的水化层可达到 0.35g/g 蛋白质，而疏松结合的水化层可达蛋白质分子质量的 2 倍以上。蛋白质周围水化层是蛋白质形成稳定的胶体溶液、防止蛋白质凝聚沉淀的屏障之一。蛋白质周围水化层越厚，蛋白质的胶体溶液越稳定。

（二）蛋白质分子间的静电斥力

1. 分散双电层

蛋白质稳定的另一因素是蛋白质分子间的静电排斥作用。偏离等电点的蛋白质的净电荷或正或负，成为带电粒子，在电解质溶液中吸引相反电荷的离子（简称反离子），由于热运动的影响，这些离子有离开蛋白胶粒的趋势，反离子层并非全部排布在一个面上，而是在距胶粒表面由高到低有一定的浓度分布，形成分散双电层，简称双电层。通常认为蛋白质胶体表面带有负电荷，其反离子多为正离子。

双电层可分为紧密层和分散层两部分：①在相距蛋白胶粒表面约一个离子半径的斯特恩（Stern）曲面内，反离子（即正离子）被紧密束缚在胶粒表面、不能流动，该离子层被称为紧密层或吸附层；②在紧密层外围，随着距离的增大，反离子浓度逐渐降低，直至达到主体溶液的浓度，该离子层被称为分散层或扩散层；③当蛋白胶体粒子在溶液中作运动时，随其一起滑移的总有一薄层液体，该薄层液体的厚度稍大于吸附层的厚度，该薄层液体的外表面被称为滑移面或剪切面（图 4-3）。

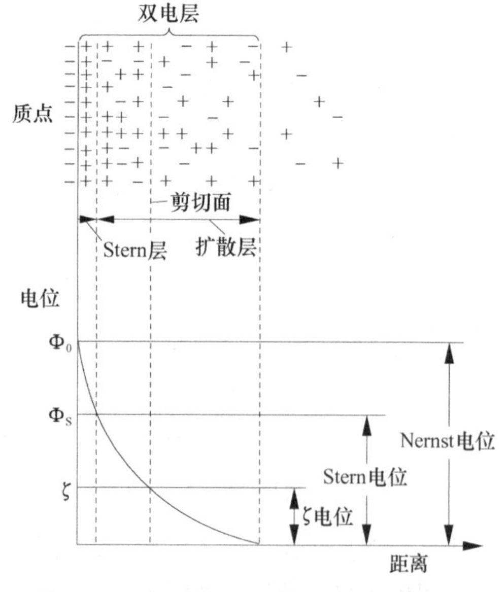

图 4-3 双电层的 Stern 模型和对应的电位

（引自严希康，2001）

2. 双电层的电位

双电层中存电位分布，距胶粒表面由近及远，电位（绝对值）从高到低。双电层的性质与该电位分布密切相关。在蛋白粒子和溶液界面间存在 Φ_0、Φ_S 和 ζ（zeta）

三种电位即能斯特（Nernst）电位、斯特恩（Stern）曲面上的电位、ζ（zeta）滑移面上的电位；带电粒子间的静电相互作用取决于ζ电位（绝对值）的大小（图 4-3）。

这三种电位中只有ζ电位能实际测得，故认为它是控制蛋白胶粒间静电排斥作用的电位。由于蛋白胶粒表面电位一定，所以分散层厚度越小，ζ电位越低。若没有分散层，则ζ电位为零，蛋白质粒子处于等电状态，静电相互作用消失。当双电层的ζ电位大到一定程度时，静电斥力抵消分子间的相互引力（分子间作用力），使蛋白质粒子在溶液处于稳定状态。

第三节　蛋白质沉淀方法

常用的蛋白质沉淀方法目前主要有盐析法、有机溶剂沉淀法、等电点沉淀法、非离子多聚物沉淀法、生成盐复合物法、选择性的变性沉淀、亲和沉淀及 SIS 聚合物与亲和沉淀等（图 4-4）。

沉淀方法
- 盐析
- 有机溶剂沉淀
- 等电点沉淀
- 非离子多聚物沉淀法
- 其他
  - 生成盐复合物法
  - 选择性的变性沉淀
  - 亲和沉淀
  - SIS 聚合物与亲和沉淀

图 4-4　常用沉淀方法种类
（引自田亚平等，2006）

一、盐析法

（一）盐析原理

蛋白质在高离子强度溶液中溶解度降低，以致从溶液里沉淀出来的现象称为盐析。

蛋白质和酶均易溶于水，在水溶液中，蛋白质和酶分子上所带的亲水基团与水分子相互作用形成水化层，保护了蛋白质粒子，避免了相互碰撞，使蛋白质形成稳定的胶体溶液。因此，可通过破坏蛋白质周围的水化层和中和电荷降低蛋白质溶液的稳定性，实现蛋白质的沉淀。加入大量中性盐后，夺走了水分子，破坏了水膜，暴露出疏水区域，同时又中和了电荷，使颗粒间的相互排斥力失去，布朗运动加剧，蛋白质分子结合成聚集物而沉淀析出。盐析过程见图 4-5。

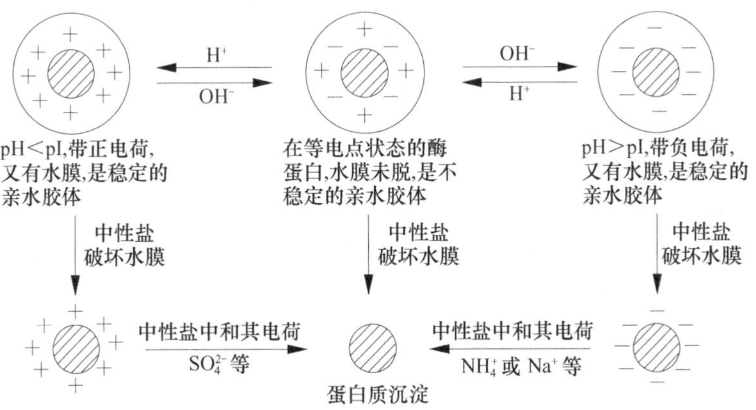

图 4-5　蛋白质的盐析图解
（引自张树，1998）

可以从熵的驱动角度出发来解释盐析过程，从反应自由能的符号来判断（Pr 代表蛋白质）：

$$\mathrm{Pr} + n\mathrm{H_2O} \longrightarrow \mathrm{Pr} \cdot n\mathrm{H_2O} \tag{4-1}$$

$$\mathrm{Pr} \cdot n\mathrm{H_2O} + \mathrm{Pr} \cdot m\mathrm{H_2O} \Longleftrightarrow \mathrm{Pr\text{-}Pr'} + (m+n)\mathrm{H_2O} \tag{4-2}$$

$$\Delta G^0 = \Delta H^0 - T\Delta S^0$$

$$\mathrm{A} \cdot \mathrm{B} + (n_1 + n_2)\mathrm{H_2O} \Longleftrightarrow \mathrm{A} \cdot n_1\mathrm{H_2O} + \mathrm{B} \cdot n_2\mathrm{H_2O} \tag{4-3}$$

当盐浓度低，一般反应（4-2）的 ΔG^0 为正值，Pr 沉淀的可能性不大；当加入大量中性盐时，大量水分子与中性盐结合，发生反应（4-3）的趋势增加，反应（4-2）的平衡右移，蛋白质分子发生聚集，当 Pr-Pr′聚到足够大，就可发生沉淀。显然从反应（4-2）的发生趋势来看，盐析时升高温度，可加快盐析的速度，但这只适用于热稳定性好的物质。

（二）盐析公式

在高浓度盐溶液中，蛋白质溶解度的对数值与溶液中的离子强度成线性关系，可用 Cohn 经验方程表示：

$$\log S = \beta - K_S I \qquad (4\text{-}4)$$

式中，S——蛋白质溶解度，mol/L；

β——盐浓度为 0 时，蛋白质溶解度的对数值，与蛋白质种类、温度、pH 有关，与盐无关。

$$I = \frac{1}{2}\sum c_i Z_i^2 \qquad (4\text{-}5)$$

I——离子强度；

c_i——离子浓度；

Z_i——离子化合价；

K_S——盐析常数，与蛋白质和无机盐的种类有关，与温度、pH 无关。

1. K_S 分级盐析法

在一定 pH 和温度下，改变体系离子强度进行盐析的方法。此法由于蛋白质对离子强度的变化非常敏感，易产生共沉淀现象，因此常用于蛋白质的粗提。

2. β 分级盐析法

在一定离子强度下，改变 pH 和温度进行盐析。此法由于溶质溶解度变化缓慢，且变化幅度小，因此分辨率更高，常用于对粗提蛋白进一步的分离纯化。

（三）常用的盐析剂

对盐析用盐的要求是：①盐析作用要强；②盐析用盐需有较大的溶解度；③盐析用盐必须是惰性的；④来源丰富、经济。

可使用的中性盐有：硫酸铵、硫酸钠、硫酸镁、氯化钠、醋酸钠、磷酸钠、柠檬酸钠、硫氰化钾等。其中，硫酸铵以溶解度大且溶解度受温度影响小，对目的物稳定性好、价廉、沉淀效果好等优点应用最为广泛。

（四）影响盐析的因素

1. 蛋白质种类

蛋白质不同，盐析效果也不同。在 Cohn 方程中，β 和 K_S 与蛋白质种类有关，不同蛋白质 β 和 K_S 值不同，相对分子质量大、结构不对称的蛋白质 K_S 值越大，越易沉淀。

2. 离子类型

相同的离子强度下，不同种类的盐对蛋白质的盐析效果不同。早在 1888 年，Hofmeister 就对一系列盐沉淀蛋白质的行为进行了测定，并根据盐析能力，对阴阳离子进行了排序，称为感胶离子系列，即 Hofmeister 序列。

阴离子盐析能力由大到小的顺序为：柠檬酸根、酒石酸根、氟离子、碘酸根、磷酸二氢根、硫酸根、醋酸根、氯离子、氯酸根、溴离子、硝酸根、高氯酸根、碘离子、硫氰酸根。

阳离子盐析能力由大到小的顺序为：钍离子、铝离子、氢离子、钡离子、锶离子、钙离子、铯离子、铷离子、铵根离子、钾离子、钠离子、锂离子。

3. 温度和 pH

在低离子强度溶液或纯水中，蛋白质的溶解度在一定温度范围内，随着温度的升高而增大，但是在离子强度较高的水溶液中，升高温度有利于某些蛋白质失水。因而温度升高，蛋白质的溶解度下降。因此，一般说来盐析时不要降低温度，除非这种蛋白质不耐热。

蛋白质在 pH 等于等电点的溶液中，静电荷为零，蛋白质的静电斥力最小，溶解度最低。因此，盐析时 pH 尽量在等电点附近。

4. 盐的加入方式

采用硫酸铵进行盐析时可按两种方式加入：

(1) 直接分批加入固体盐类粉末，并充分搅拌，使其完全溶解和防止局部浓度过高，还能使蛋白质充分聚集，易沉淀；搅拌不能太剧烈，否则可能破坏目的物。

(2) 在实验室和小规模生产中，或盐浓度不需太高时加入饱和盐溶液，它可防止溶液局部过浓，但加量较多时，料液会被稀释。

5. 蛋白质的原始浓度

蛋白质浓度高时，盐的用量少，但须适中，以避免共沉。蛋白质浓度过低时，共沉作用小，但消耗大量中性盐，对蛋白质回收也有影响。也就是说，同一种蛋白质的不同浓度溶液的沉淀曲线常常会发生变化。例如，30g/L 的碳氧肌红蛋白，在饱和度为 58%～65%的硫酸铵溶液中，能大部分沉淀出来，如将上述蛋白质溶液稀释 10 倍后，在饱和度为 66%的硫酸铵中仅刚开始出现沉淀，直到饱和度为 73%时，沉淀才比较完全。对较为单一的蛋白质溶液，蛋白质的浓度在盐析时应尽可能控制在较高的范围。实际应用盐析时，我们往往面对的是一个较为复杂的混合体系，其中往往存在多种蛋白质，对混合蛋白质的盐析，蛋白质浓度过高，会发生较为严重的共沉作用，所以在这种情况下，蛋白质浓度一般不能高，控制浓度范围一般为 2.5%～3% (25～30mg/mL)。

(五) 盐析沉淀的操作

以最常用的硫酸铵为例。

1. 硫酸铵量的计算

$(NH_4)_2SO_4$的溶解度在 0～30℃范围内变化很小，20℃的饱和浓度约为 4.05mol/L (即 534g/L)。若向 1L 蛋白质溶液中加硫酸铵某一浓度使蛋白质发生盐析沉淀。由于加入硫酸铵后溶液体积要增大，在 20℃下，硫酸铵浓度从 M_1 增至 M_2 所需加入的 $(NH_4)_2SO_4$克数为

$$W = \frac{534(M_1 - M_2)}{4.05 - 0.3M_2} \tag{4-6}$$

在 0℃下，饱和硫酸铵溶液浓度为 3.825mol/L (即 505g/L) 则为

$$W = \frac{505(M_1 - M_2)}{3.825 - 0.285M_2} \tag{4-7}$$

如果硫酸铵浓度用饱和度 S 表示，则硫酸铵饱和度由 S_1 增到 S_2 时，每升溶液所需添加的 $(NH_4)_2SO_4$ 克数为

20℃ 时，
$$W=\frac{534(S_1-S_2)}{1-0.3S_2} \tag{4-8}$$

0℃ 时，
$$W=\frac{505(S_1-S_2)}{1-0.285S_2} \tag{4-9}$$

2. 实验步骤

盐析分离一个蛋白质料液所需的最佳 $(NH_4)SO_4$ 浓度或饱和度，可由实验确定。

(1) 取一部分料液，将其分成等体积的份数，冷却至 0℃。

(2) 用 (4-9) 式计算饱和度达到 20%～100%所需加入硫酸铵的量 (W)，并在搅拌条件下分别加到终了，继续搅拌 1h 以上，同时保持 0℃，使沉淀达到平衡。

(3) 在 3000g 下离心 40min 后，将沉淀溶于 2 倍体积的缓冲溶液中，测定其中蛋白质的总浓度和目标蛋白的浓度。

(4) 分别测定上清液中蛋白质的总浓度和目标蛋白的浓度，比较前后蛋白质是否保持物料守恒，检验分析结果的可靠性。

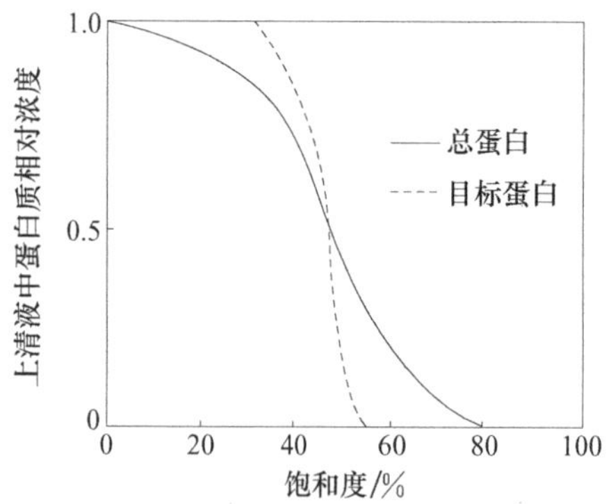

图 4-6 盐析沉淀平衡后上清液中蛋白质浓度与硫酸铵饱和度关系示例

(5) 以饱和度为横坐标，上清液中蛋白的总浓度和目标蛋白的浓度为纵坐标作图（图 4-6）。图中纵坐标为上清液中蛋白质的相对浓度（与原料浓度之比）。

沉淀分级操作选择的饱和度范围应大致在 35%～55%之间。具体饱和度的值应根据同时得到较大纯化倍数和回收率而定。原则上应将需要的纯度放在重要地位，首先注重纯化倍数，再考虑回收率，反之亦然。

盐析广泛的用于各类蛋白质及酶的初级纯化和浓缩，在某些情况下还用于蛋白质和酶的高度纯化。表 4-1 为文献报道的部分盐析沉淀纯化蛋白质的结果。

表 4-1 蛋白质的盐析沉淀

目标蛋白	来 源	硫酸铵饱和度/%		收率/%	纯化倍数
		一次沉淀	二次沉淀		
人干扰素	细胞培养液	30（上清液）*	80（沉淀）*	99	1.7
白细胞介素 2	细胞培养液	35（上清液）	85（沉淀）	73.5	7.0
组织纤溶酶原激活物	猪心抽提液	50（沉淀）		76	1.8
			35（沉淀）	81	1.5

* 括号内指回收部分为上清液或沉淀

引自孙彦，2005

对各类蛋白的初级纯化和浓缩：干扰素的培养液通过硫酸铵两次盐析沉淀，第一次沉淀，硫酸铵饱和度为 30%（取上清液），第二次沉淀硫酸铵的饱和度为 80%（取沉淀），可使干扰素纯化 1.7 倍，回收率为 99%。白细胞介素 2 的细胞培养液利用硫酸铵两次盐析沉淀后，沉淀中白介素 2 的回收率为 73.5%，纯化倍数达到 7.0。

对某些蛋白质的高度纯化：对融合细胞的培养液浓缩 10 倍后，加入等量的饱和硫酸铵溶液，在室温下放置 1h 后，离心除去上清，得到的沉淀物中单克隆抗体回收率达 100%，纯化倍数大于 8，纯化达到电泳纯。对杂质含量较高的料液，可采用反复盐析

沉淀并结合其他沉淀法进行高度纯化，如从牛胰脏中提取胰蛋白酶和胰凝乳蛋白酶，用以上方法可制备纯度较高的酶制剂。

（六）盐析的其他操作

除以上盐析操作外，还有透析盐析、反抽提法盐析。

透析盐析就是将蛋白质溶液盛于透析袋中，放入一定浓度的盐溶液中，由于渗透压的作用，袋中盐浓度连续性变化，使蛋白质发生沉淀。此种方法能避免局部盐浓度突然升高所引起的共沉，分离效果高，但它处理的样品量少，速度慢，只适合于小型试验。

反抽提法是将包括要分离的蛋白质在内的多种蛋白质一起沉淀出来，然后选择适当的递减浓度的硫酸铵来抽提沉淀物。此法在提取易失活的酶时更有其优越性，使用此法酶活得率一般较高，这可能是因为酶蛋白在非溶解状态较能抵御蛋白酶攻击的缘故。例如，肝脏 Mn-SOD 很不稳定，但采用反抽提法，可使其得率大大提高。

（七）脱盐处理

蛋白质、酶等经过盐析沉淀分离后，产品加有盐分，还需进行脱盐处理。常用脱盐处理的方法有：透析法、超滤及凝胶过滤法。

透析为应用最早的膜分离技术，多用于制备及提纯生物大分子时除去或更换小分子物质、脱盐和改变溶剂成分。实验室少量样品可放入做成的透析袋内，并留出一半左右的体积，扎紧袋口，悬挂于盛有纯净溶剂（如水）的大容器内，即可透析（图 4-7）。

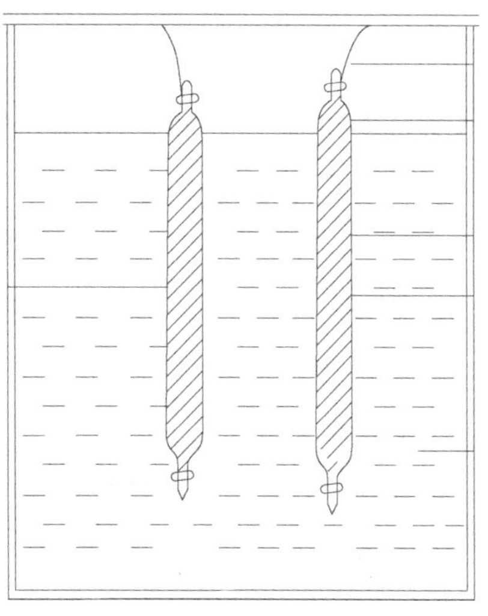

图 4-7　实验室最简单的透析装置
（引自田亚平等，2006）

二、有机溶剂沉淀法

用有机溶剂（如丙酮、乙醇）沉淀蛋白质的技术已有很悠久的历史了，早在 20 世纪 40 年代，Cohn 等首先研究出大规模分级分离人血浆蛋白的方法。利用乙醇的低介电常数性质以及蛋白质在一定温度、pH、离子强度及浓度条件下，在不同浓度乙醇中溶解度不同分离血浆蛋白质，可以生产出多种医用血浆蛋白，成为著名的 Cohn 乙醇沉淀法。1971 年 Newman 等对此方法进行了改进，将血浆在 2～4℃进行沉淀分离，可在同一过程中得到更多产物（如血液第八因子、血纤维蛋白原等），成为目前广泛使用的冷乙醇沉淀法。其他沉淀方法，如硫酸铵、利凡诺、辛酸盐沉淀法，也都获得应用。我国早期使用硫酸铵盐析法生产人血清白蛋白（HSA），但由于硫酸铵腐蚀性强，生产过程繁琐，所以后来也采用冷乙醇沉淀法。冷乙醇沉淀法过程相对简单（尽管设备可能较为复杂），生产白蛋白产量较高，乙醇具有杀菌能力，可得到无热原的产品。更重要的是冷乙醇沉淀法有助于除去或抑制 HIV 等病毒，因而其改进工艺至今在工业上仍作为主要的生产方法。

有机溶剂沉淀法的优点是：有机溶剂密度较低，易于沉淀分离；与盐析法相比，沉淀不需脱盐处理。但该法容易引起蛋白质变性，必须在低温下进行，溶剂消耗量大，回收率较盐析低。另外，应用有机溶剂沉淀时，所选择的有机溶剂应是与水互溶、不与蛋白质发生作用的物质，常用的有丙酮和乙醇。

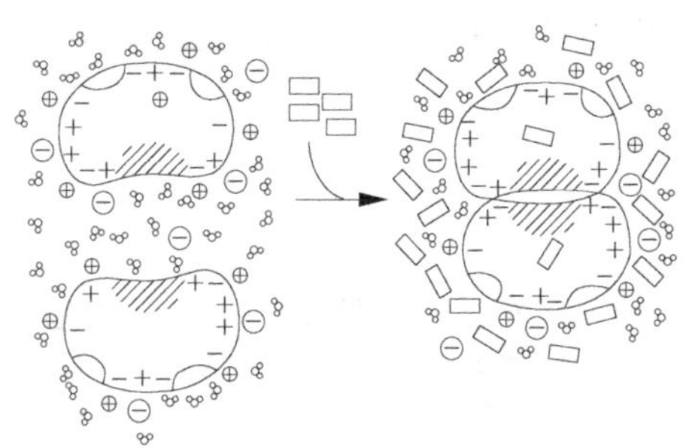

图 4-8　有机溶剂沉淀蛋白质原理示意图
（引自田亚平等，2006）

（一）基本原理

传统观点认为向蛋白质溶液中加入丙酮或乙醇等有机溶剂，水的活度降低，水对蛋白质分子表面的水化程度降低，即破坏了蛋白质表面的水化层；另外，溶液的介电常数下降，蛋白质分子间的静电引力增大，从而聚集和沉淀（图 4-8）。

新观点认为，有机溶剂可能破坏蛋白质的某种键，使其空间结构发生某种程度的变化，致使一些原来包在内部的疏水基团暴露于表面并与有机溶剂的疏水基团结合形成疏水层，从而使蛋白沉淀，而当蛋白质的空间结构发生变形超过一定程度时，便会导致完全的变性。

（二）影响沉淀效果的主要因素

利用有机溶剂沉淀蛋白质（酶）时，必须控制好下列几个条件。

1. 温度

有机溶剂沉淀蛋白质受温度影响很大。大多数蛋白质的溶解度随温度降低而下降。温度升高，会使一些对温度敏感的蛋白质或酶变性。因此，有机溶剂沉淀操作必须在低温下进行。例如，乙醇沉淀人血浆蛋白时，温度控制在－10℃。

由于有机溶剂与水混合会放出大量热，使溶液温度升高，所以有机溶剂沉淀的整个过程必须保持高度冷却。加入的有机溶剂必须预先冷冻到－20～－10℃，同时强烈搅拌，少量多次缓慢地加入，防止溶液局部升温。

2. pH

蛋白质（酶）等两性物质在有机溶剂中的溶解度因 pH 变化而变动，一般在等电点时，溶解度最低，可通过调节 pH，选择性的分离蛋白质。

3. 蛋白质浓度

蛋白质浓度过低，而添加的有机溶剂浓度过高时会造成变性。蛋白质的浓度过高，易发生共沉作用，但稳定性较好。所以，一定要综合考虑合适蛋白质的浓度，一般认为合适的蛋白类物质起始浓度为 0.5%～3%范围较合适。

4. 离子强度

当溶液中含有一定量的中性盐时，蛋白质在有机溶剂水溶液中的溶解度升高。所以用盐析法制得的粗品，复溶后进一步用有机溶剂法沉淀纯化时，必须先透析除盐，否则会使沉淀蛋白质所需要的有机溶剂浓度也增大。但是，用有机溶剂沉淀，溶液中含有适量的中性盐会减少变性的影响。

5. 多价阳离子的影响

溶液中若有某些多价阳离子（Zn^{2+}、Ca^{2+}等）存在，就能使蛋白质在水或有机溶剂中的溶解度大大降低。因此，可用加入这些阳离子的方式减少有机溶剂的用量。例如，0.005～0.02mol/L 的 Zn^{2+} 可使有机溶剂的用量减少到原用量的 1/3～1/2。

（三）有机溶剂的选择

很多有机溶剂都可以使溶液中的蛋白质发生沉淀，如乙醇、甲醇、丙酮、二甲基甲酰胺、二甲基亚砜、异丙醇等。要选择合适的有机溶剂，主要应考虑以下几点：①介电常数小，沉淀作用强；②致变性作用要小；③毒性小，挥发性适中；④水溶性要好。

乙醇和丙酮是常用的有机溶剂。乙醇的沉析作用强、挥发性适中且无毒，常用于蛋白质、核酸、多糖等生物大分子的沉析；丙酮沉淀作用更强，用量省，但毒性大，应用范围不如乙醇广泛。

（四）溶剂用量

为了使溶液中有机溶剂的含量达到一定的浓度，加入有机溶剂的量可按下式计算：

$$V = V_0(S_2 - S_1)/(100 - S_2) \tag{4-10}$$

式中，V——需加入有机溶剂体积，L；

V_0——原溶液体积，L；

S_1——原溶液中有机溶剂的体积分数，%；

S_2——所需要有机溶剂的体积分数，%。

如果所用有机溶剂的浓度是 95%，则公式中的 100 改为 95 即可。

此外，有机溶剂沉淀过程应在较大的容器中进行，以便把热量迅速扩散出去。不仅沉淀过程必须在低温下进行，沉淀离心也须低温进行，所得沉淀也应迅速溶于足够量的缓冲液中，以减少残留有机溶剂的影响。

有时为了获得沉淀而不着重于进行分离，可用溶液体积的倍数，如加入 1 倍、2 倍、3 倍原溶液体积的有机溶剂，来进行有机溶剂沉淀。

三、等电点沉淀法

等电点沉淀指利用蛋白质在 pH 等于其等电点的溶液中溶解度下降的原理进行沉淀分离的方法。

氨基酸、蛋白质等是两性电解质，它们所带电荷常与溶液的 pH 有关。一般来说，不管酸性环境还是碱性环境，只要偏离两性电解质的等电点，它们分子要么净电荷为正，要么净电荷为负，这种情况下分子自身之间反而有排斥作用，只有当它们所带净电荷为零时，其分子之间的吸引力增加，分子互相吸引聚集，使溶解度降低，这时溶液的 pH 就等于蛋白质的等电点（pI）。处于等电点状态的蛋白质互相吸引，调节溶液的 pH 至溶质的等电点，就有可能把该溶质从溶液中沉淀出来。

不同的蛋白质表面所带的电荷不同，所以根据不同蛋白质等电点不同的特性，依次改变溶液的 pH，将杂蛋白除去，获得目标产物。

几种蛋白质（酶）的等电点见表 4-2。

表 4-2 几种酶和蛋白质的等电点（pI）

种类	胃蛋白酶	β-乳球蛋白	胰凝乳蛋白酶	血清蛋白	血红蛋白
等电点	1.0	5.2	9.5	4.9	6.3
种类	溶菌酶	γ-球蛋白	细胞色素	卵清蛋白	肌红蛋白
等电点	11.0	6.6	10.65	4.6	7.0

引自严希康，2001

四、非离子多聚物沉淀法

非离子多聚物最早在 20 世纪 60 年代被用来沉淀分离血纤维蛋白原和免疫球蛋白，目前逐渐应用于一些核酸和酶的分离纯化。常用的是聚乙二醇（PEG）、聚乙烯基吡咯烷酮（PVP）和葡聚糖等。PEG 结构特点为具有螺旋状的结构，亲水性强，有很广范围的相对分子质量，其结构式如下：

$$(OH)CH_2—(CH_2—CH_2—O)_n—CH_2(OH)$$

计算公式与盐析法类似：

$$\lg S = \beta - K_C \tag{4-11}$$

式中，S——蛋白质溶解度；

C——PEG 的浓度；

β——为 Y 轴的截距；

K——斜率。

用 PEG 沉淀蛋白质的优点是：沉淀体系的温度在室温条件下；产物颗粒比较大，容易收集；不易使蛋白质变性。缺点是：沉淀结束后 PEG 需要用超滤或者萃取的方法去除。

五、变性沉淀

（一）基本原理

被分离的目标物质能忍受一些较剧烈的实验条件（如温度、pH、有机溶剂），而一些杂质却因不稳定而从溶液中首先变性沉淀，从而达到分离出目标物的目的。

（二）分类

1. 热变性沉淀

一般随着温度的提高（25℃以上），蛋白质（酶）类活性物质就会变性，各种蛋白质类物质往往具有不同的半变性温度。在蛋白质的分离纯化过程中，就可能选择一个合适的温度，使某一种蛋白质几乎全部变性而产生沉淀，而目的蛋白质则变化很小。

热变性沉淀方法具体应用时，必须注意以下几点：选择合适的缓冲液、pH、加热方式和加热过程；保温时间不同，蛋白质的变性曲线会发生一定的移动，所以选择沉淀条件时时间也是需要考虑的。

2. pH 变性

在偏酸或者偏碱的条件下，使蛋白质类物质带上相同的电荷，增加分子之间的斥力，或破坏其自身的离子键而造成其空间结构的破坏，从而引起变性沉淀。

采用 pH 变性时必须对目的物的酸碱稳定性有足够的了解，才能有效的使杂质沉淀从而保护目的产物。

六、生成盐类复合物的沉淀

生物分子可以生成盐类复合物沉淀，一般分为：①与生物分子的酸性功能团作用的金属复合盐（如铜盐、银盐、锌盐、铅盐、锂盐、钙盐等）；②与生物分子的碱性功能团作用的有机酸复合盐（如苦味酸盐、苦酮酸盐、单宁酸盐等）；③无机复合盐（如磷钨酸盐、磷钼酸盐等）。以上盐类复合物都具有很低的溶解度，极容易沉淀析出。

（一）金属复合盐

常用的能使生物分子形成金属复合盐的金属离子有 Mn^{2+}、Fe^{2+}、Co^{2+}、Ni^{2+}、Cu^{2+}、Zn^{2+}、Cd^{2+}、Ca^{2+}、Ba^{2+}、Mg^{2+}、Pb^{2+}、Hg^{2+}、Ag^{+} 等。金属复合盐可通以 H_2S 气体使金属变成硫化物而除去，但是一些重金属离子能使生物分子不可逆的变性，所以在选择沉淀剂时须谨慎。

金属复合盐可以用于沉淀蛋白质、也适用于核酸或其他小分子物质。例如，0.01mol/L 的 Ca^{2+} 或 Mg^{2+} 在室温下可以完全沉淀 PolyA 和 PolyL。金属离子还可以沉淀氨基酸、多肽及有机酸。

（二）有机酸类复合盐

一些含氮有机酸（如苦味酸、苦酮酸、鞣酸等）能与有机分子的碱性功能团形成复合物而沉淀析出。沉淀后可以加入无机酸并用乙醚萃取，把有机酸等除去，或用离子交换法除去。但是，某些有机酸和蛋白质形成复合盐后，常使蛋白质发生不可逆的沉淀，所以在沉淀时须采取较温和的条件，有时还要加入一定的稳定剂。例如，用 2.5%三氯乙酸（TCA）分离细胞色素 C、胰蛋白酶或抑肽酶等，可以除去大量的杂质蛋白而对酶的活性没有影响。

七、亲和沉淀

（一）基本原理

亲和沉淀是利用蛋白质与特定分子（配基、基质、辅酶等）之间高度专一作用而设计的一种特殊选择性的分离技术，所以其沉淀原理不是依据蛋白质溶解度的差异，是因为蛋白质与特定分子（配基、基质、辅酶等）结合，形成固相从而与杂质分离（图 4-9）。带有配基的聚合物称之为载体。

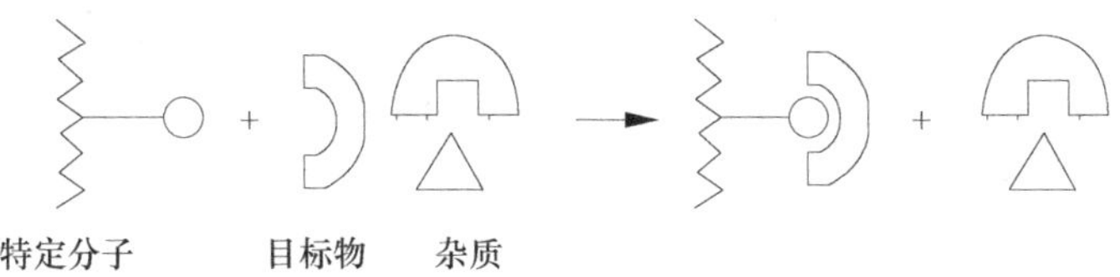

图 4-9　亲和沉淀机理

从亲和沉淀的机理和分离操作的角度可以看出，亲和沉淀的优点是：配基与目标分子的亲和结合作用无扩散传质阻力，结合速度快；亲和配基裸露在溶液之中，可有效地结合目标分子，分离效率高；利用离心或过滤技术回收沉淀，易于生产放大；亲和沉淀法可用于高黏度或含微粒的料液中目标产物的纯化，因此可在分离纯化的早期采用，有利于减少步骤，降低成本。

（二）分类

根据亲和沉淀的机理，可分为一次作用亲和沉淀和二次作用亲和沉淀。

1. 一次作用亲和沉淀

水溶性化合物分子偶联两个或两个以上的亲和配基，双配基和多配基可与含有两个以上的亲和结合部位的多价蛋白质产生交联，进而成为较大的交联网络而沉淀。

2. 二次作用亲和沉淀

利用在物理场（如 pH、离子强度、温度和添加金属离子等）改变时，介质与目标分子共同发生可逆性沉淀，称为二次作用亲和沉淀。通常先使目标物质与带有配基（基质、辅酶）的载体结合，然后改变 pH 或其他条件使目标物-配基-载体形成可逆性沉淀，从而使目标物与杂质分离。

一次作用亲和沉淀虽然简单，但所要求配基与目标分子的亲和结合常数较高，沉淀条件难于掌握，并且沉淀的目标分子与双配基的分离所需要的透析技术与凝胶过滤技术都难于大规模应用，从而影响了一次作用亲和沉淀广泛的应用。因此，目前较多采用二次作用沉淀法。

八、SIS 聚合物与亲和沉淀

SIS 聚合物（soluble and insoluble polymers），也可称为可逆溶解性聚合物（reversibly soluble polymers）。

这类聚合物的溶解与非溶解状态可随环境参数（如 pH、温度等）的变化而发生可逆变化，因此可被用于蛋白质（酶）的亲和沉淀或可逆固定化。

可逆性溶解聚合物可以直接和蛋白质结合发生亲和沉淀，有时需要将亲和配基结合在可逆性溶解聚合物上，也是二次作用亲和沉淀的一种。

第四节 沉淀技术应用

沉淀是固相析出分离法的一种，目前在生物产品的生产和研发中沉淀的方法已经得到了较多的应用，如蛋白质、多糖和其他生物药品的分离纯化等。

一、蛋白质

蛋白质（酶）的提取在粗分离阶段大多要用到沉淀分离的方法，盐析、有机溶剂沉淀、多聚物沉淀、选择性变性沉淀除去杂质等方法得到广泛的应用，特别是在 α-淀粉酶的生产中，沉淀方法大大提高了产品的品质和回收率。

（一）菜籽分离蛋白的制取

影响菜籽蛋白质萃取率的因素很多。蛋白质萃取率的高低不仅取决于萃取水相、萃取条件的选择，而且与菜籽品种、菜籽加工方法密切相关。欲获得较高的蛋白质萃取率，应尽量避免菜籽在加工过程中经受高温作用。采取分段萃取分段沉淀以及超滤、渗滤技术制取菜籽分离蛋白，能够较为有效地提高蛋白质的总得率。适当选择菜籽蛋白质萃取与沉淀时的 pH，配合其他脱毒方法，能够显著降低菜籽分离蛋白中的植酸含量（分离蛋白制备，图 4-10）。

（二）玉米面筋粉中醇溶蛋白的制备

玉米面筋粉中醇溶蛋白的提取，可以利用稀盐溶液促进醇溶蛋白的等电点沉淀。最佳提取条件为：盐浓度 2%，提取液与盐溶液体积比为 5 : 1，醇浓度 30%～50%。此工艺可缩短沉淀时间，有利于工业化生产。工艺流程如下：

醇溶蛋白提取液⟶{溶剂回收⟶稀释⟶调节 pI⟶盐溶液处理⟶分离
　　　　　　　　　{醇溶蛋白⟶水洗⟶干燥⟶粉碎⟶产品

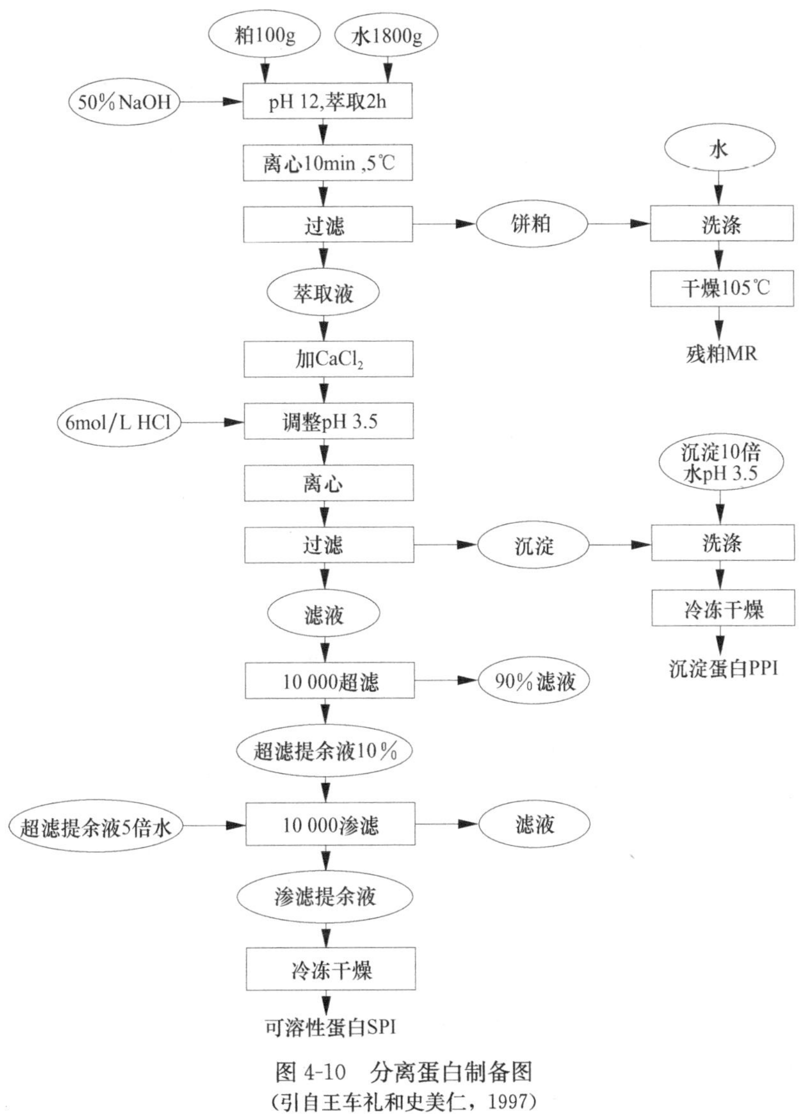

图 4-10 分离蛋白制备图
(引自王车礼和史美仁，1997)

（三）等电沉淀制备荞麦蛋白

以内蒙古产白花甜荞粉为原料，用碱萃取和等电沉淀法开发并优化出荞麦蛋白的制备工艺。其工艺参数为：体系 pH 8，温度 50℃，提取时间 30min，料液比 1∶15，此时荞麦蛋白的提取率为 69.29%。荞麦蛋白等电点为 3.8，酸沉率为 73.80%。水洗中和后的荞麦蛋白溶液可以通过喷雾和真空冷冻两种方法干燥得到荞麦蛋白制品。荞麦蛋白制品的粗蛋白质为 69.02%，得率为 63%。SDS-PAGE 电泳分析表明，荞麦和荞麦蛋白制品的蛋白质组成相似，都富含中、低相对分子质量蛋白质组分。

预测荞麦蛋白的等电点为 pH 3～5，进一步缩小 pH 区间，测定荞麦蛋白溶液的电导率，结果显示荞麦蛋白质的等电点为 3.8。此时荞麦蛋白质发生最大程度的絮凝沉析，沉淀率为 73.80%，其中有 26.20%的蛋白质流失到乳清中。

（四）一种新型的蛋白质沉淀体系——加压 CO_2-乙醇-水体系

此体系将有机溶剂与高压气体等电沉淀技术结合起来，建立了一种新的蛋白质纯化方法。实验以加压 CO_2 为挥发性酸、乙醇为助沉淀剂，对 BSA（牛血清白蛋白）的等电沉淀进行了研究。设定初始蛋白质溶液透光率为 100%，作为空白对照。于 550nm 处测定透光率。实验仪器如图 4-11 所示。

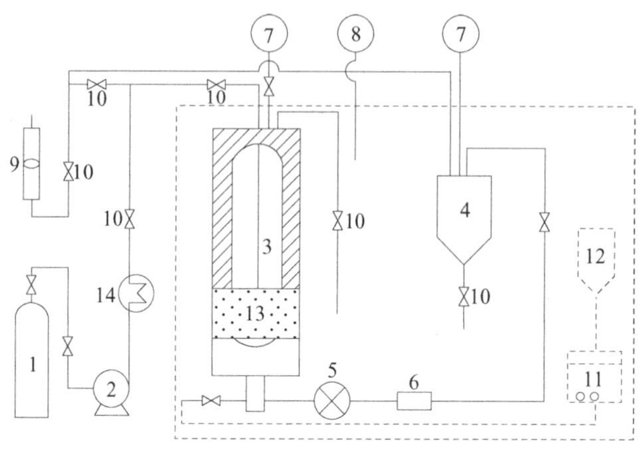

图 4-11 加压 CO_2-乙醇-水体系实验设备图

结果表明，本方法可使 BSA 处理浓度提高，CO_2 操作压力降低，其中乙醇既具有促进沉淀的作用又具有降低 BSA 缓冲能力的作用，在实验操作条件下，BSA 未发生不可逆的构象变化，能保持稳定。这些结果对该方法的进一步完善及其在蛋白质等生物活性成分分离纯化领域的应用具有借鉴作用。

由于所用的乙醇浓度一般不超过 30%，比常规有机溶剂沉淀的浓度低得多，因此对蛋白质稳定性的影响不大。通过多种手段测定了蛋白质稳定性情况，结果表明在实验所用的各种操作条件下，BSA 在体系中基本能稳定存在。

二、多糖

沉淀技术在多糖的提取过程中应用较多，如多糖提取的初级阶段大多会用到乙醇沉淀或乙醇分级沉淀，也有一些植物胶体性多糖采用盐析法沉淀有较好的效果。此外，也常采用选择性沉淀的方法（如三氯乙酸）去除多糖中蛋白质杂质。

（一）透明质酸钠制备

透明质酸钠（Na-HA）是一种高相对分子质量、高黏弹性的黏多糖，是眼科手术的一种理想的辅助剂，越来越受到人们的关注。参照国内外的方法，并参照美国专利质量标准，利用人脐带试制眼用透明质酸钠，从脐带中提取制备的透明质酸钠制品，但蛋白含量偏高，影响产品合格率。

朱宛中等采用 CPC（氯代十六烷基吡啶）沉淀法，直接在消化液中加入 CPC 进行沉淀得到 CPC 多糖复合物，此法虽工艺简便，但如果处理不彻底仍会使透明质酸钠制品中含较多蛋白质。研究证实，CPC 只选择性沉淀黏多糖，蛋白质残留在上清液中不断被分离。

（二）果胶的提取

果胶是一种广泛分布于植物体内的胶体性多糖类物质，包括原果胶、水溶性果胶和果胶酸三大类。它是植物体内特有的细胞壁组分，存在于橘子、苹果、马铃薯等植物的叶、皮、茎及果实中，主要用于果酱、果冻、食品添加剂、食品包装膜以及生物培养基的制造。

目前，果胶的提取分离方法大致有 4 种：酸提取沉淀法、离子交换法、微生物法和微波法。离子交换法是先将原料切碎，与水混合，加入一定量的离子交换剂，调节 pH 至合适范围，搅拌，加热，过滤，滤液再用醇沉淀。该法乙醇使用量非常大，并且存在离子交换剂的再生问题。微生物法是将原料切碎，引入菌种发酵，培养，处理一定时间，过滤培养液，用大量乙醇洗涤沉淀再减压干燥，分离得到产品。该法受菌种的活性、生长时间及发酵条件影响较大。

果胶提取中，乙醇沉淀法的最佳条件为：pH 3.5～4.0，沉淀时间 30min，沉淀温度为 25℃，以硫酸铝钾为盐析剂，其盐析的最佳条件为：pH 5.8，沉淀时间 30min，沉淀温度为 25℃；以三氯化铁为盐析剂，其盐析的最佳条件为：pH 4.0，沉淀时间 60min，沉淀温度为 60℃。

酸提取乙醇沉淀法，乙醇量消耗非常大，因而浓缩阶段能耗高，生产成本高，厂家不能接受而难以形成规模化生产；盐析法能大大降低乙醇使用量，省去稀酸提取液浓缩工序和减少乙醇回收量，节省能耗，降低生产成本，并能保证较高的提取率和果胶品质。

三、茶皂甙纯化工艺研究

茶皂甙是山茶科植物中提取的五环二萜皂甙类物质。茶皂甙作为一种天然的优良非离子型表面活性剂，具有发泡、增溶、润湿、乳化、去污等多种功效，在日用化工领域用途广泛；同时，茶皂甙还具有消炎镇痛、抗肿瘤、抗真菌、灭螺、杀血吸虫等生理活性，在医药和农药等行业应用前景良好。茶皂甙的提取制备方法有溶剂萃取法、化学沉淀法和树脂吸附分离法。其中溶剂萃取法和化学沉淀法得到的产品纯度不高，树脂吸附分离法工艺路线长，以粗茶皂甙为原料（70%），经 *N*，*N*-二甲基甲酰胺溶解、乙酸乙酯沉析、胆甾醇络合吸附、苯解吸工艺制备了纯度较高的茶皂甙，既可作为高纯度茶皂甙商品，又可作为新型植物灭螺剂的合成原料。

四、杜仲水提液中氯原酸的提取

氯原酸有多种药理作用，有抗菌、利胆、止血、增加白血球及抗病毒作用。从国外进口一克约需 350 元，价格昂贵。李稳宏等对一次醇沉及多次醇沉后杜仲水提液中氯原酸的含量做了对比分析。结果表明，分次醇沉比一次醇沉所得的产品纯度高；当乙醇浓度最终为 90%时，一次醇沉的损失率为 18.9%，而分次醇沉的损失率仅为 6.8%。

思考题

1. 什么是沉淀？
2. 沉淀法纯化蛋白质的优点有哪些？
3. 蛋白质表面的特性有哪些？
4. 何谓盐析？其基本原理是什么？
5. 盐析操作时常用的盐是什么？有何特点？
6. 影响盐析的主要因素有哪些？
7. 有机溶剂沉淀法的原理是什么？

第五章 萃取技术

在生物工程中，萃取作为产物提取和精制的一种重要的单元操作，已得到相当普遍的应用。传统的萃取方法主要是指有机溶剂萃取，广泛应用于抗生素、维生素、有机酸、激素等小分子发酵产物的提取。近20年来，溶剂萃取技术与其他技术相结合从而产生了一系列新的分离技术，如逆胶束萃取、超临界流体萃取、双水相萃取、液膜萃取等。萃取应用也进一步扩展到生物制品（如酶、蛋白质、核酸、多肽和氨基酸等）的提取和精制。

第一节 基本概念

一、萃取的概念、特点及分类

萃取是利用溶质在互不相溶的溶剂里的溶解度不同，用一种溶剂把溶质从它与另一种溶剂所组成的溶液（原料）中提取出来的方法。在萃取过程中，被提取的目标物质称为溶质，用以进行萃取的溶剂称为萃取剂。经过扩散分离后，大部分的溶质被转移到萃取剂中，此时得到的溶液就被称为萃取液，而失去了大部分溶质的料液称为萃余液。

萃取技术作为一种产物的初级分离纯化技术，与其他分离技术相比具有较多优点：①比化学沉淀法分离程度高；②比离子交换法选择性好、传质快；③比蒸馏法能耗低，生产能力大，周期短，连续操作，可以实现自动控制；④和其他新型分离技术相结合，产生了一系列新型分离方法，大大提高了其应用范围。

萃取方法的分类很复杂，主要有以下几种：①根据萃取剂和原料的物理状态分，以液体为萃取剂时，如果含有目标产物的原料也为液体，则称为液液萃取；如果含有目标产物的原料为固体，则称液固萃取或浸取；以超临界流体为萃取剂时，含有目标产物的原料可以是液体，也可以是固体，称此操作为超临界流体萃取。在液液萃取中，根据萃取剂的种类和形式的不同又分为有机溶剂萃取、双水相萃取、液膜萃取和反胶束萃取等；②根据萃取原理，在萃取操作中，萃取剂与溶质之间不发生化学反应的萃取称为物理萃取；萃取剂与溶质之间发生化学反应的萃取称为化学萃取。根据溶质与萃取剂之间发生的化学反应机理，化学萃取还可大致分为五类：络合反应、阳离子交换反应、离子缔合反应、加合反应和带同萃取反应等；③根据操作方式，萃取可分为分批式萃取和连续式萃取；④根据萃取流程，可分为单级萃取、多级萃取，其中多级萃取又分为多级错流萃取、多级逆流萃取和微分萃取。

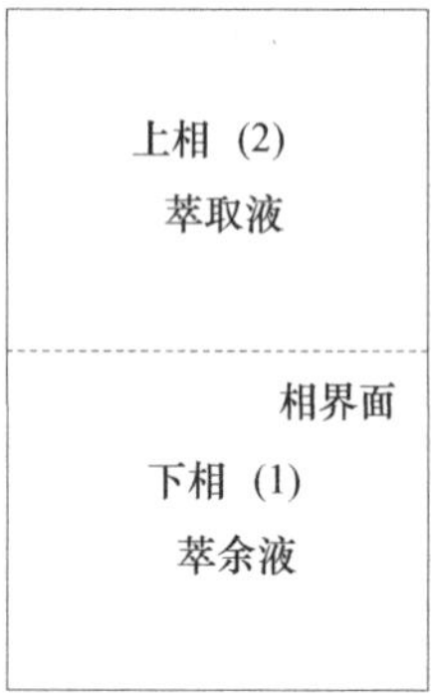

上相 (2)
萃取液

相界面

下相 (1)
萃余液

图 5-1 两相分配平衡
（引自孙彦，2005）

二、分配定律

萃取是以分配定律为基础的。如图5-1所示，将一种溶剂（萃取剂）加入到料液中，使溶剂与料液充分混合，然后静置分层形成两相，则一部分溶质会由料液转入到萃取剂中，从而达到分离的目的。不同溶质在两相中分配平衡的差异是实现萃取分离的主要因素。

分配定律即溶质的分配平衡规律，1891年由Nernst提出，因此又叫Nernst定律：在恒温恒压条件下，溶质在互不相溶的两相中分配时，达到分配平衡后，如果其在两相中的相对分子

质量相等，则其在两相中的平衡浓度之比为一常数，此常数称为分配常数 A。则

$$A=\frac{c_1}{c_2} \tag{5-1}$$

式中，c_1、c_2 分别代表上、下相中溶质的平衡浓度（mol/L）。

分配定律是利用热力学理论推导得出的。在一定的温度和压力下达成平衡时，溶质在两相中的化学势相等，即

$$\mu_1=\mu_2$$

式中，μ_1、μ_2——分别为溶质在第Ⅰ相和第Ⅱ相位中的化学势。

而

$$\mu_1=\mu_1^\Theta+RT\ln a_1$$

$$\mu_2=\mu_2^\Theta+RT\ln a_2$$

式中，μ_1^Θ、μ_2^Θ——分别为溶质在第Ⅰ相和第Ⅱ相位中的标准化学势；

a_1、a_2——分别为溶质在第Ⅰ相和第Ⅱ相位中的活度。

标准化学势和组成无关，但和温度、压力有关，所以

$$\mu_1^\Theta+RT\ln a_1=\mu_2^\Theta+RT\ln a_2$$

$$\frac{a_1}{a_2}=e^{\frac{\mu_2^\Theta-\mu_1^\Theta}{RT}}$$

当温度一定时，标准化学势为常数，故得

$$\frac{a_1}{a_2}=A$$

如果为稀溶液，可以浓度代替活度，则

$$\frac{c_1}{c_2}=\frac{\text{萃取相浓度}}{\text{萃余相浓度}}=A$$

上式即为分配定律，A 称为分配常数，在常温下 A 为常数；c 的单位通常用 mol/L。

式（5-1）定义的分配常数在使用时，必须注意满足 3 个条件：①必须是稀溶液；②溶质对溶剂的互溶度没有影响；③溶质在两相中必须是同一分子类型，不发生缔合或离解。

三、分配系数、相比、分离系数

分配常数是以相同相对分子质量存在于两相中的溶质浓度之比，但在多数情况下，溶质在各相中并非以同一种分子形态存在，对于这种体系，通常用分配系数来表示分配平衡。

当萃取体系达到平衡时，溶质在两相中的总浓度之比称为分配系数或分配比，用 K 表示，则

$$K=\frac{C_1}{C_2} \tag{5-2}$$

式中，C_1、C_2——分别代表上相、下相中溶质的总浓度（mol/L）。

在萃取过程中，K 是一个重要特征参数。K 不是一个常数，它与溶质浓度、两相性质有关，K 越大，溶质越容易进入到萃取相中。很明显，分配常数是分配系数的一种特殊情况，只有溶质在两相中的分子形态相同时，两者才相等。

相比是指在一个萃取体系中，一个液相和另一个液相体积之比，用 R 表示，则

$$R=\frac{V_1}{V_2} \tag{5-3}$$

式中，V_1、V_2——分别表示两液相的体积（mL）。

生物工程中的料液中一般都会含有多种溶质，若在原来的料液中，除了溶质 A 以外，还含有溶质 B，它们的分配系数不同，则萃取剂对溶质 A 和 B 分离能力的大小就可用分离系数或分离因素 β 表示。分离系数是指在一定条件下进行萃取分离时，被分离

的两种组分的分配系数的比值，则

$$\beta = \frac{K_A}{K_B} \tag{5-4}$$

β越大，溶质 A 和 B 越易于分离，当$\beta=1$时，A 和 B 根本就不能进行分离。

第二节 液液萃取的基本理论与过程

液液萃取是 20 世纪 40 年代兴起的一项化工分离技术。它是利用原料液中某种溶质组分在两个互不混溶的液相（如水相和有机溶剂相）中竞争性溶解和分配性质上的差异来实现液体混合物分离的技术。20 世纪初，液液萃取技术首次成功应用于芳烃的抽提，此后广泛用于大规模工业生产。在石油工业上主要是用于分离和提纯各种有机物，如用脂类溶剂萃取乙酸、用丙烷萃取石油中的石蜡等；在制药工业和精细生物化工中用以分离各种产物，如以醋酸丁酯为溶剂提纯青霉素、用正丙醇从亚硫酸纸浆废水中提取香兰素等；在湿法冶金工业中可用于提取钴、镍、锆等有色金属。

有机溶剂萃取是最早发展起来的液液萃取技术。随着现代工业的发展，特别是各类产品的深度加工、新资源的开发利用、环境治理标准的严格化等，都带来了多样化产品分离和高纯物质制备的新任务，传统的有机溶剂萃取技术面临新的挑战和要求。近 20 年来，世界各国致力于有机溶剂萃取技术的完善、提高并在此基础上与膜技术、反胶团、反应吸附等其他技术相结合，产生了一系列新的液液萃取技术，如双水相萃取、液膜萃取、反胶束萃取、超临界流体萃取、电泳萃取、微波萃取、超声萃取等。

用液液萃取法分离液体混合物时，混合液中的溶质既可以是挥发性物质，也可以是非挥发性物质（如无机盐类）。当用于分离挥发性混合物时，与精馏相比，整个萃取过程较为复杂，如萃取相中萃取剂的回收往往还要应用精馏操作，但萃取过程本身具有常温操作、无相变以及选择适当溶剂可以获得较高分离系数等优点，在很多的情况下仍显示出技术经济上的优势。当分离溶液中的非挥发性物质时，与吸附、离子交换等方法比较，液液萃取，操作比较方便，常常是优先考虑的方法。

一、液液萃取的基本原理

液液萃取是向液体混合物（稀释剂）中加入某种适当溶剂（萃取剂），两者混合后分成两层，上层为萃取相，下层为料液相。由于溶质在两相间的溶解度不同，料液中的溶质逐渐向萃取相扩散，其浓度不断降低，而萃取相中溶质浓度不断升高（图 5-2）。在萃取过程中，萃取剂应对溶质具有较大的溶解能力，与稀释剂应不互溶或部分互溶。

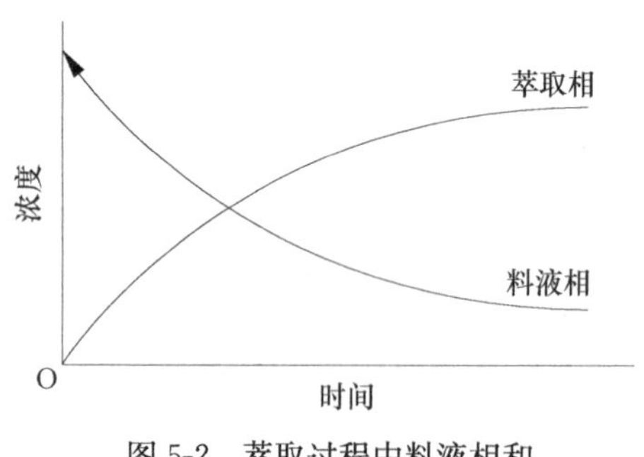

图 5-2 萃取过程中料液相和萃取相溶质浓度的变化

在液液萃取过程中，料液中溶质浓度的变化速率称为萃取速率，可表示为

$$-\frac{dc}{dt} = ka(c - c^*)$$

式中，c——料液相中溶质的浓度，mol/L；

c^*——与萃取相中溶质浓度呈平衡的料液相中溶质浓度，mol/L；

t——时间，s；

k——传质系数，m/s；

a——以料液相体积为基准的相间接触比表面积，m^{-2}。

当$c=c^*$时，萃取速率为零，液液萃取系统达到分配平衡，即两相中的溶质浓度不再发生改变。溶质在两相中的分配平衡与萃取操作形式无关，遵循 Nernst 分配定律，即式（5-1）。

萃取速率主要决定达到分配平衡时所需的时间，其大小与两相性质及萃取操作方式有关。

二、液液萃取类型及工艺计算

工业上液液萃取的基本过程包括下面 3 个步骤（图 5-3）。

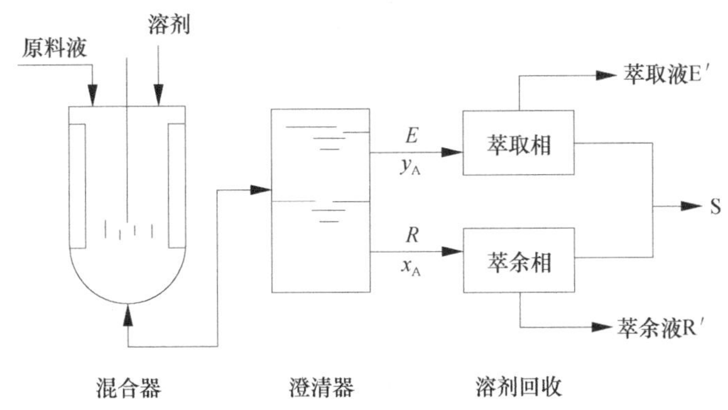

图 5-3 萃取操作示意图
（引自夏清，2006）

混合 料液与萃取剂充分混合并形成乳浊液的过程称为混合。在此过程中溶质从料液中转入萃取剂中。混合过程所使用的设备称为混合器，一般是在搅拌罐中进行，也可以利用管道或喷射泵完成。

分离 将乳浊液分开形成萃取相和萃余相的过程称为分离。分离时采用的设备称为分离器，通常利用离心机完成。

溶剂回收 从萃取相或萃余相中回收萃取剂的过程称为溶剂回收。溶剂回收时采用的设备称为回收器，可利用化工单元操作中的液体蒸馏设备完成。

按操作流程划分，液液萃取可分为单级萃取和多级萃取，其中多级萃取又可分为多级错流萃取和多级逆流萃取。

对各种萃取流程进行计算时，要求必须符合以下两个假定：①萃取相和萃余相很快达到平衡，即每一级都是理论级；②两相完全不互溶，在分离器中能完全分离。

（一）单级萃取

单级萃取是液液萃取中最简单的操作流程，有的书上也称其为混合-澄清式萃取。单级萃取只包括一个混合器和一个分离器，一般用于分批式操作，也可以进行连续操作。如图 5-3 所示，料液与萃取剂一起加入混合器内，通过搅拌使其混合均匀，达到平衡后溶液流入分离器中，分离得到萃取相和萃余相，萃取相送入回收器，萃余相为废液。在回收器中，溶剂与产物进一步分离，而溶剂则可循环使用，而产物即为萃取产品。

对单级萃取流程进行物料衡算则有

$$Hx_F + Ly_F = Hx + Ly \tag{5-5}$$

式中，H、L——分别表示料液、萃取剂的流量（连续操作）或添加量（分批操作），mol 或 m^3；

x_F、y_F——分别表示初始料液和萃取剂中溶质的浓度，mol/L 或摩尔分数；

x、y——分别表示达到分配平衡后萃余相和萃取相中溶质的浓度，mol/L 或摩尔分数。

达到萃取平衡后，溶质在萃取相和萃余相中的分配同时也遵循分配定律，则有

$$K=\frac{y}{x} \tag{5-6}$$

此时，溶质在萃取相与萃余相数量（质量或物质的量）的比值 E 称为萃取因子或萃取因数，则有

$$E=K\frac{L}{H} \tag{5-7}$$

根据式（5-5）、式（5-6）、式（5-7）可得到萃取过程中的萃余分率 φ 为

$$\varphi=\frac{E}{1+E} \tag{5-8}$$

而萃取过程中的收率或萃取分率则为

$$1-\varphi=\frac{E}{1+E} \tag{5-9}$$

（二）多级错流萃取流程

单级萃取操作流程比较简单，只萃取一次，但是一般萃取效率不好，如果为了提高萃取分率而增加萃取剂的用量，会使产品的浓度降低，并且增加萃取剂回收处理的工作量。为了改善上述缺点，可采用多级错流萃取流程。

多级错流萃取流程是指将几个萃取单元（混合-澄清器）串联起来，料液经第一级萃取后分成两相，其中萃余相流入下一个萃取单元中的混合器作为第二级萃取的料液，并通入新鲜萃取剂继续进行萃取，同样第二级的萃余相作为第三级的料液。萃取相经多级萃取单元的分离器排出后，混合在一起再进入回收器中回收溶剂，循环使用。

图 5-4 中每个方块表示一个萃取单元，经过 n 级错流萃取，最终萃余相和萃取相中的溶质的浓度为 x_n、y_n。假设每一级中溶质的分配均达到平衡状态，且通入每一级的萃取剂流量相等（$=L$）。则第一级萃取中的物料衡算式为

$$Hx_F+Ly_F=Hx_1+Ly_1 \tag{5-10}$$

式中，x_0、y_0——分别表示初始料液和萃取剂中溶质的浓度，$x_0=x_F$，$y_0=y_F$，mol/L 或摩尔分数；

x_1、y_1——分别表示第一级萃取达到分配平衡后萃余相和萃取相中溶质的浓度，mol/L 或摩尔分数。

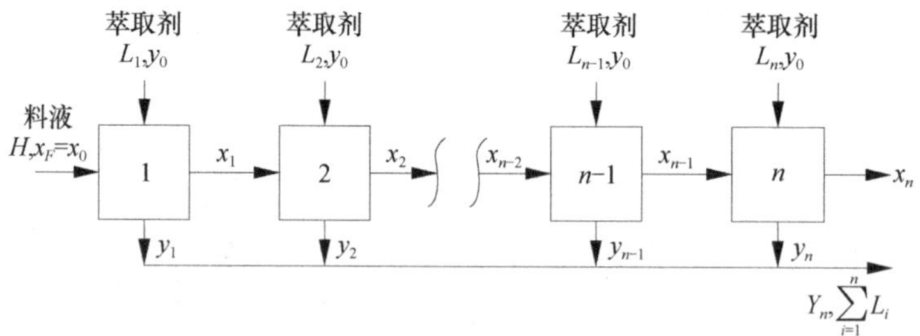

图 5-4 多级错流萃取流程示意图

（引自孙彦，2005）

第一级萃取达到萃取平衡后，溶质在萃取相和萃余相中的分配同时也遵循分配定律，则有式（5-6）。此时，萃取因子 E 为式（5-7）。

因为新鲜萃取剂中溶质的浓度 $y_0=y_F=0$，根据式（5-6）、式（5-7）、式（5-10）推导出

$$x_1=\frac{x_F}{1+E}$$

对于第二级萃取，按上述方法可推出

$$x_2 = \frac{x_F}{(1+E)^2}$$

同理对于第 n 级萃取，则

$$x_n = \frac{x_F}{(1+E)^n} \tag{5-11}$$

因此，溶质的萃余分率为

$$\varphi_n = \frac{Hx_n}{Hx_F} = \frac{1}{(1+E)^n} \tag{5-12}$$

而萃取分率为

$$1-\varphi_n = \frac{(1+E)^n - 1}{(1+E)^n} \tag{5-13}$$

如果各级的 E 不相等，可采用逐级计算法，公式可变为

$$\varphi_n = \frac{1}{(E_1+1)(E_2+1)\cdots(E_n+1)} \tag{5-14}$$

多级错流萃取流程的特点是在每级萃取单元中均加入新鲜萃取剂，因此萃取效率较高，但也存在着溶剂消耗量大，产品浓度稀，需消耗较多能量回收溶剂的缺点。

（三）多级逆流萃取

多级逆流萃取流程是指将多个萃取单元（混合-澄清器）串联起来，料液和萃取剂分别从左右两端萃取单元（第一级和最后一级）中的混合器中连续通入，料液移动方向和萃取剂移动方向相反，形成多级逆流接触（图 5-5）。

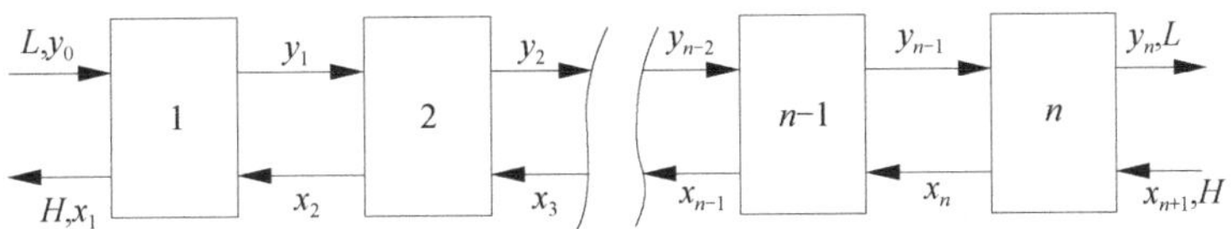

图 5-5　多级逆流萃取流程示意图
（引自孙彦，2005）

图 5-5 中每个方块表示一个萃取单元，经过 n 级错流萃取，最终萃余相和萃取相中溶质的浓度为 x_n、y_n。假设每一级中溶质的分配均达到平衡状态，且通入每一级的萃取剂流量相等（$=L$），则第一级萃取中的物料衡算式为

$$Hx_2 + Ly_0 = Hx_1 + Ly_1 \tag{5-15}$$

第一级萃取达到萃取平衡后，溶质在萃取相和萃余相中的分配同时也遵循分配定律，则有式（5-6）。此时，萃取因子 E 为式（5-7）。

因为新鲜萃取剂中溶质的浓度 $y_0=y_F=0$，根据式（5-6）、式（5-7）、式（5-15）则有

$$x_2 = (1+E)x_1$$

对于第二级萃取，按上述方法可推出

$$x_3 = (1+E+E^2)x_1$$

同理对于第 n 级萃取，则有

$$x_{n+1} = (1+E+E^2+\cdots+E^n)x_1 \tag{5-16}$$

也可表示为

$$x_{n+1} = \frac{E^{n+1}-1}{E-1}x_1 \tag{5-17}$$

因为 $x_{n+1}=x_F$，因此溶萃余分率为

$$\varphi_n = \frac{Hx_1}{Hx_F} = \frac{E-11}{E^{n+1}-1} \tag{5-18}$$

而萃取分率为

$$1-\varphi_n = \frac{E^{n+1}-E}{E^{n+1}-1} \tag{5-19}$$

多级逆流萃取流程与多级错流萃取流程相比，只在最后一级中加入萃取剂，萃取剂消耗量少，萃取液中产物平均浓度高，产物收率高，因此在工业上一般应采用多级逆流萃取流程。

（四）分馏萃取

分馏萃取是对多级逆流接触萃取的改进，料液从中间的某一级加入，流量为 F。如图 5-6 所示，萃取剂（L）从左端第一级加入，而从右端第 n 级加入纯重相（H）。此纯重相除不含溶质外，与进料的组成亦相同（如某种缓冲溶液），在进料级（k）的右端起洗涤作用，使萃取相中目标溶质纯度增加（但浓度下降），因此第 k 级右侧的各级称为洗涤段，重相 H 称为洗涤剂。在第 k 级的左侧，溶质从重相被萃取进入萃取相，因此这段称为萃取段。与多级逆流接触萃取相比，分馏萃取可显著提高目标产物的纯度。

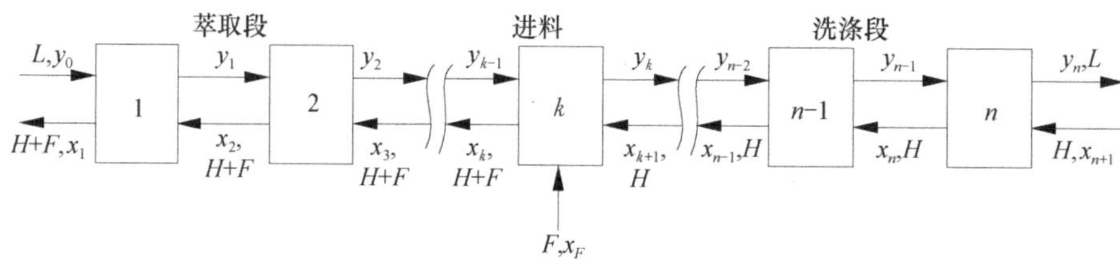

图 5-6　分馏萃取流程示意图

（引自孙彦，2005）

整个萃取系统的总物料衡算式为

$$Hx_{n+1} + Ly_0 + Fx_F = (H+F)x_1 + Ly_n \tag{5-20}$$

对第 k 级左端萃取段的各级作物料衡算，得

$$(H+F)x_{i+1} + Ly_{i-1} = (H+F)x_i + Ly_i \quad (i=1,2,\cdots,k-1) \tag{5-21}$$

对第 k 级右端洗涤段的各级作物料衡算，得

$$Hx_{i+1} + Ly_{i-1} = Hx_i + Ly_i \quad (i=k+1,k+2,\cdots,n) \tag{5-22}$$

假设入口萃取剂和洗涤剂中均不含溶质，则 $y_0=0$，$x_{n+1}=0$，并且各级萃取达到平衡后，均符合分配定律。则萃取段中有

$$x_i = \frac{(E')^i-1}{E'-1}x_1 \quad (i=1,2,\cdots,k) \tag{5-23}$$

其中，

$$E' = \frac{KL}{H+F} \tag{5-24}$$

在洗涤段中有

$$y_i = \frac{(1/E)^{n-i+1}-1}{(1/E)-1}y_n \quad (i=k,k+1,\cdots,n) \tag{5-25}$$

由式（5-6）、式（5-23）、式（5-24）、式（5-25）可得到

$$y_n = \left[\frac{(E')^k-1}{(1/E)^{n-k+1}-1}\right]\left[\frac{(1/E)-1}{E'-1}\right]x_1 \tag{5-26}$$

第三节　有机溶剂萃取

随着科学的发展，有机溶剂萃取已成为一项得到广泛应用的分离提纯技术。有机溶

剂萃取简称溶剂萃取，由于它具有选择性高、分离效果好、易于实现大规模连续化生产的优点，所以早在第二次世界大战期间就颇为先进国家所重视。经过50多年的科研与应用实践，现在它已成熟地在有色金属湿法冶金、化工、原子能、生物工程等领域中得到大规模的应用。尽管在应用中人们也发现，溶剂萃取存在溶剂损失、二次污染、易燃、有气味等缺点，但在专家们始终不懈的努力下，溶剂萃取在不断完善中得到了迅速发展。

一、有机溶剂萃取分配平衡

在溶剂萃取过程中，各相中的溶质并非都是以同一种分子形态存在，如青霉素是一种弱酸，在水中会进一步解离成负离子（$R\text{-}COO^-$），而有机溶剂（萃取剂）不能萃取带电荷的离子，因此在有机相中仅以游离酸分子（R-COOH）的形态存在，在这种情况下，不但要考虑青霉素游离酸分子在两相中的分配平衡，还要考虑其在水相中的电离平衡。

（一）弱电解质的分配平衡

采用有机溶剂萃取有机酸、氨基酸和抗生素等弱酸或弱碱性电解质时，这些弱电解质在水相中会部分发生解离，所以萃取达到平衡状态时，一方面弱电解质在水相中达到解离平衡，另一方面未解离的游离电解质在两相中达到分配平衡。对于弱酸性和弱碱性电解质，其解离平衡关系分别为

$$AH \Longleftrightarrow A^- + H^+ \tag{5-27a}$$

$$BH^+ \Longleftrightarrow B + H^+ \tag{5-27b}$$

则其电离常数 K_p 分别为

$$K_p = \frac{[A^-][H^+]}{[AH]} \tag{5-28a}$$

$$K_p = \frac{[B][H^+]}{[BH^+]} \tag{5-28b}$$

式中，$[AH]$ 和 $[A^-]$ ——分别表示游离酸和酸根离子的浓度，mol/L；

$[B]$ 和 $[BH^-]$ ——分别表示游离碱和碱基离子的浓度，mol/L；

$[H^+]$ ——氢离子浓度，mol/L。

在有机相中，如果溶质分子不发生缔合，仅以单分子形式存在，符合分配定律，则弱酸和弱碱性电解质的分配常数 K_0 为

$$K_0 = \frac{\overline{[AH]}}{[AH]} \tag{5-29a}$$

$$K_0 = \frac{\overline{[B]}}{[B]} \tag{5-29b}$$

式中，$\overline{[AH]}$、$\overline{[B]}$分别表示有机相中游离酸和游离碱的浓度，mol/L。

因为使用一般分析方法只能测定游离酸及其酸根离子或游离碱及其碱基离子的总浓度，因此用 C 表示测得的水相中酸或碱的总浓度，则

$$C = [AH] + [A^-] \tag{5-30a}$$

$$C = [B] + [BH^+] \tag{5-30b}$$

由式（5-28）、式（5-29）、式（5-30）可得

$$\overline{[AH]} = K_0 C \frac{[H^+]}{K_p + [H^+]} \tag{5-31a}$$

$$\overline{[B]} = K_0 C \frac{K_p}{K_p + [H^+]} \tag{5-31b}$$

设

$$K=\frac{\overline{[AH]}}{C} \tag{5-32a}$$

$$K=\frac{\overline{[B]}}{C} \tag{5-32b}$$

式中，K 称为表观分配系数，则有

$$K=K_0\frac{[H^+]}{K_p+[H^+]} \tag{5-33a}$$

$$K=K_0\frac{K_p}{K_p+[H^+]} \tag{5-33b}$$

由上式可看出，溶质在两相中的分配与有机溶剂及水相性质有关。

（二）化学萃取平衡

采用有机溶剂萃取氨基酸及一些极性较大的抗生素时，由于这些物质的水溶性很强，在有机溶剂中分配系数很小或者为零，因此需要采用化学萃取的方法，即借助萃取剂提高溶质的分配系数。

氨基酸的解离平衡式为

$$\underset{(A^+)}{\underset{|\atop NH_3^+}{RCHCOOH}} \underset{}{\overset{K_1}{\rightleftharpoons}} \underset{(A)}{\underset{|\atop NH_3^+}{RCHCOO^-}}+H^+ \tag{5-34a}$$

$$\underset{(A)}{\underset{|\atop NH_3^+}{RCHCOO^-}} \overset{K_2}{\rightleftharpoons} \underset{(A^-)}{\underset{|\atop NH_3^+}{RCHCOO^-}}+H^+ \tag{5-34b}$$

式中，K_1、K_2——分别表示氨基酸的解离平衡常数；

　　A、A^+、A^-——分别表示偶极离子、阳离子和阴离子；

则

$$K_1=\frac{[A][H^+]}{[A^+]} \tag{5-35}$$

$$K_2=\frac{[A^-][H^+]}{[A]} \tag{5-36}$$

常用于氨基酸的萃取剂有季铵盐类、磷酸酯类等，有些萃取剂［如氯化三辛基甲铵（TOMAC）］只能与阴离子型氨基酸发生离子交换反应，因此称其为阴离子交换萃取剂；有些萃取剂［如二（2-乙基己基）磷酸（D2EHPA）］只能与阳离子型氨基酸发生离子交换反应，称其为阳离子交换萃取剂。

氯化三辛基甲铵（记作 R^+Cl^-）与阴离子型氨基酸发生的离子交换反应式如下：

$$\overline{R^+Cl^-}+A^- \Longleftrightarrow \overline{R^+A^-}+Cl^- \tag{5-37}$$

式中，上划线表示该组分存在于萃取相中。则离子交换平衡常数为

$$K_{e,Cl}=\frac{[\overline{R^+A^-}][Cl^-]}{[A^-][\overline{R^+Cl^-}]} \tag{5-38}$$

令 C_A 表示水相中氨基酸的总浓度，则有

$$C_A=[A^+]+[A^-]+[A] \tag{5-39}$$

故氨基酸和 Cl^- 的表观分配系数可表示为

$$K_A=\frac{[\overline{R^+A^-}]}{C_A} \tag{5-40}$$

$$K_{Cl}=\frac{[\overline{R^+Cl^-}]}{[Cl^-]} \tag{5-41}$$

由式（5-35）、式（5-36）、式（5-39）、式（5-40）、式（5-41）可推出

$$K_A=K_{e,Cl}K_{Cl}\left[1+\frac{[H^+]}{K_2}+\frac{[H^+]^2}{K_1K_2}\right]^{-1} \tag{5-42}$$

一般阴离子氨基酸的离子交换反应需要在高于其等电点的 pH 范围内进行，因此 $[A^+]$ 可忽略不计，则上式可简化为

$$K_A=K_{e,Cl}K_{Cl}\frac{K_2}{K_2+[H^+]} \tag{5-43}$$

由上式可看出，在化学萃取平衡中，溶质在两相中的分配也与有机溶剂及水相性质有关。

二、影响有机溶剂萃取的因素

（一）水相条件的影响

影响萃取操作的因素很多，主要有 pH、温度、无机盐等。

1. pH

pH 是影响萃取操作的重要因素，主要表现在两方面：一是影响分配系数（见式 5-33），因而影响产物（溶质）的萃取收率。一般弱酸性电解质的分配系数随 pH 降低而增加，而弱碱性电解质的分配系数则随 pH 降低而升高。例如，对于弱碱性电解质红霉素，其萃取剂为乙酸戊酯，当 pH 9.8 时，分配系数为 44.7，而当水相 pH 降至 5.5 时，分配系数也变成 14.4；二是影响选择性。一般在酸性条件下，酸性产物可被有机溶剂萃取得到，而碱性杂质则会形成盐留在水相中，如果杂质也为酸性，则应根据产物和杂质的酸性强弱选择合适的 pH；对于碱性产物，则应该在碱性条件下萃取。此外，pH 还可影响产物的稳定性。

2. 温度

温度也是影响萃取操作的重要因素，选择合适的温度有利于产物（溶质）回收和纯化。一般说来，温度越高，萃取速率越大，但生化产物在高温时不稳定，因此萃取一般在室温或较低温度下进行。此外，温度也通过影响溶质的化学势而影响分配系数。

3. 盐析

溶剂萃取过程中，一些无机盐（如硫酸铵、氯化钠等）盐析剂的存在也会影响到溶质的分配，其主要作用是降低溶质在水中的溶解度，使其更易转入有机溶剂中，同时还可以减少有机溶剂在水中的溶解度。例如，提取维生素 B_{12} 时，加入硫酸铵可促进维生素 B_{12} 从水相到有机相的转移。但使用盐析剂时要注意加入量要适宜，用量过多可能会促进杂质也转入到有机相中，此外还要考虑经济性的问题。

盐析剂的加入还可以促进溶质的解离，提高分配系数。

4. 带溶剂

有的溶质水溶性很强，但在有机相中溶解度很小，因此需要借助带溶剂来提高其收率和选择性。带溶剂是指易溶于溶剂中并能够和溶质形成复合物且此复合物在一定条件下又容易分解的物质，也称为化学萃取剂。例如，水溶性较强的碱（如链霉素）可与脂

肪酸［如月桂酸 $CH_3(CH_2)_{10}COOH$］形成复合物而能溶于丁醇、醋酸丁酯、异辛醇中，在酸性条件下（pH 5.5～5.7），此复合物分解成链霉素而可转入水相。链霉素在中性下能与二异辛基磷酸酯相结合，而从水相萃取到三氯乙烷中，然后在酸性条件下，再萃取到水相。链霉素还能和二元羧酸的单酯（如 2-乙基-已基邻苯二甲酸单酯）形成能溶于异戊醇的复合物。又如，青霉素可用脂肪碱（正十二烷胺、四丁胺等）作为带溶剂，形成复合物而溶于氯仿中。这样可以提高萃取收率，并可以在较有利的 pH 范围内操作。这种正负离子结合成对的萃取，也称为离子对萃取。土霉素在碱性条件下成负离子能与溴代十六烷基吡啶相结合而溶于异辛醇中，然后再在酸性条件下萃取到水相。也可看作土霉素负离子与溴离子相交换而溶于异辛醇中，因此这种带溶剂有时也称为液离子交换剂。柠檬酸在酸性条件下，可与磷氧键类萃取剂［如磷酸三丁酯（TBP）］形成中性络合物进入有机相（$C_6H_8O_7 \cdot 3TBP \cdot 2H_2O$）。

（二）有机溶剂的选择

有机溶剂萃取的关键就是萃取溶剂的选择，因为溶剂除了应对产物（溶质）有较好的溶解度外，还拥有良好的选择性。选择有机溶剂的原则就是“相似相溶”。分子间的相似包括两方面：一是分子结构相似，如分子的组成、官能团、形态结构等；二是分子间相互作用力相似。其中对于后者考虑较多的是分子的极性。根据溶质的介电常数选择极性相近的溶剂作为萃取剂，这是溶剂选择的重要方法之一。

介电常数是一个化合物摩尔极化程度的量度，物质的介电常数 ε 可表示为

$$\varepsilon = \frac{C}{C_0} \tag{5-44}$$

式中，C——物质在电容器中的静电容量值（F）；

C_0——无介质时，同一电容器中的静电容量值（F）。

如果以 ε_1、ε_2 分别表示测试液体和标准液体的介电常数，则有

$$\frac{\varepsilon_1}{\varepsilon_2} = \frac{C_1}{C_2} \tag{5-45}$$

式中，C_1、C_2——分别表示电容器内充满测试液体与标准液体时的静电容量值（F），可以通过实验测得；而 ε_2 为已知值，则 ε_1 就可通过上式计算获得。

一些常用溶剂的介电常数列于表 5-1 中。

表 5-1　各种溶剂的介电常数（25℃）

溶剂	介电常数	溶剂	介电常数	溶剂	介电常数
己烷	1.90（极性最小）	二乙醚	4.34	丙酮	20.7
环己烷	2.02	氯仿	4.87	丙醇	22.2
四氯化碳	2.24	乙酸乙酯	6.02	乙醇	24.3
苯	2.28	2-丁醇	15.8	甲醇	32.6
甲苯	2.37	1-丁醇	17.8	甲酸	59
		1-戊醇	20.1	水	78.54（极性最强）

引自毛贵忠，1999

选择有机溶剂时，除了要考虑“相似相溶”外，还应满足以下条件：①单位体积的萃取剂能萃取大量产物；②只萃取溶质而不萃取杂质；③与水相互溶性低，黏度低，表面张力小或适中；④易回收再生；⑤化学稳定性好，不易分解，对设备腐蚀性小；⑥价廉易得；⑦无毒或低毒，闪点高，安全性好。

生物化工上常用的萃取剂主要有丁醇、乙酸乙酯、乙酸丁酯、甲基异丁基酮等。

（三）乳化现象

生产上常发生的乳化现象也会影响溶剂萃取的操作。乳化是一种液体分散在另一种不相混合的液体中的现象。乳化会使有机相和水相分层困难，出现两种夹带，一种是发酵液废液中夹带有机溶剂微滴，会造成总发酵单位的损失；另一种是有机溶剂相中夹带发酵液微滴，这样会给以后的精制造成困难。

乳化现象发生后，可能产生两种形式的乳浊液：一种是油（有机相）以油滴分散在水中的水包油型或 O/W；另一种是水以水滴分散在油中的油包水型或 W/O。乳化现象发生的原因是因为生物工程所得到发酵液（如抗生素发酵液）中往往含有蛋白质等表面活性物质，由蛋白质引起的乳化，构成形式为 W/O 型，液滴平均粒径在 2.5～30μm。在萃取过程中，蛋白质的亲水基和疏水基使其在溶剂相与水相间形成稳定的乳化层，造成相分离困难。增加动力消耗，降低了离心机的理论级数，还造成产品收率和质量下降及溶剂消耗增加。因此，需要采取措施破坏乳浊液。

萃取之前可对发酵液进行预先处理，采用超滤等方法，降低其中表面活性物质（如蛋白质）的含量，避免乳化的产生，这是最经济有效的措施。当乳化发生后，可采用以下方法破坏乳浊液：①使乳浊液黏度降低，易破坏乳浊液；②当乳化不严重时，可用过滤或离心分离的方法，使分散的细微颗粒互相碰撞而聚沉；③加入适量的电解质（如 NaCl、NaOH、KCl 及铝离子等），使其电荷中和而聚沉；④在 O/W 型乳浊液中，加入亲油性表面活性剂，同样在 W/O 型乳浊液中，加入亲水性表面活性剂，会使乳浊液破坏。在抗生素发酵工业中常用的去乳化剂有两种：一种是阳离子表面活性剂溴代十五烷基吡啶，它在水中溶解度为 6%，在有机溶剂中溶解度较小，因此适用于破坏 W/O 型乳浊液，去乳化效果很好；另一种是阴离子表面活性剂十二烷基磺酸钠，这是一种淡黄色透明液体，易溶于水，微溶于有机溶剂，适用于破坏 O/W 型乳浊液，且价格较廉。用于生化物质提炼中的去乳化剂，除考虑去乳化能力外，还应注意不要污染发酵产物和影响产品质量。

三、有机溶剂萃取的设备及工艺过程

（一）有机溶剂萃取的常用设备

有机溶剂萃取广泛应用于湿法冶金、石油化工、环境保护、原子能化工和生物工程等领域。随着生产规模的不断扩大及产品质量的日益提高，对萃取设备也提出了更高的要求。近年来，萃取设备在理论研究和工业应用方面都得到了迅速的发展，出现了多种性能优越、新型、高效的萃取设备。

不同的萃取设备具有不同的特点，适用于不同的场合。根据两相接触方式，可分为逐级接触式萃取设备和连续接触式（微分接触式）萃取设备。逐级接触式萃取设备由一系列独立的接触级组成，混合-澄清器就是其中典型的一种；在连续接触式萃取设备中，两相在连续逆流流动过程中接触并进行传质，两相浓度连续的发生变化，各种柱式萃取设备便属于此类。根据产生逆流的方式，萃取设备可分为借助重力产生逆流和借助离心力产生逆流的设备。例如，喷淋柱、填料柱就是利用重力（两相的密度差）来达到混合和逆流流动。此外，萃取设备还可以根据设备结构分为混合-澄清器、萃取塔和离心萃取器。

1. 混合-澄清器

混合-澄清器是最早使用而且目前仍在广泛应用的萃取设备。常见的混合-澄清器有

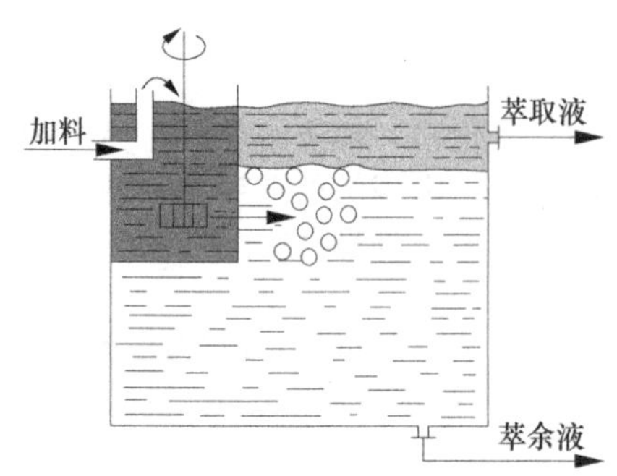

图 5-7　混合-澄清器结构
（引自李以圭，1981）

箱式混合-澄清器、浅层澄清器的混合-澄清器、戴维·麦基（Davy Mckee）混合-澄清器、CMS混合-澄清器、IMI 混合-澄清器等。其基本结构如图 5-7 所示，一般由混合室和澄清室两部分组成，混合室中装有搅拌器，用以促进液滴破碎和均匀混合。有些搅拌器还能抽吸水相，借此保证水相在级间流转。澄清室是水平截面积较大的空室，有时装有导板和丝网，用以加速液滴的凝聚分层。在生产过程中，物料和有机溶剂在混合室中借助于搅拌作用而相互混合，进行传质，然后进入澄清室借助重力作用进行分离。混合-澄清器可以单级使用，也可以多级串联组合使用。

混合-澄清器结构简单，能处理含有固体悬浮物的物料，容易放大和操作，级效率高，能够适应各种生产规模，但占地大，溶剂储量大，并且需要动力搅拌装置和级间的物流输送设备，因此设备费和操作费较高。一般多用于萃取速率慢、对化学反应速率有较大影响的过程。

2. 萃取塔

除了混合-澄清器外，萃取塔也是最常用的有机溶剂萃取设备。萃取塔一般分为逐级接触式和连续接触式，主要有喷淋塔、填充塔、筛板塔、转盘塔、脉动塔和振动板塔等。一般塔体都是直立圆筒。轻相自塔底进入，由塔顶溢出；重相自塔顶加入，由塔底导出；两者在塔内作逆向流动。

（1）脉动塔。脉动筛板塔是一种重要的逆流微分接触设备，1935 年由 Van Dijck 发明。脉动筛板塔的结构如图 5-8 所示。塔的主体是高径比较大的筒体，中间水平装有若干块不锈钢或由其他材料制成的无降液管的筛板，筛板可由支撑柱或固定环按一定板间距固定。脉冲筛板萃取塔的上下两端分别设有上澄清段和下澄清段，其直径比柱径大得多，这样可以减小两相的流速，以保证有足够的时间澄清。在塔的主体部分装有两相的进出口管和脉冲管等。

由脉动装置产生的脉动液流，通过管道引入塔底，使全塔液体作往复脉动。脉动液流在筛板或填料间作高速相对运动产生涡流，促使液滴细碎和均匀分布。进入脉动筛板塔的两个液相，按密度可区分为重相和轻相，在这两相中可任选一项作为分散相。分散相须先经过一个液体分布器分散成细液滴后进入连续相中。

脉动筛板塔由于其具有以下优点：①结构简单；②两相在塔内停留时间短，两相流动及传质效果好；③体积小，易于操作；④无传动部件，易于实现远距离控制；⑤容易放大。适合处理量小或物系较难分离、要求较高的场合。

（2）转盘塔。转盘萃取塔属于机械搅拌萃取塔。最早由壳牌石油公司的阿姆斯特丹实验室于 1948～1951 年开发完成。

转盘塔的结构如图 5-9 所示。它是由带有水平静环挡板的垂直的圆筒构成。静环挡板为中心开孔的平板，将圆筒分成一系列萃取室。萃取室中央有一转盘，其直径略小于静环挡板的开孔直径。一系列转盘平行的安装在转轴上。最上面的静环挡板和最下面的静环挡板之间是萃取段，萃取段的上端和下端是两个澄清段，分别用来澄清轻相和重相。在萃取段和澄清段之间装有大孔筛板。

工作时，轻相和重相分别由塔底和塔顶进入转盘塔，在塔内两相逆流接触，并在转盘的作用下，分散相形成小液滴，连续相形成湍流，从而增加两相间的传质面积。完成

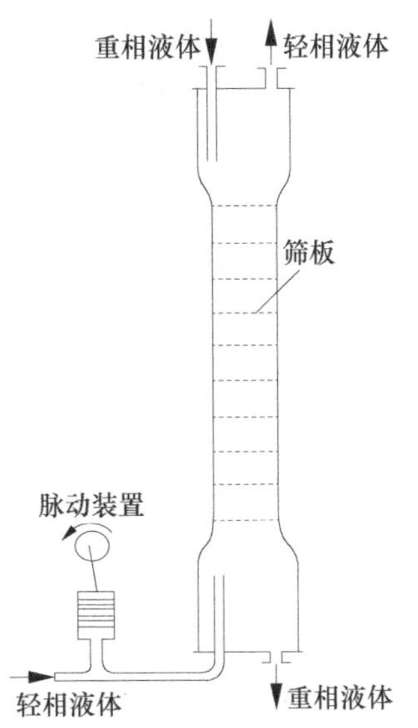

图 5-8 脉动筛板塔示意图
(引自李以圭，1981)

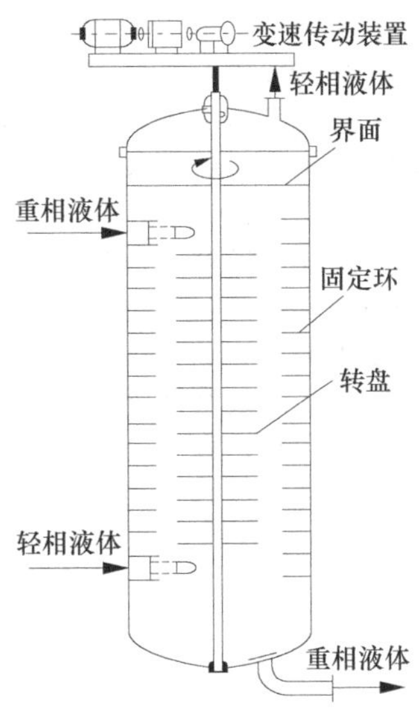

图 5-9 转盘塔结构示意图
(引自李以圭，1981)

萃取的轻相和重相再分别由塔顶和塔底流出。

转盘萃取塔结构简单，造价低廉，维修方便，操作弹性和通量较大，效率较高，在石油化学工业得到较广泛的应用。但是，对密度差小的体系处理能力较低、不能处理流比很高的情况、处理易乳化的体系有困难、扩大设计方法比较复杂。该塔还可作为化学反应器。

(3) 喷淋塔。喷淋塔是一种最简单的连续逆流萃取塔，其结构如图 5-10 所示。

喷洒塔无任何内件，是由空的塔壳、导入两相的分布器和两相的导出装置等构成。如果轻相为分散相，则重相为连续相，从塔顶引入，充满整个萃取塔，并从塔底通过液封管流出；轻相从塔底部进入，通过分散器分散成细小的液滴，并与向下流动的重相逆流接触。

喷淋塔结构简单，阻力小，投资费用少，易维护，容易处理腐蚀性材料。但两相很难均匀分布，轴向返混严重，分散相在塔内只有一次分散，无凝聚和再分散作用，萃取效率一般很低，提供的理论级数不超过 1～2 级，因而它的使用受到限制，只能在一些要求不高的洗涤和溶剂处理过程中有所应用。

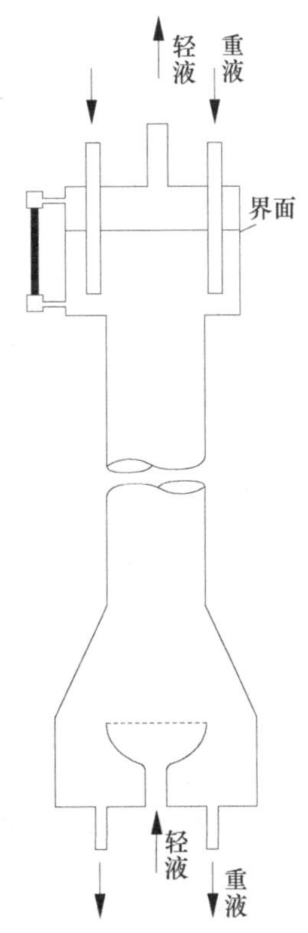

图 5-10 喷淋塔结构示意图
(引自汪家鼎，2001)

3. 离心萃取器

离心萃取器是一种高效、快速的有机溶剂萃取设备。与混合-澄清器和萃取塔不同，离心萃取器的工作原理是在离心力场中是密度不同而又不相溶的两种液体的混合液进行分离。自 20 世纪 30 年代问世以来，离心萃取器发展迅速，至今已有多种类型，广泛应用于制药、冶金、废水处理和石油化工等领域。

离心萃取器的分类方法有很多。根据两相接触方式可分为逐级接触式和连续接触式；根据安装方式可分为卧式和立式；按单台离心萃取器所包含的级数可分为单台单级式和单台多级式；按转速可分为高速式和低速式。

(1) 连续微分接触式离心萃取机。1934 年发明了波氏（Podbielniak）离心萃取器，是最早使用的离心萃取器。它主要有轴、转鼓和外壳组成（图 5-11）。转鼓内有多层带筛孔的同心圆筒，转速一般为 2000～3000r/min。运行时两相液体在压力作用下通过轴进入设备内，轻相经过筛板筒圆柱体的通道被引入转鼓外缘，重相被引入到转鼓中心部位。由于受到离心力的作用，重相向转鼓外缘移动，而轻相被挤向转鼓中心部位。两相液体沿径向逆流通过筛板筒并进行混合和传质。最后重相从转鼓最外部进入出口通道而流出萃取器，轻相则在中心部位进入出口通道。

除了波氏离心机外，美国和瑞典联合开发的 Alfa-Laval 离心萃取机、德国开发的 Quadronic 离心萃取机均属于连续微分接触式离心萃取机。

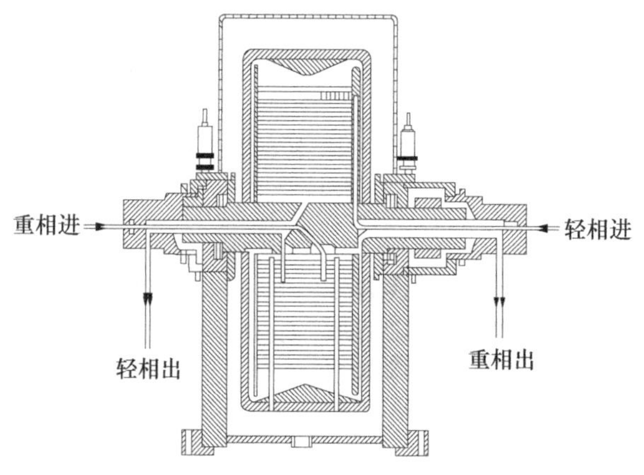

图 5-11 波氏离心萃取器
(引自汪家鼎，2001)

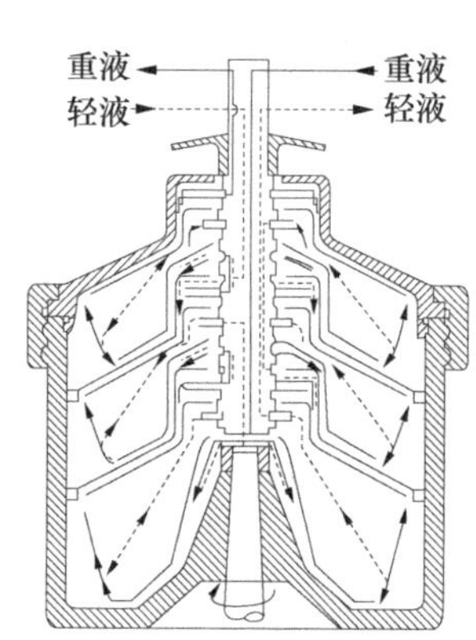

图 5-12 鲁威斯达式离心萃取器
(引自汪家鼎，2001)

(2) 逐级接触式离心萃取器。鲁威斯达式（Luwesta）离心萃取器是德国研制的一种立式单台多级离心萃取器，结构如图 5-12 所示，其主要结构是转筒、空心轴和转轴。转筒内装有圆形环，它们同转筒下部连接的转轴一起高速旋转。空心轴装在转筒中央，是固定不变的，上面有环形盘，并有喷嘴或装有分配环或收集环。运行时两相液体都由空心轴顶部进入，重相在空心轴内沿管线进入下部，而轻相则进入到上部，而两相液体沿图中所示直线（重相）和虚线（轻相）表示的路线活动。在空心轴内，来自于上一级的轻相和来自下一级的重相汇合，然后经空心轴上的喷嘴（或分布环）进入空心轴上的两个环形盘之间的通道，在离心力作用下，两相混合液被甩到转筒的外缘进行分相。分离后的两相沿不同的通道进入各自的收集环，重相向上进入上一级，轻相向下进入下一级。这样反复混合、澄清，最后两相分别经设在空心轴内的出口管线从顶部排出。

除了鲁威斯达式离心萃取器外，法国研制的 LX 型离心促进器也属于逐级接触式离心萃取器，目前主要应用生物制药工业。

由于具有结构紧凑、操作简便、处理量较大、滞液量小、接触时间短、单级萃取率高、可单台也可以多级串联萃取的优点，离心萃取设备特别适用于两相密度差很小或易乳化的体系，并且由于物料在机内的停留时间很短，因此也适用于化学和物理性质不稳定的物质的萃取。萃取过程中可以利用离心力加速液滴的沉降分层，允许加剧搅拌使液滴细碎，从而强化萃取操作。但是设备费用较大，制造难度大。

（二）有机溶剂萃取的工艺过程

有机溶剂萃取除了在传统化工领域得到广泛应用外，近年来在生物工程方面的应用也发展较快，常用于发酵产品的杂质分离、混合物的分离、浓缩和提纯。例如，青霉素、红霉素和四环素等抗生素的提取，柠檬酸、醋酸等有机酸的提取以及氨基酸的提取等。

青霉素的提取、浓缩、精制多采用有机溶剂萃取法，青霉素在不同的 pH 条件下，存在形式不同。当 pH 2，以青霉素酸的形式存在，能溶于有机溶剂中；当 pH 7，则形成青霉素盐，能溶于水中。青霉素的提取是利用青霉素盐易溶于水，而青霉素酸易溶于有机溶剂的性质反复在溶剂相和水相间转移，达到提纯和浓缩的目的。

青霉素 G 的提取和部分精制工艺流程如图 5-13 所示。其萃取过程一般分为 3 步：①将滤液经稀硫酸酸化（pH 2.0～2.2），把青霉素 G 抽提到有机溶剂中；②用 pH 6.8～7.2 的磷酸缓冲液或碳酸氢钠水溶液，把青霉素 G 从有机相转移到水相中；③在青霉素 G 缓冲液提取液中加稀硫酸，使 pH 2.0～2.2，又把青霉素 G 从水相转移到有机相中。最后经浓缩提纯后送至结晶工序。

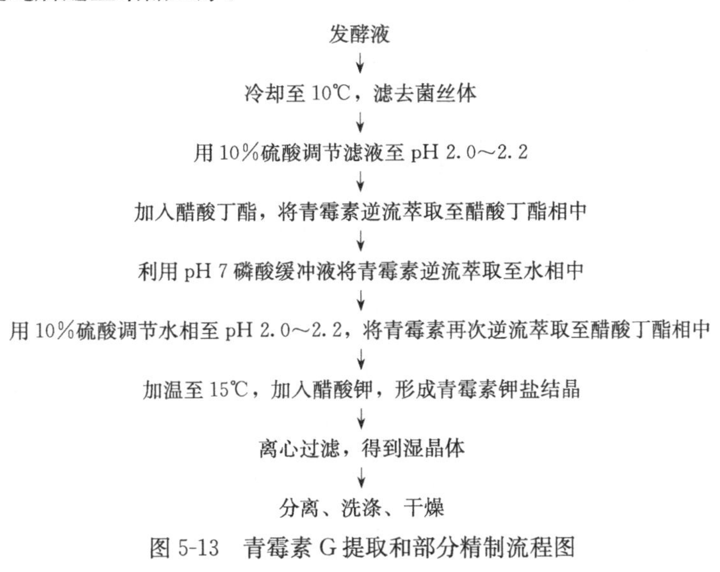

图 5-13 青霉素 G 提取和部分精制流程图

第四节 双水相萃取

在第三节中，详细介绍的有机溶剂萃取应用于提取生物大分子物质（蛋白质或酶类）是难以实现的，其主要原因是许多生物大分子不能溶于有机溶剂，而且在有机溶剂中易变性失活。双水相萃取技术是针对生物活性大分子物质的提取开发的一种新型液液萃取技术。目前，双水相萃取技术已实现了细胞器、细胞膜、病毒等多种生物体和生物组织以及蛋白质、酶、核酸、多糖、生长素等大分子生物物质的分离与纯化，取得了较好的成效。近年来，双水相萃取技术的分离对象进一步扩大，已包括了抗生素、多肽和氨基酸、重金属离子和植物有效成分中的小分子物质。

双水相萃取技术开始于 20 世纪 60 年代。很早人们就注意到，溶液的分相不一定完全依赖于有机溶剂，在一定条件下，水相也可以形成两相甚至多相。1896 年 Beijerinck 发现，当明胶与琼脂或明胶与可溶性淀粉溶液相混时，得到一个混浊不透明的溶液，随之分为两相，上相含有大部分水，下相含有大部分琼脂（或淀粉），两相的主要成分都是水。这种现象被称为聚合物的不相溶性，这就是双水相系统。1956 年，瑞典伦德大学的 Albertsson 及其同事最早提出了双水相萃取技术并进行了大量的研究工作。他将双水相分配技术应用于色谱法从单细胞藻类中分离淀粉核，此后还研究了聚乙二醇-葡聚糖双水相系统和聚乙二醇-无机盐系统在生物分离纯化中的应用。1979 年，德国 GBF 的 Kula 等首次将双水相萃取分离技术应用于从细胞匀浆液中提取蛋白质和酶类，大大改善了胞内酶的提取效果。虽然双水相萃取技术的研究只有 50 多年的历史，但由于其条件温和，容易放大，可连续操作。到目前为止，双水相萃取技术几乎在所有的生物物质的分离纯化中得到应用。

与传统的液液萃取相比，双水相萃取具有以下特点：①含水量高（70%～90%）。双水相萃取是在接近生理环境的温度和体系中进行的，不会引起生物活性物质失活或变性；②分相时间短（特别是聚合物/盐系统）。自然分相时间一般为 5～15min；③界面张力小，有助于强化相际间的质量传递；④不存在有机溶剂残留问题；⑤大量杂质能与所有固体物质一同除去，使分离过程更经济；⑥设备投资费用少，操作简单，易于实现工程放大和连续操作；⑦大多数目标产物有较高的收率。分配系数一般大于 3。

一、双水相体系的形成

当两种高分子聚合物互相混合时，其结果是分层还是混为一相，主要决定于两个因素：体系熵的增加和分子间作用力。根据热力学定律可知，在混合过程中，体系熵的增加只与分子数量有关，而与分子大小无关。因此，大分子间混合与小分子间混合相比，其体系熵的增加是相同的。分子间作用力则与相对分子质量有关，相对分子质量越大，分子间作用力也越大。综合以上分析可知，当两种大分子物质相混合时，其混合结果主要是由分子间作用力决定。两种聚合物分子间如存在相互排斥作用，即某种分子的周围将聚集同种分子而非异种分子，达到平衡时，就有可能分成两相，而两种聚合物分别进入一相中，这种现象就称为聚合物的“不相溶性”。两高聚物双水相体系的形成就是依据这一特性。如图 5-14 所示，把 2.2%的葡聚糖水溶液与等体积 0.72%的甲基纤维素钠水溶液相混合，静置后可得到两个黏稠的液层，下层含有大部分葡聚糖，上层含有大部分甲基纤维素钠，两相中 98%以上成分是水。

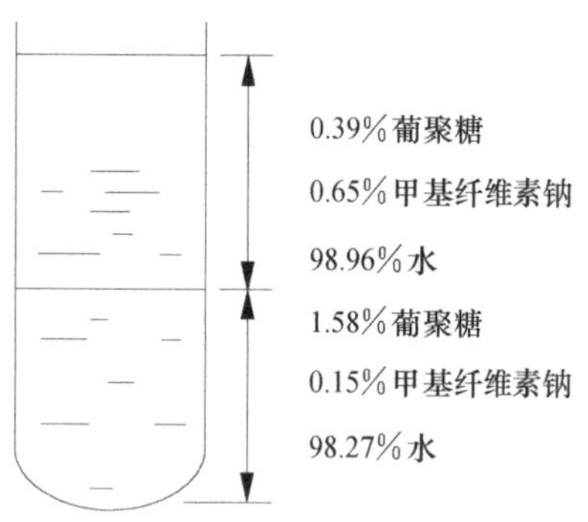

图 5-14　葡聚糖和甲基纤维素钠的两相体系
（引自王平诸，2005）

当两种聚合物之间既不存在较强斥力也不存在较强引力或存在很强的引力时，则两者能互相结合而存在一共同的相中。

能形成双水相的聚合物有很多种，如聚乙二醇-葡聚糖、聚丙二醇-聚乙二醇和甲基纤维素-葡聚糖等。除双聚合物系统外，聚合物与无机盐的混合溶液也可形成双水相，如聚乙二醇-磷酸钾（KPi）、聚乙二醇-磷酸铵、聚乙二醇-硫酸钠等。典型的双水相系统如表5-2 所示。在生化工程中得到广泛应用的双水相体系主要是聚乙二醇-葡聚糖体系和聚乙二醇-无机盐系统。

表 5-2　几种双水相系统

非离子型高聚物-非离子型高聚物	聚电解质-非离子型高聚物	聚电解质-聚电解质	高聚物-无机盐
聚丙二醇-聚乙二醇	硫酸葡聚糖钠盐-聚丙二醇	硫酸葡聚糖钠盐-羧甲基纤维素钠	聚乙二醇-磷酸钾

续表

非离子型高聚物-非离子型高聚物	聚电解质-非离子型高聚物	聚电解质-聚电解质	高聚物-无机盐
聚丙二醇-聚乙烯醇	羧甲基葡聚糖钠盐-甲基纤维素	硫酸葡聚糖钠盐-羧甲基葡聚糖钠	聚乙二醇-硫酸铵
聚丙二醇-葡聚糖	甲基纤维素钠-聚乙二醇 NaCl	羧甲基葡聚糖钠-DEAE 葡聚糖盐酸	聚乙二醇-硫酸钠
聚乙二醇=聚乙烯醇	DEAE 葡聚糖盐酸-聚乙二醇 NaCl		聚丙二醇-磷酸钾
聚乙二醇-葡聚糖			
聚乙二醇-聚乙烯吡咯烷醇			

引自汪家鼎，2001

二、相图

双水相的形成条件与定量关系可用相图来表示，图 5-15 是两种高分子聚合物和水形成的双水体系的相图，图中以聚合物 Q 的浓度（%，质量分数）为纵坐标，以聚合物 P 的浓度（%，质量分数）为横坐标。图中把均匀区与两相区分开的曲线称为双节线。如果体系总组成配比取在双节线下面的区域（均匀区），两聚合物均匀溶于水而不分相；如果体系总组成配比取在双节线上方的区域（两相区）。上相中富集了聚合物 Q，下相中富集了聚合物 P。用 M 点代表体系总组成，T 点和 B 点分别代表了相平衡的上相和下相组成，称为节点。T、M、B 在同一条直线上，成为系线，在同一系线上不同的点，总组成不同，而上下两相组成相同，只是两相体积 V_T、V_B 不同，但它们服从杠杆原理，则

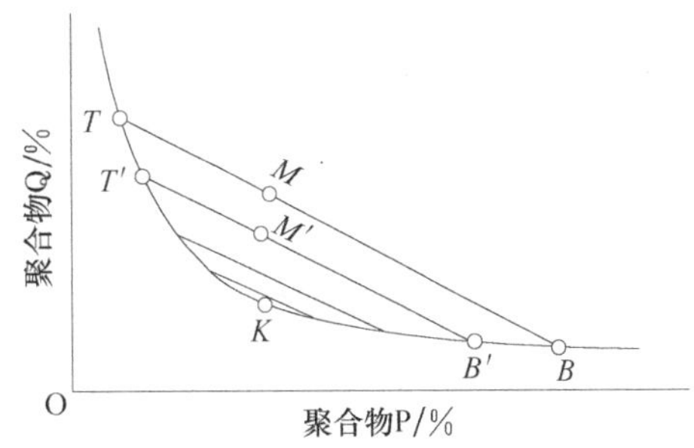

图 5-15　聚合物 P、Q 和水系统的相图
（引自俞俊棠，1991）

$$\frac{V_T}{V_B}=\frac{\overline{BM}}{\overline{MT}} \tag{5-46}$$

式中，V_T、V_B——分别表示上相、下相体积，mL；

$\overline{BM}$、$\overline{MT}$——分别表示 B 点到 M 点的距离、M 点到 T 点的距离，m。

若 M 点向双节线移动，系线变的越来越短，T、B 两点逐渐接近，即两相组成差别越来越减小，当 M 点到达双节线 K 点时，体系变成一相。K 点称为临界点。

双水相系统的相图、系线和临界点均由实验测得。相图中双节线的位置、形状与聚合物的相对分子质量有关，一般聚合物的相对分子质量越高，相分离所需的浓度越低；两种聚合物的相对分子质量相差越大，双节线的形状越不对称。

三、双水相中的分配平衡

与溶剂萃取相同，蛋白质等生物大分子物质在双水相中的分配系数也服从分配定律，即

$$K=\frac{C_1}{C_2}$$

式中，C_1、C_2——分别代表上相、下相中溶质的总浓度，mol/L。

当相系统固定时，分配系数 K 为一常数，与溶质的浓度无关。然而，溶质能在双

水相系统中，进行分配主要是受体系表面自由能和表面电荷的影响。

（一）表面自由能的影响

体系表面自由能受多种力影响，这里仅以表面张力为代表讨论一下其对分配平衡的影响。

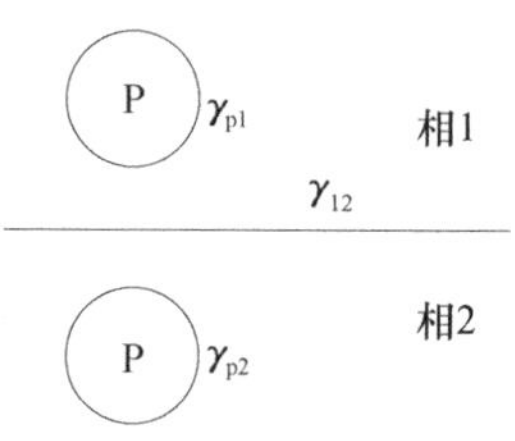

图 5-16　聚合物分子在两相间的分配（引自俞俊棠，1991）

P. 高聚物；γ_{p1}、γ_{p2}. 高聚物与相 1、相 2 间表面张力；γ_{12}. 相 1 与相 2 间表面张力

溶质分子在双水相系统中有两种相反的倾向：一种是离子的布朗运动，它使分子均匀分布于整个体系；另一种是作用于粒子表面的表面张力，它使离子富集于某相，以保持其能量最低。

设溶质分子为球形，其半径为 R，如图 5-16 所示，则其在双水相中具有 3 种不同界面（上相、下相、相 1 和相 2 之间）和表面张力（γ_{p1}、γ_{p2}、γ_{12}）：球形分子在上相中的表面自由能 G_1 可表示为：$4\pi R^2\gamma_{p1}$；在下相中的表面自由能 G_2 可表示为 $4\pi R^2\gamma_{p2}$。

当体系达到平衡时，溶质的分配总是选择使系统能量达到最低的那个相。如果设分子自相 2 移至相 1 时所需能量为 ΔE，根据相平衡时化学势应相等的原则，可推出

$$K=\frac{C_1}{C_2}=e^{-\frac{\Delta E}{kT}} \tag{5-47}$$

式中，k——波兹曼常数，1.380 66×10^{-23}J/K；

T——热力学温度，K。

将 G_1、G_2 代入上式中可得

$$K=\frac{C_1}{C_2}=e^{-\frac{4\pi R^2(\gamma_{p1}-\gamma_{p2})}{kT}} \tag{5-48}$$

如溶质分子为非球形粒子，同理可得其分配系数为

$$K=\frac{C_1}{C_2}=e^{-\frac{A(\gamma_{p1}-\gamma_{p2})}{kT}} \tag{5-49}$$

式中，A——溶质分子的表面积，m^2。

从式（5-48）和式（5-49）中可知，在一确定的两相系统中，分配系数主要由溶质分子的表面积和表面性质决定。假设溶质颗粒具有相同的表面性质，则 $\gamma_{p1}-\gamma_{p2}$ 为一常数，令$\lambda=\gamma_{p1}-\gamma_{p2}$，又因为表面积与相对分子质量大致成正比，则式（5-48）和式（5-49）可概括为

$$K=\frac{C_1}{C_2}=e^{\frac{M\lambda}{kT}} \tag{5-50}$$

式中，λ——溶质表面性质常数。

从式（5-50）中可知，如果有两种大分子聚合物，具有不同的表面性质，对于一种聚合物 $\gamma_{p1}>\gamma_{p2}$，则其 $K<1$，而对于另一种聚合物 $\gamma_{p1}<\gamma_{p2}$，则其 $K>1$，因而两种大分子能达到分离。颗粒越大，则前者的 K 越小，后者的 K 越大。因此，利用双水相萃取系统分离大分子物质是很适合的。

（二）表面电荷的影响

在双水相系统中常含有电解质，当这些粒子在两相中分配不相等时，就会在相间产生电位，通常称其为道南电位。用 $\Delta\phi$ 表示，则

$$\Delta\phi=\frac{RT}{(Z^{+}+Z^{-})F}\ln\frac{K_{B^{Z-}}}{K_{A^{Z+}}}(V) \tag{5-51}$$

式中，Z^{+}、Z^{-}——分别表示一种电解质的阳离子、阴离子的电荷数；

$K_{B^{z-}}$、$K_{A^{z+}}$——分别表示当阳离子、阴离子不带电时在两相间的分配系数；

F——法拉第常数，96 485.3383±0.0083C/mol；

R——气体常数，8.3144J/（mol·K）；

T——热力学温度，K。

从（5-51）式中可知，当一种电解质的阳离子、阴离子对两相有不同亲和力，即$K_{A^{z+}}$、$K_{B^{z-}}$不相等时就会产生电位差。离子价之和越大，电位差就越小。

综合以上分析，在双水相系统中，表面自由能和表面电荷是影响分配系数的最主要因素。它们的关系可用下式表示为

$$-\log K = \alpha\Delta\gamma + \delta\Delta\phi + \beta \tag{5-52}$$

式中，α——表面积；

$\Delta\gamma$——两相面表面自由能之差；

δ——电荷数；

$\Delta\phi$——电位差；

β——一个热力学量，包含标准化学势和活度系数等。

虽然从上式中分配系数与表面自由能、表面电荷呈指数关系，但目前还不能定量分析分配系数和溶质各种性质的关系，最适宜的操作条件和工艺参数还是主要通过实验方法得到。

四、影响双水相分配系数的主要因素

在双水相系统中，表面自由能和表面电荷是影响分配系数的最主要因素。表面自由能主要用来描述疏水作用，改变聚合物的种类、相对分子质量、浓度都会对相的疏水性有影响；而改变系统中的盐类、温度、pH 会影响相间电位差。因此，影响双水相分配系数的具体因素有很多，选择合适的参数可得到较高的分配系数和选择性。

（一）成相聚合物的相对分子质量

当成相聚合物的相对分子质量降低时，被分配的蛋白质（溶质）更易分配于富含该聚合物的相。例如，在聚乙二醇-葡聚糖系统中，如果降低聚乙二醇的相对分子质量，则会使蛋白质的分配系数增大；而减小葡聚糖相对分子质量，则分配系数减小。这条普遍规律已被热力学理论所证实，适用于所有成相聚合物系统和生物大分子溶质。

（二）聚合物的浓度

双水相体系的组成越接近临界点，可溶性生物大分子如（蛋白质）的分配系数越接近 1，蛋白均匀分配于两相。如果成相聚合物的总浓度或聚合物盐总浓度增加时，系统就远离临界点，系线就越长，上相和下相相对组成的差距就越大，蛋白质就趋向于一侧分配。此外，当组成远离临界点时，系统表面张力也增加，细胞等固体颗粒易集中在界面上（图 5-15）。

（三）盐的种类

双水相系统中通常含有缓冲液和无机盐等电解质，当这些无机离子在两相中分配系数不同时（即盐的正负离子对两相有不同的亲和力），将在两相间产生电位差，从而影响到带电荷生物大分子的分配［式（5-51）］。例如，在聚乙二醇-葡聚糖-磷酸钠系统中，当 pH 6.9，溶菌酶带正电，卵蛋白带负电；加入 NaCl 时，查表 5-3 可知，Na^{+}的分配系数小于 Cl^{-}的分配系数，故系统上相电位低于下相，则这种电位差使溶菌酶分配系数

增大，而使卵蛋白的分配系数减小。因此，加入某种盐类，会通过影响相间电位而大大促进带相反电荷的蛋白的分离。

表 5-3 一些离子的平衡常数

正离子	K^+	负离子	K^-
K^+	0.824	I^-	1.42
Na^+	0.839	Br^-	1.21
NH_4^+	0.92	Cl^-	1.12
Li^+	0.996	F^-	0.912

注：双水相萃取系统：8%（质量分数）PEG 4000，8%（质量分数）Dextran-T500，25℃，界面电位等于零
引自俞俊棠，1991

（四）盐的浓度

研究发现，盐类浓度也会影响到蛋白质的分配，但当盐类浓度达到一定程度时，影响减弱。当盐类溶度很大时，由于盐析作用，蛋白质很容易分配到上相。分配系数几乎随盐浓度增加呈指数增加。盐浓度对蛋白质分配的影响主要是体现在两个方面：一是影响蛋白质表面的疏水性；二是扰乱双水相系统，改变各相中成相物质的组成和相体积比。因此，通过调节双水相的盐浓度有效的萃取分离不同的蛋白质。

（五）pH

蛋白质的分配系数随 pH 的变化而发生变化。pH 的微小变化，会使蛋白质的分配系数改变 2～3 个数量级。这是因为体系的 pH 会影响蛋白质的离解程度，从而改变蛋白质所带电荷的性质与大小。此外，pH 还可以改变磷酸盐的离解度，进而影响相间电位差。

萃取体系中加入不同的非成相盐，pH 的影响程度不同。但是，在蛋白质的等电点处，蛋白质不带电荷，对不同的盐，分配系数相同。因此，加入不同盐所测的分配系数与 pH 的关系曲线的交点即为等电点。这种方法叫做等电点测定的交错分配法。

（六）温度

温度可通过影响双水相系统的相图而影响蛋白质的分配系数。其作用在临界点附近尤为明显，如果远离临界点，温度的影响就会变小。由于采用较高的操作温度，不但可以使体系的黏度降低，有利于相的分离，而且可以节省冷冻费用。此外，成相的高分子聚合物对生物活性物质还有一定的稳定作用，因此大规模双水相萃取操作一般采用常温操作。

（七）细胞的浓度

细胞浓度是影响萃取的一个重要参数，它会影响蛋白质等可溶性生物活性大分子的分配。大量细胞或细胞碎片的存在也会使体系两相的黏度尤其是下相的黏度增加，并且可能会不同程度的扰乱成相系统，使上下相体积比降低，从而影响蛋白质收率，使蛋白质被更多的转移到下相中。一般来说，1kg 萃取体系中加入 200～400g 湿细胞为宜。

除了以上因素可影响到双水相萃取的分配系数外，有报道认为在聚乙二醇上引入电荷也可以增大两相间电位差，提高分配系数。

五、双水相萃取的设备及工艺过程

双水相萃取技术由于其条件温和，容易放大，可连续操作等众多优点，在生物工程方面的应用越来越广泛。目前，双水相萃取技术已用于多种生物体、生物组织以及大分子生物物质的分离与纯化，并取得了较好的成效。

（一）双水相萃取的常用设备

双水相萃取的基本过程包括双水相的形成、溶质在双水相中的分配（混合）和双水相的分离。

1. 相混合设备

静态混合器是常用的相混合设备之一。静态混合器（图 5-17）的混合过程是由一系列安装在空心管道中的不同规格的混合单元进行的。由于混合单元的作用，使流体时而左旋，时而右旋，不断改变流动方向，不仅将中心液流推向周边，而且将周边流体推向中心，从而造成良好的径向混合效果。与此同时，流体自身的旋转作用在相邻组件连接处的接口上亦会发生，这种完善的径向环流混合作用，使物料获得混合均匀的目的。

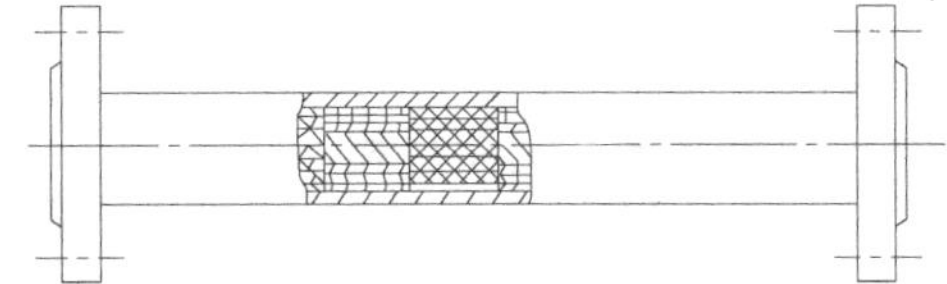

图 5-17　静态混合器结构

静态混合器的优点是停留时间均匀，无运动部件。在双水相系统中，表面张力很低，因而搅拌时很容易分散成微滴，几秒钟就能达到平衡，且能耗很少。

2. 相分离设备

在双水相系统中，虽然两相较容易达到平衡，但两相分离则比较困难，这是因为两相的密度差小，且黏度较大。例如，聚乙二醇-盐系统，密度差仅为 0.04～0.10kg/m^3。上相聚乙二醇一般作为连续相，其黏度为 3～15mPa·s；而带细胞的碎片的下相，葡聚糖相黏度可达几千 mPa·s。

达到分配平衡的两相进行分离时，可采用重力沉降法（静置分层）或离心沉降法。根据 Stokes 定律，其沉降速率（m/s）分别为

$$V_g = \frac{d^2 \Delta\rho}{18\mu} g \tag{5-53}$$

$$V_s = \frac{d^2 \Delta\rho}{18\mu} r\omega^2 \tag{5-54}$$

式中，d——分散相液滴的直径，m；

μ——连续相黏度，Pa·s；

$\Delta\rho$——相间密度差，kg/m^3；

g——重力加速度，9.806 65m/s^2；

r——离心半径，m；

ω——离心角速度，r/s。

混合-澄清器也可以用于双水相萃取，但由于它是借助重力实现相分离的，分离能力低，只能用于高聚物-盐体系。离心萃取器则不同，它是借助离心沉降，因此可以用于任何双水相体系，并易于实现连续化操作。

常用的离心沉降设备有管式离心机和碟片式离心机，其中碟片式离心机使用最多。图 5-18 表示的是流体在碟片式离心机中的流动方向。

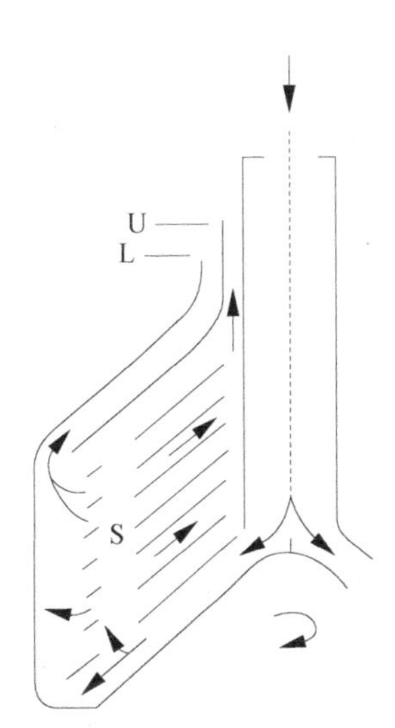

图 5-18　碟片离心机中的流向
（引自孙彦，2005）

在使用时可以通过调节下相出口半径来调节界面的位置，使其正好处在悬浮液上升到碟片中的入口，这样可以避免由于表面张力太小使已分离的相重新混合。

（二）双水相萃取的工艺过程

目前，双水相萃取技术已广泛应用于细胞器、细胞膜、病毒、蛋白质、酶、核酸、糖、生长素等生物物质的分离与纯化，但应用最多的还是胞内酶的提取。该方法可以从细胞液中直接提取酶，同时去除细胞碎片。

图 5-19 是一个三步双水相提取和纯化酶的典型流程。整个流程共分为 3 步：①将细胞破碎得到匀浆液，然后通过双水相萃取使蛋白质分配在上相（PEG），而细胞碎片、大部分杂蛋白和核酸、多糖等一些发酵副产物分配在下相（盐）；②通过向上相加入适量的盐（有时也可以同时加入少量 PEG），进行第二步双水相萃取，此步主要可以除去亲水性较强的核酸和多糖，而蛋白质保留在 PEG 相中；③通过向上相加入适量的盐，使蛋白质分配在盐相（也可调节 pH），并使其与主体 PEG 分离。色素和一些杂蛋白通常分配在上相。主体 PEG 可循环使用，而盐相蛋白质则可用超滤法去除残余的 PEG 以提高产品的纯度。

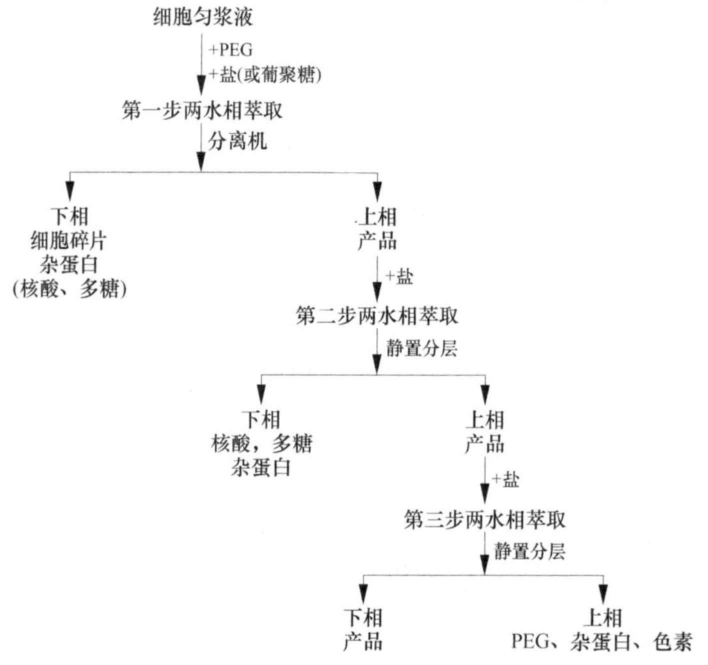

图 5-19　三步双水相萃取酶流程图
（引自俞俊棠，1991）

第五节　液膜萃取

膜分离是较为高效的生物分离技术，但传统固体膜尚存在着选择性低和通量小的缺点，所以人们试图改变固体高分子膜的状态，使穿过膜的扩散系数增大、膜的厚度变小，从而使透过速度跃增，并再现生物膜的高度选择性迁移。因此，在 20 世纪 60 年代中期诞生了一种新的膜分离技术——液膜分离法，又称液膜萃取法。这是一种以液膜为分离介质、以浓度差为推动力的膜分离操作。它与溶剂萃取虽然机理不同、但都属于液液系统的传质分离过程。

一、液膜及其分类

（一）液膜概念

液体膜是从生物膜奇妙的选择性输送功能上得到启发而模仿的一种人工膜。它是一层很薄的液体（称为膜相）。这层液体既可以是水溶液，也可以是有机溶液。它使两个组成不同而又互溶的溶液隔开，通常被隔开的溶液是水溶液，膜相则是与内外水相都不互溶的油性物质，通过渗透作用达到选择性分离。

当液膜为水溶液时（水型液膜），其两侧的液体为有机溶剂；当液膜由有机溶剂构成时（油型液膜），其两侧的液体为水溶液。因此，液膜萃取可同时实现萃取和反萃取。这是液膜萃取法的主要优点之一，对于简化分离过程、提高分离速度、降低设备投资和操作成本都是非常有利的。

（二）液膜组成

液膜分离系统的膜相通常由膜溶剂、表面活性剂、流动载体、膜增强剂构成。而被膜相隔开的两液相：一般一相是待处理的料液；另一相是用于接受目标组分的反萃取相。

1. 膜溶剂

膜溶剂是膜相的基体物质，一般占膜相总量的90%左右，相当于生物膜类脂双分子层中的疏水部分。使用较多的膜溶剂是高分子烷烃、异烷烃类物质。

较理想膜溶剂一般应满足：

(1) 能保持操作过程的稳定性，有一定的黏度，又不溶解于内外水相。

(2) 具有良好的溶解性，能优先溶解欲提取物质，而对杂质的溶解越少越好。同时，对膜相中的其他组分也有较好的互溶性。

(3) 与水相应有一定的相对密度差，以利于操作后期膜相与料液的分离。

2. 表面活性剂

表面活性剂是液膜分离系统中稳定油水分界面的最重要组分，相当于生物膜类脂双分子层的亲水端，其含量占液膜组成的1%～5%。因为它不仅决定液膜的稳定性，而且影响分离效率以及膜相的循环使用，所以对其的选择非常重要。

3. 流动载体

事实上流动载体常常是某种萃取剂，能对欲提取的物质进行选择性搬运迁移，相当于生物膜中的蛋白质载体，其含量占液膜组成的1%～5%，对液膜分离的选择性和膜的通量（或分离速度）起决定性作用。

4. 膜增强剂

膜增强剂的含量很少或没有，能起到增加膜的稳定性作用，使膜在分离操作时不会过早破裂，而在破乳工序中液膜层又容易破碎，以利于膜相与内水相的分离。

（三）液膜分类

液膜根据其结构可分为多种，但具有实际应用价值的主要有以下3种。

1. 乳状液膜

乳状液膜是悬浮在液体中的乳液微粒。微粒内常为接受被分离组分的液体，称为内水相；微粒外常为含有被分离组分的料液，作为连续相，称为外水相，处于两者之间的成膜的液体为膜相，三者组成液膜分离体系。

乳状液膜根据成膜液体的不同，分为（W/O)/W（水-油-水）和（O/W)/O（油-水-油）两种。在生物分离中主要应用（W/O)/W 型乳状液膜（图 5-20)。

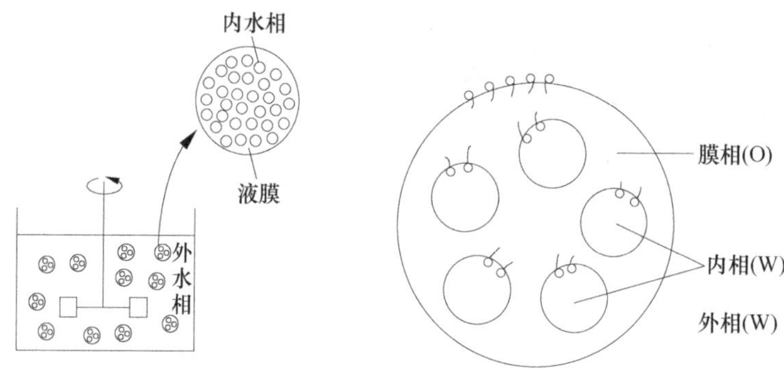

图 5-20 （W/O）/W（水-油-水）型乳状液膜

乳状液膜的膜溶液主要由膜溶剂、表面活性剂和添加剂（流动载体）组成，其中膜溶剂含量占 90%以上，而表面活性剂和添加剂分别占 1%～5%。表面活性剂起稳定液膜的作用，是乳状液膜的必需成分。因此，乳状液膜又称为表面活性剂液膜。

向溶有表面活性剂和添加剂的油中加入水溶液，进行高速搅拌或超声波处理，制成 W/O（油包水）型乳化液，再将该乳化液分散到第二个水相（通常为待分离的料液）进行第二次乳化即可制成（W/O)/W 型乳状液膜，此时第二个水相为连续相。

W/O 乳化液滴直径一般为 0.1～2mm，内部包含许多微水滴，直径为数 μm，液膜厚度为 1～10μm。乳状液膜中表面活性剂有序排列在油水分界面处，对乳状液膜的稳定性起至关重要的作用，并影响液膜的渗透性。此外，液膜中的添加剂主要是液膜萃取中促进溶质跨膜输送的流动载体，为溶质的选择性化学萃取剂。

乳状液膜具有以下一些特性：①乳状液膜是三相体系；②内相与互不相溶的有机溶剂形成乳滴；③分离物经液膜进入膜内受体相；④提取和浓缩同时进行；⑤具有高的比表面积和高的传质速度；⑥具有高的选择性；⑦操作简便，成本低。

2. 支撑液膜

(1) 构成。支撑液膜是由溶解了载体的膜相溶液，在表面张力作用下，依靠聚合凝胶层中的化学反应或带电荷材料的静电作用，含浸在多孔支撑体的微孔内而制得的（图 5-21)。

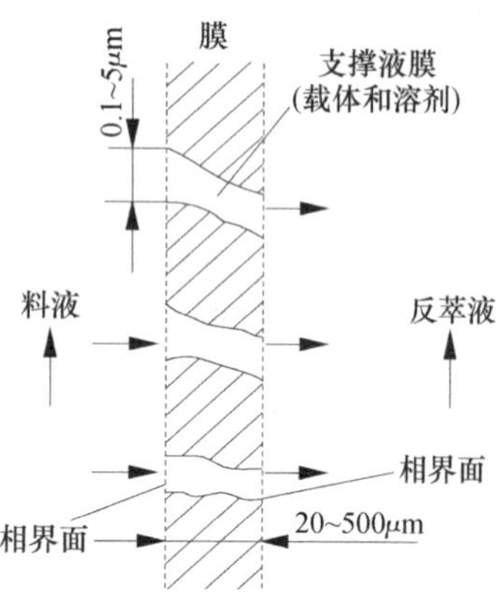

图 5-21 支撑液膜

因为将液膜含浸在多孔支撑体上，可以承受较大的压力，且具有更高的选择性，所以它可以承担合成聚合物膜所不能胜任的分离要求。

支撑液膜的性能与支撑体材质、膜厚度及微孔直径的大小密切相关。支撑体一般都要求采用聚丙烯、聚乙烯、聚砜及聚四氟乙烯等疏水性多孔膜，膜厚为 25～50μm，微孔直径为 0.02～1μm。通常孔径越小液膜越稳定，但孔径过小将使空隙率下降，从而将降低透过速度。

(2) 特性。①支撑液膜是三相体系；②能够反向调节供受体溶液的 pH；③离子态和非离子态的分离物在水相/有机相中的分配系数差为推动力；④目标分离物为酸碱性或以离子形式存在的化合物；⑤萃取与反萃取的过程相结合；⑥操作相对复杂；⑦灵敏度高；⑧富集效果较好；⑨重现性好。

3. 流动液膜

流动液膜实质上是支撑液膜中的一种，是为弥补上述支撑液膜的膜相容易流失的缺点改进而成的。

因为液膜相可循环流动，所以在操作过程中即使有所损失也很容易补充，不必停止萃取操作即可进行液膜的再生。液膜相的强制流动或降低流路厚度可以降低液膜相的传质阻力（图 5-22）。

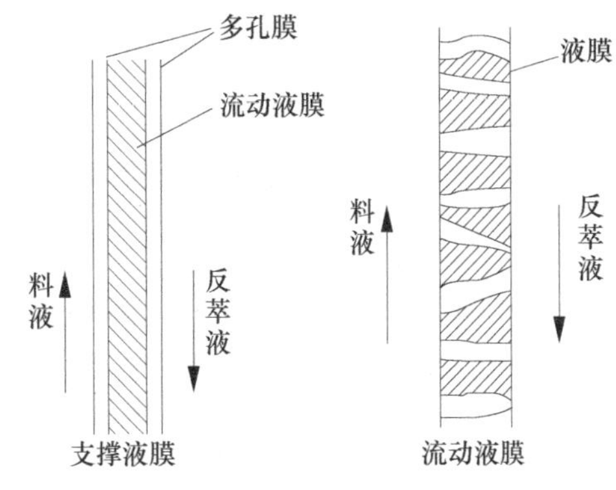

图 5-22　支撑液膜与流动液膜比较

流动液膜具有溶剂耗量少、选择性高、获得的萃取物中干扰物质少（萃取后样品不需净化）、富集倍率高、易于自动化且可方便地与其他分析仪器在线联用等优点。

二、液膜萃取机理

液膜萃取机理根据待分离溶质种类的不同，主要可分为以下几种类型。

（一）单纯迁移

1. 单纯迁移机理

单纯迁移又称物理渗透，是根据料液中各种溶质在膜相中的溶解度（分配系数）和扩散系数的不同而进行的萃取分离。由于一般溶质之间扩散系数的差别小，因此物理渗透主要是基于溶质之间分配系数的差别实现分离的。达到平衡时，溶质迁移不再发生。这种萃取机理的液膜分离无溶质浓缩效应（图 5-23）。

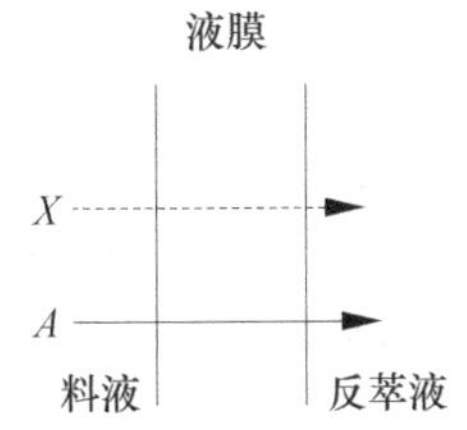

图 5-23　单纯迁移机理
（引自孙彦，2005）

2. 单纯迁移特点

（1）液膜中不含流动载体，内外水相中没有与待分离物质发生化学反应的试剂。

（2）利用待分离物质在膜中的溶解度差异（分配系数的不同），使透过膜的速度不同而实现分离。

（3）无浓缩效果。当溶质迁移进行到液膜两侧浓度相等时，迁移推动力等于零，输送便停止。

（二）促进迁移

1. 促进迁移机理

促进迁移，又称反萃相化学反应促进迁移。以乳状液膜为例，假设内相为接受相，在有机酸等弱酸性电解质的分离纯化方面，可利用强碱（如 NaOH）溶液为反萃相。反萃相中含有的 NaOH，与料液中溶质（有机酸）发生不可逆化学反应生成不溶于膜相的盐。在膜相传质速率为控制步骤（即 NaOH 与酸的反应速度很快）时，反萃相中

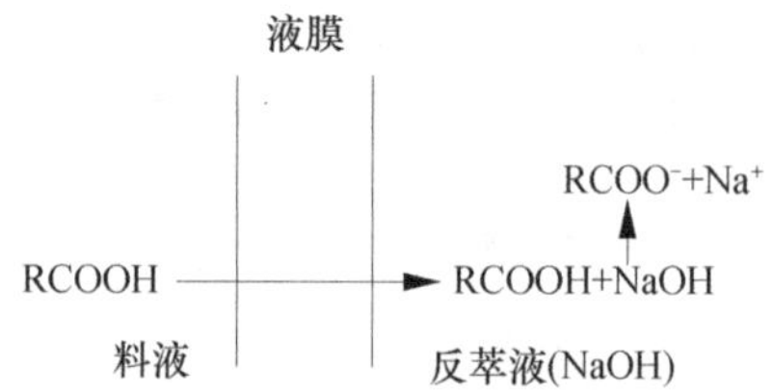

图 5-24 反萃相化学反应促进迁移机理
（引自孙彦，2005）

有机酸的浓度接近于零，使膜相两侧保持最大浓差，促进有机酸的迁移，直到 NaOH 反应完全。这种利用反萃相内化学反应的促进迁移又称Ⅰ型促进迁移。与上述单纯迁移相比，溶质在反萃相可得到浓缩，并且萃取速率快（图 5-24）。

2. 促进迁移特点

（1）接受相（内相）添加与溶质能发生化学反应的试剂。膜相无流动载体。

（2）外相中的 RCOOH 由分配关系萃取入液膜，内相通常为 NaOH 水溶液，一旦乙酸分子从膜相进入内水相，便迅速被中和，转化为 $RCOO^-$，$RCOO^-$ 带有电荷，故不能逆向回到液膜。液膜与内水相的平衡不断被破坏，使液膜中的 RCOOH 不断向内水相迁移，同时带动外水相的 RCOOH 不断进入液膜。

（3）外水相中的 RCOOH 在内水相中得到浓缩，即内水相中的浓度（$RCOOH+RCOO^-$）大于外水相的浓度（$RCOOH+RCOO^-$）。直到内水相的 OH^- 被耗完。

（4）浓缩的动力为自发性中和反应放热：

$$H^+ + OH^- = H_2O + Q$$

（三）载体输送

1. 载体输送机理

在膜相加入可与目标产物发生可逆化学反应的萃取剂 C，目标产物与该萃取剂 C 在膜相的料液一侧发生正向反应生成中间产物。此中间产物在浓度差作用下扩散到膜相的另一侧，释放出目标产物。这样，目标产物通过萃取剂 C 的搬运从料液一侧转入到反萃相，而萃取剂 C 在浓度差作用下又从膜相的反萃液一侧扩散到料液相一侧，重复目标产物的跨膜输送过程。萃取剂 C 称为液膜的流动载体。

因此，利用载体输送的萃取过程可大大地提高溶质的渗透性和选择性。更为重要的是，载体输送能使目标溶质从低浓度区沿反浓度梯度方向向高浓度区持续迁移。

利用膜相中流动载体选择性输送作用的传质机理称为载体输送，又称为Ⅱ型促进迁移。根据向流动载体供能方式不同，载体输送又分 3 种类型：①载体促进扩散传递；②载体促进并流传递（又称同向迁移，图 5-26）；③载体促进逆流传递（又称反向迁移，图 5-25），液膜中存在离子型载体时，即为此机理。

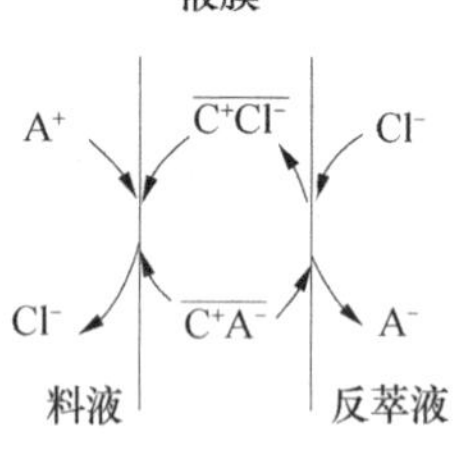

图 5-25 载体输送（反向迁移）机理
（引自孙彦，2005）

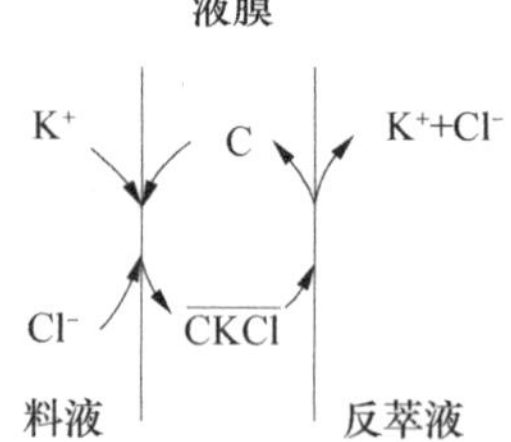

图 5-26 载体输送（同向迁移）机理
（引自孙彦，2005）

2. 载体输送机理应用实例

（1）载体促进扩散传递。以三级胺（TOC）R_3N 为载体的柠檬酸液膜分离为例。

特点 膜相有载体（C），溶质（A）和载体（C）结合后，在液相中转移，在内相界释放溶质 A（或以离子形式），而载体得到复元后，又在外相界与溶质 A 结合。

过程 在外相与膜相界上，三级胺与柠檬酸反应生成胺盐。生成的胺盐在膜相内转移，然后在膜相与内相界面间被 Na_2CO_3 反萃取，形成柠檬酸钠。碳酸胺盐［$(R_3NH)_2CO_3$］在膜相与外相界间转移分解，放出 CO_2，TOA 得到再生。其过程方程式：

$$6R_3N+2C_6H_8O_7 \longrightarrow 2(R_3NH)_3C_6H_5O_7+Q_1$$

$$2(R_3NH)_3C_6H_5O_7+3Na_2CO_3 \longrightarrow 2C_6H_5O_7Na_3+3(R_3NH)_2CO_3+Q_2$$

$$3(R_3NH)_2CO_3 \longrightarrow 6R_3N+3CO_2+2H_2O+Q_3$$

结果 柠檬酸在接受相得到分离与浓缩。

(2) 载体促进并流传递。以液膜分离青霉素为例。

过程 首先在外相和膜相界面上，生成 AHP。然后 AHP 在膜扩散至内相与膜相界面上，由于内相 pH 高，使 AHP 分解。重复以上两步。其过程方程式及如图 5-27 所示。

$$H^{+}+P^{-}+A \longrightarrow AHP$$

$$AHP \longrightarrow A+H^{+}+P^{-}$$

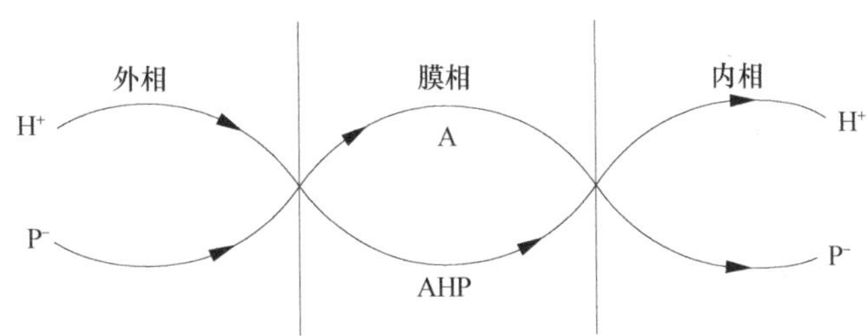

图 5-27 液膜萃取分离青霉素的机理

A. 载体；AHP. 复合物；H^{+}. 氢离子；P^{-}. 青霉素离子

总方程式 $H^{+}+OH^{-}=\!=\!=H_2O+Q$

结果 青霉素在接受相得到富集。

(3) 载体促进逆流传递。以 L-氨基酸甲酯酶解为 L-氨基酸和甲醇为例。

过程 过程示意如图 5-28 所示。

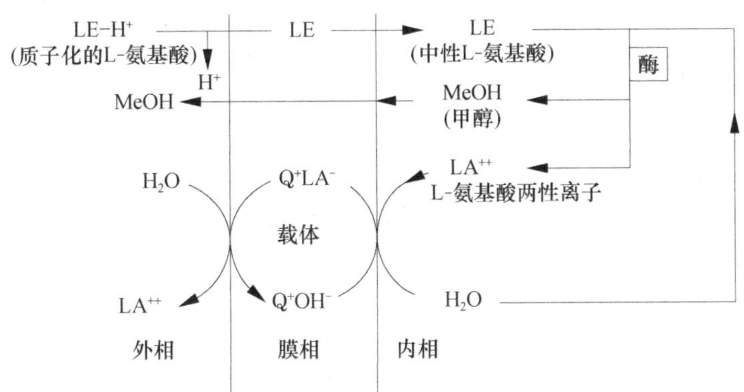

图 5-28 L-氨基酸甲酯酶解为 L-氨基酸的示意图

结果 LE 在内相水解生成的 LA^{+}-被分离到外相。外相 H^{+} 小，被不断质子化，导致 LA^{+}-不断由内向外迁移、浓缩，以 H^{+} 化能量为动力。

优点 酶包裹在内相中，可免受外相中各组分对其活性的影响，避免了酶与底物和产物的分离，乳液可重复用。

结论　浓缩的条件是有供能的化学反应存在（中和、结合等）。

（四）液膜分离的动力学基础

液膜分离的动力学比较复杂，因为其中同时涉及扩散和反应速度问题。最简单的情况，是溶质单纯扩散穿过液膜，其扩散通量 J（单位面积单位时间内通过的物质的量）可简化为

$$J=\frac{DK}{l}\Delta C$$

式中，D——扩散系数；

K——溶质在水-膜相间分配系数；

l——膜厚度；

ΔC——溶质在膜两侧的浓度差（渗透推动力）。

可见，通量 J 与浓度差 ΔC 成正相关。

对于大多数体系来说，扩散系数是接近的，所以决定分离选择性的主要是 K，即分配系数。

三、液膜分离操作

（一）液膜材料选择

液膜分离技术的关键是选择最适宜的流动载体、表面活性剂和有机溶剂来制备合乎要求的液膜，并构成合适的液膜体系。

1. 流动载体的选择

(1) 流动载体选择原则。作为流动载体必须具备的条件是：①溶解性：流动载体及其络合物必须溶于膜相，而不溶于邻接的溶液相；②络合性：作为有效载体，其络合物形成体应具有适中的稳定性，即该载体必须在膜的一侧强烈地络合指定的溶质，从而可以转移它，而在膜的另一侧很微弱地络合指定的溶质，从而可释放它，实现指定溶质的跨膜迁移过程；③稳定性：载体应不与膜相的表面活性剂反应，以免降低膜的稳定性。

(2) 流动载体的类型。载体主要是某些萃取剂，能和溶质结合，并溶解于有机相中。

载体分子中通常含有较长的亲油烷烃链，因而具有一定的表面活性。载体可根据其螯合性能分为螯合物载体和非螯合物载体。螯合物类载体常用于金属离子分离，如羟基肟（R：8～10C）、8-羟基（R—C—C_9）、磺胺、B-二酮。非螯合物类载体主要用于生物物质的分离，如三级胺、四级铵盐、酸性磷（膦）酸酯。

另外，流动载体按电性可分为带电载体与中性载体，一般来说中性载体的性能比带电载体（离子型载体）好。中性载体中又以大环化合物最佳，如合成的聚醚化合物、莫能菌素络合物、胆烷酸络合物。其结构式如图 5-29 所示。

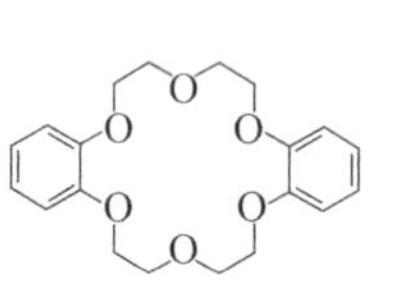

合成的聚醚化合物

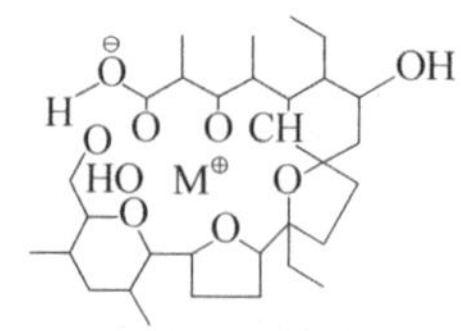

莫能菌素络合物

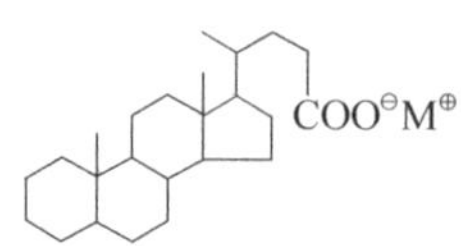

胆烷酸络合物

图 5-29　某些中性载体结构式

2. 表面活性剂的选择

表面活性剂的选择是很复杂的问题，虽有一些规律，但主要是凭经验。一般首先要知道适合于该体系的表面活性剂的 HLB 值。

表面活性剂 HLB（hydrophile-lipophile balance）值是表示表面活性剂亲水性的一个参数，可理解为表面活性剂分子中亲水基和憎水基之间的平衡数值。对于构成液膜的表面活性剂的选择，主要由其 HLB 值决定。具有不同 HLB 的表面活性剂适用于不同体系。非离子表面活性剂的 HLB 值可用下式计算。

$$\text{非离子表面活性剂 HLB}=\frac{\text{亲水基部分的相对分子质量}}{\text{表面活性剂的相对分子质量}}\times\frac{100}{5}$$

其次，要参考一些经验性的选择依据：①要考虑表面活性剂的离子类型。主要包括阴离子、阳离子和非离子型三种。应根据具体情况加以采用，其中尤以非离子表面活性剂（Span80、吐温 80 等）为佳，因之易制成液状物并在低浓度时乳化性能良好，所以在液膜技术中普遍被采用；②要用憎水基与被乳化物结构相似并有很好亲和力的，这样乳化效果好；③表面活性剂在被乳化物中易溶解，乳化效果好。

3. 膜溶剂的选择

膜溶剂的选择主要应考虑液膜的稳定性和对溶质的溶解度。所以，既要有一定的黏度，又要在有流动载体时溶剂能溶解载体而不溶解溶质；在无流动载体时能对欲分离的溶质优先溶解而对其他溶质溶解度很小。为了减少溶剂的损失，还要求溶剂不溶于膜内相、外相。

常用的典型的膜溶剂有甲苯、二甲苯、煤油和异链烷烃等。

（二）液膜分离过程

液膜是一层很薄的液体，既可以是水溶液，也可以是有机溶剂（油）。液膜分离属三相分离系统，包括膜相、被萃取相和反萃取相。

下面以工业废水中除酚的乳化液膜分离过程为例进行说明。

以煤油、表面活性剂和 5% NaOH 溶液，制成液膜。在浓度差作用下，酚溶于油中，通过膜进入内水相，并与 NaOH 作用变成离子。乳状液破乳后，收集内水相中的酚富集液，而膜相可循环利用。其中 99.3%酚被除去，剩余 0.074%，完全可以满足工业用水的要求。

液膜分离操作过程分液膜制备、液膜萃取、分离澄清、破乳四个阶段（图 5-30）。

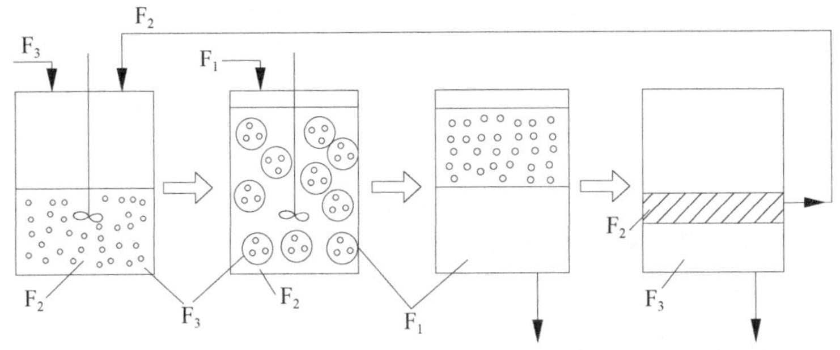

图 5-30　液膜分离操作过程

（三）影响液膜分离效果的因素

1. 液膜体系组成的影响

（1）载体。以冠醚为例，发现载体性质、取代基等对分离选择性和迁移速度的影响十分明显。Lamb 报道了 21-冠-7，18-冠-6 分别对 Cs^{1+}，K^{1+} 传输最快，这与离子大小与空穴大小是否匹配有关。

取代基引入可以改变传输速度，如增大在膜中溶解度，但要注意空间因素的影响。以含 N、S 等原子取代氧原子，改变选择性。含 S 的冠醚是 Pd^{2+} 的选择性载体，但如果结合过紧，则不能释放；三硫代-18-冠-6 与 Ag 选择性很好。

（2）金属离子浓度的影响。Lamb 发现，以 DB-18-冠-6 作载体时，料液中离子浓度较低时，迁移速度与阳离子活度平方成正比。后来 Tyles 研究时发现，高浓度时，传输量与时间成线性关系，低浓度时关系复杂。

现已总结为两种动力学机制：①金属浓度高时，只依赖于载体浓度的 0 级机制，此时载体在界面吸附速度是决定步骤；②只依赖于金属离子浓度的可逆一级反应，此时金属离子向界面扩散为决定步骤。

（3）抗衡离子类型的影响。在以冠醚萃取 K^+ 时，发现不同抗衡阴离子有不同的传输速度，这种变化与阴离子大小、电荷和极化度有关。这些因素决定于阴离子水化能，水化能小可使得更快迁移。

（4）内相的组成。内相加入沉淀剂和络合剂显著改变选择性。

（5）膜溶剂。膜溶剂的极性大小影响冠醚环的舒张和收缩。还有其他因素，如表面活性剂、黏度等。

根据处理体系的不同，选择适宜的配方，保证液膜有良好的稳定性、选择性和渗透速度，以提高分离效果。液膜的稳定性是液膜分离过程的关键，它包括液膜的溶胀和破损两个方面。

溶胀是指外相水透过膜进入了液膜内相，从而使液膜体积增大。用乳状液的溶胀率 $E\mathrm{a}$ 来表示：

$$E\mathrm{a}=\frac{V\mathrm{e}-V\mathrm{e}_0}{V\mathrm{e}_0}\times 100\%$$

式中，$V\mathrm{e}$——增大后的乳液相体积；

$V\mathrm{e}_0$——乳液相初始体积。

影响溶胀的因素主要体现在外界对膜相物性的影响、内外水相化学势的影响和膜相与水结合的加溶作用。其中，表面活性剂和载体起重要作用。此外，搅拌强度、搅拌速度增大，渗透溶胀增加；温度升高，渗透溶胀加剧；膜溶剂黏度大，则扩散系数减小，溶水率低，则膜相含量少，能减小内外水相间的化学势梯度，使渗透溶胀减小。

破损是由于液膜被破坏，使内相水溶液泄漏到外相，可用破损率 $E\mathrm{b}$ 来表示，如内相中含 NaOH 溶液，则

$$E\mathrm{b}=\frac{C_{\mathrm{Na}^+}\cdot V_3}{C_{\mathrm{Na}^+10}\cdot V_{10}}\times 100\%$$

式中，C_{Na^+}——泄漏到外水相中的钠离子浓度；

C_{Na^+10}——内相中钠离子的初始浓度；

V_3——外水相体积；

V_{10}——内水相体积。

影响液膜破损的因素主要是外界剪切力作用使乳液产生破损和膜结构及其性质变化产生破损。同时，也与搅拌温度、膜溶剂、外相电解质等条件有关。

因此，必须合理选择表面活性剂、载体、膜溶剂、外相电解质的种类和浓度，降低搅拌强度、乳水比和传质时间，有效地控制温度，尽可能地减少渗透溶胀对膜强度的影响，避免液膜破损率过高，以保证膜分离的效果。

2. 液膜分离工艺条件的影响

(1) 搅拌速度的影响。搅拌速度是液膜分离提取工艺操作条件中的关键步骤，其强度直接影响液膜的提取效果和稳定性。制乳时，搅拌速度一般为 2000～3000r/min；连续相与乳液接触时，搅拌速度为 100～600r/min。搅拌速度过低，乳液分散不充分，乳相和外水相不能有效接触，不利于分离物的传递；搅拌强度愈高，乳滴粒径就愈小，乳相与水相的接触面积大，传质加快，分离物的提取率提高。但过高的搅拌速度，使乳液包裹外相水分的几率增大，液膜溶胀大大增加，易造成液膜破裂，降低分离效果。因此，选择适当的混合搅拌强度非常重要。

(2) 接触时间的影响。料液与乳液在最初接触的一段时间内，溶质会迅速渗透过膜进入内相。这是由于液膜表面积大，渗透很快。如果再延长接触时间，连续相（料液）中的溶质浓度又会回升。这是由于乳液滴破裂造成的，因此接触时间要控制适当。

(3) 料液的浓度和酸度的影响。液膜分离特别适用于低浓度物质的分离提取。若料液中产物浓度较高，可采用多级处理，也可根据被处理料液排放浓度要求，决定进料时浓度。

料液中酸度决定于渗透物的存在状态，在一定的 pH 下，渗透物能与液膜中的载体形成络合物而进入膜相，则分离效果好，反之分离效果就差。

(4) 乳水比的影响。液膜乳化体积（Ve）与料液体积（Vw）之比称为乳水比。对液膜分离过程来说，乳水比愈大，渗透过程的接触面积愈大，则分离效果越好，但乳液消耗多，不经济，所以应选择一个兼顾两方面要求的最佳比例。

(5) 膜内比 Roi 的影响。膜相体积（Vm）与内相体积（Vio）之比称为膜内比。以膜内比 Roi 对苯丙氨酸传质的影响为例。

由图 5-31 可知，传质速率随 Roi 的增加而增大，但这种增加趋势不大。这是因为一方面 Roi 增加，载体量也增大，对苯丙氨酸提取过程有利；但另一方面，Roi 增加亦使膜厚度增大，从而增加传质阻力，不利于提取过程。由于这两方面的影响，故使苯丙氨酸的提取率虽然随着 Roi 的增加而增大，但幅度较小。Roi 的增加，膜的稳定性加强了，而从经济角度出发，希望 Roi 越小越好。因此，需兼顾这两方面的情况进行 Roi 的选取。

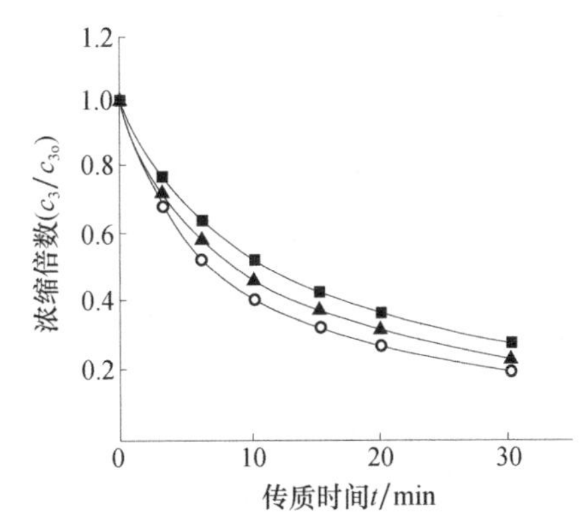

图 5-31 膜内比 Roi 对苯丙氨酸传质的影响
■—0.8；▲—1.0；○—1.2

(6) 操作温度的影响。一般在常温或料液温度下进行分离操作，因为提高温度虽能加快传质速率，但降低了液膜的稳定性，影响分离效果。

四、乳化液膜分离技术的工艺流程

（一）乳化液膜的优点

液膜技术在工业上应用时更多的是使用乳化液膜，因为其具有如下优点：①具有选择性；②较高的浓缩能力（一般目标产物从外水相到内水相的浓缩）；③连续运转的可能性；④处理方便、经济性好。

（二）乳化液膜分离的工艺流程

1. 液膜制备

液膜相（O）和内水相（反萃取相 W）通过一激烈搅拌的装置，制成 W/O 乳化液。内水相为分散相，膜相为连续相。

2. 液膜萃取

将 W/O 乳化液和外水相（料液，被萃取相）置于一带有温和搅拌的反应器（萃取器）中，形成（W/O）/W 型液膜系统。

3. 分离浓缩

外水相中待分离物质进入内水相中，达到分离浓缩的目的。

4. 破乳

W/O/W 经过一澄清分离器，静置分层，除去外水相。W/O 相经过破乳，将内水相与膜相分开。膜相可循环使用，从内水相中获得产物。

破乳的方法通常采用离心法、加热法、相转移法、化学法和电破乳法。其中，从膜相的循环使用、节能以及分离效率的角度看，在工业规模上通常认为电破乳方法最适宜。

电破乳的过程：①膜相中随机性运动着的、微米级的分散微水滴（内相）在外加电场作用下，感应极化，微水滴间产生引力，在该引力的作用下发生冲撞而逐渐聚结，从有机相中分离出来；②表面活性剂的极性端沿内水相球面均匀分布，对 W/O 乳化液的稳定起重要作用，但在外加交流电场的作用下，也发生错位、冲撞聚集，使 W/O 分成水相和膜相。

五、液膜分离过程潜在问题

（一）膜破裂

1. 原因

（1）搅拌产生的剪切力。
（2）过大的内相尺度。
（3）粗劣的膜相组成。

2. 后果

（1）液膜分离效率下降，把已分离进入内相的溶质又送回到外相，还得依赖于尚未破裂的乳化液膜重新分离。
（2）外相条件变化，使分离难度上升。内相中的试剂进入外相引起的。

3. 应对措施

（1）改变膜的配方，如增加黏度、提高表面活性剂浓度、改变膜相材料等。
（2）根据经验，合理选择操作条件。

（二）膜膨胀

1. 概念

膜膨胀是一个传递外相水溶液进入内相的过程。它是自由水的进入，不是内外水相交换。

2. 原因

外相盐浓度低，水活度高，外界面表面活性剂亲水部分与水结合，然后扩散至内界面。内相盐浓度高，水活度低，结合水被脱除至内相。

3. 控制

屏蔽表面活性剂的水合特性，增加膜的黏度，外相中添加非传递性盐等都能减少膜的膨胀。

六、液膜分离技术的应用

1. 液膜分离萃取有机酸

（1）萃取柠檬酸的流程见图 5-32。

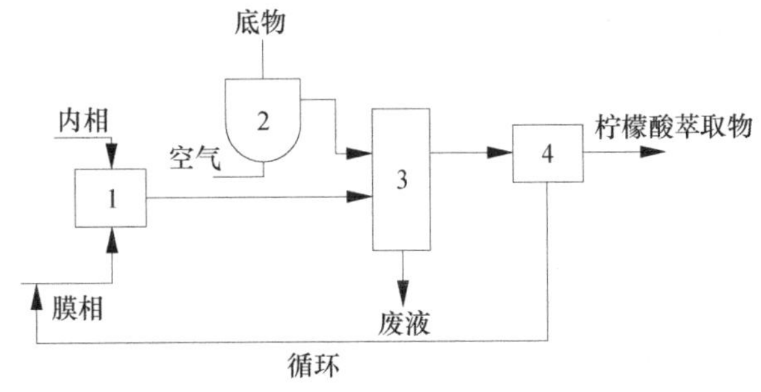

图 5-32　液膜萃取柠檬酸流程图

（引自毛忠贵，1999）

1. 液膜制备；2. 液膜萃取；3. 澄清分离；4. 膜相回收

（2）萃取柠檬酸的机理见图 5-33。

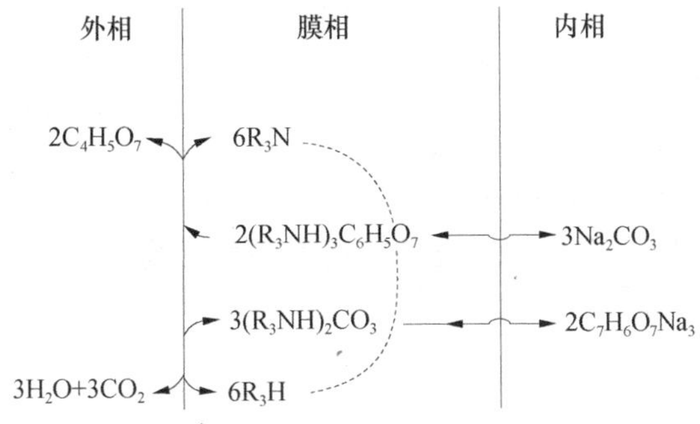

图 5-33　液膜萃取柠檬酸的机理

（引自毛忠贵，1999）

2. 液膜分离萃取氨基酸（图 5-34）

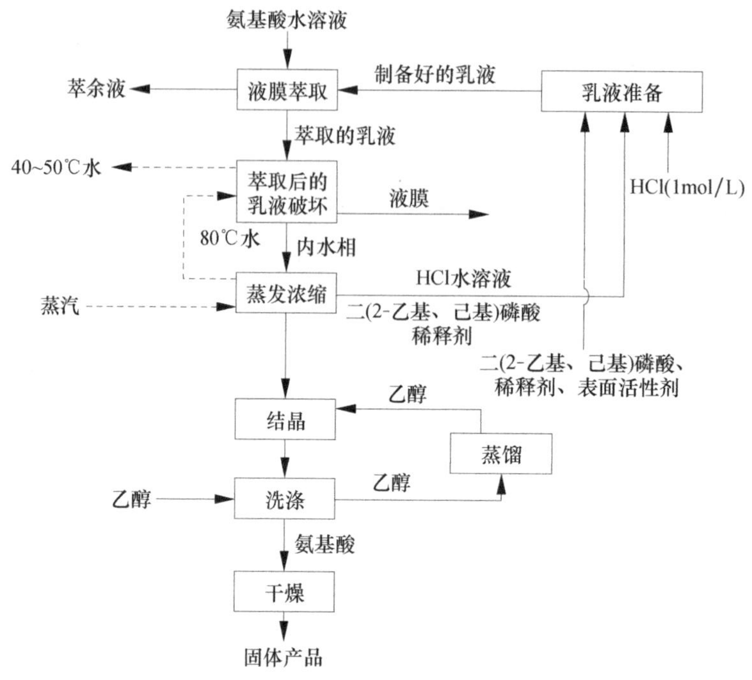

图 5-34　液膜萃取氨基酸的机理
（引自毛忠贵，1999）

3. 液膜分离用于酶反应

液膜分离技术用于酶反应，实际上是液膜包酶，类似于生化工程中的固定化酶。它是将含有酶的溶液作为内相制成乳液，再将此乳液分散于外相中。液膜包酶有许多优点：①包裹后的酶可免受外相中各组分对其活性的影响，避免了酶与底物和产物的分离，不必破乳；②由于物质在液体中的扩散速率比在固体中快得多，而且可以根据需要，在膜相添加载体促进底物从外相向内相的传递或产物从内相向外相的传递，这是固定化酶所无法做到的。

第六节　反胶团萃取

传统的溶剂萃取技术已在抗生素等物质的生产中得到广泛应用，并显示出优良的分离性能。但随着生物工程的发展，它却难以应用于一些生物活性物质（如蛋白质）的提取和分离。因为绝大多数蛋白质都不溶于有机溶剂，若使蛋白质与有机溶剂接触，还会引起蛋白质的变性。另外，蛋白质分子表面带有许多电荷，普通的离子缔合型萃取剂很难奏效。因此，研究和开发易于工业化的、高效的生化物质分离方法已成为当务之急。反胶团萃取就是在这一背景下发展起来的一种新型分离技术。

一、胶团与反胶团

（一）胶团

将表面活性剂溶于水中，当其浓度超过临界胶束浓度时，表面活性剂就会在水溶液中聚集在一起而形成聚集体，在通常情况下，这种聚集体是水溶液中的胶团，称为正常胶团（或胶束）。结构示意如图 5-35。在胶团中，表面活性剂的排列方向是极性基团在外，与水接触，非极性基团在内，形成一个非极性的核心、在此核心可以溶解非极性物质。

（二）反胶团

1. 反胶团的概念

若将表面活性剂溶于非极性的有机溶剂中，并使其浓度超过临界胶束浓度，便会在有机溶剂内形成聚集体，这种聚集体称为反胶团（或反胶束），其结构示意见图 5-36。在反胶团中，表面活性剂的非极性基团在外与非极性的有机溶剂接触，而极性基团则排列在内形成一个极性核。此极性核具有溶解极性物质的能力，极性核溶解水后，就形成了“水池”。

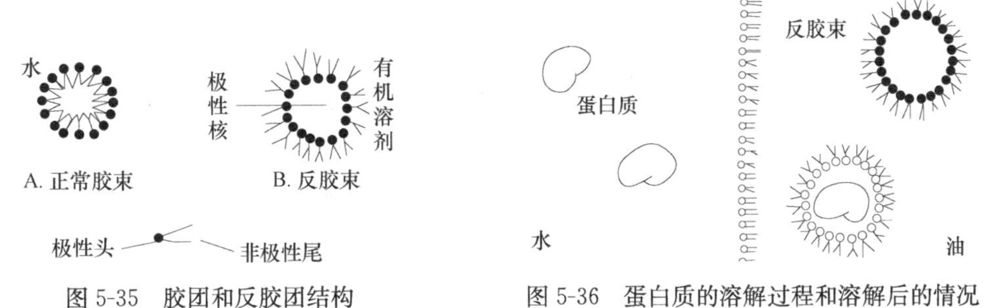

图 5-35 胶团和反胶团结构　　图 5-36 蛋白质的溶解过程和溶解后的情况

2. 反胶团的优点

（1）极性“水核”具有较强的溶解能力。

（2）生物大分子由于具有较强的极性，可溶解于极性水核中，防止与外界有机溶剂接触，减少变性作用。

（3）由于“水核”的尺度效应，可以稳定蛋白质的立体结构，增加其结构的刚性，提高其反应性能。

因此，反胶团可作为酶固定化体系，用于水不溶性底物的生物催化。当含有此种反胶束的有机溶剂与蛋白质的水溶液接触后，蛋白质及其他亲水物质能够通过螯合作用进入此“水池”。由于周围水层和极性基团的保护，保持了蛋白质的天然构型，不会造成失活。蛋白质的溶解过程和溶解后的情况见图 5-36。

3. 构成反胶团的表面活性剂种类

（1）阴离子表面活性剂。常用的阴离子表面活性剂为 AOT，其化学名为丁二酸-2-乙基己基酯磺酸钠。这种表面活性剂容易获得，其特点是具有双链，极性基团较小，形成的反胶团较大，半径为 170nm，有利于大分子蛋白质进入。

（2）阳离子表面活性剂。常用的阳离子表面活性剂有季铵盐、溴化十六烷基三甲铵（CTAB）、溴化十二烷基二甲铵（DDAB）、氯化三辛基甲铵（TOMAC）等。

二、反胶团萃取

（一）反胶团萃取原理

反胶团是双物质在非极性有机溶剂中的自发聚集体，又称为反胶束、逆胶束。双亲物质的这种胶团化过程的自由能变化主要来源于双亲分子之间偶极——偶极相互作用。除此之外，平动能和转动能的丢失以及氢键或金属配位键的形成等都可能参与这种胶团化过程。

在反胶团内部，双亲分子极性头基相互聚集形成一个“极性核”，可增溶水、蛋白质等极性物质，增溶了大量水的反胶团体系即为微乳液。水在反胶团中以两种形式存在：自由水和结合水。结合水由于受到双亲分子极性头基的束缚，具有与主体水（普通水）不同的物化性质，如黏度增大、介电常数减小、氢键形成的空间网络结构遭到破坏等。

对于增溶了物质（如水、蛋白质等）的反胶团，基本上都认为是单层双亲分子聚集的近似球体，并忽视胶团之间的相互作用。事实上，反胶团体系处于不停的运动状态，反胶团之间的碰撞频率为 10^9～10^{11}次/s，而且反胶团中的增溶物在频繁的交换。

（二）反胶团萃取蛋白质

蛋白质溶解于小水池中（正萃，或称萃取），其周围有一层水膜及表面活性剂极性头的保护，使其避免与有机溶剂接触而失活。改变 pH、盐浓度等条件蛋白质又可回到水相（反萃），实现蛋白质的萃取分离、纯化目的。

反胶团萃取蛋白质的机理目前尚不十分清楚。一般认为，萃取过程是静电力、疏水力、空间力、亲和力或几种力协同作用的结果，其中蛋白质与表面活性剂极性头间的静电相互作用是主要推动力。根据所用表面活性剂类型，通过控制水相 pH 高于或低于蛋白质的等电点，达到正萃、反萃的目的。

（三）影响反胶团萃取的主要因素

1. 水相 pH

水相 pH 决定了蛋白质表面电荷的状态，从而对萃取过程造成影响。当蛋白质所带的电荷与反胶团内表面电荷，也就是表面活性剂极性基团所带的电荷性质相反时，由于静电引力，可使蛋白质溶于反胶团中。

2. 离子的种类和强度

与反胶团相接触的水溶液离子浓度以几种不同方式影响着蛋白质的分配。

（1）离子强度增大后，反胶团内表面的双电层变薄，减弱了蛋白质与反胶团内表面之间的静电吸引，从而减少蛋白质的溶解度。

（2）反胶团内表面的双电层变薄后，也减弱了表面活性剂极性基团之间的斥力，使反胶团变小，从而使蛋白质不能进入其中。

（3）离子强度增加时，增大了离子向反胶团内“水池”的迁移并取代其中蛋白质的倾向，蛋白质从反胶团内再被盐析出来。

总之，盐与蛋白质或表面活性剂的相互作用，可以改变蛋白质的溶解性能。盐的浓度越高，其影响就越大。

3. 表面活性剂的种类和浓度

阴离子表面活性剂、阳离子表面活性剂和非离子表面活性剂都可用于形成反胶团。关键是应从反胶团萃取蛋白质的机理出发，选用有利于增强蛋白质表面电荷与反胶团内表面电荷间的静电作用、增加反胶团大小的表面活性剂。除此以外，还应考虑形成反胶团及使反胶团变大（由于蛋白质的进入）所需的能量的大小以及反胶团内表面的电荷密度等因素，这些都会对萃取产生影响。

增大表面活性剂的浓度可增加反胶团的数量，从而增大对蛋白质的溶解能力。但表面活性剂浓度过高时，有可能在溶液中形成比较复杂的聚集体，同时会增加反萃取过程的难度。因此，应选择蛋白质萃取率最大时的表面活性剂浓度为最佳浓度。

4. 溶剂体系

溶剂的性质，尤其是极性，对反胶团的形成和大小都有很大的影响，常用的溶剂有烷烃类（正己烷、环己烷、正辛烷、异辛烷、正十二烷等）、四氯化碳、氯仿等。有时也添加助溶剂，如醇类（正丁醇等），来调节溶剂体系的极性，改变反胶团的大小，增加蛋白质的溶解度。

三、反胶团制备

（一）制备反胶团系统的方法

制备反胶团系统的方法一般有以下 3 种。

1. 注入法

将含有蛋白质的水溶液直接注入到含有表面活性剂的非极性有机溶剂中去，然后进行搅拌直到形成透明的溶液为止。该过程较快并可以较好的控制反胶团的平均直径和含水量。

2. 相转移法

将酶或蛋白质从主体水相转移到含表面活性剂的非极性有机溶剂中形成反胶团-蛋白质溶液，即将含蛋白质的水相与含表面活性剂的有机相接触，在缓慢搅拌下，一部分蛋白质转入有机相。此过程较慢，但最终的体系处于稳定的热力学平衡状态，这种方法可在有机溶剂相中获得较高的蛋白质浓度。

3. 溶解法

将含有反胶团的有机溶液与蛋白质固体粉末一起搅拌，使蛋白质进入反胶团中，该法所需时间较长。适用于非水溶性蛋白质的分离。含蛋白质的反胶团也是稳定的，这也说明反胶团“水池”中的水不同于普通水。

（二）反胶团萃取的过程

水相中的溶质进入反胶团相常需经历三步传质过程：①溶质从水相通过表面液膜到达相界面；②在界面处溶质进入反胶团中；③含有溶质的反胶团扩散进入有机相。

反萃取操作中溶质也经历相似的过程，只是方向相反，即在界面处溶质从反胶团内部释放出来。

四、反胶团萃取的应用

（一）反胶团萃取蛋白质的应用

反胶团萃取用于蛋白质分离的研究最多。应用此技术处理的蛋白质或其混合物包括α-淀粉酶、细胞色素 C、核糖核酸酶、溶菌酶、α-胰凝乳蛋白酶、脂肪酶、胰蛋白酶、胃蛋白酶和过氧化氢酶等。

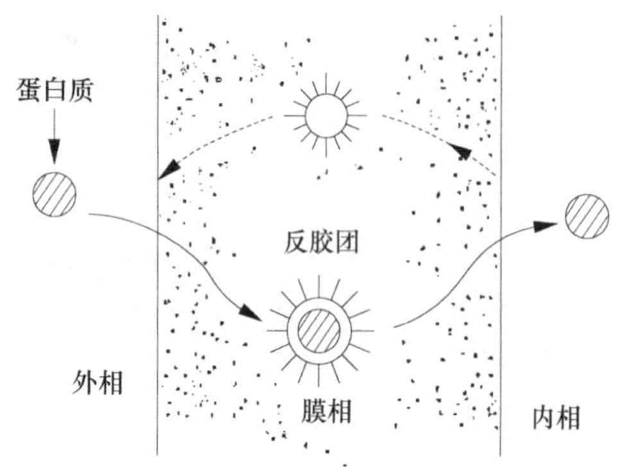

图 5-37 反胶团用于乳化液膜分离活性蛋白
(引自毛忠贵，1999)

（二）在液膜分离法中的应用

一般不能直接用乳化液膜技术来分离蛋白质，因为蛋白质通过膜相时，容易失活。但结合反胶团的乳化液膜技术具有萃取分离蛋白质的潜在优势。如图 5-37 所示，存在于膜相中的反胶团可作为蛋白质的载体，在膜相中往返运送蛋白质。

这个系统兼有乳化液膜和反胶团的综合优势：分离迅速，处理能力大，可连续操作，仅需要很少的预处理，具有同时分离和浓缩蛋白质的能力，有较大的研究价值。

第七节 液固萃取

液固萃取是用溶剂分离固体混合物中的组分，又称溶剂浸取。利用固体物质在液体溶剂中的溶解度不同来达到分离提取的目的。进行浸取的原料是溶质与不溶性固体的混合物，其中溶质是可溶组分，而不溶固体称为载体或惰性物质。

一、液固萃取过程

在生物分离过程中，浸取过程是指溶剂进入细胞组织溶解、浸取目的产物后，变成浸取液的全部过程。通常液固萃取包括润湿、溶解、扩散、置换四个过程。

（一）润湿

材料与浸取溶剂混合时，溶剂首先附着于材料表面使之润湿，然后进入毛细管和细胞间隙。

（二）溶解

溶剂进入组织后，溶解可溶性成分。

（三）扩散

扩散是指细胞中可溶性成分溶解于溶剂后，通过毛细管和细胞间隙扩散出细胞并进入溶剂主体的过程。

其扩散速率可用（Fick）费克定律描述：

$$J_A = -D_{AB}\frac{d_{CA}}{dl} \qquad D_{AB} = \frac{RT}{N} \cdot \frac{1}{6\pi r\eta}$$

式中，J_A——组分 A 在垂直于扩散方向上的摩尔通量，mol/(s · m^2)；

D_{AB}——组分 A 在 B 中的分子扩散系数，m^2/s；

d_{CA}/dl——为浓度梯度，溶解目的产物后，具有较高的浓度，故即形成扩散点，不停地向周围扩散，这是浸取的动力；

负号——表示扩散方向和浓度增加的方向相反；

T——绝对温度，K；

R——气体摩尔常数，8.314J/（mol · K)；

N——阿伏加德罗常数；

η——黏度；
r——扩散物质分子半径，m；

由费克定律可以看出，对于一定的浓度梯度，当扩散物质分子半径越小，绝对温度越高，扩散通量越大。

（四）置换

浸取的关键在于保持最大的浓度梯度。用浸取溶剂随时置换被浸取原料周围的浓浸取液，是控制浸出过程和设计浸出器械的关键问题。例如，渗漏装置，浸取溶剂自上而下持续渗过原料，这就自然造成尽可能大的浓度差，有促进浸出的作用。

二、液固萃取类型

浸取按溶剂种类可分为以下几种类型。

1. 酸浸取

酸浸取，又称酸解。浸取剂有硫酸、盐酸、硝酸、亚硫酸及其他无机酸与有机酸。

2. 碱浸取

碱浸取，又称碱解。浸取剂有氢氧化钠、氢氧化钾、碳酸钠、氨水、硫化钠、氰化钠及有机碱类。

3. 水浸取

浸取剂为水。

4. 盐浸取

浸取剂为氯化钠、氯化铁、硫酸铁、氯化铜等无机盐类。

5. 有机溶剂浸取

浸取剂常为乙醇或其他小分子醇、己烷、二氯甲烷、甲基乙基酮和丙酮、低分子质量的酯和植物油等。

三、浸取的影响因素

1. 浸取温度

温度的升高能使植物组织软化，促进膨胀，增加可溶性成分的溶解和扩散速率，促进有效成分的浸出。如果温度适当升高，还可以使细胞内蛋白质凝固、酶被破坏，有利于浸出和制剂的稳定。

2. 浸取时间

一般来说浸取时间与浸取量成正比，即时间越长，扩散值越大，越有利于浸取。但当扩散达到平衡后，延长时间就不再起作用。此外，长时间的浸取往往导致大量杂质溶出，一些有效成分易被酶分解。若以水作为溶剂，长时间浸泡则易霉变，影响浸取液的质量。

3. 浓度差

浓度差越大浸出速度越快，适当地运用和扩大浸取过程的浓度差，有助于加速浸取过程和提高浸取效率。一般连续逆流浸取的平均浓度差比一次浸取大些，浸出效率也较高。应用浸渍法时，搅拌或强制浸出液循环等，也有助于扩大浓度差。

4. 溶剂的 pH

浸提溶液的 pH 与浸提效果密切相关。例如，在中药材浸提过程中，往往根据需要调整浸提溶液的 pH，以利于某些有效成分的提取，如用酸性溶剂提取生物碱，用碱性溶剂提取皂苷等。

5. 浸取压力

通常提高浸取压力会加速浸润过程。目前有两种加压方式，一种是密闭升温加压，另一种是通过气压或液压加压。实验证明，水温在 65～90℃，表压力 0.3～0.6MPa 时，与常压浸提相比，有效成分浸出率相同，但浸出时间可以缩短一半以上，固液比也可以提高。此外，因加热、加压条件可能导致某些有效成分被破坏，故加压升温浸出工艺需慎重选用。

四、浸取的其他问题

（一）相平衡

浸取过程中的相平衡用分配系数 K_D 表示：

$$K_D = y/x$$

式中，y——达到平衡时溶质在液相中的浓度；

x——平衡时溶质在固相中的浓度。

y、x 浓度用体积浓度（kg/m^3）表示，K_D 为常数。y、x 浓度用质量浓度（kg/kg）表示，K_D 会变化。因为随着溶质 A 的浸出，固体内外密度会变化。

（二）溶剂的选择

1. 原则

依据溶剂“相似相溶”原理，分子之间可以有两方面的相似：一是分子结构相似，如分子的组成、官能团、形态结构的相似；二是能量（相互作用力）相似，如相互作用力有极性和非极性的之分，两种物质如相互作用力相近，则能互相溶解。与水“相似”的物质易溶于水，与油“相似”的物质易溶于油，就是相似相溶原理的表现。

选择溶剂应考虑以下原则：

（1）溶质的溶解度大，以节省溶剂用量。

（2）与溶质之间有足够大的沸点差，以便于回收利用。

（3）溶质在溶剂中的扩散阻力小，即扩散系数大和黏度小。

（4）价廉易得，无毒，腐蚀性小等。

2. 良好溶剂要求

（1）对目的产物的分配系数 K_D 大且对目的物质的选择性高。

（2）在工业规模上，希望溶剂对目的物质的分配系数大且对目的物质的选择性高，价格低廉，无毒，无腐蚀性，闪点高，无爆炸性，易去除和回收。

3. 产物用途限制

如食品行业中，要求溶剂无毒、不能致癌、不影响食品风味等。

（三）增溶作用

生物工业的浸取过程中往往包含增溶作用。用酶或酸碱催化生物大分子发生水解反应或促使大分子溶解，使原先不溶或难溶性的生物大分子物质向可溶性的、相对分子质量较小的生物物质转变。如原果胶向果胶的转化；胶原向胶质的转变；啤酒酿造的麦芽淀粉向可溶性糖的转化等。某些场合下，这些反应不能进行过度，如浸取胶体物质时，过度降解会降低胶体物质的成胶能力。

（四）固体原料预处理

1. 恰当地粉碎原料

以缩短固体或细胞内部溶质分子向其表面扩散的距离。但原料粉碎过细，可能导致粉碎能耗上升；有害物质的过度溶出；过滤与分离困难；固体床层被压实，不利于溶剂渗透和溶质的扩散等问题。

2. 适当干燥物料

有机溶剂浸取前，对含水物料进行干燥，否则影响浸润过程。

五、浸取的工业应用

（一）食品工业

食品工业中常用的浸取剂有：水、酸、无毒的含盐水溶液、乙醇或其他小分子醇、己烷、二氯甲烷、甲基乙基酮和丙酮、低相对分子质量的酯和植物油等。

用温水从甜菜中提取食糖；用有机溶剂从大豆、花生等油料作物中提取食用油，用水或有机溶剂从植物中提取药物、香料或色素等都是典型应用。

（二）浸取过程的应用举例

浸取过程主要应用在食品、医药等领域，表 5-4 是浸取过程的应用实例。

表 5-4 浸取过程的应用举例

产物	固体	溶质	溶剂
咖啡	粗烤咖啡	咖啡	水
豆油	大豆	豆油	己烷
大豆蛋白	豆粉	蛋白质	NaOH 溶液，pH 9
香料	丁香、胡椒、麝香草	香料成分	80%乙醇
蔗糖	甘蔗、甜菜	蔗糖	水
维生素 B	碎米	维生素 B	乙醇-水
玉米蛋白质	玉米	玉米蛋白质	90%乙醇
胶质	胶原	胶质	稀酸
果汁	水果块	果汁	水
鱼油	碎鱼块	鱼油	己烷，丁醇，CH_2Cl_2
鸦片提取物	罂粟	鸦片提取物	CH_2Cl_2 或超临界 CO_2
胰岛素	牛、猪胰腺	胰岛素	酸性醇
肝提取物	哺乳动物的肝	肽、缩氨酸	水

续表

产　物	固　体	溶　质	溶　剂
低水分水果	高水分水果	水	50%的糖液
脱盐海藻	海藻	海盐	稀盐酸
去咖啡因的咖啡	绿咖啡豆	咖啡因	氯代甲烷，超临界 CO_2
中草药汁	中草药材	药用成分	水
药酒	中草药材	药用成分	酒

引自毛忠贵，1999

第八节　超临界流体萃取

超临界流体技术自 20 世纪 70 年代开始崭露头角，随后以其环保、高效等显著优势迅速超越某些传统技术，很快渗透到石油化工、化学反应工程、材料科学、生物技术、环境工程等诸多领域，并成为这些领域分离技术发展的主导之一。

超临界流体是温度和压力同时高于临界值的流体，亦即压缩到具有接近液体密度的气体。超临界流体萃取是研究和应用最早的超临界流体技术之一，适用于食品和医药工业。在美国和欧洲，年生产能力上万吨的茶叶处理和脱咖啡因工厂早已投入生产，啤酒花有效成分、香料等的萃取在不少国家已达到产业化规模。超临界流体萃取技术在药物、保健品提取等方面的研究和应用也取得了较大进展，美国科学家已开始用超临界 CO_2 从植物中提取抗癌药物、从柚子中提取保健品。

一、超临界流体

（一）临界点

其概念可用临界温度和临界压力来解释。

1. 临界温度

临界温度是指高于此温度时，无论加压多大也不能使气体液化。

2. 临界压力

临界压力是指在临界温度，液化气体所需的压力。

3. 临界点

某物质的临界点是其相图上其临界温度与临界压力相交所构成的点。

（二）超临界流体（supercritical fluid，SCF）

流体是液体和气体的总称，因两者都富有流动性，又有相似的运动规律，故合称流体。临界状态是物质的气、液两态能平衡共存的一个边缘状态。在这种状态下，液体和它的饱和蒸汽密度相同，因而它们的分界面消失。这种状态只能在一定温度和压力下实现，此时的温度和压强分别称为“临界温度”（T_c）和“临界压力”（P_c）。

1. 定义

超临界流体是指物质处于其临界温度和临界压力以上而形成的一种特殊状态的流体。图 5-38 中，状态高于临界温度和临界压力的流体（即虚线构出的右上角长方形区)。

2. 特点

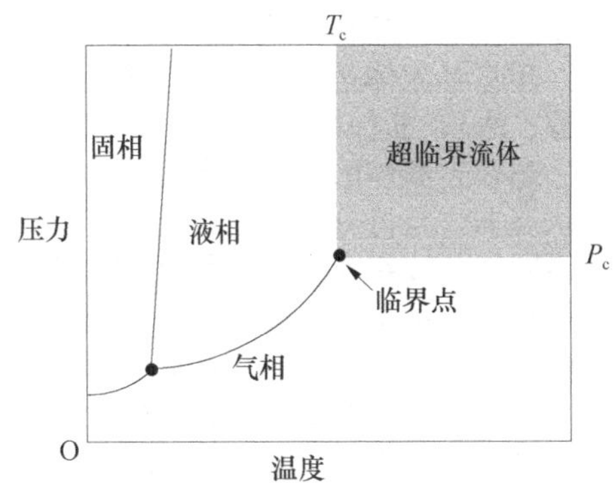

图 5-38　超临界流体相图

(1) 在临界点的附近，密度线聚集于临界点周围，压力或温度的小范围变化，就会引起流体密度的大幅度变化。

(2) 超临界流体的密度和溶剂化能力接近液体，黏度和扩散系数接近气体，在临界点附近流体的物理化学性质随温度和压力的变化极其敏感，在不改变化学组成的条件下，即可通过压力调节流体的性质。

(3) 在临界点附近，会出现流体的密度、黏度、溶解度、热容量、介电常数等所有流体的物性发生急剧变化的现象。

超临界流体（SCF）与气体、液体的特性比较见表 5-5。

表 5-5　气体、液体和超临界流体（SCF）的特性

物质状态	密度/(g/cm^3)	黏度/[g/(cm·s)]	扩散系数/(cm^2/s)
气态	$(0.6\sim2)\times10^{-3}$	$(1\sim3)\times10^{-4}$	$0.1\sim0.4$
液态	$0.6\sim1.6$	$(0.2\sim3)\times10^{-2}$	$(0.2\sim)\times10^{-5}$
SCF	$0.2\sim0.9$	$(1\sim9)\times10^{-4}$	$(2\sim7)\times10^{-4}$

引自陆九芳等，1993

超临界流体兼有液体和气体的双重特性，扩散系数大，黏度小，渗透性好，与液体溶剂相比，可以更快地完成传质，达到平衡，促进高效分离过程的实现。

二、超临界流体萃取

（一）超临界流体萃取概述

超临界流体萃取，也叫气体萃取、流体萃取、稠密气体萃取或蒸馏萃取。由于萃取中的一个重要因素是压力，有效的溶剂萃取过程也可以在非临界状态下实现，因此又广义地称之为压力流体萃取。

超临界流体萃取作为一种分离过程的开发和应用，是基于一种溶剂对固体和液体的萃取能力和选择性在超临界状态下较之在常温常压条件下可获得极大的提高。它是利用超临界流体（SCF），即温度和压力略超过或靠近临界温度（T_c）和临界压力（P_c）、介于气体和液体之间的流体，作为萃取剂，从固体或液体中萃取出某种高沸点或热敏性成分，以达到分离和纯化的目的。

作为一个分离过程，超临界流体萃取过程介于蒸馏和液-液萃取过程之间。可以这样设想，蒸馏是物质在流动的气体中，利用不同的蒸汽压进行蒸发分离；液液萃取是利用溶质在不同的溶液中溶解能力的差异进行分离；而超临界流体萃取是利用临界或超临界状态的流体，依靠被萃取的物质在不同的蒸汽压力下所具有的不同化学亲和力和溶解能力进行分离、纯化的单元操作，即此过程同时利用了蒸馏和萃取现象——蒸汽压和相分离均在起作用。

（二）超临界流体萃取原理

超临界萃取所用的萃取剂为超临界流体，这种物质只能在其温度和压力超过临界点时才能存在。超临界流体的密度较大，与液体相仿，而它的黏度又较接近于气体。因此，超临界流体是一种十分理想的萃取剂。常用的萃取剂有，有极性萃取剂（如乙醇、甲醇、水)、非极性萃取剂（如 CO_2）。

超临界流体的溶剂萃取能力取决于萃取的温度和压力。利用这种特性，使其在超临界状态下，与待分离的物料接触，只需改变萃取剂流体的压力或温度，就可以把样品中的不同组分按在流体中溶解度的大小，先后萃取出来和依次释放出去。在低压下，弱极性的物质先被萃取，随着压力的增加，极性较大和大分子质量的物质与基体分离。所以在程序升压下，可以利用超临界萃取对不同组分进行萃取并分离。

温度的变化体现在影响萃取剂的密度与溶质的蒸汽压两个方面。在低温区（仍在临界温度以上)，温度升高降低流体密度，而溶质蒸汽压增加不多，萃取剂的溶解能力降低，升温可以使溶质从流体萃取剂中析出。温度进一步升高到高温区时，虽然萃取剂的密度进一步降低，但溶质蒸汽压增加，挥发度提高，萃取率不但不会减少，反而有增大的趋势。

要充分利用超临界流体的独特性质，必须了解纯溶剂及其和溶质的混合物在超临界条件下的相平衡行为。现用超临界纯溶剂的相图来表明临界点及其相平衡行为。

图 5-39 是 CO_2 的 P-T-ρ 图。图中横坐标为温度，纵坐标为压力，0.2～1.2 的直线为等密度线。其中熔融线是固相与液相的界线。沸腾线是液相与气相界线。临界点是两条互相垂直的虚线的交点。

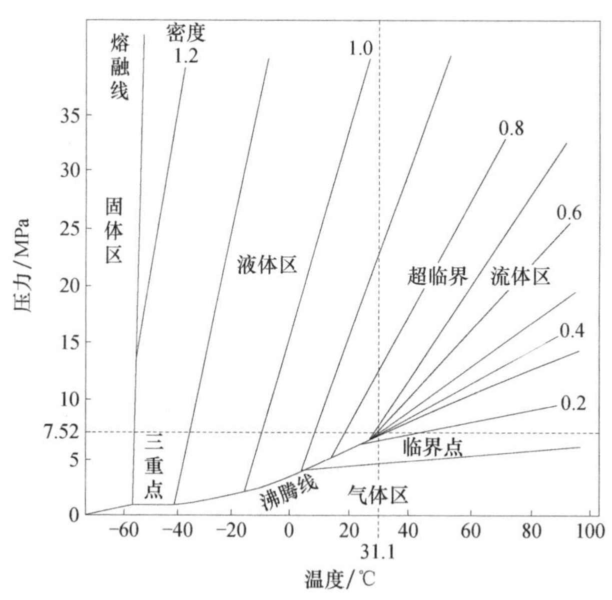

图 5-39　CO_2 的 P-T-ρ 图

由超临界流体的特点可知，在临界点附近（即工作区里)，P 上升或 T 下降则溶剂的 ρ 大幅度增加，对溶质溶解度大幅度增加，有利于溶质的萃取；而 P 下降或 T 上升，则溶剂的 ρ 大幅度减小，对溶质的溶解度将大幅度减小，有利于溶质的分离和溶剂的回收。

1. 纯溶剂的行为

超临界流体萃取是将超临界流体作为萃取溶剂的一种萃取。以纯 CO_2 的密度为第三参数的压力-温度图（图 5-39）为例。图中分别标注了气、液、固相区和临界点及相应的超临界流体区。其中沸腾线（饱和蒸汽曲线）从三重点（$T=216.58\text{K}$，$P=$

0.5185MPa）到临界点（T_c=304.06K，P=7.38MPa）为止。熔融线（熔解压力曲线）从三重点出发随压力升高而陡直上升。

超临界流体萃取的实际操作范围以及通过调节压力或温度改变溶剂密度从而改变溶剂萃取能力的操作条件，可以用CO_2的对比压力-对比密度图（图5-40）加以说明。

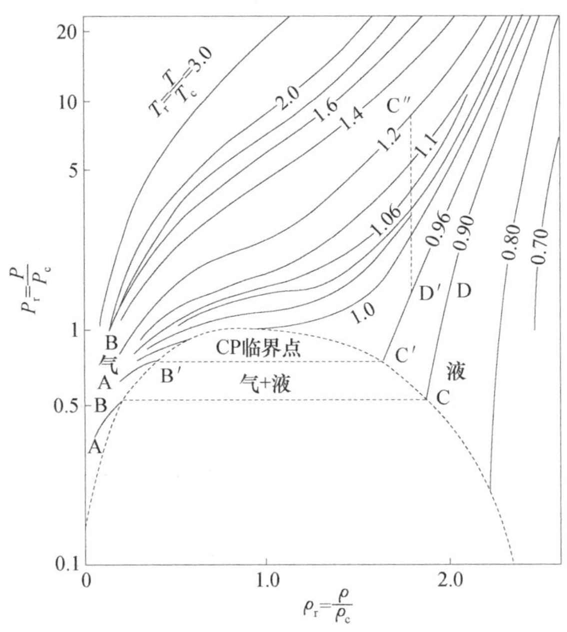

图5-40 CO_2的对比压力-对比密度图

对比压力、对比密度或对比温度，是指操作压力、密度或温度分别与临界压力、密度或温度的比值。超临界流体萃取的实际操作区域为图中虚线以上部分，大致在对比压力P_r>1、对比温度T_r在0.9～1.2。在这一区域里，超临界流体具有极大的可压缩性。溶剂密度可从气体的密度（ρ=0.1）递增至液体的密度（ρ=2.0）。

由图5-40可见，在1.0<T_r<1.2时，等温线在一定密度范围内（ρ_r=0.5～1.5）趋于平坦，即在此区域内微小的压力变化将大大改变超临界流体的密度，如温度为37℃（T_r=310/304.2=1.019）时，压力由7.2MPa（P_r=7.2/7.38=0.976）上升到10.3MPa，密度可增加2.8倍。另一方面，在压力一定的情况下（如1<P_r<2），提高温度可以大大降低溶剂的密度。如果压力在10.3MPa时，温度从37℃提高到92℃，也可以使密度作相应的降低，从而降低其萃取能力，使之与萃取物分离。流体在临界区附近，压力和温度的微小变化，会引起流体的密度大幅度变化，而非挥发性溶质在超临界流体中的溶解度大致上和流体的密度成正比。超临界流体萃取正是利用了这个特性，形成了新的分离工艺。它是经典萃取工艺的延伸和扩展。

2. 超临界流体的性质

超临界流体是处在高于其临界点的温度和压力条件下的流体（气体或液体），用它作为萃取剂时，常表现出十几倍、甚至几十倍于通常条件下流体的萃取能力和良好的选择性。除此以外，它所具有的某些传递性质，也使之成为理想的萃取溶剂。

（1）超临界流体条件下的溶解度。研究不同密度、不同压力下萘在超临界CO_2中的溶解度（图5-41，图5-42）时发现，溶质在一种溶剂中的溶解度取决于两种分子之间的作用力。这种溶剂-溶质之间的相互作用随着分子的靠近而强烈地增加，也就是随着

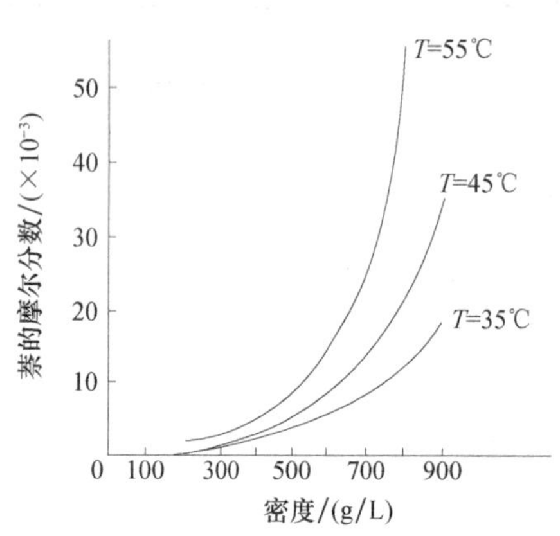

图 5-41 不同 CO_2 密度下的萘的溶解度

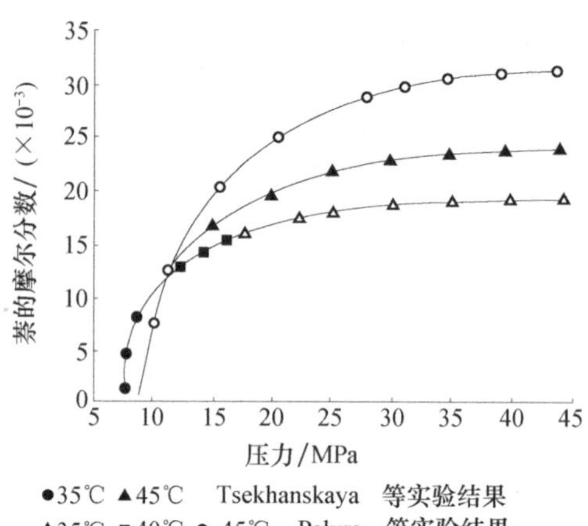

图 5-42 不同温度下萘在超临界 CO_2 中的溶解度与压力的关系

流体相密度的增加而强烈的增加。因此，可以预料超临界流体在高的或类液体密度状态下是“好”的溶剂，而在低的或类气体密度状态下是“不好”的溶剂。物质在超临界流体中的溶解度 c 与超临界流体的密度 ρ 之间的关系可以用下式表示：

$$\ln c = m\ln\rho + b$$

m 和 b 与萃取剂及溶质的化学性质有关。选用的超临界流体与被萃取物质的化学性质越相似，溶解能力就越大。在保持温度恒定的条件下，通过调节压力来控制超临界流体的萃取能力或保持密度不变改变温度来提高其萃取能力。溶剂和溶质之间的分离（即萃取物的释放）可通过超临界相的等温减压膨胀来实现。因为在低压下溶质的溶解度是非常小的。超临界流体对溶解溶质有一个特殊的容量。

（2）超临界流体的传递性质。超临界流体显示出在传递性质上的独特性，产生了异常的质量传递性能。如前所述，溶剂的密度对于溶解度而言是一个非常重要的性质。但是，作为传递性质，必须对热和质量传递提供推动力。黏度、热传导性和质量扩散度等都对超临界流体特性有很大的影响。超临界流体的密度近似于液相的密度，溶解能力也基本上相同。此外，传递性质的数值范围在气体和液体之间。例如，在超临界流体中的扩散系数比在液相中要高出 10～100 倍，但是黏度却比其小 10～100 倍。这就是说超临界流体是一种低黏度、高扩散系数易流动的相。所以它能又快又深地渗透到包含有被萃取物质的固相中去，使扩散传递更加容易并能减少过程所需的能量。同时，超临界流体能溶于液相，从而降低了与之相平衡的液相黏度和表面张力，并且提高了平衡液相的扩散系数，有利于传质。超临界流体的热传导性大大超过了浓缩气体的热传导性，与液体基本上在同一数量级。另外，在 $T-T_c \leqslant 10$K 时，超临界流体的热传导性对压力的变化很敏感（或者说是密度的变化）。这种性能在对流热传递过程中和热与质量传递过程同时发生的情况下有一个比较强的效应。

（3）超临界流体的选择性。超临界流体萃取过程能否有效地分离产物或除去杂质，关键是超临界流体萃取中使用的溶剂必须具有良好的选择性。

提高溶剂选择性的基本原则是：①操作温度应和超临界流体的临界温度相接近；②超临界流体的化学性质应和待分离溶质的化学性质相接近。

若两条原则基本符合，分离效果就较理想，若符合程度降低，分离效果也会降低。

（4）超临界流体的选择。超临界流体的选择是超临界流体萃取的关键之一。超临界流体萃取剂可以分为非极性和极性溶剂两类。作为萃取溶剂的超临界流体必须具备以下条件：①萃取剂需具有化学稳定性，对设备没有腐蚀性；②临界温度不能太低或太高，最好在室温附近或操作温度附近；③操作温度应低于被萃取溶质的分解温度或变质温度；④临界压力不能太高，可节约压缩动力费；⑤选择性要好，容易得到高纯度制品；⑥溶解度要高，可以减少溶剂的循环量；⑦萃取溶剂要容易获取，价格便宜。

应按照分离对象与目的的不同，选定超临界流体萃取中使用的溶剂。表 5-6 给出了一些常用超临界萃取剂的临界温度和临界压力，表中最后几种萃取剂为极性溶剂，由于极性和氢键的缘故，它们具有较高的临界温度和临界压力。

表 5-6　一些常用超临界萃取剂的临界性质

萃取剂	T_c/K	P_c/MPa	V_c/（cm^3/mol）	萃取剂	T_c/K	P_c/MPa	V_c/（cm^3/mol）
乙烯	282.4	5.04	130.4	苯	562.2	4.89	259
三氯甲烷	299.3	4.86	132.7	丁醇	563.1	4.42	257
二氧化碳	304.2	7.38	93.9	甲苯	591.8	4.10	316
乙烷	305.4	4.88	148.3	甲醇	512.6	8.09	118
丙烷	369.8	4.25	203.0	乙醇	513.9	6.14	167.1
正丁烷	425.2	3.80	255	丙醇	536.8	5.17	219
正戊烷	469.7	3.37	304	氨	405.5	11.35	72.3
丙酮	508.1	4.70	209	水	674.3	22.12	57.1

（5）夹带剂的使用。单一组分的超临界溶剂有较大的局限性，其缺点包括：①某些物质在纯超临界流体中溶解度很低，如超临界 CO_2 只能有效地萃取亲脂性物质，对糖、氨基酸等极性物质，在合理的温度与压力下几乎不能萃取；②选择性不高，导致分离效果不好；③溶质溶解度对温度、压力的变化不够敏感，使溶质与超临界流体分离时耗费的能量增加。

针对上述问题，在纯流体中加入少量与被萃取物亲和力强的组分，以提高其对被萃取组分的选择性和溶解度，添加的这类物质称为夹带剂，有时也称为改性剂或共溶剂。夹带剂的添加量一般不超过临界流体的 15%（物质的量比）。除了甲醇外，夹带剂还有水、丙酮、乙醇、苯、甲苯、二氯甲烷、四氯化碳、正己烷和环己烷等。夹带剂的概念也不仅包括通常的液体溶剂。还包括溶解于超临界气体中的固态化合物，如萘也可作为夹带组分。

三、超临界萃取的实验装置与萃取方式

（一）超临界萃取的实验装置

超临界流体萃取的流程和装置如图 5-43 所示。

1. 超临界流体发生源

由萃取剂储瓶、高压泵及其他附属装置组成。其功能是将萃取剂由常温常压态转化为超临界流体。

2. 超临界流体萃取部分

由样品萃取管及附属装置组成。处于超临界态的萃取剂在这里将被萃取的溶质从样品基质中溶解出来。随着流体的流动，使含被萃取

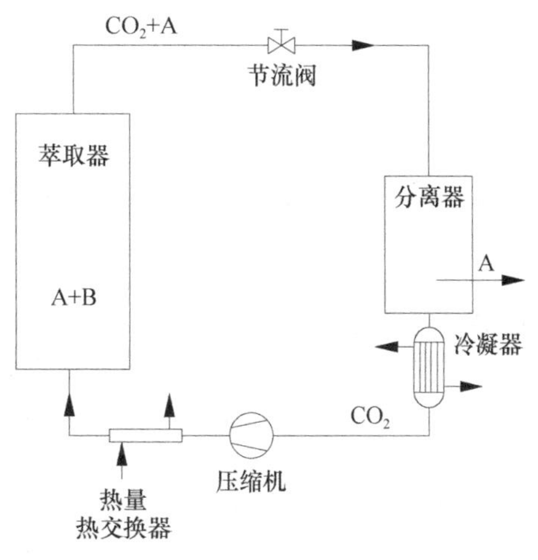

图 5-43　超临界流体萃取流程图

溶质的流体与样品基体分开。

3. 溶质减压吸附分离部分

由喷口及吸收管组成。萃取出来的溶质及流体，必须由超临界态经喷口减压降温转化为常温常压态。此时流体挥发逸出，而溶质留在吸收管内多孔填料表面。用合适溶剂淋洗吸收管，就可把溶质洗脱出来，收集供后续加工使用。

（二）超临界萃取的方式

超临界流体萃取的方式可分为动态和静态两种。

动态法简单、方便、快速，特别适合于萃取那些在超临界流体萃取剂中溶解度很大的物质，而且样品基体又很容易被超临界流体渗透的情况。

静态法适合于萃取与样品基体较难分离或在萃取剂流体内溶解度不大的物质，也适合于样品基体较为致密、超临界流体不易渗透的情况，萃取速度较慢。

四、超临界流体萃取条件的选择

（一）萃取条件的选择

1. 萃取溶剂的选择

从溶剂强度考虑，超临界氨气是最佳选择，但氨很易与其他物质反应，对设备腐蚀严重，而且日常使用太危险。超临界甲醇也是很好的溶剂，但由于它的临界温度很高，在室温条件下是液体，提取后还需要复杂的浓缩步骤而无法采用。CO_2是目前用得最多的超临界流体，用于萃取弱极性和非极性的化合物。有时低烃类物质也是很好的溶剂，但低烃类物质因可燃易爆，不如CO_2那样使用广泛。

2. 萃取条件的确定

通常有以下几种萃取条件可供选择。

(1) 用同一种流体选择不同的压力来改变提取条件，从而提取出不同类型的化合物。

(2) 根据提取物在不同条件下，在超临界流体中的溶解性来选择合适的提取条件。

(3) 将分析物沉积在吸附剂上，用超临界流体洗脱，以达到分类选择提取的目的。

(4) 对极性较大的组分，可直接将甲醇加入样品中，用超临界CO_2提取，或者用另一个泵按一定比例泵入甲醇与超临界CO_2，来达到增加萃取剂强度的目的。

（二）影响萃取效率的因素

影响萃取及收集效率的因素主要有萃取剂流体的压力、萃取剂的组成、萃取温度、萃取过程的时间、吸收管的温度等。

萃取时间取决于两个因素：①被萃取物在流体中的溶解度，溶解度越大，萃取效率越高，速度也越快；②被萃取物质在基体中的传质速率越大，萃取越完全，效率也越高。

降低收集器或吸收管的温度有利于提高回收率。

（三）收集提取物的方法

超临界流体减压后，用于收集提取物的方法主要有两类：一是离线 SFE；二是在线 SFE 或联机 SFE。离线 SFE 本身操作简单，只需要了解提取步骤，样品提取物可用其他合适的方法分析。在线 SFE 不仅需要了解 SFE，还要了解色谱条件，而且样品提取物不适用于其他方法分析。其优点主要是消除了提取和色谱分析之间的样品处理过程，并且由于是直接将提取物转移到色谱柱中而有可能达到最大的灵敏度。

五、超临界流体萃取的基本过程

（一）超临界流体萃取的流程

超临界流体萃取的典型流程有等温法、等压法和吸附法。流程图见图 5-44。

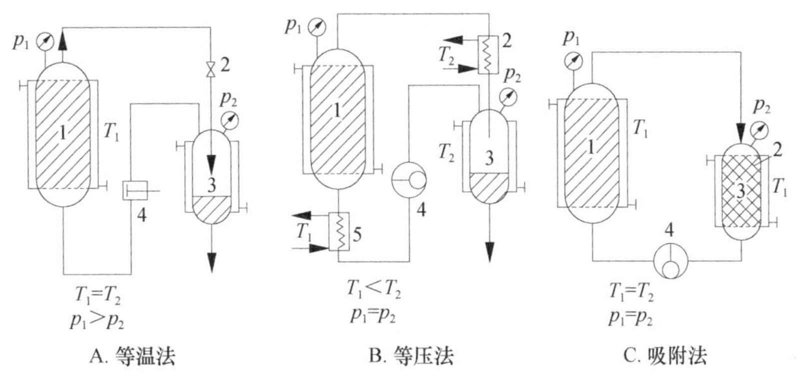

图 5-44 超临界流体萃取的典型流程

1. 等温法

等温法是依靠压力变化的萃取分离法，又称绝热法。即在一定温度下，使超临界流体和溶质减压，经膨胀后分离，溶质由分离器下部取出，气体经压缩机返回萃取器循环使用。

2. 等压法

等压法是依靠温度变化的萃取分离法。即经加热升温使流体和溶质分离，从分离器下部取出萃取物，气化的流体经冷却、压缩后返回萃取器循环使用。

3. 吸附法

用吸附剂进行的萃取分离法。即在分离器中，经萃取出的溶质被吸附剂吸附，气体经压缩后返回萃取器循环使用。

（二）超临界流体萃取的优点

超临界流体萃取是一项具有特殊优势的分离技术并特别适用于提取或精制热敏性和易氧化的物质，如医药品和食品等。

超临界流体萃取对生物产品的分离，与化学法萃取相比有以下突出的优点。

(1) 超临界萃取同时具有液相萃取和精馏的特点。超临界萃取过程是由两种分离因素同时发挥作用，即被分离物质之间挥发度的差异和它们分子间亲和力的差异共同发挥作用而产生相际分离效果的。

(2) 超临界流体萃取的独特之处是它的萃取能力取决于流体的密度，而密度很容易通过调节温度和压力来加以控制。压力和温度都可以成为调节萃取过程的参数。通过改变温度或压力达到萃取目的。压力固定，改变温度可将物质分离；反之温度固定，降低压力使萃取物分离，萃取和分离合二为一。当饱含溶解物的 CO_2-SCF 流经分离器时，由于压力下降使得 CO_2 与萃取物迅速成为两相（气液分离）而立即分开，不仅萃取速度快、效率高而且能耗较少。

(3) 超临界流体萃取工艺可以不在高温下操作，因此特别适合于热稳定性较差的物质。

(4) 超临界流体萃取的操作压力可根据分离对象选择适当的萃取剂或添加夹带剂来控制，以减少高压带来的影响。

(5) 超临界流体萃取中的溶剂回收很简便，被萃取物可通过等温减压或等压升温的办法与萃取剂分离，而萃取剂只需重新压缩便可循环使用，从而节省能源、降低成本。

(6) 最常用的 CO_2 超临界流体是一种不活泼的气体，萃取过程中不发生化学反应，不可燃且无味、无臭、无毒，故安全性好。

六、超临界流体萃取的应用实例

超临界流体萃取主要应用在医药、食品、日用品、轻工、生物及化工等行业，具体应用实例见表 5-7。

表 5-7 超临界流体萃取的应用举例

工业类型	应用实例
医药工业	① 原料药的浓缩、精制和脱溶剂（抗生素等） ② 酵母、菌体生成物的萃取（γ-亚麻酸、甾族化合物、酒精等） ③ 酶、维生素等的精制、回收 ④ 从动植物中萃取有效药物成分（化学治疗剂、生物碱、维生素 E、芳香油等） ⑤ 脂质混合物的分离精制（甘油酯、脂肪酸、卵磷脂）
食品工业	① 脂质体制备技术 ② 植物油的萃取（大豆、棕榈、花生、咖啡……） ③ 动物油的萃取（鱼油、肝油） ④ 食品的脱脂（马铃薯片、无脂淀粉、油炸食品） ⑤ 从茶、咖啡中脱除咖啡因、啤酒花的萃取等 ⑥ 植物色素的萃取、β-胡萝卜素的提取 ⑦ 含乙醇饮料的软化 ⑧ 油脂的脱色、脱臭
化妆品香料工业	① 天然香料的萃取（香草豆中提取香精），合成香料的分离、精制 ② 烟草脱烟碱 ③ 化妆品原料的萃取、精制（表面活性剂）
生物工业	① 从发酵液中去除生物稳定剂 ② 从水溶液中提取有机溶剂 ③ 微生物的临界流体破碎过程 ④ 工业废物的分解 ⑤ 木质纤维材料的处理
化学工业	① 烃的分离（烷烃与芳烃、萘的分离、α-烯烃的分离、正烷烃和异烷烃的分离） ② 有机溶剂水溶液的脱水（醇） ③ 有机合成原料的精制（羧酸、酯、酐，如己二酸、对苯二酸、己内酰胺等） ④ 共沸化合物的分离（水-乙醇等） ⑤ 作为反应的稀释溶剂（聚合反应、烷烃的异构化反应） ⑥ 反应原料回收（从低级脂肪酸盐的水溶液中回收脂肪酸）
其他	① 超临界液体色谱 ② 活性炭的再生

第九节　萃取技术应用及研究进展

随着科学技术的发展和生物工程下游技术需求的日益迫切，除了传统的液液萃取（溶剂萃取）、液固萃取（浸取）通过工艺改进继续发挥作用外，针对不同处理对象和特定分离要求，研究开发出了一系列萃取新技术。例如，针对从细胞匀浆液分离活性蛋白（酶）而开发出的、在将目标蛋白分配到上水相的同时，又可将细胞碎片沉析到下水相的双水相萃取；既能将连续料液相中的目标活性组分萃取到反胶团的微水相中、又使萃取物富集浓缩的反胶团萃取；还有，同时进行的萃取与反萃取将活性蛋白从连续外水相萃出再分配到内水相、保持活性组分在水相中以保护萃取物活性的液膜萃取；利用超临界流体的物理化学性质随温度和压力的变化极其敏感而便捷、灵活地对混合物系进行选择性或完全萃取后又释放分离的超临界流体萃取。这些新的萃取技术正越来越多地为生物分离工程所应有。为了进一步加深对这些萃取新技术的认识，下面例举一些它们的应用实例。

一、双水相萃取技术应用及研究进展

双水相萃取技术主要应用于粗酶的提取与回收，也可用于对纯度要求不高的酶制剂的生产，如试剂用酶。因为对试剂用酶的纯度要求并很不高，只要没有干扰测定的其他酶就可以使用。如果使用具有高度选择性的亲和萃取技术也可以生产一些纯度较高的酶制剂。

双水相萃取可分离多肽、蛋白质、酶、核酸、病毒、细胞、细胞器、细胞组织，以及重金属离子等。近年来，还应用于一些小分子（如抗生素、氨基酸和植物的有效成分等）的分离纯化。作为反应系统用于酶反应、生物转化、发酵的产物生产与分离的集成。

双水相萃取还可以应用于胞外酶萃取，也可应用于细胞破碎后的胞内酶萃取。通过控制相系统组成和萃取条件，将细胞和细胞破碎物分配在下相或两相中间，而将目的酶分配在上相，通过简单的离心或相分离，直接将细胞或细胞破碎物除去，回收含有目的酶的上相。然后，改变相组成或条件将酶分配在上相或下相，进行多步分配，反复萃取，达到去除核酸、多糖和杂蛋白，达到提取和纯化目标酶蛋白的目的。

组成双水相系统的水溶性高分子聚合物大多数富含羟基，对酶有保护作用，酶在双水相系统中稳定性好，酶的活性收率较高，萃取过程可以在室温下进行，从而节省了大量能耗。

双水相萃取的放大系数很大，由实验室小试确定的相组成和萃取条件，放大几百倍，甚至几千或几万倍，在较大规模上应用也可以获得较好地重复结果，这在其他的分离纯化技术上是很难做到的。

目前已知的胞内酶约 2500 种，但投入生产的很少，原因之一是提取困难。胞内酶提取的第一步是将细胞破碎得到匀浆液，但匀浆液黏度很大，有微小的细胞碎片存在。双水相系统可用于细胞碎片与胞内酶等的初步分离。

以聚乙二醇-硫酸铵双水相体系提取 α-淀粉酶和蛋白酶，α-淀粉酶收率 90%，分配系数为 19.6；蛋白酶的收率高于 60%，分离系数高达 15.1。

基因工程药物的分离与提取，如用聚乙二醇 4000-磷酸盐从大肠杆菌碎片中提取人生长激素；用聚乙二醇-磷酸酯/磷酸盐提取 α-1-干扰素和 β-干扰素。

三十多年来，双水相萃取分离技术的发展非常迅速，主要在以下三个方面取得了很大进展：①新型双水相体系的开发，双水相技术研究绝大多数集中在高聚物-高聚物（PEG-Dextran 系列）双水相体系系列上。然而该体系的成相聚合物价格昂贵，不利于工业化大规模生产。因而寻找廉价的有机物双水相体系是双水相体系研究的一个重要发展方向。用变性淀粉取代葡聚糖、用羟基纤维素取代聚乙二醇已取得较好的效果；②双水相-电泳技术研究。不同分离技术的互相渗透、实现优势互补是生物分离工程达到整体优化目的的有效途径。双水相-电泳技术就是电泳技术与萃取技术交叉耦合形成的一种新型分离技术，该技术为多液相状态，既可以克服对流的不利影响，又有利于被分离组分的移出；③金属亲和双水相萃取技术的研究。利用金属离子和蛋白质中精氨酸、组氨酸的亲和作用研制成的金属亲和双水相萃取与普通亲和双水相萃取相比，具有亲和配基价廉、可用于聚乙二醇-盐体系、成本低和亲和配基再生容易等优点。目前金属离子亲和双水相萃取已应用于多种酶的分离纯化。

二、液膜萃取技术应用及研究进展

液膜萃取技术结合了固体膜分离法和溶剂萃取法的特点，是一种新型的膜分离方法。美籍华人 Li 于 1968 年提出了乳状液膜分离法以来，各个国家均做了大量研究工作。近年来，我国科技工作者在乳化液膜分离技术的应用研究方面也进展迅速。

液膜在生化工艺中的应用，特别是在分离抗生素、氨基酸和有机酸方面发挥了极大的作用并取得了引人注目的成果。

柠檬酸是一种极为重要的有机酸。目前国内外采用传统的钙盐法生产，工艺流程长，产品收率低，化工原料的消耗量大，污染环境。Boey 等选用三元胺 Alamine 336 作为萃取剂、正庚烷为稀释剂、碳酸钠为反萃取剂、表面活性剂 Span 80 为乳化稳定剂的提取柠檬酸工艺克服了上述缺点。朱治方等以煤油为膜相、以二-(2-乙基已基) -磷酸(DZEHPA) 为载体、Span 80 为表面活性剂，用纯品亮氨酸对乳状液膜法分离提取氨基酸进行了模拟，提取率高达 66.9%。传统的溶媒萃取法提取青霉素，青霉素易分解损失。莫凤奎等使用青霉素 G 钠盐纯品溶液，模拟考察了乳状液膜法分离青霉素的条件，在最佳条件下青霉素的提取率可达 92%。浓缩比可达 9，且具有青霉素不易损失、工艺简单等优点。

Moskvin 利用色谱膜萃取技术，对血液进行了饱和 O_2 去除 CO_2 的研究，结果表明，通过控制气体与血液的体积比，很容易得到满足生理需要的 O_2、CO_2 含量的血液，这与肺的功能极其相似。通过对肺功能的进一步模拟研究，该技术在临床上将有广阔的应用前景。

一些物理、化学性质相似的碳氢化合物，用通常的物理、化学方法很难分离。用液膜分离技术分离取得了很好的效果。梁治齐、李金华把苯和己烷的混合物分散在皂苷(乳化剂) 的水溶液中形成 O/W 形乳状液，然后悬浮到碳氢化合物溶剂中形成 (O/W)/O 体系，由于苯比己烷能更好地透过水膜进入到溶剂相中，使苯和己烷得以分离。液膜萃取技术现已成功地用来分离庚烷和甲苯、庚烷和乙苯、正辛烷和乙苯、庚烷和乙烯、正辛烷和乙基环己烷、苯和乙烷、苯和庚烷、已烷和已烯等。

液膜用于海水淡化已经取得成功。含盐量 40g/L 的海水，除盐率可达 98%，回收率可达 80%。目前的生产设备制水能力高达数万吨，而制水成本每吨只有 10～20 美分。

利用液膜萃取技术可以有效地提取某些金属。中国原子能科学研究院于 20 世纪 90 年代初开发的内耦合萃取反应交替分离过程是一种新型液膜过程，用该法提取 La^{3+} 的实验表明，经一级提取，料液中 La^{3+} 的质量浓度从 1.0g/L 降至 0.005g/L 以下，提取率达 99.5%。

液膜萃取在气体分离方面应用广泛，如 NH_3、CO_2、NO、CO、H_2S、O_2 等气体的分离。目前，用液膜法去除载人宇宙飞船密封舱内 CO_2 的技术已经成功地应用于宇宙空间技术中。

经过 30 多年的发展，液膜萃取在机理探讨和应用研究方面都有很大的进展。但是液膜萃取过程中，不同相之间可能存在的相互渗透，大面积支撑液膜的形成与支撑液体的流失等问题还没有解决。到目前为止，液膜稳定性和破乳技术仍然是制约液膜技术工业化的关键因素。目前，液膜萃取技术的应用研究大多仍停留在实验室阶段，要达到大规模工业应用水平还需作大量工作。

三、反胶团萃取技术应用及研究进展

分子质量相近的蛋白质，等电点或其他因素的不同会引起溶解度的差别，从而可利用反胶团溶液的选择性予以分离。Goklen 等用 AOT/异辛烷体系，实现了 α-核糖核酸酶、细胞色素 C 和溶菌酶的分离；沈忠耀等用此体系分离了溶菌酶、胰蛋白酶和胃蛋白酶；此体系还用于分离牛血清蛋白、α-胰蛋白酶等。

Dekker 等用混合-澄清槽萃取器将反胶团萃取和反萃取结合在一起，以 TOMAC/异辛烷和非离子型表面活性剂 Rewopal HV5 为循环萃取剂，使 α-淀粉酶的浓度提高了 17 倍，收率达 85%。黄杰等用十二烷基二甲基苄基氯化铵（DMBAC）/正庚烷体系萃取 α-淀粉酶，单级萃取收率达 78%，能实现连续操作。昌庆龙等用 Aliquat 336/异辛烷体系提纯 α-淀粉酶，其活力回收率可达 85%。

用烃类有机溶剂提取植物种子（如花生、大豆、葵花籽）中的油时，残渣中含有质量分数为 30%～50%的蛋白质。目前这些高营养物质的渣饼用作饲料，提高利用价值是一个有意义的课题。如用烃类为溶剂的反胶团溶液为提取剂，油被直接萃入到有机油中，蛋白质溶入反胶团的“水池”中。先用水溶液反萃取得到蛋白质，冷却使表面活性剂沉淀分离，最后蒸馏将油与烃类分离。陈复生等用 AOT/异辛烷体系同时萃取了花生油和花生蛋白。

氨基酸是一类具有广泛应用价值的生化产品，以往主要采用离子交换法和结晶沉淀法对含氨基酸的料液进行分离和浓缩。然而这种方法只能间歇生产。采用反胶团萃取可望对氨基酸的分离实现连续生产。翁连进等用二异辛基磷酸铵反胶团，在胱氨酸母液中萃取精氨酸和组氨酸；他们还用二-(2-乙基己基)-磷酸铵形成的反胶团来萃取赖氨酸。王运东等用 Pluronic 型和 Pluronic R 型两类嵌段聚醚反胶团萃取 L-苯丙氨酸和 L-异亮氨酸。Ihara T 等用 AOT/正戊烷体系萃取水溶性维生素。文震等利用超临界 CO_2/微乳（反胶团）萃取技术，研究海星甾体活性成分。

由于脂酶性质稳定，价格便宜，能够催化有工业价值的反应（如低级、高级脂肪的转化）。而脂肪酸和酯在反胶团中溶解性好，故反胶团酶体系可广泛用于油脂的水解和合成。如在 AOT 反胶团酶体系中合成了甘油酯；在反胶团酶体系中进行了橄榄油的催化水解。

反胶团萃取在药物方面的应用主要集中在各种蛋白、抗体、抗生素的萃取上。例如，Su CK 等用 AOT/异辛烷体系从初乳乳浆中分离免疫球蛋白-G（IgG），反胶团相中提取其他蛋白，水相中得到的 IgG 纯度达 90%以上，免疫活性无损失。Fujiwara 等用十六烷基三甲基氯化铵/二氯甲烷-环己烷（体积比 1∶1）反胶团在制药过程中除去莨菪碱；Fadnavis 等用 AOT/异辛烷体系从发酵液中萃取多种抗生素，如红霉素、苄基青霉素及环己酰亚胺，活性无损失。

反胶团萃取技术的发现，是分离技术研究领域的一项突破。该技术应用过程中，较少使用毒性试剂，对人体无害，而且反胶团溶液可反复利用，亲和配体的引入，还可提高目标物的萃取率及分离的选择性。近年来，反胶团及与其他技术的结合，显示了较大的应用潜力。与传统的分离方法相比，反胶团萃取技术还是一个相对年轻的领域，某些理论和方法都是针对具体的反胶团体系而言的，目前可利用的反胶团体系还相当有限，给该技术的应用带来了局限性。随着研究的深入，有理由相信，反胶团技术在生物化学、有机化学、分析化学、药物化学和日用化学等领域的应用将更为广泛。

四、超临界流体萃取技术应用及研究进展

超临界萃取以其高效、快速、后处理简单的特点，不断扩大应用范围。它既有从原料中提取和纯化少量有效成分的功能，又能从粗制品中除去少量杂质，达到深度纯化的效果。自从超临界萃取仪商品化以来，超临界萃取技术在美国和其他一些西方国家得到了快速的推广，越来越多成熟的超临界萃取样品前处理方法被国家标准局采用作为标准方法。表 5-8 列出了超临界流体萃取技术在农药残留分析及土壤污染分析上具有代表性的应用实例。这些实验大多数在 1h 内完成，溶剂的用量仅几毫升。而要达到同样的提取效果，溶剂萃取至少需要 8h 至几天的时间，溶剂用量达几百毫升。

表 5-8　超临界流体萃取在农业上的应用实例

提取成分	基　质	超临界萃取条件
有机氯农药、有机磷农药	水果、蔬菜	320atm、0.85g/mL、60℃、1.6mL/min、ODS 填料吸附、用乙腈洗脱
毒死蜱农药	牧草	100～400atm、用甲醇改进的 CO_2 提取 30min
香兰素	香兰豆	108bar、0.25g/mL、80℃、2mL/min、二羟基类吸附剂、1.5mL 二氯甲烷洗脱
多环芳烃	土壤	450atm、0.79g/mL、100℃、3mL/min、C18/2mL 二氯甲烷洗脱
石油中总烃类化合物	土壤	450atm、120℃、3mL/min、均匀球珠/C18（50/50，重量比）、3mL 二氯甲烷淋洗
总脂肪	蛇食品	475atm、20%乙醇改性的 CO_2、150℃、4～6mL/min、直接收入样品管中
多氯联苯	河泥	450atm、10%甲醇改进的 CO_2、85℃、2mL/min、玻璃珠吸附、用 2mL 甲醇淋洗
氨基甲酸酯农药	水果、蔬菜	475atm、10%甲醇改性的 CO_2、150℃、3.5mL/min、甲醇淋洗
除莠剂	土壤	450atm、10%甲醇改性的 CO_2、160℃、2mL/min、5mL 甲醇/水淋洗

由超临界流体的特性可知，它特别适合用于热敏性生物物质的分离和提取。目前超临界流体萃取技术已应用于提取和精制混合油脂，如用 EPA（二十碳五烯酸）和 DHA（二十二碳六烯酸）总含量为 60%的鱼油为原料，可得到纯度高达 90%的 EPA 和 DHA。Létisse 等对超临界流体萃取法富集沙丁鱼中 EPA 和 DHA 的操作条件进行了优化。袁成凌等对超临界流体萃取微生物发酵法生产的真菌油脂进行了研究，结果表明采用超临界 CO_2 富集微生物菌丝体中多不饱和脂肪酸的方法在工艺上是可行的，但富集效果还有待进一步提高。Vedaraman 等对超临界流体萃取牛脑中的胆固醇进行了研究。

超临界流体萃取技术在食品工业的应用已有相当长的历史。用超临界流体萃取技术脱除咖啡豆和茶叶中的咖啡因早已实现工业化生产。德国 SKW 公司生产脱咖啡因茶，采用超临界流体萃取技术生产能力每年达 6000t。此外，SKW 公司还将超临界流体萃取技术应用于啤酒的生产，该公司超临界流体萃取加工酒花的设备的生产能力为每年 10^4t。Pourmortazavi 等研究了利用超临界流体萃取植物中的精油。结果表明，与蒸馏法相比此法具有明显优势：萃取时间短、成本低、产品更纯净。Ambrosino 等对超临界流体萃取玉米中白僵菌毒素进行了研究。

将超临界流体技术应用于食品领域，可使食品的外观、风味和口感更好，因此超临界流体萃取技术在食品工业具有广阔的应用前景。

超临界流体萃取在医药行业的应用是非常广泛的，尤其值得一提的是在中药有效成分的提取方面，我国做了大量工作。目前，超临界流体萃取某些中药有效成分已实现工业化生产。浙江康莱特公司将其用于萃取抗癌中药；云南森菊公司拥有两套 1000L 的

萃取除虫菊成分的超临界流体萃取装置。杜玉枝等研究表明，CO_2 超临界萃取比石油醚抽提优越，具有收率高、提取时间短及无溶剂残留等优点，适合于藏成药安神丸的制备。Liu 等研究了利用超临界流体萃取黄连根中的黄连成分。很多学者对超临界流体萃取中药有效成分（如川芎、白芷、当归和黄连等）进行了研究。

超临界流体萃取技术在环境保护领域尤其是处理被污染的固体物料和水体等方面具有广阔的应用前景。于恩平利用超临界流体萃取方法处理多氯联苯污染物的研究表明，用超临界流体萃取技术可以清除固体物料中的有机毒性物质。高连存等对炼钢厂炼焦车间土壤进行了 SFE 研究，比较了温度和压力对超临界流体萃取 PAH（苯丙胺酸羟化酵素）类化合物的影响，并且用 GC-MS（气-质联用法）分析结果和索式提取法做了对比。结果其回收率远远高于索式提取法的回收率。游静等研究了用固相吸附与超临界流体萃取相结合富集水中有机污染物的方法，表明超临界流体萃取对水中极性较大的有机化合物的处理是可行的。Librando 等对超临界流体萃取海洋沉积物和土壤样本中的多环芳烃污染物进行了研究，多环芳烃回收率达到 90%以上。Chiu 等也将超临界流体萃取技术应用于治理环境中的有机污染物。

超临界流体与气体和液体相比，可以说兼具后两者的优点而又克服了它们的不足，而且超临界流体萃取操作条件温和，所以超临界流体萃取技术相比其他分离方法优势非常明显。目前，超临界流体萃取技术在各领域应用过程中还有很多问题有待解决，相信通过国内外专家的共同努力，该技术在各领域的应用必将深入，而且会不断拓宽，其在工业生产上的作用也将随之日益凸显。

目前，超临界流体萃取技术应用对象多数是非极性或低极性物质，对极性较大的物质仍有许多困难，虽然可在萃取剂中加入改性剂来提高萃取剂的强度，但应用范围仍然有限。如何将其从弱极性物质扩大到极性甚至离子性物质将是超临界萃取技术今后发展的方向之一。

总之，不论是传统萃取技术，还是新兴萃取技术，都具有共同的特性。应用于生物分离，大多只适用于初级分离阶段，一般难于满足精细分离的要求。精细分离纯化还要通过其他纯化技术（如色谱技术）来完成。

思考题

1. 什么叫萃取？与其他分离技术相比，萃取具有什么特点？
2. 分配定律的内容是什么？分配常数 K 在什么条件下适用？
3. 试述液液萃取的基本原理和过程。
4. 单级萃取、多级错流萃取、多级逆流萃取各有什么特点，其萃余分率如何计算？
5. 何谓萃取的分配系数？其影响因素有哪些？
6. 简述有机萃取选择有机溶剂的依据。
7. 有机萃取常用的设备有哪些？分别简述其特点和工作原理。
8. 试推导弱酸电解质在有机溶剂萃取过程中的分配平衡关系式。
9. 双水相萃取技术的特点是什么？常见的双水相构成体系有哪些？
10. 什么叫聚合物的不相溶性？
11. 试述双水相分配系数的影响因素。
12. 双水相萃取的常用设备有哪些？
13. 反胶团萃取的原理是什么？
14. 超临界流体萃取与其他萃取技术相比具有哪些突出优点？

第六章　膜分离过程

膜分离现象在自然界中（尤其是生物界）普遍存在，如细胞膜起着传递营养物质和排出废物的作用，具有高度专一性和高效性。1748 年 Nollet 发现，在渗透压作用下，水能自发地扩散到装有乙醇的猪膀胱内。19 世纪中叶，Graham 发现了透析现象后，人们正式开始了膜分离过程的研究和理论探索。20 世纪初出现了人造微孔膜，主要用于实验室过滤。20 世纪 50 年代开始了血液透析、人工肾和电渗析的应用。60 年代，由于海水淡化的需要，Loeb 和 Sourirajan 共同发明了具有很强实用性、高透水率和高脱盐率的醋酸纤维素反渗透膜，推动了膜技术的发展。从此膜技术得到了迅速的工业化开发和应用，并不断涌现新的膜材料、膜工艺、膜装置和膜应用技术。膜分离技术还与许多传统分离技术相结合，派生出新的膜过程，如膜萃取、膜蒸馏、膜吸收、膜色谱、膜反应器和膜控制释放等。膜分离过程是多学科领域交叉的新型分离过程，尤其在难分离组分的分离和可持续发展方面具有重要作用，广泛应用于化工、食品、生物制药、能源、环保、材料、冶金、造纸、纺织等各行业的分离，成为重要的基本单元操作之一，或单独应用或与传统分离方法相结合。在食品和生物技术领域，如牛乳加工、果汁澄清、发酵工艺、饮料净化、蛋白质浓缩、微生物分离和细菌过滤、药物消毒等，膜分离过程都具有重要作用。

第一节　概　　述

一、膜分离过程的概念和特征

膜分离过程是用具有选择透过性的天然或合成薄膜为分离介质，在膜两侧的推动力（如压力差、浓度差、电位差、温度差等）作用下，原料液体混合物或气体混合物中的某个或某些组分选择性地透过膜，使混合物达到分离、分级、提纯、富集和浓缩的过程。通常将膜的原料侧称为膜上游侧，将透过侧称为膜下游侧。

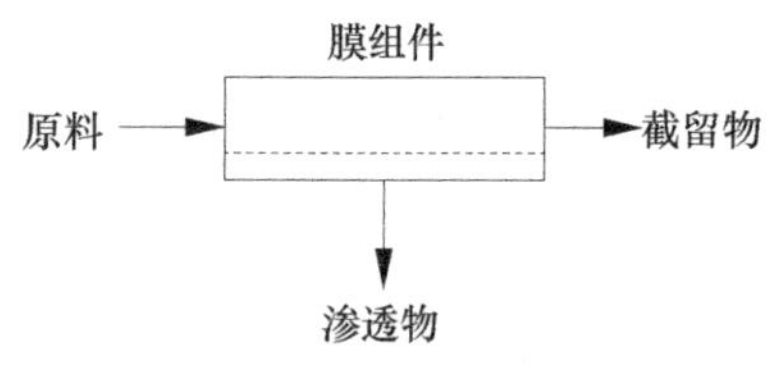

图 6-1　膜过程示意图

在生物分离过程中，利用膜分离方法可以实现产物浓缩、除杂纯化、混合物分离、生化过程的产物在线分离等多种目的。在如图 6-1 所示的膜过程中，原料被分成两股物流，即截留物和渗透物，这两股物流均可是产物。目的为浓缩时，则截留物为产物；目的为纯化或者分离时，则截留物和渗透物都可能是产物；目的是促进生化反应时，选用适当的膜过程可以除去某一产物，从而改变化学平衡向有利方向进行，同时还可消除产物的抑制作用，如在醇发酵过程中可用膜除去乙醇。

在生物工程中，发酵液是含有生物体、可溶性大分子和电解质等的复杂混合物，其主要组分及其尺寸大小列于表 6-1，要从发酵液中分离提纯有用成分（如酶、多糖或其他蛋白质等），必须采用多种分离手段。图 6-2 是按分离的粒子或分子大小分类的各种分离过程，微滤、超滤、反渗透、透析、电渗析等 5 种主要的膜分离过程覆盖了相当宽的粒子大小范围。通常，沉淀、过滤、离心、超离心用于发酵液菌体分离，但前二者存在澄清不彻底、劳动量大、时间较长等缺陷，后二者又有投资运行费用高、操作及维修

表 6-1　发酵液中可能存在的主要成分

组　分	相对分子质量	尺寸大小/nm	组　分	相对分子质量	尺寸大小/nm
酵母和真菌		10^3～10^4	酶	10^4～10^6	2～10
细菌		300～10^4	抗体	300～10^3	0.6～1.2
胶体		100～10^3	单糖	200～400	0.8～1.0
病毒		30～300	有机酸	100～500	0.4～0.8
蛋白质	10^4～10^6	2～10	无机离子	10～100	0.2～0.4
多糖	10^4～10^6	2～10			

引自 Fane，1990；刘国诠，2003

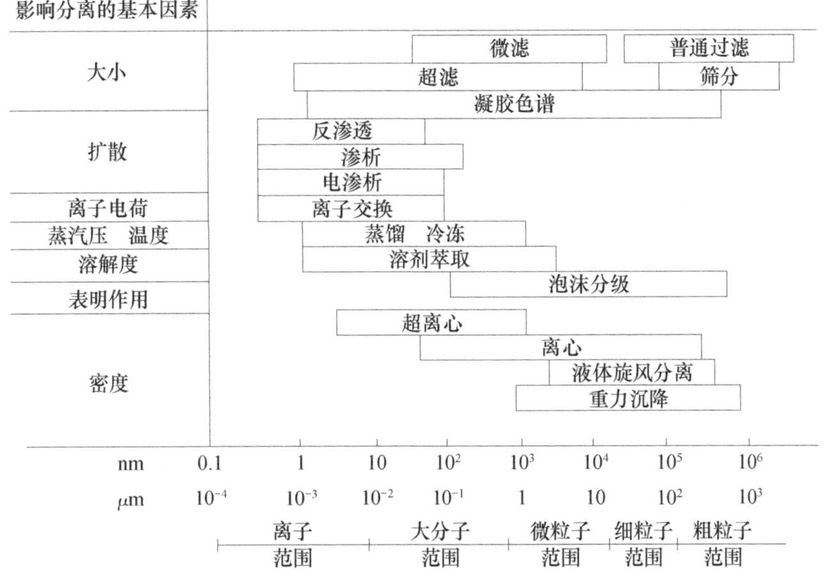

图 6-2　各种分离方法分离的粒子大小范围
（引自 Fane，1990；刘国诠，2003）

困难等问题。在分离浓缩步骤中，可用离子交换、蒸发、色谱等手段，但又碰到处理量大、有些物质对热与化学环境敏感等问题。这些问题，可通过膜分离过程或与膜分离过程相结合使用而得到解决和改善。

膜技术的优点可概括为：①通常无相变，能耗低；②可在室温或低温条件下操作，适宜于热敏性物质的分离浓缩；③分离过程一般不需添加其他化学物质，化学强度与机械损害小，避免过多失活，同时有利于节约资源和环境保护；④膜性能可调，通过选择合适的膜性能和操作参数可得到较高回收率；⑤设备易于放大，处理规模和能力可在很大范围内变化；⑥膜组件结构紧凑，操作方便，可频繁启停，易自控和维修；⑦系统可密闭循环，可实现连续分离，防止外来污染；⑧易于和其他分离过程相结合，实现过程耦合和集成，从而使分离与浓缩、分离与反应同时实现，可大大提高分离效率。

由于膜分离过程的特点，使其在生物产品的分离、提取与纯化过程中发挥重要的作用。不过，膜分离过程也有其局限性，如存在浓差极化和膜污染、膜寿命有限、有些膜过程选择性较低等。膜过程的上述特点仅是定性的，不同的膜过程和应用场合有很大差别，因此在选择膜过程时要从技术和经济可行性上综合考虑。

二、膜过程分类

膜过程的主要目的是利用膜实现混合物的分离，由于混合物中各组分具有不同的物理化学性质，不同组分与膜之间存在不同的相互作用，从而使各组分通过膜的传质速率不同而得以分离，因此膜分离过程属于速率差分离过程。为实现组分通过膜的传递，必须对组分施加某种推动力。在一定条件下，组分通过膜的传递速率与推动力大小成正比，即通量与推动力之间存在线性关系。根据推动力类型的不同，膜过程可分为压力差推动膜过程、浓度差推动膜过程、电位差推动膜过程和温度差推动膜过程等。表 6-2 表示了各种推动力作用下的膜过程及其传质通量与推动力之间的基本关系式。

表 6-2　根据推动力分类的不同膜过程

推动力	压力差	浓度（活度）差	温度差	电位差
膜过程	微滤 超滤 纳滤 反渗透 加压透析	渗透蒸发 气体分离 蒸汽渗透 透析 扩散渗析 载体介导	热渗透 膜蒸馏	电渗析 电渗透 膜电解
传质通量	体积通量 $J_v=-L_P\dfrac{dP}{dx}$ （L_P渗透系数，Darcy 定律）	质量通量 $J_m=-D\dfrac{dc}{dx}$ （D扩散系数，Fick 定律）	热通量 $J_h=-\lambda\dfrac{dT}{dx}$ （λ导热系数，Fourier 定律）	电通量 $J_i=-\dfrac{1}{R}\dfrac{dE}{dx}$ （$1/R$电导，Ohm 定律）

引自 Muilder，1999

膜过程除了依靠组分在膜内的速率差实现分离目的以外，膜还与传统的相平衡分离过程（如萃取、吸收、蒸馏等）相结合，衍生出膜萃取、膜吸收、膜蒸馏等新型膜分离过程，膜的作用是为组分在气气、气液、液液等两相之间的传质提供接触界面，因此这些单元被统称为膜接触器。不同的膜赋予传质界面不同的特性。

另外，膜过程还与化学或生化反应相结合以改变化学平衡，这种结合称为膜反应器或膜生物反应器，膜的作用是在反应的同时将产物移去，使反应向右侧移动从而提高反应速率或最终产物浓度，对于具有抑制作用的产物，移去后可使反应得以继续进行，同时也可实现产物的在线分离，简化下游操作。

除了上述膜过程采用固体膜（聚合物、陶瓷或玻璃膜）以外，还有液膜过程，混合溶液的某一组分溶解在液膜中并迁移传递，为了提高选择性和传质速率，通常在液膜中引入某种载体以促进某一特定溶质的传递。由于这类膜过程是利用组分在液膜中的溶解度和扩散系数的差异来实现的，因此属于浓度差推动膜过程。

三、分离膜

（一）膜性能

膜是两相之间的一个具有选择透过性的屏障或界面，是每一膜过程的核心，它的性能对分离效果起决定性作用，不同的膜过程对分离膜有不同的要求。分离膜的性能考察主要包括两大方面：膜的物化稳定性和分离透过性。膜的物化稳定性指膜的强度、允许使用的压力、温度、pH 以及对有机溶剂和各种化学药品的耐受性，它是决定膜寿命的主要因素；膜的分离特性主要包括选择性、渗透通量和通量衰减系数等。

1. 选择性

膜的选择性指将混合物中的组分分离开来的能力。当从溶液中脱除盐、某些高分子物质或微粒等，可以用截留率 R 表示选择性：

$$R = \frac{C_f - C_p}{C_f} \times 100\% \tag{6-1}$$

式中，C_f——组分在原料液中的浓度；

C_p——组分在膜透过液中的浓度；

R——无因次参数，与浓度单位无关。

对于气体混合物或有机液体混合物的分离，选择性通常用分离因子 α 或分离系数 β 表示：

$$\alpha_{A,B} = \frac{y_A / y_B}{x_A / x_B} \tag{6-2}$$

$$\beta_A = \frac{y_A}{x_A} \tag{6-3}$$

式中，x_A、y_A——A 组分在原料液（气）与透过液（气）中的摩尔分率；

x_B、y_B——B 组分在原料液（气）与透过液（气）中的摩尔分率。

2. 渗透通量

渗透通量是指单位时间内通过单位膜面积的透过液的容积或质量，通常用 J 表示：

$$J = \frac{V_P}{A_M t} \tag{6-4}$$

式中，J——体积或质量通量，$m^3/(m^2 \cdot h)$ 或 $kg/(m^2 \cdot h)$；

V_P——透过液的容积或质量，m^3 或 kg；

A_M——膜的有效面积，m^2；

t——运转时间，h。

另外，对于体积通量，实验室还常以 $mL/(cm^2 \cdot h)$ 为 J 的单位，工业生产常以 $L/(m^2 \cdot d)$ 为 J 的单位。

3. 通量衰减系数

膜运行过程由于膜面产生浓差极化、膜被压密以及膜孔堵塞等原因，造成渗透通量随运行时间的延长而发生衰减，通量衰减程度可表示为

$$J_t = J_1 t^m \tag{6-5}$$

式中，J_t、J_1——膜运行 t 小时和 1h 的渗透通量；

t——运行时间。

式（6-5）两边取对数，得到以下线性方程

$$\lg J_t = \lg J_1 + m \lg t \tag{6-6}$$

由式（6-6）通过对数坐标系作直线，可求得直线的斜率 m，即通量衰减系数。

对于任何一种膜分离过程，总希望选择性高、渗透通量大，实际上这两者之间往往相互矛盾，渗透通量大的膜通常选择性低，而选择性高的膜渗透通量小，故对二者需综合考虑。

（二）膜材料

膜材料及膜的制备方法影响半透膜的物化稳定性和选择透过性。随着膜科学与技术的发展，其应用领域不断拓展，对膜材料也提出了各种性能要求，既要求膜具有高选择性、高渗透通量，又要求膜具有足够的机械强度和化学及热的稳定性。因此，对膜材料进行研究和改性一直是膜过程领域的重要任务之一。膜按照材料来源分为生物膜和合成膜。生物膜在结构、功能和传质机理方面都与可用于工程技术目的的合成膜有很大差别，这里的膜分离过程主要指利用合成膜的分离过程。合成膜包括无机膜和聚合物膜两

大类，二者各有其特点，其中聚合物膜占主要地位，无机膜由于其特有的优势，近年来越来越受到重视。

1. 聚合物膜

聚合物膜材料种类较多，包括各种纤维素酯类（常用的有再生纤维素、硝酸纤维素、醋酸纤维素）、脂肪族和芳香族聚酰胺、聚砜、聚醚砜、聚醚酮、聚酯类、聚丙烯腈、聚四氟乙烯、聚偏氟乙烯、聚氯乙烯、硅橡胶等，这些材料的亲疏水性、机械强度、耐高温性、耐水解性、耐有机溶剂性和抗氧化性等都有很大差别，可根据分离过程的要求选择合适的膜材料。

2. 无机膜

制备无机膜的材料有致密无机材料和多孔无机材料，致密材料有金属（如 Pd、Ag 膜）、金属合金（如 Pd 合金）和固体氧化物电解质等；多孔材料包括多孔金属（如 Ag、Ni、Ti 及不锈钢等）、多孔陶瓷（如 Al_2O_3、SiO_2、TiO_2、ZrO_2 等）、多孔玻璃、分子筛膜等。无机膜的优点是：①化学稳定性好，具有良好的耐酸碱、耐有机溶剂性能；②耐高温，一般可在 400℃操作，最高可达 800℃以上，在食品与生物工程领域可进行高温消毒；③抗微生物能力强，适合于生物工程领域的分离过程；④机械强度高，可承受几十个大气压，可反向冲洗。无机膜的不足在于造价较高，脆性大，弹性小，影响膜的成型加工、组件装配及可操作性。

（三）膜结构

膜从形态结构上分为均质膜（也称为对称膜）和不对称膜两大类，其结构特点如图 6-3所示，即使同一种材料，不同膜结构，膜的选择性和渗透性也有很大不同。

A. 对称膜结构

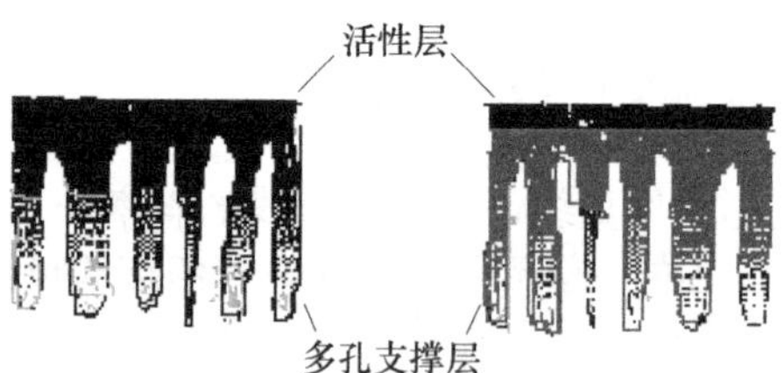

B. 不对称膜结构

图 6-3 不同膜结构断

（引自 Muilder，1999；Rautenbach，2004）

1. 均质膜

如图 6-3A 所示，均质膜的膜孔结构及其传递特性沿整个膜厚是均匀一致的，其可分为致密均质膜和多孔均质膜。均质膜厚度和膜孔大小是影响膜通量的主要因素，一般多制备成较大孔的膜以减小膜阻力。均质膜主要用于微滤、透析和电渗析过程。

2. 不对称膜

如图 6-3B 所示，不对称膜是由薄的皮层（厚度约 0.1～1μm）和一定厚度的大孔支撑层（厚度约 100～200μm）构成，图中只表示了柱状孔（或指状孔）结构的大孔支撑层，实际上支撑层结构还可以是像图 6-3A 所示的海绵状和球形堆积状孔结构。不对称膜的传质阻力主要在于皮层，较薄的皮层可以减小膜阻力，同时较为致密的皮层使膜具有较高的截留性，因此这种膜结构有利于同时满足高选择性和高渗透通量的要求。20 世纪 60 年代，由 Loab 和 Sourirajan 制备的第一张实用化的高透水率和高脱盐率反渗透膜就是不对称膜。目前，像反渗透和超滤等压力推动膜过程以及气体分离膜过程等都基本上采用不对称膜。膜通量和选择性主要受膜材料和皮层孔大小的影响。不对称膜可分为一体化不对称膜和复合膜。一体化不对称膜是利用相转化制备方法从高分子溶液中析出具有上表面皮层和下层支撑层的固体聚合物薄膜，膜整体由同一种材料制成，有时也被简称为不对称膜。复合膜的制备方法是在多孔支撑膜上复合一层薄而致密的皮层，其优点在于可根据不同的分离要求，分别优选不同的材料制作皮层和支撑层，使其分离性能最优化，如具有良好的化学稳定性、机械性能以及成孔性的聚砜常被用做支撑层材料，而具有良好亲水性和成膜性的聚乙烯醇、纤维素酯和聚酰胺等常被用作皮层材料。

第二节　压力驱动膜过程

压力推动膜过程是指在压力作用下溶剂和具有较小尺寸的溶质粒子通过膜，而较大尺寸的粒子被膜截留的分离过程（图 6-4），根据待分离溶质粒子的大小选择具有合适孔径的半透膜，使某些组分被截留，从而实现溶液的浓缩和除杂净化。按照被截留组分粒子尺寸和膜孔径由大到小的顺序，压力驱动膜过程包括微滤、超滤、纳滤和反渗透等，这些膜过程的传质阻力随着膜孔的减小而增大，因此为获得相当的传质通量，其操作压力也随之增大。表 6-3 表明了不同压力驱动膜过程的大致通量、操作压力范围和采用的膜的大致孔径。

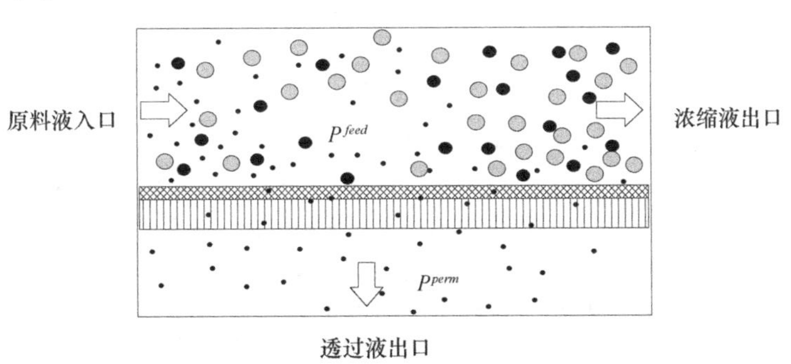

图 6-4　压力驱动膜过程

表 6-3　不同压力驱动膜过程的通量和压力范围

膜过程	膜结构	膜孔径/μm	分离对象	压力范围/MPa	通量范围 /[L/(m² · h · MPa)]
微滤	（不）对称多孔膜	0.05～10	0.1～10μm 的固体粒子	0.01～0.2	＞500

续表

膜过程	膜结构	膜孔径/μm	分离对象	压力范围/MPa	通量范围/[L/(m² · h · MPa)]
超滤	不对称多孔膜	0.005～0.05	相对分子质量为 10^3～10^6 的大分子或胶体	0.1～0.5	100～500
纳滤	复合膜	0.001～0.005	相对分子质量小于 10^3 的离子、分子	0.5～2.0	15～120
反渗透	复合膜	0.0002～0.001	相对分子质量小于 100 的离子、分子	1～10	0.5～15

引自 Muilder，1999；刘国诠，2003

一、反渗透和纳滤

（一）分离基本原理

反渗透（RO）和纳滤（NF）是以膜两侧压力差为推动力，以较致密膜为分离介质。当溶液流过膜表面时，溶液中的溶剂透过膜被分离出来，而低分子质量溶质（如无机盐、葡萄糖、蔗糖等）小分子物质被膜截留的过程。反渗透和纳滤的分离原理相似，都是基于渗透和反渗透现象，图 6-5 为利用半透膜从溶液中分离纯水的示意图，半透膜为较致密膜，原则上只能使溶剂通过而小分子溶质不能通过。当膜两侧压力相等时，在一定温度 T 和压力 P 下，图中左侧溶液中水的化学势为

$$\mu_{\mathrm{I}} = \mu^0(T,P) + RT\ln x \tag{6-7}$$

式中，$\mu^0(T,P)$——指定 T、P 下纯溶剂的化学势；

x——溶液中溶剂的量（摩尔分数）。

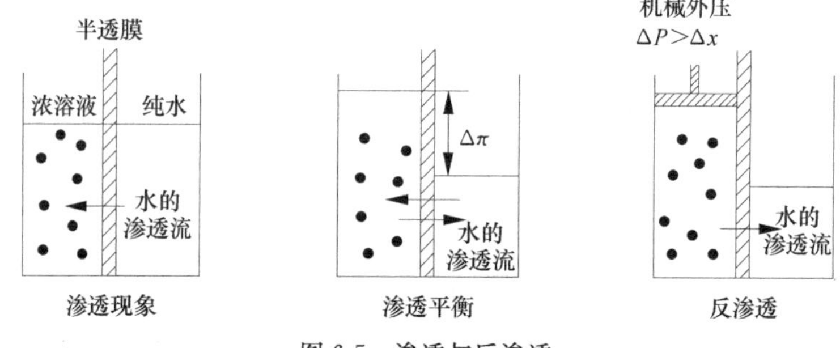

图 6-5　渗透与反渗透

右侧纯水的化学势为 $\mu_{\mathrm{II}}=\mu^0(T,P)$，可见 $\mu_{\mathrm{II}}>\mu_{\mathrm{I}}$，在该化学势差推动下，右侧纯水自发向左侧浓溶液渗透，结果使浓溶液侧水位升高，当升到一定高度时浓溶液侧的化学势与纯水侧化学势相等，则渗透过程达到平衡，此时两个液面静压差等于两侧溶液的渗透压差，即 $\Delta P=\Delta\pi$。此时，如果在浓溶液侧施加一个压力，使膜两侧压差大于两侧溶液渗透压差即 $\Delta P>\Delta\pi$，则左侧浓溶液中的水将透过膜渗透到纯水侧，因此从浓溶液分离出纯水，这种依靠外界压力使水从膜的浓溶液侧向纯水侧的渗透就是反渗透。从渗透平衡可以推出多组分稀溶液的渗透压计算公式：

$$\pi = \frac{RT}{\bar{V}_1}\ln\alpha_1 \approx RT\sum_{i=1}^{n} C_i \tag{6-8}$$

式中，$\bar{V}_1$——溶剂偏摩尔体积；

α_1——溶剂组分的活度；

n——溶液中溶质的组分数；

C_i——溶质摩尔浓度。

据此，溶剂通过膜的传递推动力为 $\Delta P-\Delta\pi$，则溶剂通过膜的体积通量为

$$J_V = A(\Delta P - \Delta\pi) \tag{6-9}$$

式中，ΔP——料液侧与渗透侧的跨膜操作压差；

$\Delta\pi$——料液侧与渗透侧的跨膜渗透压差。

由于渗透侧基本为纯溶剂，所以渗透侧的渗透压力可看作零。当待处理料液浓度较高时，为了达到相当的渗透通量，需要克服的渗透压也较高（如海水的渗透压大约是2.5MPa），并且反渗透膜较致密，膜阻力较大，所以反渗透膜过程的推动压力差较高，一般在几个甚至数十个 MPa 之间；纳滤过程所需操作压力相对较低，一般低于 1MPa，故也有“低压反渗透”或“疏松反渗透”之称。较高的压力和料液浓度以及缓慢的膜面流速可造成膜表面溶质浓度高于主体浓度，形成高浓度边界层，使料液侧膜面的渗透压升高，有效压差减小，此现象称为浓差极化。

反渗透膜和纳滤膜性能相似，都是较致密膜，可视为介于多孔膜（超滤、微滤）与致密无孔膜（气体分离、渗透蒸发）之间。反渗透膜和纳滤膜的差别在于膜致密程度不同，反渗透膜更为致密，可截留组分为 0.1～1nm 的小分子溶质，对 Na^+、Cl^- 等单价离子的截留率可达 90%以上；纳滤膜的网络结构比反渗透膜较为疏松，表层孔径处于纳米级范围，主要截留粒径为 1nm 左右的物质。纳滤膜对单价离子的截留率很低，但对二价或高价离子的截留率可达 90%以上，因此去除溶液中浓度较高的一价离子时需要采用反渗透，而纳滤特别适合于分离多价离子和相对分子质量在 500～2000 的微小有机或无机溶质。纳滤膜对非荷电溶质（如乳糖、葡萄糖、麦芽糖等）的截留机理是基于膜的纳米级微孔的筛分效应（或称位阻效应），而对极性（或荷电）溶质的截留则是由离子与膜之间的静电相互作用和筛分效应二者共同决定。纳滤过程之所以具有离子选择性，是由于膜面或膜内一般带有固定的负电荷基团（如—$COOH^-$、—SO_3H^-），通过静电相互作用阻碍离子的渗透。纳滤膜对离子的截留率大小随着盐离子的价态、电荷强度等不同而不同。大量研究表明，纳滤过程对于阴离子的截留率一般按下列顺序递增：NO^{3-}、Cl^-、OH^-、$SO_4{}^{2-}$、$CO_3{}^{2-}$，而对阳离子的截留率递增顺序为 H^+、Na^+、K^+、Ca^{2+}、Mg^{2+}、Cu^{2+}。

（二）反渗透和纳滤的传质及其操作

1. 反渗透传质模型

当对水溶液施加一个大于其渗透压的外界压力时，水将通过反渗透膜流向膜的另一侧，水透过膜的传质过程主要受膜性能和操作条件的影响。迄今已有多种透过机理与模型，其中最典型的是优先吸附-毛细孔流模型和溶解扩散模型。

(1) 优先吸附-毛细孔流模型。此模型（图 6-6）由 Sourirajan 提出，当水溶液与亲水性半透膜面接触时，由于膜的亲水性使水分子被优先吸附于膜表面而形成一层纯水层，纯水层使溶质和膜表面被隔开，在外加压力作用下膜表面的水分子进入膜的毛细孔到达膜另一侧。当膜表面有效孔径等于或小于纯水层厚度 t 的两倍时，只有纯水透过，当大于两倍时则溶质也可以透过膜孔，因此膜上毛细孔径为 $2t$ 时使纯水渗透通量达到最大而溶质不能通过膜，这一孔径称为临界孔径。Kimura 和 Sourirajan 基于该优先吸附-毛细孔流理论，提出水通过膜毛细孔的黏性流的传质方程：

$$J_W = A(\Delta P - \Delta\pi) \tag{6-10}$$

$$A = \frac{PWP}{3600 M_W SP} \tag{6-11}$$

$$\Delta P = P_1 - P_2 \tag{6-12}$$

$$\Delta\pi = \pi(x_1) - \pi(x_2) \tag{6-13}$$

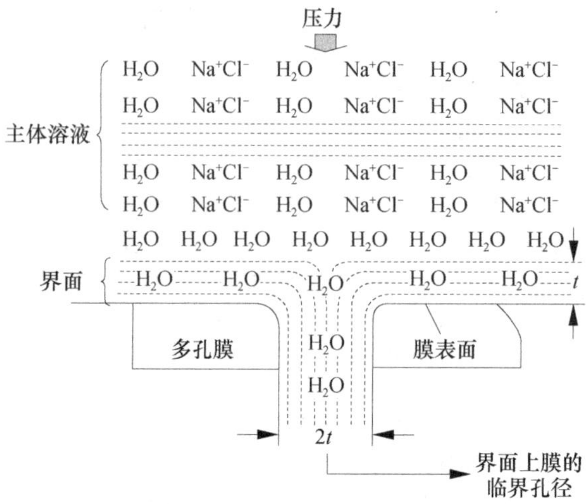

图 6-6 优先吸附-毛细孔流模型
(引自高以垣和叶凌碧，1989；蒋维钧，2006)

式中，J_W——水的渗透通量，kg/(m^2 · h)；

A——纯水渗透系数，kmol/(m^2 · s · Pa)；

PWP——操作压差为 P、有效膜面积为 S 时每小时的纯水通量，kg/h；

M_W——水的相对摩尔质量，18g/kmol；

ΔP——膜两侧操作压力差，Pa；

$\pi(x_1)$——膜表面处料液侧溶液渗透压，Pa；

$\pi(x_2)$——透过液渗透压，Pa。

纯水透过系数 A 反映了纯水透过膜的特性，它与膜材料、膜结构形态、操作温度及压力有关，可利用纯水进行实验测定。反渗透膜过程中，仅有少量溶质透过膜，溶质透过膜的过程可看成是通过膜孔的分子扩散过程，所以溶质的渗透通量为

$$J_A = \frac{D_{MA}}{Kl}(C_{A1} - C_{A2}) = B(C_{A1} - C_{A2}) \tag{6-14}$$

式中，J_A——溶质 A 的渗透通量，kmol/(m^2 · h)；

D_{MA}——溶质 A 在膜中的有效扩散系数，m^2/h；

K——溶质在溶液与膜间的溶解相平衡常数；

l——膜厚，m；

C_{A1}——料液侧膜表面处溶液中溶质 A 的摩尔浓度，kmol/m^3；

C_{A2}——透过液侧膜表面处溶液中溶质 A 的摩尔浓度，kmol/m^3；

B——溶质渗透系数，m/h。

渗透系数 B 是扩散系数和分配系数的函数，反映了溶质透过膜的特性，它的数值小，表示溶质透过膜的速率小，膜对溶质的分离效率高，其大小与溶质、膜材料、膜形态结构以及操作条件有关，可通过实验测定。

(2) 溶解扩散模型。20 世纪 60 年代中期，Lonsdale 和 Riley 等提出溶解扩散模型，假定膜表面皮层为无孔、无缺陷的均质致密膜，溶剂和溶质都能溶解于膜内，则溶剂和溶质透过膜的过程分 3 步：①溶剂和溶质在膜上游侧吸附溶解；②溶剂和溶质在化学势差推动下以分子扩散通过膜；③透过物在膜下游侧表面解吸。溶剂和溶质在膜皮层中的溶解度服从亨利定律，在膜中的扩散服从 Fick 定律，其中溶解和解吸过程进行较快，而渗透过程较慢，因此透过膜的速率主要取决于第②步。由于溶剂和溶质在膜中的溶解

度和扩散系数不同，因而使其通过膜的速率不同而得以分离。在等温情况下溶剂透过膜的传质速率表示为：

$$J_W = \frac{D_{MW} c_{MW} V_W}{RTl}(\Delta P - \Delta\pi) = A(\Delta P - \Delta\pi) \tag{6-15}$$

式中，J_W——水的渗透通量，kmol/(m^2·h)；

D_{MW}——溶剂水在膜内的有效扩散系数，m^2/h；

c_{MW}——溶剂水在膜内的浓度，kmol/m^3；

V_W——水的摩尔体积，m^3/kmol；

A——溶剂在膜内的渗透系数，kmol/(m^2·h·Pa)；

ΔP——膜两侧操作压力差，Pa；

$\Delta\pi$——膜两侧溶液渗透压差，Pa。

这里假定 D_{MW}、c_{MW}和 V_W 与压力差无关，这在压力低于 15MPa 时可以认为是合理的。A 是分配系数和扩散系数的函数。

溶质的扩散通量主要是由于浓度差引起，而压力差引起的化学势差极小，因此有类似关系式

$$J_A = \frac{D_{MA} K'}{l}(C_{A1} - C_{A2}) \tag{6-16}$$

式中，K'——溶质在溶液与膜间的溶解平衡常数，与式（6-14）中的 K 不同，两者互为倒数；

C_{A1}、C_{A2}——分别为料液侧溶液中的溶质浓度和透过液侧溶液中的溶质浓度。

式（6-16）在膜内浓度与膜厚呈线性关系时是成立的，此式适用于溶液浓度较低（一般低于 15%），即膜中渗透物浓度较小的情况。但在许多场合膜内浓度场并非线性，此时模型误差较大。

【例 6-1】 利用反渗透膜组件脱盐，操作温度为 25℃。进料侧水中 NaCl 质量分数为 1.8%，压力为 6.896MPa，渗透侧水中 NaCl 质量分数 0.05%，压力为 0.345MPa。所采用的特定膜对水和盐的渗透系数分别为 1.0859×10^{-4} g/(cm^2·s·MPa) 和 16×10^{-6} cm/s。假设膜两侧的传质阻力可忽略，水的渗透压可用 $\pi = RT\sum C_i$ 计算，C_i 为水中溶解离子或非离子物质的摩尔浓度，试分别计算出水和盐的通量。

解：进料盐浓度为

$$1.8\times1000 \div 58.2\times98.2 = 0.313\text{mol/L}$$

透过侧盐浓度为

$$\frac{0.05\times1000}{58.5\times99.95} = 0.008\ 55\text{mol/L}$$

$$\Delta p = (6.896 - 0.345) = 6.551\text{MPa}$$

若不考虑过程的浓差极化，则

$$\pi_{进料侧} = 8.314\times298\times2\times0.313\div1000 = 1.55\text{MPa}$$

$$\pi_{透过侧} = 8.314\times298\times2\times0.008\ 55\div1000 = 0.042\text{MPa}$$

$$\Delta p - \Delta\pi = 6.551 - (1.55 - 0.042) = 5.043\text{MPa}$$

已知溶剂渗透系数

$$A = 1.0859\times10^{-4}\text{g/(cm}^2\cdot\text{S}\cdot\text{MPa)}$$

$$J_{H_2O} = A(\Delta p - \Delta\pi) = (1.0895\times10^{-4})\times5.043 = 0.000\ 548\text{g/cm}^2$$

$$\Delta c = 0.313 - 0.008\ 55 = 0.304\text{mol/L}$$

溶质渗透系数

$$\frac{D_{MA}}{Kl} = 16\times10^{-6}\text{cm/s}$$

所以，

$$J_{NaCl} = 16\times10^{-6}\times0.000\ 304 = 4.86\times10^{-9}\text{mol/(cm}^2\cdot\text{s)}$$

2. 纳滤传质模型

纳滤膜大多为荷电型，其对无机盐的分离行为不仅受化学势控制，同时也受电势梯度的影响。针对纳滤膜提出的理论模型主要有溶解扩散模型、道南（Donnan）平衡模型、扩展的 Nernst-Plank 方程模型、空间电荷模型、静电排斥和立体位阻模型等，其中溶解扩散模型与上述描写反渗透过程的溶解扩撒模型相同。限于篇幅，在此简要介绍道南平衡模型。

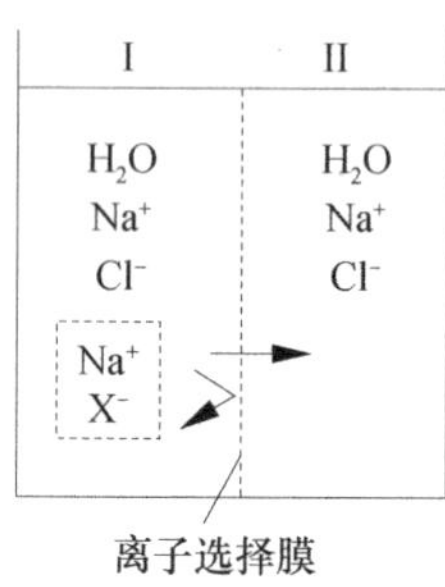

图 6-7　道南效应
（引自刘家祺，2001）

如图 6-7 所示体系，在荷电的纳滤膜左边Ⅰ相中加入 NaCl 浓度为 c_0 的水溶液，达到渗透平衡后，有

$$\mu_{\mathrm{I}}^{\mathrm{I}}=\mu_{\mathrm{I}}^{\mathrm{II}} \tag{6-17}$$

$$\mu_{\mathrm{H_2O}}^{\mathrm{I}}=\mu_{\mathrm{H_2O}}^{\mathrm{II}} \tag{6-18}$$

$$\mu_{\mathrm{NaCl}}^{\mathrm{I}}=\mu_{\mathrm{NaCl}}^{\mathrm{II}} \tag{6-19}$$

$$\mu_{\mathrm{NaCl}}=\mu_{\mathrm{Na^+}}+\mu_{\mathrm{Cl^-}} \tag{6-20}$$

由化学势的一般定义，得

$$\mu_1=\mu_1(T,p^0)+\widetilde{V}_1(p-p^0)+RT\ln|a_1| \tag{6-21}$$

得到

$$\ln|a_{\mathrm{Na}}^{\mathrm{I}}|+\ln|a_{\mathrm{Cl}}^{\mathrm{I}}|=\ln|a_{\mathrm{Na}}^{\mathrm{II}}|+\ln|a_{\mathrm{Cl}}^{\mathrm{II}}| \tag{6-22}$$

$$a_{\mathrm{Na^+}}^{\mathrm{I}}a_{\mathrm{Cl^-}}^{\mathrm{I}}=a_{\mathrm{Na^+}}^{\mathrm{II}}a_{\mathrm{Cl^-}}^{\mathrm{II}} \tag{6-23}$$

对于稀溶液而言，可用浓度代替活度，即

$$c_{\mathrm{Na^+}}^{\mathrm{I}}c_{\mathrm{Cl^-}}^{\mathrm{I}}=c_{\mathrm{Na^+}}^{\mathrm{II}}c_{\mathrm{Cl^-}}^{\mathrm{II}} \tag{6-24}$$

因此，可得

$$c_{\mathrm{Na^+}}^{\mathrm{I}}=c_{\mathrm{Cl^-}}^{\mathrm{I}}=c_{\mathrm{Na^+}}^{\mathrm{II}}=c_{\mathrm{Cl^-}}^{\mathrm{II}}=\frac{1}{2}c_0 \tag{6-25}$$

纳滤膜主要是用来脱除多价离子或大分子电解质。因此，模拟真实溶液体系，向图 6-7 的纳滤膜左边溶液Ⅰ的 NaCl 水溶液中再加入多价钠盐（NaX），假设加入后 NaX 在溶液中的浓度为 c_X，其中 X^- 不能透过膜，由于 NaX 的加入使溶液Ⅰ中 Na^+ 浓度升高，由于打破原有平衡，所以导致更多钠离子向溶液Ⅱ渗透，为保持电中性，氯离子也跟着渗透，但它是逆浓度梯度从溶液Ⅰ转入溶液Ⅱ的，此现象称为 Dannan 效应（或泵效应）。达到渗透平衡后，设从溶液Ⅰ向溶液Ⅱ渗透的 Cl^- 和 Na^+ 浓度分别为 x。加入的 NaX 量为 c_X，则将平衡后的 Cl^- 和 Na^+ 浓度代入式（6-25），得

$$\left(\frac{1}{2}c_0-x+c_X\right)\left(\frac{1}{2}c_0-x\right)=\left(\frac{1}{2}c_0+x\right)^2 \tag{6-26}$$

$$(c_{\mathrm{NaCl}}^{\mathrm{I}}+c_{\mathrm{NaX}}^{\mathrm{I}})c_{\mathrm{NaCl}}^{\mathrm{I}}=(c_{\mathrm{NaCl}}^{\mathrm{II}})^2 \tag{6-27}$$

单价盐从料液中的脱除率 D 为：

$$D=\left(1-\frac{c_{\mathrm{Cl^-}}^{\mathrm{I}}}{c_0}\right)\times 100\%$$

【例 6-2】 在图 6-7 体系的左边溶液Ⅰ加入 1mol/L NaCl 物料，达到平衡后各离子分布是怎样的？假若左边溶液Ⅰ加入的是 1mol/L NaCl 和 1mol/L Na_2SO_4，达到平衡时又会怎样？（设膜对 SO_4^{2-} 的截留率为 100%，且体系左、右两侧体积相等）。

解： ① 平衡时：

$$c_{\mathrm{Na^+I}}=c_{\mathrm{Cl^-I}}=c_{\mathrm{Na^+II}}=c_{\mathrm{Cl^-II}}=0.5\mathrm{mol/L}$$

② 初始态：

$$c_{\mathrm{Na^+}}=1+1\times 2=3\mathrm{mol/L};1\mathrm{mol/L}$$

$$c_{\mathrm{Cl^-}}=c_{\mathrm{SO_4^{2-}}}=1\mathrm{mol/L}$$

平衡时，据式（6-25）得：

$$(0.5-x+2)(0.5-x)=(0.5+x)(0.5+x)$$

即

$$c_{Na^+}^{I}=0.5-0.25+2=2.25mol/L;\quad c_{Cl^-}^{I}=0.5-0.25=0.25mol/L$$
$$c_{Na^+}^{II}=0.5+0.25=0.75mol/L;\quad c_{Cl^-}^{II}=0.5+0.25=0.75mol/L$$
$$D=\left(1-\frac{c_{Cl^-}^{I}}{c_0}\right)\times 100\%=\left(1-\frac{0.25}{1}\right)\times 100\%=75\%$$

由上述例子可看出，由于单价盐与多价盐或大电解质共存，通过纳滤过程的道南效应，可使更多的单价盐透过膜被脱除，从而达到多价盐或大电解质与单价盐分离的目的，利用此机理可实现乳糖或蛋白质等的脱盐。这里假设膜对多价盐可完全截留，但是随着溶液浓度的提高，由于道南平衡和电荷屏蔽效应，膜对其截留率会下降。因此，纳滤过程一般适合于较低浓度的分离。

3. 影响反渗透和纳滤分离过程的因素

反渗透和纳滤分离过程的分离性能基本评价指标是渗透通量和截留率。截留率与溶质、溶剂通过膜的渗透通量差异大小有关，溶质通过膜的渗透通量越小、溶剂通过膜的渗透通量越大，则膜对溶质的截留率越高，因此影响渗透通量的因素同时也影响截留率。由上述模型可知，反渗透与纳滤过程的渗透通量主要与操作压差、料液温度与黏度、料液流速、料液浓度、膜材料及膜结构有关。

(1) 操作压差。增大操作压差可提高传质推动力，使渗透通量增大，但是压差增大使膜表面处浓差极化加剧，使料液侧渗透压增高，所以膜两侧的有效压差（$\Delta p-\Delta\pi$）并不能按相应比例增大，同时压差增大引起能耗增加。因此，反渗透最佳操作压差一般在 2～10MPa，纳滤过程所用操作压力相对较低，一般为 0.5～2MPa。

(2) 料液性能。料液性质包括待处理料液中物质的分子质量大小、离子浓度、半径、电价及溶液 pH、温度等。在通常情况下，料液中的分子和离子浓度越高，由于有效压差的减小，浓差极化和膜污染的加剧，使渗透通量和截留率越低。对于盐水淡化，较大的浓缩程度可提高回收率，但是由此引起溶质浓度提高，使渗透通量和截留率下降，浓缩程度增大到一定程度时，可引起溶质浓度达到过饱和而在膜面析出，因此浓缩程度有上限值，据此需要确定合理的水回收率。对于荷电纳滤膜，离子半径和电价增大可提高截留率。溶液的 pH 可影响某些溶质（如蛋白质）的电荷性，从而影响膜对这些溶质的截留率，因此可调节溶液 pH 以提高截留率。操作温度影响料液的黏度，温度升高以及料液流速增大均有利于提高纯水透过系数，减少浓差极化，提高渗透通量，但温度升高受到料液和膜的耐温性限制。

(3) 膜材料与结构。膜材料与结构是决定膜渗透通量的基本因素，要求反渗透和纳滤膜材料分离效率高、渗透通量大以及具有良好的耐压性、化学稳定性、耐高温性和耐污染性。由式（6-10）和式（6-14）可知，常数 A 越大、B 越小，膜对溶剂的亲和力越高，对溶质的亲和力越低，则膜对料液的选择透过性也越好。对于纳滤膜，依据溶解扩散模型，同样如此。可见，膜材料的选择很重要。一般来讲，亲水性膜以及膜材料电荷与溶质电荷相同的膜具有较好的选择透过性和耐污染性。目前，制备反渗透膜的材料主要有醋酸纤维素及其衍生物、各种聚酰胺和聚酰亚胺等，这类材料具有较好的亲水性。纳滤膜材料与反渗透类似，有醋酸纤维素及其衍生物以及聚酰胺，对荷电纳滤膜材料有磺化聚砜、磺化聚醚砜、磺化聚苯撑氧以及芳香族聚酰胺复合材料等。

二、超滤和微滤

（一）分离基本原理

超滤（UF）和微滤（MF）是以膜两侧压力差为推动力，以微孔膜为过滤介质，当溶液流过膜表面时，主要利用筛分原理将溶液中的悬浮粒子或大分子物质截留，而使溶剂和小分子物质透过膜，以实现净化、分离与浓缩的膜分离过程。

微滤膜一般为均质膜，膜阻力由总的膜厚度决定，微滤膜相比超滤膜来说孔径较大且孔径分布较均匀，微滤膜的孔径为0.05～10μm，其截留对象是细菌、胶体以及气溶胶等悬浮粒子。粒子被截留的机理主要取决于膜的孔径大小及其分布，当膜的孔径小于悬浮粒子的尺寸，粒子被膜阻挡于膜表面而与透过液分离，这种分离机理称为表面过滤机理；若膜的孔径相比粒子尺寸较大，则粒子进入膜孔内并粘附于孔壁而被滤除，这种依赖于膜孔深处发生过滤的分离机理被称为深层过滤机理。利用表面过滤膜分离粒子时，被截留于膜表面的粒子可回收，膜也可以清洗再用；深度过滤膜具有较大的厚度和可吸附的内表面，虽然有较好的截留吸附性能，但由于被截留物难于回收，因此仅适合于以除去粒子为目的的分离过程，膜使用后不再被利用。

超滤膜一般为不对称结构，膜的传质阻力主要在表皮层，其厚度仅为1μm或更小，孔径大多在0.005～0.05μm，截留对象是相对分子质量为10^3～10^6的溶质。因此，超滤除了能截留悬浮物，还可截留溶液中的极细小粒子（如胶体、微生物等）以及可溶性大分子物质（如蛋白质、酶）。超滤的分离性能主要取决于膜孔径大小和被截留物质的分子大小，其次膜的物化性质以及被分离物质的分子形状和电荷有较小影响，膜表面和孔内的吸附也使大分子物质被截留。

在选择具有合适孔径的超滤膜时，一般依据两个重要参数来衡量膜的截留性能：截留分子质量（MWCO）和截留率。截留率是指混合物中被膜截留的某物质的量占原料中该物质总量的比率，其定义式为

$$R_0 = \left(1 - \frac{C_P}{C_F}\right) \times 100\% \tag{6-28}$$

式中，R_0——截留率；

C_P——透过液中待分离物质的浓度；

C_F——原料液中待分离物质的浓度。

截留分子质量是利用被膜截留分子的分子质量大小来表征膜的截留性能的一个指标，是指能被膜截留住的最小溶质分子质量。商品超滤膜的截留分子质量是用球形蛋白类物质或线性物质作为标准物质来测量膜对其截留率的大小。当截留率分别达到95%以上和90%以上时，该标准物质的分子质量就是该膜的截留分子质量。常用的球形蛋白类标准物质有γ-球蛋白（160 000），牛血清白蛋白（67 000）、卵清蛋白（44 000）、胃蛋白酶（35 000）、细胞色素C（12 400）、胰岛素（5700）、VB_{12}（1200），常用的线性聚合物类标准物质有聚丙烯酸（50 000）、聚乙二醇（6000、10 000、20 000等不同分子质量）。此外，还有用分支多糖类作标准物质，包括葡萄糖250（236 000）、葡聚糖110（100 000）、葡聚糖40（40 000）、葡聚糖10（10 000）等。用蛋白质类标准物质测量某超滤膜的截留分子质量的步骤是：①配制一系列具有确定浓度的蛋白质标准溶液，用紫外分光光度法测定特定波长下的光密度，以蛋白质浓度为横坐标，光密度为纵坐标制作标准曲线；②在0.1～0.2MPa下使不同分子质量的蛋白质溶液加压透过膜，分别测试原液和透过液的光密度，从标准曲线查得相应浓度；③计算出截留率，截留率达到90%或95%以上的蛋白质分子质量即为膜的截留分子质量。在测试评价膜对某待分离的物质的截留性能时，很多方法步骤与上述类似。

（二）超滤和微滤的传质及其操作

1. 传质模型

在利用超滤和微滤进行分离纯化时，除了要选择膜的孔径大小和其截留性能外，还

要考虑膜对待处理溶液的渗透通量，这决定着所需膜面积及其对溶液的处理量大小。渗透通量大小与溶液透过膜的传递机理有关。对于超滤和微滤多孔膜，其孔径在 5～10μm，孔的几何形状有很多种（图 6-3），不同孔结构膜的传递有不同的模型。

典型的多孔膜传递模型基础均符合 Darcy 定律，即认为通过超滤膜和微滤膜的体积通量 J_V 正比于所施加的压力

$$J_V = K\Delta P \tag{6-29}$$

其中，K 为渗透系数，涵盖了膜孔隙率、孔径及其分布等膜结构因素以及渗透液黏度等，超滤膜的 K 值远小于微滤膜。

据式（6-29），对于如图 6-3A 所示的圆柱状孔的膜的传递，黏度为 μ 的流体在半径为 r、长度为 L 的单个毛细管内的层流流动通量 J_V 与毛细管两侧压差之间的关系可用 Hagen-Poiseuille 定律描述为

$$J_V = \left(\frac{r^2}{\delta\mu L}\right)\Delta P \tag{6-30}$$

若膜的孔隙率为 ε（即单位膜面积上孔所占面积的百分数），考虑到实际膜孔的弯曲性，引用曲折因子 τ 来表示膜长度，即 τL。据此，膜通量与膜两侧推动压差的关系为

$$J_V = \left(\frac{\varepsilon r^2}{\delta\mu\tau L}\right)\Delta P \tag{6-31}$$

该式即为孔模型，是描述超滤和微滤传递过程的最常用模型。由该模型可知，超滤和微滤是根据孔径大小来筛分溶液中的微粒或大分子，溶液通过膜的渗透通量与膜的孔径、孔隙率、溶液黏度、膜厚度、膜孔的弯曲程度以及传质推动压差等因素有关，一旦测定或计算出这些参数，则可计算出膜通量，从而可根据实际处理量计算出一定压差下所需的膜面积。

在需要高温消毒的生物分离过程中，由于无机膜的耐高温性，常采用无机膜。很多无机膜（及少数有机膜）采用烧结法制备，膜孔是由球状颗粒聚集形成的孔隙构成，如图6-3A所示的球状堆积孔结构可用 Kozeny-Carman 公式表示为

$$J = \left(\frac{\varepsilon^3}{K\mu S^2 L}\right)\Delta P \tag{6-32}$$

式中，K——与孔几何形状有关的无因次常数；

　　S——单位体积中球颗粒的表面积。

对于具有海绵状结构的多孔膜，膜的体积通量一般可用 Hagen-Poiseuille 或 kozeny-Carman 关系描述。

按照上述依据 Darcy 定律所建立的模型，膜通量 J_V 与压差 ΔP 之间是直线关系。在实际操作过程中，只有在低压、低料液浓度和高膜面流速下这种线性关系才成立，而高的压力、高料液浓度和缓慢的膜面流速造成膜表面溶质浓度高于主体浓度，从而形成浓差极化，并加快膜污染。针对有浓差极化和膜污染存在的微滤和超滤过程，有下面一些传质模型。

对于微滤过程，被截留粒子在膜面形成滤饼层，透过膜的通量 J_V 与压差 ΔP 的关系可用下式表示为

$$J_V = \frac{\Delta P}{\mu(R_m + R_c)} \tag{6-33}$$

式中，μ——料液黏度；

　　R_m——膜阻力；

　　R_c——滤饼阻力；与颗粒沉积情况有关。

通过实验测定或半经验公式估算出 R_m 和 R_c 后，即可利用该式预测渗透通量。膜

阻力 R_m 的估算一般在一定操作压差和温度下测定超纯水的通量得到，然后通过对比滤饼形成前后的膜通量差异，可以估算出 R_c。

对于超滤过程，由于膜孔较小，大分子也被截留，因此浓差极化和膜污染趋势比微滤过程严重得多。膜表面处大分子溶质浓度比主体溶液高到一定程度，可达到饱和而形成凝胶层，这样导致渗透通量严重降低。如果将凝胶层阻力 R_g 和膜阻力 R_m 串联起来，则溶剂通过膜的通量表示

$$J_V = \frac{\Delta P}{\mu(R_m + R_g)} \tag{6-34}$$

式中，R_g——凝胶层阻力；

R_m——膜阻力。

式（6-34）为凝胶层模型基本方程。蛋白质较易形成凝胶层，但许多其他大分子溶质（如葡聚糖）在很高浓度下也不易形成凝胶，此时需要考虑浓差极化形成的边界层阻力 R_b，则上式变为

$$J_V = \frac{\Delta P}{\mu(R_m + R_b)} \tag{6-35}$$

式（6-35）为边界层阻力模型基本方程。另外，在尚未形成凝胶层时，也会因膜面沉积浓度的增加使膜面上溶质的渗透压增加，导致分离操作的有效压差减小，此时 $\Delta P = \Delta P_T - \Delta\pi$，其中 ΔP_T 为膜面两侧操作压差，$\Delta\pi$ 为膜两侧渗透压差。

2. 影响超滤和微滤过程操作的因素

（1）膜污染和浓差极化。膜污染是指料液中的微滤、胶体粒子或溶质大分子由于与膜存在物料化学相互作用或机械作用而引起的在膜表面或膜孔内吸附、沉积造成膜孔变小或堵塞，使膜产生透过流量与分离特性的不可逆变化现象。膜污染表现为膜运行过程中膜通量快速、连续衰减并且难以恢复，大分子溶液的渗透速率远远低于膜的纯水通量并且比纯水通量的衰减更迅速；同时膜的分离能力下降，截留性发生改变，膜对比其截留分子质量小的多的物质也能产生截留作用，这样造成难以严格按溶质大小衡量膜的选择性和截留性。由于超滤过程处理的待分离混合物的成分一般较为复杂，由此造成膜污染的原因也较多，总的来说有以下几方面：①被分离物质吸附于膜表面和膜孔内，吸附程度取决于不同溶质和不同膜材料之间的相互作用，一般有疏水/亲水作用、氢键、范德华力、静电作用等。物理吸附可逆，易于清洗去除。化学吸附不可逆，应尽量避免；②物质在膜面的沉积及在膜孔的堵塞。膜污染的性质和程度取决于膜以及与膜接触的料液中各个组分的物理化学性质以及水力运行条件。不同膜结构（如孔隙率和孔径大小及其分布）被污染的程度也不同。

由于超滤较多用于食品、制药和生物领域的物质分离和浓缩，因此超滤最常见的污染是生物物质的污染，其中蛋白质吸附常常是引起膜通量衰减的主要原因，这是因为蛋白质具有复杂的官能团、电荷密度和不同程度的疏水性以及复杂的二级和三级结构，使得蛋白质与料液中的其他成分以及与膜之间很容易通过静电、氢键以及范德华力相互作用。pH、离子强度、剪切力、热处理和其他环境因素都影响蛋白质的性能，从而使蛋白质对膜的污染复杂化。由于蛋白质的活性点较多，因此一旦吸附，则难以脱附。生物污染也一直是反渗透、纳滤和微滤膜存在的重要问题。

解决膜污染问题主要是从减轻物质在膜面、膜孔的吸附和堵塞考虑的，解决方法有两大类：①防止膜污染。表 6-4 所示概括了 RO、UF、MF 等分离过程常见的污染种类及其防止办法；②膜污染后进行清洗的方法有超声波清洗法、电解法、化学清洗法、物理擦洗法、反冲洗、负压清洗等。

表 6-4　RO、UF、MF 等分离过程的常见污染种类和防止办法

分离过程	污染物	解决方法
RO	一般	通过动力学控制改善水力条件、增大剪切力；选择适用的膜组件
	无机物（$CaSO_4$、$CaCO_3$、Silica）	浓度低于溶解度；料液预处理；pH 范围控制在 4～6；避免高回收率；添加其他物质（如聚磷酸盐）
	有机物	生物处理；活性炭吸附；臭氧消毒
	胶体（<0.5μm）	凝胶过滤；微滤
	固体生物物质	氯消毒/脱氯；过滤；凝胶；微滤
UF/MF	一般	水力控制/增大剪切力（如错流、鼓泡流动、亚临界流动）；选择适用的膜组件
	碳水化合物，表面活性剂	控制料液浓度
	蛋白质	调节 pH 和盐离子；采用膜表面具有高度亲水性和高孔隙率的耐污染膜
	固体生物物质	采用膜表面具有高度亲水性和高孔隙率的耐污染膜

（2）加压过滤方式。微滤和超滤的操作方式通常有两种：死端过滤和错流过滤。如图 6-8 所示，在压差推动下，死端方式为流体流动方向垂直指向膜面，渗透液通过膜，而截留的微粒或大分子在膜面上形成滤饼层，并随时间而增厚，在压差恒定时，膜通量会随运行时间而下降，因此该方式为间歇式操作，必须定期地清洗膜面或更换膜以维持较高的通量；错流方式为流体沿膜的上表面层平行流过，在压差推动下渗透液通过膜，渗余液由于其膜面剪切力而将膜面的部分沉积物带走，因此错流操作能有效减少浓差极化和截留物在膜面的沉积，保持较高的通量。工业装置多采用错流操作，通过较高的流动速度减少边界层厚度，增大传质系数，减轻膜面浓差极化和膜污染，提高膜的渗透通量。不过在膜运行期间，随着操作时间的延长，沉积层总是会逐渐增加，结果只能允许越来越小的粒子通过，在极端情况下微滤可能会因沉积层而转变为超滤。

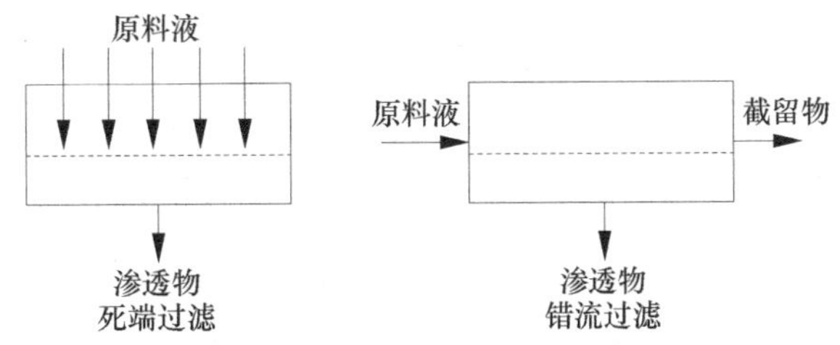

图 6-8　超滤和微滤过程的死端过滤和错流过滤操作方式

（3）操作压差。超滤膜和微滤膜均为多孔膜，与较为致密的反渗透膜和纳滤膜相比，其操作压力相对较低，微滤过程操作压差一般为 0.01～0.1MPa，超滤过程操作压差一般为 0.1～0.5MPa。操作压差对渗透通量的影响可用图 6-9 表示，在流速一定的低压区，膜通量随着压力增加而近似直线增加；继续增加压力到中压区，由于浓差极化和膜污染的作用，被膜截留的溶质在膜表面累积形成一定的浓度，使有效压差不断减小，膜阻力不断增加，因此使膜通量随压力的升高而呈曲线增加；压力升到一定值后到达高压区，溶质向膜的对流流动的量等于从膜向主体反向扩散的量，此时达到稳态，继续提

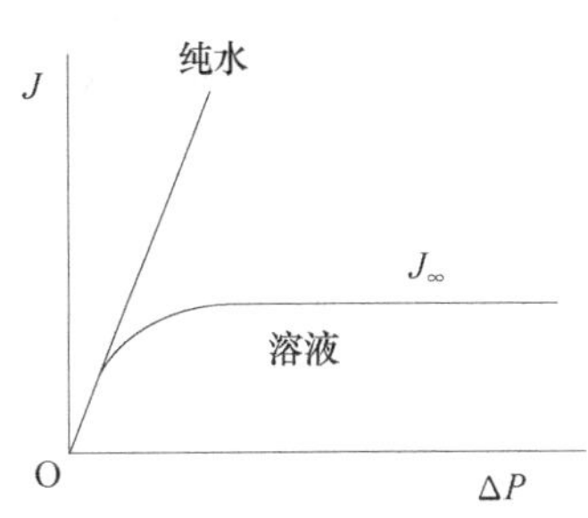

图 6-9　超滤通量与操作压力关系示意图
（引自 Muilder，1999）

高压力不能使通量增大，因为边界层阻力也随之增大，结果使通量达到极限值。实际应用中，操作压力可选择在中压区，这样既能达到较高的膜通量，又可避免形成凝胶层。

(4) 料液流速。料液流速指料液在膜面上流动的线速度，是重要的操作参数之一。在一定压力下，料液流速影响着边界层厚度。流速高，边界层厚度小，传质系数大，浓差极化减轻，膜面处的溶液浓度较低，因此渗透通量较高，相应压力下的极限通量也较大，但是流速过大，使剪切力增大，可引起酶、蛋白质等大分子变性失活，而且沿组件的压降增大，运行能耗增加。适宜流速的选择要考虑到料液黏度、溶质性质、操作压差和膜组件构型等。

(5) 截留液浓度。料液浓度越大，边界层越厚，越容易达到饱和而形成凝胶，这将导致渗透通量降低，因此对特定体系其截留液有允许的最大浓度。例如，对于动植物细胞，其最大允许固体浓度为5%～10%，对于蛋白质的浓缩为10%～20%，对于多糖和低聚糖为1%～10%。

(6) 温度。提高料液温度可以降低其黏度、增大扩散系数和传质系数，可达到抑制浓差极化和提高渗透通量的目的。因此，在膜与料液的物化稳定性允许情况下，应尽可能采用较高温度，一般来说处理酶的最高温度为25℃，蛋白质为55℃。

(7) 膜材料。膜表面亲水性的提高能减少膜表面和待分离分子之间尤其是和蛋白质之间通过疏水键产生的非特异性结合，从而减少污染。因此，具有亲水性的超滤膜具有较好的耐污染性及较稳定的通量。蛋白质对疏水性膜具有较高吸附性的原因在于：在蛋白质水溶液中，膜表面附近的水分子的Gibbs自由能（G）取决于水分子与蛋白质之间以及水分子与膜表面之间的氢键和极性作用力，疏水性、非极性膜表面与水无这种相互作用力，结果使膜表面水分子的G值高于主体溶液中水分子的G值，这样造成蛋白质吸附于膜表面，因为蛋白质的吸附可以减少整个体系的G值，而且大部分蛋白质分子都有疏水的、非极性的部分，可以通过范德华力直接与膜表面相互吸引；亲水性膜表面的水分子具有比主体溶液水分子更低的G值，因此水分子直接与膜表面相互作用，可以防止蛋白质与膜直接接触而吸附于膜表面。另外，膜表面的疏水性使表面的蛋白质结构受到破坏而变性、失活，从而吸附于膜表面引起污染。亲水性膜可以优先吸附水分子，在膜表面形成超薄水分子层，因此它具有如下特性：①在压力下水优先透过膜，使膜具有较高通量；②防止由于蛋白质变性、失活引起的膜污染，使膜具有较稳定的通量，而且具有较好生物相容性，对生物物质破坏较少；③吸附于外层的蛋白质易于清洗，膜通量易于恢复。由此可知，应选择亲水性材料制膜，或对疏水性材料进行改性使其具有亲水性，从而达到提高膜的耐污染性的目的。

微滤膜和超滤膜的常用制膜材料包括有机聚合物材料和无机材料，制备超滤膜的典型聚合物材料有聚砜（PS）、聚醚砜（PES）、聚丙烯腈（PAN）、聚酰胺、聚酰亚胺以及纤维素酯等，微滤膜材料主要有聚烯烃，如聚丙烯（PP）、聚四氟乙烯（PTFE）和聚偏氟乙烯（PVDF）以及纤维素酯、聚酰胺、聚砜、聚碳酸酯等。无机超滤膜材料有陶瓷材料（氧化钴和氧化锆）、玻璃、金属和增强碳纤维等。有机膜材料种类较多，有多种不同的亲疏水材料可选，价格相对较低，而无机膜热稳定性高，可适应生物、制药和食品工业中的高温杀菌操作，而且耐溶剂性好，但是价格相对较高，膜易脆，可操作性不强。

三、应用

（一）微滤

微滤在所有膜过程中应用最广，可用于液体和气体的除菌、澄清和过滤，对发酵液中的微生物细胞可以回收和浓缩利用，还可用不同孔径的微滤膜收集细菌、酶、蛋白质、虫卵等以提供分析检测，如水质检验、临床微生物标本的分离、食品中细菌的监察等；利用微滤膜进行微生物培养时，可根据需要在培养过程中更换培养基，以达到多种不同的目的；用微滤膜对啤酒进行过滤后可脱除其中的酵母、霉菌和其他微生物，使产品清澈、透明，延长存放期，且成本较低。

（二）超滤

超滤主要用于蛋白质、酶、激素、干扰素、疫苗等的分离精制、脱盐和浓缩，还可用于细菌、病毒以及热源的去除。用超滤浓缩酶、蛋白质等大分子物质时，可同时脱除盐、糖、肽和氨基酸等低分子杂质，与传统的减压浓缩、盐析及有机溶剂沉淀等方法相比，可大大提高产品纯度和回收率，降低酶失活和污染。另外，大多数抗生素的相对分子质量都小于1000，而通常超滤膜的截留相对分子质量为10 000～30 000，因此抗生素能透过膜，而蛋白质、多肽、多糖等杂质被截留，使抗生素与大分子杂质得到一定程度的分离，有利于后续的进一步纯化。

超滤膜在酶催化反应或微生物发酵过程中具有重要的应用价值。利用超滤膜制成膜反应器可以实现反应和分离的耦合，在反应同时分离出产物，这样不但可以使反应向有利于目标产物的方向进行，减轻产物抑制和副反应的发生，还可以简化下游操作，使产品的分离纯化变得更容易。典型的发酵过程含有底物、生物催化剂（酵母、细菌、病毒等微生物和酶）、生物转化所需的营养素以及产物等四类物质，通过膜分离将反应产物不断移走，可以使发酵过程在高的生物催化剂浓度下连续进行。

根据酶或微生物的工作状态不同，可将生物催化反应和膜分离耦合构成的膜反应器分为两大类：搅拌槽膜反应器（图 6-10）和固定化膜反应器（图 6-11）。搅拌槽膜反应器有一体式和循环式。一体式膜反应器是利用超滤膜组件把生物催化剂限制在膜上游侧的一定范围内，利用搅拌使溶液均匀并减轻膜面浓差极化与膜污染，催化反应在膜的上游侧进行，得到的小分子产物在一定推动力作用下透过膜而被收集；循环式搅拌槽膜反应器是将普通搅拌槽内的混合物引出并循环流过膜装置，在压力推动下小分子产物被连续分离出来，操作过程中通过调节料液流速达到较高的剪切力，可实现减小膜面边界层厚度、减少浓差极化和膜污染的目的。固定化膜反应器是以膜为固定化载体，利用物理吸附、共价键合、交联、静电力或包埋等方法将酶或微生物固定在膜表面、膜孔内或膜基质内进行催化或发酵反应得到产物。通过固定化可以实现生物催化剂的反复利用，有利于连续化操作和过程控制。

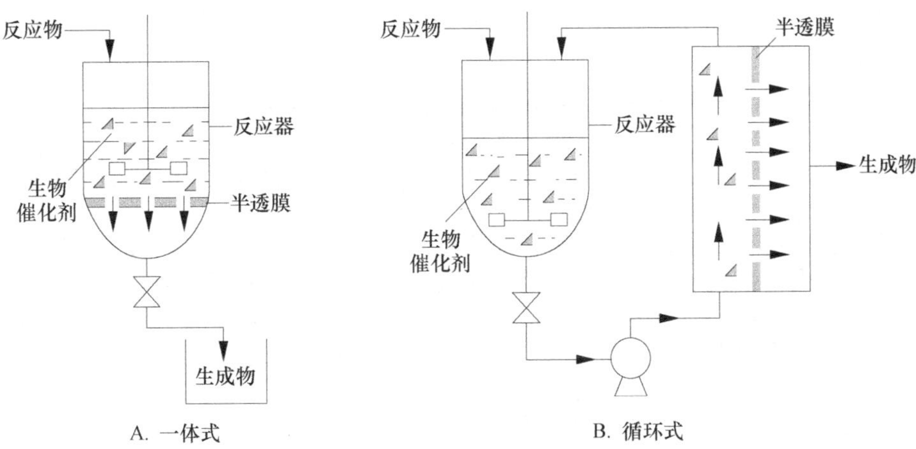

图 6-10　搅拌槽膜反应器

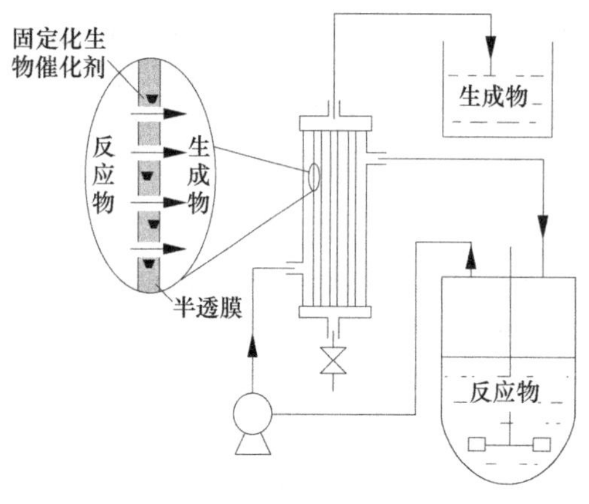

图 6-11 固定化膜反应器

由于超滤膜的孔径范围适合于截留酶分子，因此酶膜反应器较多地利用超滤膜作为截留或固定酶的介质。事实上，除了超滤过程，其他膜过程（如微滤、纳滤、反渗透、渗透蒸发、电渗析、膜接触器等）均可用于与反应相结合而除去特定组分。例如，发酵法生产的低分子质量产品有醇（乙醇、丁醇）、酮（丙酮）、有机酸（乳酸、醋酸、柠檬酸）、氨基酸、维生素及抗生素等，对于前两类产品（醇、酮）的分离可采用渗透蒸发过程，而对于后几种产品，可采用的膜分离过程有超滤、纳滤、电渗析以及膜萃取等。

（三）纳滤

利用超滤膜将发酵液中的蛋白质、多肽、多糖等杂质截留，而抗生素透过超滤膜得到分离，然后利用纳滤膜可对抗生素透过液浓缩到很高倍数，水和小分子无机盐能透过膜，而抗生素被纳滤膜截留浓缩。纳滤膜已成功应用于红霉素、金霉素、万古霉素和青霉素等多种抗生素的浓缩和纯化过程。

（四）反渗透

传统的生物制品和食品生产过程需要消耗大量的热能用于消毒、浓缩和干燥。传统上采用蒸发浓缩法对热敏性生物物质很不利，而且能耗大，利用反渗透和超滤相结合的方法可以取代蒸发法实现浓缩，在较低温度下操作，过程没有相变，可减小总能耗。在果汁、蔬菜汁等的浓缩过程中，为了避免高浓度液体引起的高渗透压、膜污染和浓差极化以及高黏度值，可以将几种膜过程相集成即集成膜过程实现分离浓缩。例如，在打浆和研磨后，首先利用合适的微滤膜或超滤膜从浆液中分离出水溶液（含有低分子质量的矿物质、维生素等），然后利用反渗透对水溶液进行浓缩，将得到的浓缩液和前面的微滤过程出来的浓缩果浆进行一定比例的调配即可。

由上可见，利用微滤、超滤、纳滤和反渗透等压力推动膜过程，不但可实现分离、纯化、浓缩的目的，还可以实现资源合理利用和副产物回收，对于环境保护和降低能耗具有重要作用。

第三节 电推动膜过程——电渗析

以电位差为推动力的膜过程是利用带电离子或分子在电位场和荷电膜作用下进行迁移从而与不带电分子分离的膜过程。荷电膜分为阳离子交换膜和阴离子交换膜，其作用是基于道南排斥机理控制离子的迁移，即阳离子交换膜只允许带正电荷的离子通过，阴离子交换膜只允许带负电荷的离子通过，与膜中固定离子带有同种电荷的离子受到排斥而不能通过膜。电位差与荷电膜可以不同方式组合从而产生几种不同的膜过程，包括电渗析、膜电解、双极性膜和燃料电池，这些过程都是利用荷电膜的选择性屏障作用使离子被荷电膜排斥或通过膜，其中前三个过程需要有电位差作为推动力，而最后一种过程即燃料电池能将化学能转化为电能，其转化方式比常规燃烧法更有效。

一、电渗析的基本原理

电渗析的原理如图 6-12 所示，该过程使用荷电膜从溶液（如氯化钠溶液）中除去离子，在阳极和阴极之间交替地平行放置一系列阳离子交换膜（简称阳膜）和阴离子交换膜（简称阴膜），并依次构成浓缩室和淡化室。当原料液被泵入任意两张膜之间的腔室时，如不施加直流电，则溶液不会发生任何变化，但当施加直流电时，带正电荷的阳离子（Na^+）向阴极迁移，在经过阳膜时受到膜上负电荷基团的异性相吸作用而穿过膜，进入阳膜右侧的浓缩室，浓缩室内的阳离子（Na^+）在电场作用下进一步向阴极迁移时遇到阴膜的排斥作用而被阻挡在浓缩室；同样道理带负电的阴离子（Cl^-）在电场作用下向阳极迁移，在经过阴膜时受到膜上正电荷的基团的相吸作用穿过膜，进入左侧的浓缩室，浓缩室内的阴离子（Cl^-）在电场作用下进一步向阳极迁移时遇到阳膜的排斥作用而被阻挡在浓缩室，这种与离子交换膜所带电荷相反的离子穿过膜的迁移被称为反离子迁移，其结果是盐水中 NaCl 被浓集于浓缩室，而与浓缩室相邻的两侧则为淡化室，浓缩室与淡化室交替排列，分别引出浓溶液和稀溶液。同时，在其阳极和阴极分别进行氧化和还原反应，也就是电极反应，阴极处形成 H_2 和 OH^-，而在阳极处形成 Cl^- 和 O_2，发生的电极反应如下：

阴极：
$$2H_2O + 2e^- \longrightarrow H_2 + 2OH^-$$
阳极：
$$2Cl^- \longrightarrow Cl_2 + 2e^-$$
$$H_2O \longrightarrow \frac{1}{2}O_2 + H_2 + 2e^-$$

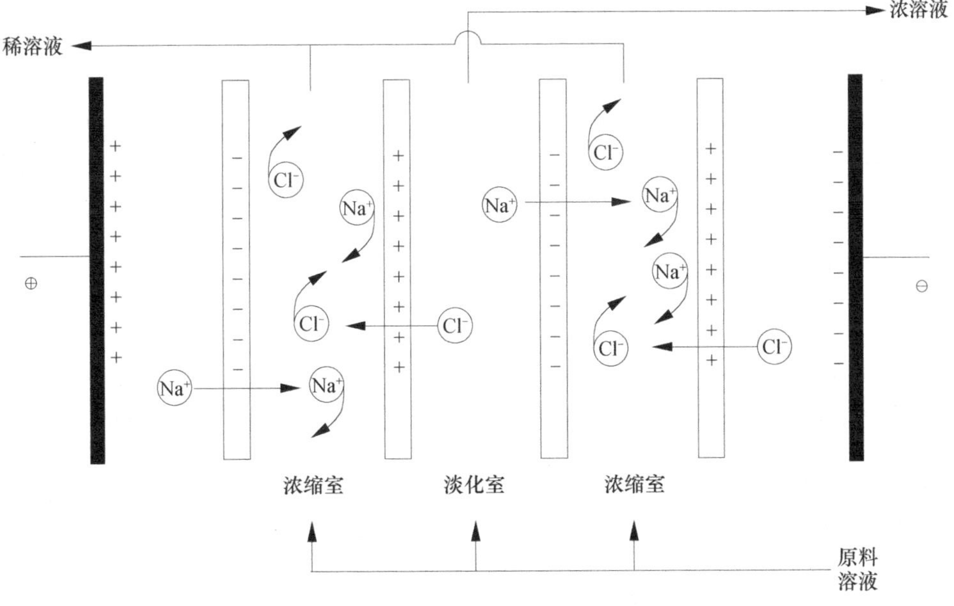

图 6-12　电渗析过程

二、电渗析传递过程及影响因素

（一）电渗析中的传递过程

电渗析过程中阳极和阴极分别进行氧化和还原反应。为了使电渗析过程正负离子定向迁移，需要在两极之间施加一定的电位差（电压），因此电渗析过程的传质推动力是电位差。电极反应达到平衡时的电位称为平衡电极电位。为了使电极反应进行，实际电极电位必须大于平衡电极电位，两者之差称为过电位。过电位与电极的电流密度、电极室中的传递及离子浓度分布等因素有关。电渗析过程中，反离子迁移是起分离作用的主要传递过程，但同时也伴随有其他不利的传递过程，影响着电渗析的过电位、效率和能耗。这些不利传递过程包括：

(1) 电解质的浓差扩散。电渗析器中膜两侧的浓缩室和淡化室存在浓度由高到低的梯度，电解质在此浓度梯度作用下有从浓缩室向淡化室扩散的倾向，而膜上所带电荷往往并不能完全排斥其同性电荷，从而使浓缩室中的阴阳离子在电场作用下分别穿过阳膜和阴膜而进入淡化室，其迁移方向与主流的反离子迁移方向相反，称为同性离子迁移，由此产生的电位差称为膜电位。因此，为了使离子从浓度低的一侧向浓度高的一侧迁移必须施加额外的电位差以克服膜电位。

(2) 水的电渗透。由于离子的水合作用，使反离子迁移和同性离子迁移的同时都会携带一定数量的水分子一起迁移。

(3) 水的电解。当发生浓差极化时，水电离产生的 H^+ 和 OH^- 也可通过膜。

(4) 压差渗漏。当膜两侧产生压差时，溶液将由压力大的一侧向压力小的一侧渗漏。

以上这些过程引起电渗析的过电位增大，效率降低，能耗增大，所以应尽可能减少这些过程的发生，降低电极电流密度，减小不利传递因素。通过提高极水温度和湍流程度等可减小过电位。

（二）影响电渗析过程的因素

1. 电位差、电阻和电流密度

电位差的大小决定了电流强度 I(A) 或电流密度 i(A/cm^2) 的大小，而电流强度决定了离子从淡化室通过膜向浓缩室的传递通量，其关系式为：

$$I = z\mathscr{F}q\Delta c_i/\zeta \tag{6-36}$$

式中，z——为价态；

$\mathscr{F}$——Faraday 常数；

q——流量；

Δc_i——原料与透过物（稀溶液）之间的浓度差；

ζ——电流效率。

电流效率与腔室对的数目有关，该参数表示了总电流中被有效用于离子传递所占的分数。

由式 (6-36) 可见，电流强度正比于离子的迁移量，电流大则离子迁移量大，但是电流强度不能无限大。根据 Ohm 定律，电流强度与电压 E 和电阻 R 的关系为

$$E = IR \tag{6-37}$$

其中，R 值为每个腔室对的电阻 R_{cp} 乘以膜叠堆中所包括腔室对的数目 (N)：

$$R = R_{cp}N \tag{6-38}$$

而每个腔室对的电阻为溶液电阻和膜电阻的总和，溶液电阻包括极室、浓缩室和淡化室中的溶液电阻，其中淡化室占主要部分。因此，腔室对的电阻是以下 4 项之和：

$$R_{cp} = R_{am} + R_{pc} + R_{cm} + R_{fc} \tag{6-39}$$

式中，R_{cp}——腔室对电阻（单位面积）；

R_{am}——阴离子交换膜电阻；

R_{pc}——渗透物腔室电阻；

R_{cm}——阳离子交换膜电阻；

R_{fc}——原料腔室电阻。

另外，电渗析过程中产生的沉淀、结垢和浓差极化将使电阻增加。

由式（6-36）和式（6-37）可见，电流大则淡化室向浓缩室迁移的离子量大，但是也使电极反应所需的电压增大，当电压达到一定程度时不利传递因素增大，从而电阻增加，使脱除单位离子所需的能耗增大。图 6-13 解释了电流与电压的关系，曲线分为 3 个区域，Ⅰ区为欧姆区，电流或电流密度与电位差关系满足欧姆定律，区域Ⅱ电流达到一个稳定值，表明电阻已经增大，这就是极限电流密度 i_m，极限电流密度为传递全部存在离子所需的电流，当电压继续增加到Ⅲ区，已没有离子可用来传递，这就是过极限电流区域，此时水将解离产生离子，并且所有非平衡过程均在此发生。另外，离子浓度增加将使极限电流密度增加，稳值变得不明显。

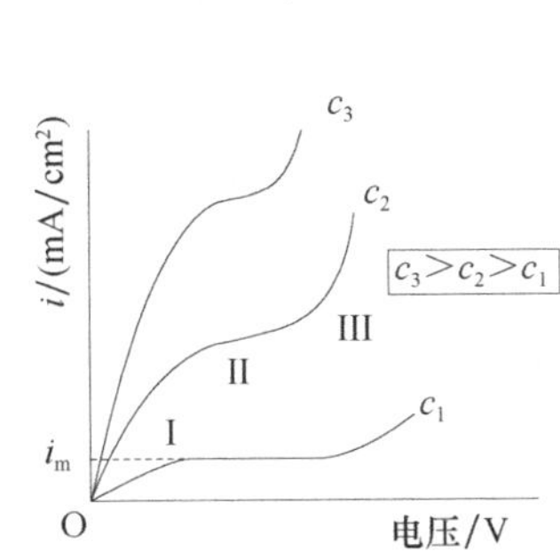

图 6-13　不同离子浓度下离子交换膜的电流密度-电压特性曲线

（引自 Muilder，1999）

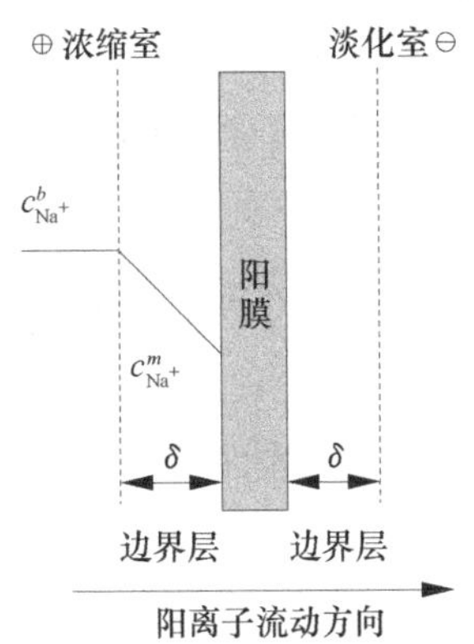

图 6-14　电渗析过程阳膜两侧的浓度分布及离子迁移

（引自 Muilder，1999）

2. 浓差极化

如图 6-14 所示，以阳离子在阳离子交换膜内、边界层和腔室中的传递为例说明极化现象。假设带负电的阳离子交换膜被放置于阳极和阴极之间，体系被浸入 NaCl 溶液，阳膜只允许阳离子通过，在直流电压下，Na^+ 从左向右移向阴极，使得膜左侧淡化室的 Na^+ 浓度减少而右侧浓缩室的浓度逐渐升高。同时，由于 Na^+ 在阳膜内的传递比在溶液中快，因此在膜两侧形成一定的浓度分布。

在电位差作用下阳离子通过膜的传递通量与电流密度 i 的关系为

$$J^{m}=\frac{t^{m}i}{z\mathscr{F}} \tag{6-40}$$

与此类似，阳离子通过边界层的传递通量为

$$J^{bl}=\frac{t^{bl}i}{z\mathscr{F}} \tag{6-41}$$

由于阳离子在浓缩室中的浓度高于淡化室中的浓度而产生浓差扩散，阳离子在边界层中的浓差扩散通量为

$$J^{bl}_{D}=-D\frac{dc}{dx} \tag{6-42}$$

式中，J^m 和 J^{bl}_D——分别为电位差作用下阳离子在膜内和边界层的传递通量，$mol/(cm^2\cdot s)$；

J_D^{bl}——浓差推动作用下阳离子在边界层内的扩散通量，mol/(cm^2 · s)；

i——电流密度，A/cm^2；

z——阳离子价态（对 Na^+，$z=1$）；

$\mathscr{F}$——为 Faraday 常数；

D——阳离子的扩散系数，cm^2/s；

dc/dx——阳离子在边界层中的浓度梯度；

t^m 和 t^{bl}——膜中和边界层中的阳离子迁移数。

离子的迁移数定义为离子在膜内或边界层或腔室内的迁移量与全部离子在相应空间内的迁移量的比值，即

$$t_{Na^+} = \frac{Q_{Na^+}}{(Q_{Na^+} + Q_{Cl^-})} \tag{6-43}$$

式中，Q_{Na^+} 和 Q_{Cl^-}——分别为 Na^+ 和 Cl^- 的迁移电量。

对于阳膜要求 t_{Na^+} 越大（即接近 100%）越好，t_{Na^+} 越大说明反离子迁移数越大，对于阴膜其值越小越好，t_{Na^+} 越小说明正离子迁移数越小。

稳态时，阳离子通过膜的传递等于电位差作用下的通量与浓差扩散通量之和，即

$$J^m = \frac{t^m i}{z\mathscr{F}} = \frac{t^{bl} i}{z\mathscr{F}} - D\frac{dc}{dx} \tag{6-44}$$

假设扩散系数为常数（浓度梯度为线性），并用以下边界条件对式（6-34）积分

$$x = 0 \text{ 时}, \quad c = c_{Na^+}^m$$

$$x = \delta \text{ 时}, \quad c = c_{Na^+}^b$$

则可以得到关于膜表面处阳离子浓度减小的方程和升高的方程

$$c_{Na^+}^m = c_{Na^+}^b - \frac{(t^m - t^{bl})i\delta}{z\mathscr{F}D} \tag{6-45}$$

$$c_{Na^+}^m = c_{Na^+}^b + \frac{(t^m - t^{bl})i\delta}{z\mathscr{F}D} \tag{6-46}$$

电阻主要集中于发生离子浓度降低的边界层中，由于离子浓度降低使得边界层中电阻增大。当浓度很低时，一部分电能会以热量形式被消耗掉（水电解）。由式（6-45）可以得到边界层内的电流密度 i

$$i = \frac{z\mathscr{F}D(c^b - c^m)}{\delta(t^m - t^{bl})} \tag{6-47}$$

如果电位差增大，则电流密度增加，阳离子通量升高，结果阳离子浓度减小，当膜表面阳离子浓度 c^m 趋近零时，则达到极限电流密度

$$i_{lim} = \frac{z\mathscr{F}Dc^b}{\delta(t^m - t^{bl})} \tag{6-48}$$

此时进一步提高推动力（增大电位差）不会使阳离子通量继续增大。从式（6-48）可以看出，极限电流密度取决于主体溶液中阳离子的浓度 c^b 和边界层厚度 δ。为了减小极化效应，必须减小边界层厚度，为此膜构造设计和流体力学状况非常重要。同样，阴离子两侧也有类似浓差极化现象。

浓差极化使溶液电阻、膜电阻以及膜电位增加，使所需电压增加，电耗增大；电压一定时则使电流密度下降，使水的脱盐率或产水率降低。避免和抑制浓差极化的措施包括控制电流密度小于极限电流密度、提高淡化室两侧离子的传递速率、定期消除沉淀、尽量减少水溶液中 Ca^{2+}、Mg^{2+} 的存在以避免产生沉淀、提高温度和增加膜面流速以减小边界层厚度和提高扩散系数等。

三、电渗析膜

电渗析所用的半透膜为离子交换膜。离子交换膜是一种由高分子材料制成的具有离

子交换基团的薄膜，膜的选择透过性由膜的孔隙和离子基团共同决定。首先，在膜的高分子链之间有几到几十纳米的孔隙，构成弯弯曲曲的通道，可以容纳离子的进出和通过，水中的离子在这些通道中迁移运动，由膜的一侧进入另一侧；其次，膜主体的基膜部分由体型或线性的长链高分子组成，在高分子链上连接着一些可以发生解离作用的活性基团，在高分子链上连接酸性活性基团（如—SO_3H）的膜为阳离子交换膜，它对阳离子具有选择透过性，简称阳膜，在高分子链上连接碱性活性基团（如—$N(CH)_3OH$）的膜为阴离子交换膜，对阴离子具有选择透过性，简称阴膜。常用的磺酸性阳膜和季胺型阴膜的结构如下：

磺酸型阳膜：

$$\boxed{R—SO_3^-}—H^+$$

基膜　固定基团　解离离子（或称反离子）

活性基团

季胺型阴膜：

$$\boxed{R—N^+\ (CH_3)}—OH^-$$

基膜　固定基团　解离离子（或称反离子）

活性基团

将膜投入水中后，膜发生吸水溶胀，使活性基团解离，解离所产生的 H^+ 和 OH^- 进入水溶液中，膜上留下带有一定电荷的固定基团（图 6-15），这些基团在膜孔隙中像一个个关卡，鉴别和选择通过的离子，阳膜上带有的负电荷基团允许阳离子通过，而阴离子受到排斥，阴膜允许阴离子通过，而阳离子受到排斥。因此，离子交换膜是起离子选择透过性的作用，而并不是起离子交换的作用，所以更确切地说应称之为“离子选择性透过膜”。

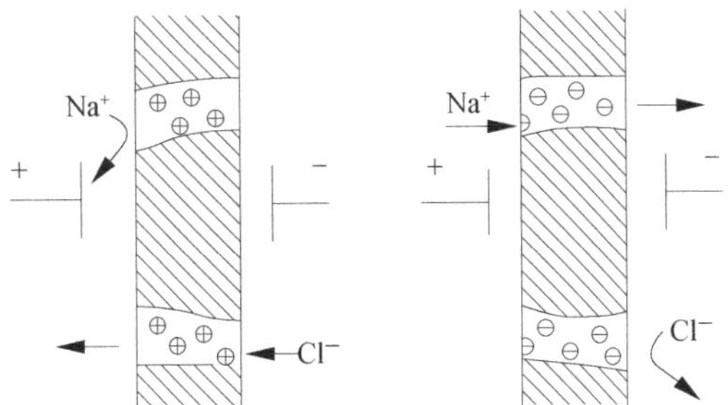

图 6-15　离子交换膜的选择透过性

（引自李旭祥，2004）

离子交换膜的性能决定了电渗析器的性能，实用的离子交换膜应该满足的性能是：①选择透过性高，导电性好，电阻低，具有较高的活性基团密度；②膜的膨胀和收缩性应尽量小而均匀；③有足够的机械强度，同时保证一定的柔软性和弹性，以方便组装、拆洗和延长膜寿命；④有良好的化学稳定性，有耐酸碱及抗氧化能力；⑤可有效抑制正离子迁移以及浓差极化现象；⑥膜表观平整光洁，厚度均匀，无针眼；⑦制作方便简单，成本低廉，价格便宜。上述基本要求往往很难同时满足，仅能根据应用的需要满足主要的性能要求。

离子交换膜的主体组分主要是树脂相，按照主体组分可分为非均相膜和均相膜两大类。均相膜主体组分中各成分以分子状态（至少亚微观状态）均匀分布，不存在相界面，其制膜过程是直接使离子交换树脂薄膜化，可采用溶剂挥发成膜也可单体聚合成膜，并引入荷电基团，有时还需要少量黏结剂；非均相膜是通过黏结剂把粉状树脂制成片状膜，粉状树脂颗粒与黏结剂等其他组分之间存在相界面，黏结剂通常是热塑性高分子聚合物，如聚烯烃及其衍生物，也可以采用天然或合成橡胶。非均相膜的颗粒状树脂与黏结剂仅是机械地结合，使用过程中树脂易脱落。根据制膜过程的需要，一般还要加入增塑剂、着色剂、防老剂、抗氧化剂、脱模剂等。另外，仅以交换树脂为主体组分通常不能制成实用化膜，实用的离子交换膜有一定的强度和尺寸稳定性的要求，这需要一定的增强材料，有网材和衬底材料两种。前者有无机材料（如玻璃纤维布），也有有机材料（如涤纶、锦纶、氨纶、丙纶、维纶等网布材料）；后者衬底材料（如用聚烯烃及其衍生物的薄膜材料），通过溶胀形成一定孔隙度，把交换树脂为主的主体组分引入到薄膜材料的孔隙中，使薄膜与主体组分形成一体。

四、应用

电渗析过程的稀释液和浓缩液均可成为产品。前者主要为咸水淡化制备饮用水，也可用于生物、医药、食品领域的水溶液脱盐和去离子；后者主要是生产盐。在生物分离过程中，根据过程要求可从体系中脱除离子，如从蛋白质溶液脱盐、乳清中脱除矿物质和有机酸等、果汁脱酸和从发酵液中脱除有机酸以及氨基酸的分离等。对于氨基酸混合物的分离，由于氨基酸同时带有碱性和酸性基团，通过调节溶液的 pH，可以使氨基酸带正电或负电。在电渗析过程中，当 pH 为某一氨基酸的等电点时，则其他氨基酸带正或负的电荷，荷正电的氨基酸移向阴极，荷负电的氨基酸移向阳极，而不带电荷的氨基酸不发生迁移，使具有不同等电点的氨基酸得以分离。通过此方法，还可去除不带电氨基酸中的电解质杂质。

第四节 膜接触器——膜萃取

在气液和液液传质分离过程中，如果在其非均相界面引入一个新相（即膜），该膜为非均相提供了接触传质的介质，则这类膜过程通常被称为膜接触器。膜接触器中膜的作用通常不是强化传质过程，而是提供更大的传质比表面积，并且避免非均相混合分散产生液泛和雾末，因此使得这类过程较常规的分散相接触器更具有优越性。从原理上讲，所有基于两相传质的操作过程都可以利用膜接触器操作，如液液萃取、气提和吸收等。根据非均相种类，膜接触器可分为气液膜接触器和液液膜接触器。气液膜接触器包括膜吸收、膜汽提和支撑液膜；液液膜接触器有膜萃取、膜蒸馏、渗透蒸馏、膜乳化、相转化催化和支撑液膜等。

一、膜萃取的基本原理

膜萃取又称固定界面萃取，由膜过程和传统液液萃取过程相结合产生，用多孔或无孔的膜将两液相分隔开，两相界面位于膜表面并接触传质，从而构成膜萃取。与传统的液液萃取过程不同是，膜萃取过程中料液相和溶剂相之间的传质过程是在膜表面进行，由于膜具有不同的亲疏性，有机相和水相在膜表面的接触位置不同。如图 6-16 所示，当有机相和水相间置以疏水性半透膜时，有机相将优先浸润膜，如果水相压力等于或略大于有机相压力，则可以阻止有机相透过膜进入水相，这时膜面的水相侧形成有机相和水相的界面，该相界面是固定的，溶质通过这一固定的相界面从一相传递到另一相，然后扩散进入接收相的主体，完成膜萃取过程；同理，当采用亲水性半透膜时，水相将优先浸润膜，这时膜面的有机相侧形成有机相和水相的界面；若采用一侧亲水、另一侧疏水的复合膜，则液液界面位于亲水/疏水复合膜的界面处。

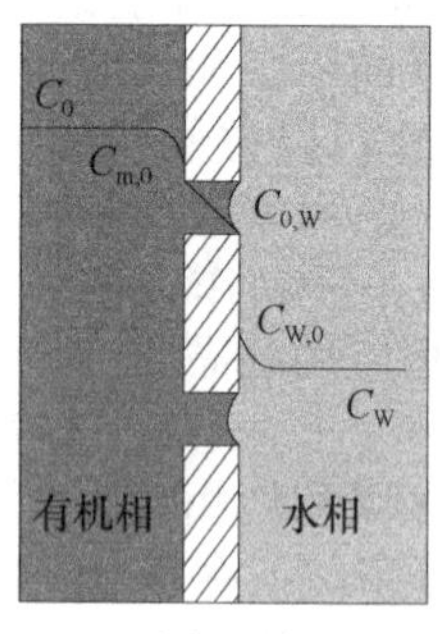

A. 疏水膜萃取

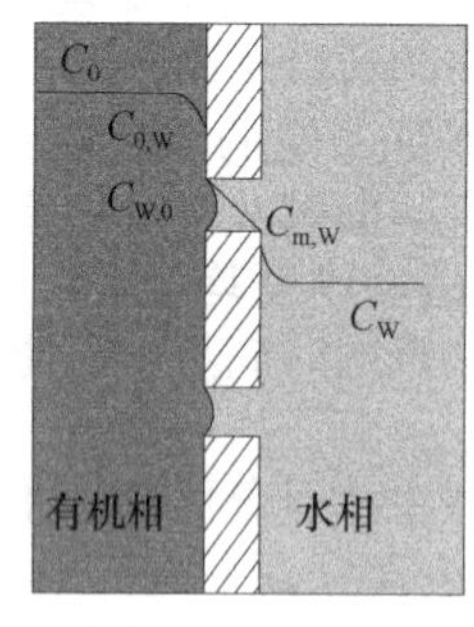

B. 亲水膜萃取

图 6-16 膜萃取过程
（引自 Drioli，2006）

二、膜萃取的传质过程

基于双膜理论，可以建立包括膜阻在内的膜萃取传质模型。图 6-16 分别表示了以疏水膜和亲水膜为固定界面的膜萃取过程中溶质由水相向有机相传质的浓度分布。假设膜的微孔被有机相（或水相）完全浸满，把微孔膜视为由一定弯曲度、等直径的均匀孔道构成，并且忽略微孔端面液膜的曲率对传质的影响，则组分从一相迁移到另一相的传质阻力由三部分组成：有机相边界层阻力、水相边界层阻力和膜阻力。如图 6-16A 所示，对于疏水膜，在稳态时，组分通过有机相边界层的通量等于其通过膜的通量以及通过水相边界层的通量，可表示为

$$J = k_0(C_0 - C_{m,0}) = k_m(C_{m,0} - C_{0,W}) = k_W(C_{W,0} - C_W) \tag{6-49}$$

式中，k_0——组分在有机相中的传质系数；

k_m——组分在疏水膜中的传质系数；

k_W——组分在水相中的传质系数；

C_0——组分在有机相主体中的浓度；

$C_{m,0}$——组分在有机相-膜界面处的浓度；

$C_{0,W}$——组分在有机相-水相界面处的有机相侧的浓度；

$C_{W,0}$——组分在水相-有机相界面处的水相侧的浓度；

C_W——组分在水相主体中的浓度。

当两液相接触时，溶质从一相扩散到另一相直至达到溶解平衡，溶质在两液相界面处的浓度与其分配系数有关：

$$C_1 = mC_2 \tag{6-50}$$

式中，C_1——溶质在界面处液相 1 中的浓度；

C_2——溶质在界面处液相 2 中的浓度；

m——溶质在液液两相中的分配系数。

组分在液液相界面的浓度 $C_{0,W}$、$C_{W,0}$可用下式计算：

$$C_{0,W} = mC_{W,0} \tag{6-51}$$

组分通过两液相和膜的通量也可以用总传质系数表示为

$$J = K_0(C_0 - C_0^*) = K_W(C_W^* - C_W) \tag{6-52}$$

式中，K_0——以组分在有机相中的浓度为传质推动力的总传质系数；

K_W——以组分在水相中的浓度为传质推动力的总传质系数；

C_0^*——两液相平衡时溶质在水相中的浓度；

C_W^*——两液相平衡时溶质在有机相中的浓度。

根据方程（6-50），得

$$C_0^* = mC_W \tag{6-53}$$

$$C_W^* = \frac{C_0}{m} \tag{6-54}$$

基于传质过程的阻力叠加法则，结合方程（6-49）和（6-52）以及上述相平衡关系式，可得到总传质系数表达式如下：

$$\frac{1}{K_W} = \frac{1}{k_W} + \frac{1}{mk_m} + \frac{1}{mk_0} \tag{6-55}$$

$$\frac{1}{K_0} = \frac{m}{k_W} + \frac{1}{k_m} + \frac{1}{k_0} \tag{6-56}$$

式（6-55）和式（6-56）表明总传质阻力是由液膜阻力和膜阻力构成，并适用于组分由水相向有机相的传递。

由于疏水膜孔中充满了有机相，膜阻大小取决于组分通过膜孔中有机相的扩散，因

此膜阻力可由下式计算：

$$k_m = \frac{D_0 \varepsilon}{\tau \delta} \tag{6-57}$$

式中，D_0——组分在有机相中的扩散系数；

ε——微孔膜的孔隙率；

τ——膜孔弯曲因子；

δ——膜厚度。

对于如图 6-16B 所示的亲水膜情况，在稳态时组分通过有机相边界层的通量等于其通过膜的通量以及通过水相边界层的通量，可表示为

$$J = k_0(C_0 - C_{0,W}) = k_m(C_{W,0} - C_{m,W}) = k_W(C_{m,W} - C_W) \tag{6-58}$$

式中，$C_{m,W}$——组分在水相-膜界面处的浓度。结合液液相平衡关系式，总传质系数与分传质系数的关系式为

$$\frac{1}{K_W} = \frac{1}{k_W} + \frac{1}{k_m} + \frac{1}{mk_0} \tag{6-59}$$

$$\frac{1}{K_0} = \frac{m}{k_W} + \frac{m}{k_m} + \frac{1}{k_0} \tag{6-60}$$

根据式（6-57），对于亲水膜，膜阻的计算公式如下

$$k_m = \frac{D_W \varepsilon}{\tau \delta} \tag{6-61}$$

式中，D_W——组分在水相中的扩散系数。

传质系数也可以由实验测定得出，对于水/有机相体系，依据下式可测出总传质系数：

$$Q_W(C_{W,in} - C_{W,out}) = K_W A \Delta C \tag{6-62}$$

式中，Q_W——水的体积流量；

$C_{W,in}$——组分在膜组件入口处水相中的浓度；

$C_{W,out}$——组分在膜组件出口处水相中的浓度；

K_W——以组分在水相中的浓度为传质推动力的总传质系数；

ΔC——对数平均传质推动力。

对数传质平均推动力可由下式计算：

$$\Delta C = \frac{(C^*_{W,in} - C_{W,in}) - (C^*_{W,out} - C_{W,out})}{\ln \dfrac{(C^*_{W,in} - C_{W,in})}{(C^*_{W,out} - C_{W,out})}} \tag{6-63}$$

式中，$C^*_{W,in}$——水/有机相平衡时组分在膜组件入口处水相中的浓度；

$C^*_{W,out}$——水/有机相平衡时组分在膜组件出口处水相中的浓度。

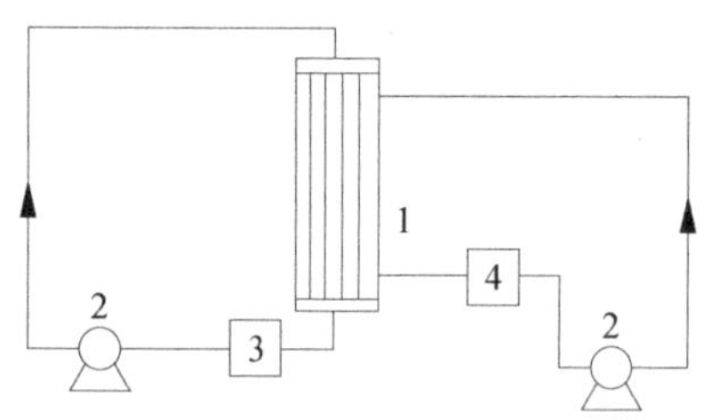

图 6-17 膜萃取实验装置
1. 中空纤维膜器；2. 循环泵；
3. 水相料罐；4. 有机相料罐

实验测试中，已知式（6-62）中的其他各项值，就可以计算出总传质系数 K_W（图 6-17），根据式（6-55）、式（6-56）、式（6-59）和式（6-60），已知总传质系数，可以通过实验确定各个分传质系数。

三、膜萃取过程影响因素

影响膜萃取过程的因素大致有两相流体的性质、膜的性能以及流体与膜之间的相互作用等，主要包括两相流量、体系界面张力、相平衡分配系数、膜材料浸润性能、穿透压、膜两侧操作压差以及膜组件的结构等。

1. 两相流量

两相流量对总传质系数的影响，主要取决于分离体系传质过程中水相边界层阻力或有机相边界层阻力在总传质阻力中所占比例。在有些体系中，传质系数以有机相边界层阻力为主，这时通过增大有机相流量可以有效地减小有机相边界层厚度，提高总传质系数，而增大水相流量对总传质系数的影响不大；有些体系则与此相反，即传质系数以水相边界层阻力为主，这时增大有机相流量对总传质系数的影响不大，而通过增大水相流量可以有效减小水相边界层厚度，使总传质系数提高；对于水相边界层阻力、膜阻力及有机相边界层阻力在总传质阻力中所占比例相当的体系，两相流量的变化对总传质系数都产生影响。

2. 体系界面张力

传统的液液萃取过程，一相以液滴形式分散于另一相，分散程度影响两相的传质效果，分散程度取决于两相之间的界面张力，界面张力小，则分散程度好，传质系数大，否则界面张力大，液滴易于聚集，分散程度和传质系数低。因此，体系界面张力是传统液液萃取过程的重要参数，但在膜萃取中两相各自在膜两侧流动，不存在液滴分散和聚结现象，体系界面张力对总传质系数影响不大。同理，影响两相分散程度的流体其他性质（如密度、黏度等）对膜萃取的传质系数没有直接影响，因此在选择萃取剂时可以放宽对物性的要求，增加萃取剂的选择范围。

3. 相平衡分配系数与膜材料浸润性能

膜材料的浸润性能对膜萃取传质系数的影响与溶质两液相平衡分配系数有关，当选择有机相做萃取剂时，溶质在有机溶剂中的分配系数较大，则选择对有机溶剂具有较大浸润性的疏水膜较好，可以有效地减少膜阻力，使得过程总传质系数增大。同理，当选择水相做萃取剂时，溶质在水相中的分配系数较大，则选择亲水膜较好，可以减少膜阻力，增大传质系数。当溶质在水相和有机相中的分配程度相当，即分配系数接近 1 时，膜萃取过程中膜阻在总传质阻力中占有较大比例，而且随着两相流速的增大，两相的边界层阻力减小，使得膜阻力成为影响传质过程的主要因素，这时需要通过调节膜材料和结构性能来尽量减小膜阻力。

4. 穿透压和两相压差

膜萃取实验研究表明，两相之间保持一定的压差条件，可以避免两相之间渗透和夹带，要求不浸润膜的一相的压强高于对膜有浸润性的一相的压强，而且两相之间的压差存在临界值 Δp_{cr}，若压差超过临界值，则未浸润膜的一相会穿透进入膜孔到达另一相，这个压差的临界值称为穿透压。穿透压一般与体系界面张力 γ、膜微孔半径 r_P 和相接触角 θ_c 有直接关系。假设膜孔道为平行的均匀圆柱孔道，则微孔膜的穿透压可以表示为

$$\Delta p_{cr} = \frac{2\gamma\cos\theta_c}{r_P} \tag{6-64}$$

两相压差的作用仅在于防止两相间的渗透，对传质系数没有直接影响，这是因为膜萃取过程的传质推动力主要是化学势，而不是两相压差。

四、应用

与生物分离过程有关的膜萃取应用研究主要集中于膜发酵-膜萃取耦合过程、膜萃

取生物降解反应和酶膜反应器等。

第五节　其他膜分离过程

一、浓差推动膜过程——渗透蒸发

渗透蒸发（PV）是利用液体混合物在膜内的溶解扩散程度不同而进行分离的，液体混合物与膜的一侧接触，其中与膜具有较大亲和性的组分被膜优先选择吸附溶解，在浓度梯度的推动作用下扩散通过膜，由于膜下游侧的透过组分蒸汽分压较低使透过组分被汽化，从而达到分离的目的。如图 6-18 所示，在膜的上游侧连续地输入经过加热的液体，而在膜的下游侧使组分不断变作蒸汽，并将此蒸汽冷凝成液体而分离出去，根据溶解扩散机理，其分离过程分为 3 步：①被分离混合物在膜表面上有选择性地被吸附和溶解；②扩散渗透通过膜；③在膜下游侧汽化脱附到蒸汽相。

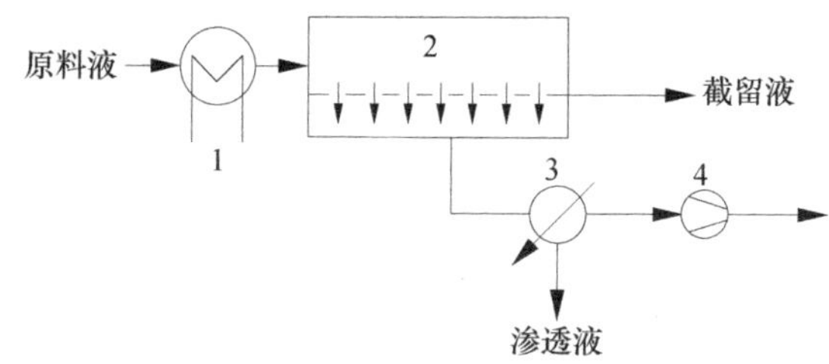

图 6-18　渗透汽化原理
1. 换热器；2. 膜分离器；3. 冷凝器；4. 真空泵

渗透蒸发具有选择分离系数高、操作简单和过程易于实现（不需高压和很高的温度）的优点，但是与其他膜分离过程相比，该过程存在相变，需消耗汽化潜热，所以能耗较高；渗透蒸发膜为选择性致密膜，传质为扩散形式，通量比其他膜分离过程低，所以该方法的适用场合主要是高选择性分离场合和以常规分离手段无法解决或虽能解决但能耗太大的情况，如对共沸物或沸点相近组分或同分异构体组分或对热敏感的组分的分离。渗透蒸发的应用主要有 3 种：①有机溶剂脱水；②脱除水中的少量有机溶剂；③有机-有机混合物的分离，其中有机溶剂脱水的发展较为成熟，国内外已有较多应用。

二、温差推动膜过程——膜蒸馏

膜蒸馏（MD）最早是应咸水淡化的要求而提出，于 20 世纪 80 年代开始发展起来，目前尚未工业化应用。其基本原理如图 6-19 所示，当疏水微孔膜的上游侧是热的盐水溶液（40～50℃），下游侧是较冷的淡水时，膜的疏水性使两侧的水溶液均不能透过膜孔进入另一侧，但是膜两侧的温度梯度导致膜两侧存在蒸汽压差，水蒸气就会从温度较高的原料侧透过膜孔而进入温度较低的下游侧冷凝。膜蒸馏过程的选择性主要依赖于组分挥发度的差异，对于盐溶液的分离，水为易挥发组分，因此从下游侧得到淡水；假如是乙醇/水混合物的分离，当乙醇浓度较低时膜不被润湿，乙醇比水更易于挥发，因此乙醇的传递速率比水快，从下游侧得到乙醇。由此可知，膜蒸馏过程的推动力

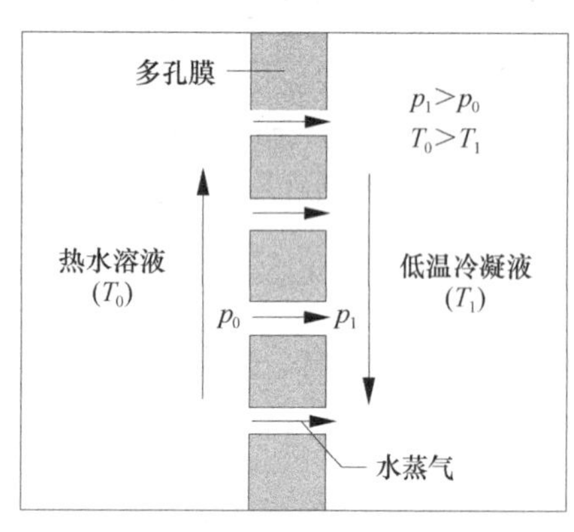

图 6-19　膜蒸馏原理图

是温度差，其原理是利用组分挥发性的不同而将易挥发组分分离出来的过程，类似于常规蒸馏中的蒸发、传质、冷凝过程，可以认为是蒸馏过程与膜的结合，即利用多孔膜实现蒸馏。由于膜蒸馏过程的选择性取决于气液平衡，膜在其中不直接参与分离作用，而是起着两个不润湿液体之间的选择性屏障，因此膜蒸馏过程也可看作是属于膜接触器类型。

膜蒸馏与常规蒸馏相比，其所具有的优点包括：①膜蒸馏过程料液与馏出液被一张薄膜隔开，蒸发传质距离大大缩短，所以蒸馏效率高，设备体积小，馏出液更为纯净；②蒸馏过程的效率与膜面积相关，通过增加膜面积可以方便地增加处理规模和效率，因此操作灵活，易于放大；③无需把溶液加热到沸点，只要膜两侧维持适当的温差就可进行，因此可以利用低热清洁能源（如太阳能、地热、温泉、工厂的余热以及温热的工业废水等）廉价能源；④常压进行，设备简单，操作方便；⑤可以处理浓度极高的水溶液，如果溶质是易结晶物质，可以把溶液浓缩到过饱和状态而产生膜蒸馏结晶现象，能从溶液中得到结晶产物。但是膜蒸馏过程有相变，需消耗汽化潜热，利用廉价能源才有实用意义；与其他膜过程相比膜蒸馏通量相对较低，这与膜的疏水性较高（高分离性的要求）或温差推动力较小（节能）有关，因此影响了其工业化应用。由于膜蒸馏过程操作温度较低，热侧溶液一般在 40～50℃操作，甚至低于 40℃，因此膜蒸馏技术的重要应用是食品、药物和生化产品以及其他热敏性物质溶液的浓缩以及结晶。

第六节　膜分离过程装置

为了将膜用于工业过程，需将分离膜安装于器件内使用，这种器件称为膜组件。膜组件是将膜以某种形式组装在一个基本单元设备内并在一定推动力作用下完成组分分离的装置。膜组件的设计需满足的基本要求包括：良好的机械稳定性、化学稳定性和热稳定性；单位体积内装填膜面积大；具有较好的抑制浓差极化和膜污染的性能；膜易于清洗和更换；压力损失小；生产成本低和允许能耗低等。

工业上常用膜组件类型主要有滤筒式、板框式、圆管式、螺旋卷式、中空纤维式和毛细管式，这几种组件在构型、操作方式、制造成本以及料液流过组件所需的泵能耗等方面都有很大差别，其适用场合也不同。在选择组件时，还要考虑组件在控制浓差极化和膜污染方面的性能，对于管式、板框式和毛细管式膜组件，通过调节流量可以有效控制组件内的浓差极化和膜污染。对于同种膜组件，不同商家对产品的结构细节有不同改进。下面针对各种膜组件的基本结构及其操作特点进行介绍。

一、滤筒式膜组件

滤筒式膜组件多用于处理较大液体量的微滤过程，其特点是单位体积的膜面积较大，因而过滤效率高。如图 6-20 是这种组件的滤芯结构示意图，它是将平板膜按一定尺寸和规格折叠起来，装入耐压圆筒中制成。筒内可放入一张膜，也可放入多张膜，膜之间用衬材间隔起来，在一定压力下，料液进入滤筒内，透过液从中心圆管收集。采用多张膜可增加膜装填密度，提高过滤效率和质量，降低制造成本。这种组件适用于较低的操作压力，一般为 0.1～0.2MPa。其使用为一次性，一旦膜孔被堵即被废弃掉。膜的使用寿命一般为几天到几个月，时间长短主要取决于料液组成和浓度。该类组件可用于水、果汁、酒等饮料以及制药领域溶液的消毒过滤。

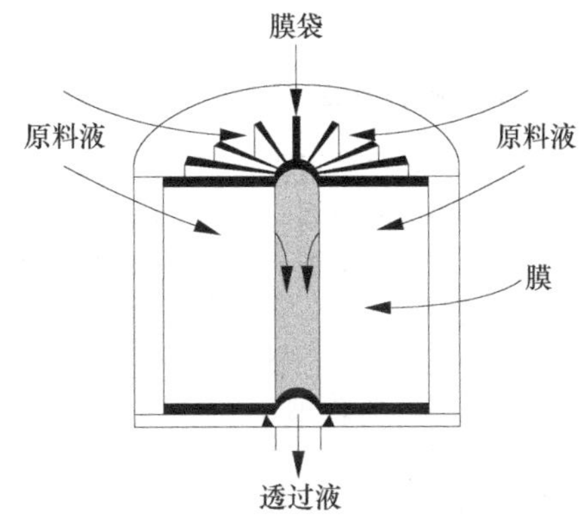

图 6-20　滤筒式膜组件

二、板框式膜组件

该组件可用于超滤、反渗透、电渗析以及气体分离等各种膜分离过程，尤其广泛应用于超滤过程。其设计类似于传统的板框式压滤机，膜、多孔支撑板和隔网被交替重叠压紧，然后两端被挡板固定并装填于容器中。如图 6-21A 所示为一种典型的板框式膜组件，隔板表面上有多个沟槽，可用作原液和透过液的流动通道，在压力下料液经过膜表面，沿沟槽流动，部分溶液透过膜并经支撑板上的小孔流向其边缘上的导流管排出。图 6-21B 为另一种形式的板框式膜组件，料液从下部进入，由导流板流过膜面，在压力作用下透过液透过膜并经过支撑板的内腔侧口流出，浓缩液沿导流板流道和孔道一层层上流，最后从膜组件的上部流出。

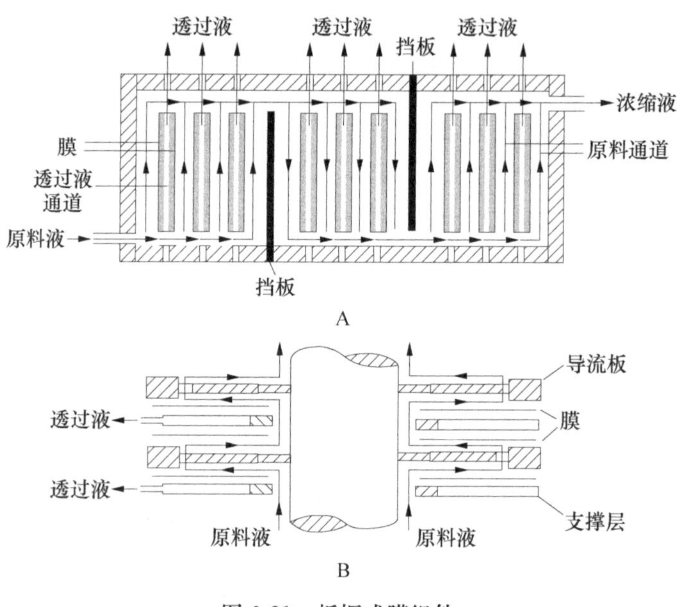

图 6-21　板框式膜组件

板框式膜组件的优点是制造组装较为简单，膜易于维护、清洗和更换，料液流通截面较大，不易堵塞，同一设备可视生产需要组装不同数量的膜；缺点是制造成本较高，当膜面积增大时，对膜的机械强度要求较高。该膜组件的操作方式为间歇式，主要用于制药、生物制品和精细化工中的小规模分离纯化过程。

三、螺旋卷式膜组件

螺旋卷式膜组件与板框式膜组件类似，也采用平板膜，如图 6-22 所示，两张膜之间垫上透过侧隔网，三个边被胶封起来密封成信封状膜袋，袋口与集水管相接，然后衬上起导流作用和湍流促进作用的料液隔网，两者一起在中心管外卷成筒，装入耐压圆管中即构成膜组件。在操作压力下料液沿膜面上的隔网流动，液体透过膜并沿膜袋内的透过侧隔网流向中心管，然后由中心管导出。螺旋卷式膜组件长度大约为 1m，直径为 10～60cm，其装填密度较大，一个组件的膜面积大约为 3～60m^2，因此组件的制造成本相对较低，但是由于料液流道较窄，因此容易被堵塞，且不易清洗，抗污染能力较差，料液需要预处理，膜有损坏不能更换。该组件主要用于反渗透，也有用于超滤。

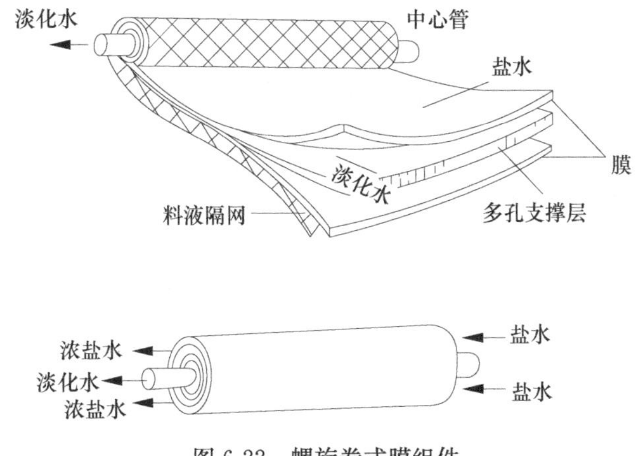

图 6-22　螺旋卷式膜组件

四、管式膜组件

如图 6-23A 所示，在多孔不锈钢支撑管、多孔陶瓷支撑管或玻璃纤维增强塑料支撑管上浇铸膜材料制成管式膜，或者像图 6-23B 所示，将膜直接制成管式，然后装填在管式容器内。对内压式膜组件，膜被浇铸在支撑管的内侧，在压力下料液从管内流过，透过膜的渗透液在管外被收集；对于外压式膜组件，膜被浇铸在支撑管的外侧，料液从管外侧流过，渗透液由管外侧渗透通过膜进入多孔支撑管内。无论是内压式还是外压式，都可以根据需要设计成串联或并联装置，每个组件中的膜管数目一般为几到几十根。管式膜装置的优点是对料液的预处理要求不高，可用于处理高浓度和高黏度的悬浮液。料液流速可以在很宽的范围内进行调节，这有利于控制浓差极化和膜污染。管式膜组件可以方便地用海绵球擦洗法来清洗，而不需要将组件或装置拆开。该组件以无机膜材料为主，在生物分离过程中可对膜进行高温消毒、灭菌和清洗。但是该组件单位体积装填密度较低，使其投资和操作费用较高，因此该膜组件主要用于处理易造成膜污染的高浓度和高黏度的料液，在食品、制药、废水处理等领域多用于料液的超滤处理。

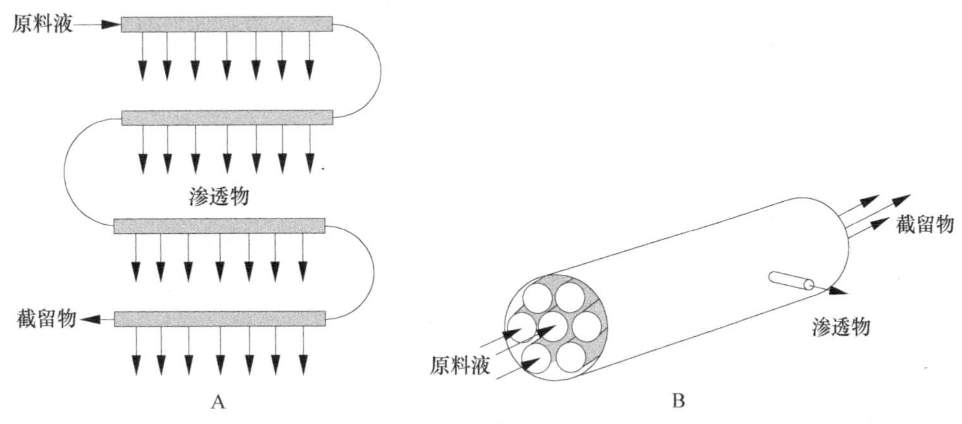

图 6-23　管式膜组件

五、毛细管式膜组件

如图 6-24 所示，毛细管膜组件内装填有大量的内径在 0.2～3mm 的毛细管膜，膜在组件管内平行排列成束，两端用环氧树脂等胶黏剂固定在组件管两端，类似列管式换热器。毛细管膜是自支撑式不对称膜，由湿法纺丝制备的毛细管膜其选择性皮层一般多见于中空腔内侧，如图 6-25 所示为内皮层毛细管超滤膜电镜照片，也有皮层在外侧的毛细管膜。如图 6-24 所示，根据不对称毛细管膜的皮层是在内侧还是在外侧，组件分为内压式和外压式。对于内压式组件，料液流经毛细管的中空腔，透过液渗透通过毛细管膜壁到达膜外，被收集于组件管壳内；对于外压式，料液流经毛细管外侧管壳内，而渗透物通过毛细管膜壁进入中空腔被引出。

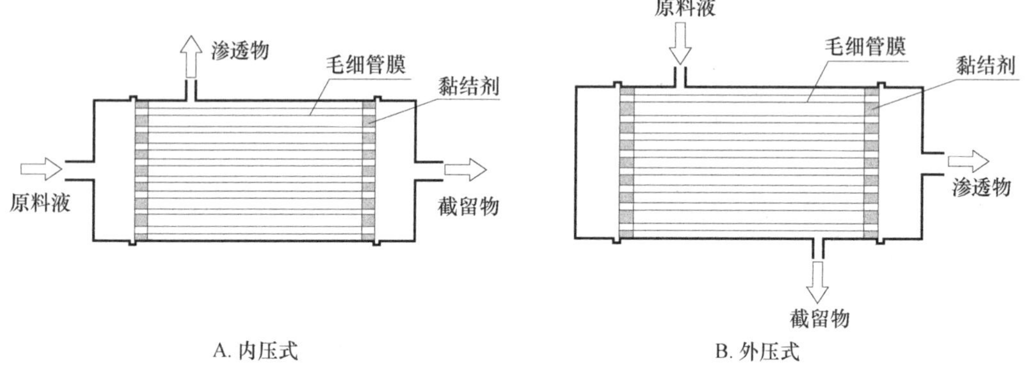

图 6-24 毛细管式膜组件

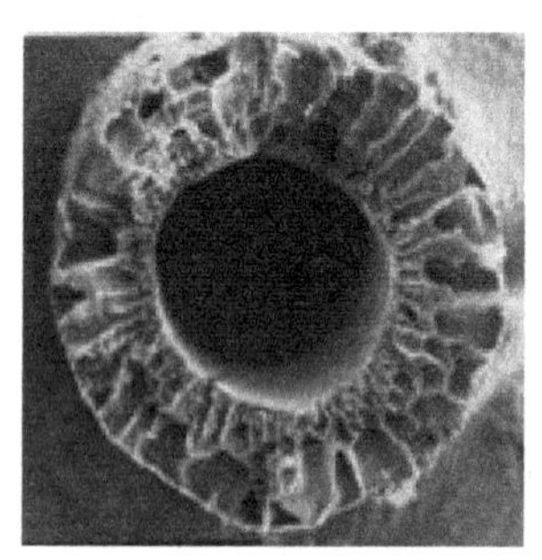

图 6-25 皮层在中空腔内侧的毛细管膜扫描电镜照片

毛细管膜组件的单位体积装填面积较大，因此制作成本较低，通过调节合适的料液流量并利用透过液反冲洗可以有效控制浓差极化和膜污染；其主要缺点是由于膜本身没有支撑材料，所以操作压力较低，为了维持稳定的膜性能，压力一般不超过 0.4～0.6MPa，因此主要用于压力不高的透析、微滤和超滤过程，其中一个重要应用是血液透析。

六、中空纤维式膜组件

中空纤维式膜组件与毛细管式膜组件类似，但是膜的外径更细些，一般为 50～100μm，纤维多为皮层在外侧的不对称结构。一个组件内一般装填数千根纤维，是目前装填密度最大的组件类型，因此其制造成本很低。由于纤维直径很细，而且组件多以外压式操作，因此它们比毛细管和管式膜组件更为耐压，可以承受高达 10MPa 的高压；其缺点是对于如此细的纤维极易受到颗粒、大分子物质的污染堵塞，因此在实际应用中，料液必须经过严格的预处理，以除去所有的微粒甚至大分子物质。这种膜组件多用于反渗透和气体分离，这两种过程都需要较高压力和较低成本的膜组件，也都有较严格的预处理过程。

思考题

1. 膜分离过程的基本定义是什么？分离膜有哪些不同的形态结构？
2. 原料经过膜分离过程处理后得到的截留物和透过物均可为目的产物，请针对下面 3 种情况举例说明几种膜过程的名称及其用途。①以截留物为目的产物；②以透过物为目的产物；③截留物和透过物均作为目的产物。
3. 请简述膜分离过程的优点和局限性。
4. 根据推动力类型的不同，膜过程可分为几类？这些膜过程的传递通量与推动力的关系可分别用什么定律描述？

5. 对实用分离膜的性能有哪些要求？
6. 不同压力驱动膜过程适用的分离对象是什么？其膜性能有什么不同？
7. 压力推动膜过程中，浓差极化和膜污染造成什么后果？抑制和防止浓差极化和膜污染的常用方法有哪些？
8. 利用超滤处理蛋白质溶液时，通常选择亲水性膜材料，其机理是什么？
9. 电渗析的基本原理是什么？电渗析膜的结构特点有哪些？
10. 什么是膜接触器？膜在其中的作用是什么？
11. 膜萃取过程的传质推动力是什么？为何膜两侧要保持一定的压差？什么是穿透压力？
12. 常用的工业膜组件类型有哪些？其适用的膜过程分别有哪些？

第七章　吸附与离子交换

第一节　概　　述

在化工生产中，吸附专指用固体吸附剂处理流体混合物，将其中所含的一种或几种组分吸附在固体表面上，从而使混合物组分分离，是一种属于传质分离过程的单元操作。吸附分离广泛应用于化工、石油、食品、轻工和环境保护等部门。

一、吸附过程

吸附是指溶质从液相或气相转移到固相的现象。固相物质称为吸附剂，被吸附的液相或气相物质称为吸附质。利用固体吸附的原理从液体或气体中除去有害成分或提取回收有用目标产物的过程称为吸附操作。吸附剂一般有多孔和非多孔两类，多孔吸附剂具有很大的比表面积，所以多孔性吸附剂的应用更为广泛。

（一）吸附类型

根据吸附质与吸收剂表面分子间结合力的不同，主要可分为三类：物理吸附、化学吸附和离子交换吸附。

1. 物理吸附

由吸附质与吸附剂之间的分子间引力即范德华力所引起。吸附质在吸附剂上吸附与否或吸附量的多少主要取决于吸附质与吸附剂极性的相似性和溶剂的极性。通常结合力较弱，吸附热较小，一般为（2.09～4.18）$\times 10^4$J/mol，吸附质分子的状态变化不大，容易脱附。物理吸附一般发生在吸附剂的整个自由表面，被吸附的溶质（即吸附质）可通过改变温度、pH 和盐浓度等物理条件脱附。

2. 化学吸附

化学吸附是由吸附质与吸附剂间的化学键所引起，是吸附剂表面活性点与溶质之间发生化学结合、产生电子转移的现象。化学吸附与吸附剂的表面化学性质和吸附质的化学性质有关，吸附热通常较大，一般为（4.18～41.8）$\times 10^4$J/mol，高于物理吸附。故一般可通过测定吸附热来判断一个吸附过程是物理吸附还是化学吸附。化学吸附犹如化学反应，一般是单分子层吸附，吸附稳定，不易脱附，故要洗脱化学吸附质一般需先破坏化学键。破坏化学键的化学试剂称为洗脱剂。这两种吸附的主要区别见表 7-1。

3. 离子交换吸附

离子交换吸附简称离子交换，是利用离子交换树脂作为吸附剂，将溶液中的待分离组分，依据其电荷差异，依靠库仑力吸附在树脂上，然后利用合适的洗脱剂将吸附质从树脂上洗脱下来，从而达到分离的目的。所用吸附剂为离子交换剂。离子交换剂表面含有离子基团或可离子化基团，通过静电引力吸附带有相反电荷的离子，吸附过程中发生

表 7-1　物理吸附与化学吸附特征的比较

性　质	物理吸附	化学吸附
作用力	范德华力	化学键力
吸附热	较小（一般不到蒸发潜热的 2～3 倍）	较大（大于蒸发潜热 2～3 倍，与化学反应热相当）
可逆性	快速、非活化、可逆	缓慢、活化、不可逆
吸附层厚度	单分子或多分子层	单分子层
选择性	非选择性	高度选择性
吸附速度	较快，需要的活化能很小	慢，需要一定的活化能
电子转移	无电子转移，尽管有时被吸附分子会极化	电子发生转移，导致被吸附分子与吸附剂表面成键

电荷转移。离子的电荷是离子交换吸附的决定因素，离子所带电荷越多，它在吸附剂表面的相反电荷点上的吸附力就越强，电荷相同的离子，其水化半径越小，越容易被吸附。离子交换的吸附质可通过调节 pH 或提高离子强度的方法洗脱。离子交换反应是可逆的，而且等摩尔数地进行，具有一定的选择性。

（二）吸附过程

吸附过程通常包括待分离料液与吸附剂混合、吸附质被吸附到吸附剂表面、料液流出、吸附质解吸回收等四个过程。化工生产中的吸附是一种传质分离过程，利用吸附将混合物分离，属于物理吸附。当液体或气体混合物与吸附剂长时间充分接触后，系统达到平衡，吸附质的平衡吸附量（单位质量吸附剂在达到吸附平衡时所吸附的吸附质量），首先取决于吸附剂的化学组成和物理结构，同时与系统的温度和压力以及该组分和其他组分的浓度或分压有关。通过改变温度、压力、浓度及利用吸附剂的选择性可将混合物中的组分分离。工业上主要用于气体和液体的深度干燥；食品、药品、有机石油产品的脱色、脱臭；有机异构物的分离；从废水或废气中除去有害的物质等。

二、吸附与离子交换的特点

在人类生活中，吸附分离技术很早就有所使用，从马王堆出土的二千年前西汉墓中残存有木炭就足以说明。吸附在一般生产上用于除臭、脱色、吸湿、防潮等方面；在微生物工程中用于分离精制各种产品（如蛋白质、核酸、酶、抗生素、氨基酸等）；在发酵行业中，空气的净化和除菌也离不开吸附过程；除此以外，在生化产品的生产中常用各种吸附剂进行脱色、去热原、去组胺等杂质。

吸附法一般有着操作简便、安全、设备简单；可不用或少用有机试剂；生产过程中 pH 变化小；适用于稳定性较差的生物产物等优点。其缺点是选择性差，得率不太高，特别是无机吸附剂性能不稳定、不能连续操作、劳动强度大等。但随着凝胶类吸附剂、大网格聚合物吸附剂的发展和应用，吸附法又重新为生化工程领域所重视并获得应用。

离子交换长期以来应用于水的处理和金属的回收。离子交换主要基于一种合成材料作为吸着剂，称为离子交换剂，以吸附有价值的离子。在生物工业中，经典的离子交换剂，即离子交换树脂，广泛应用于提取抗生素、氨基酸、有机酸等小分子，特别是用于抗生素的分离。

离子交换法因其具有成本低、设备简单、操作方便、容易实现自动化控制以及高效率等优点而广泛在生物物质的分离纯化、脱盐、浓缩、转化、中和、脱色等工艺操作中应用。但是，离子交换法也有其缺点。例如，生产周期长、成品质量有时较差，在生产过程中，pH 变化较大，故不适用于稳定性较差的抗生素，以及不一定能找到合适的树脂等。

第二节　吸附分离介质

一、吸附剂

作为吸附剂，通常应具备对被分离的物质具有较强的吸附能力、有较高的吸附选择性、机械强度高、再生容易、性能稳定以及价格低廉等特征，才能有效地将被分离物质进行有效的分离，并能广泛地被接受。

吸附剂按其化学结构可分为两大类：一类是有机吸附剂，如活性炭、纤维素、大孔吸附树脂、聚酰胺等；另一类是无机吸附剂，如氧化铝、硅胶、人造沸石、磷酸钙、氢氧化铝等。下面介绍几种常用的吸附剂（表 7-2）。

表 7-2　生物分离中常用的吸附剂

吸附剂	平均孔径/nm	比表面积/(m^2/g)
活性炭	1.5～3.5	750～1500
硅胶	2～100	40～700
活性氧化铝	4～12	50～300
硅藻土	—	～10
多孔性聚苯乙烯树脂	5～20	100～800
多孔性聚酯树脂	8～50	60～450
多孔性醋酸乙烯树脂	～6	～400

1. 活性炭

活性炭具有吸附力强、来源比较容易、价格便宜等优点，常用于生物产物的脱色和除臭，还应用于糖、氨基酸、多肽及脂肪酸等的分离提取，是一种非极性吸附剂，故其在水中的吸附能力大于在有机溶剂中的吸附能力。针对不同类型的物质，具有一定的规律性：①对极性基团多的化合物的吸附力大于极性基团少的化合物；②对芳香族化合物的吸附能力大于脂肪族化合物；③对相对分子质量大的化合物的吸附能力大于相对分子质量小的化合物。另外，不同的 pH 对活性炭的吸附具有较大的影响，如对一些物质在碱性和中性的条件下具有吸附作用，而在酸性条件下吸附能力非常的弱；对某些物质在酸性和中性的条件下具有吸附作用，而在碱性条件下吸附能力非常的弱。人们常利用活性炭吸附剂的这种规律进行对被分离物质的吸附和解吸。温度对活性炭的吸附速率有较大的影响，对吸附容量几乎没有什么影响。在活性炭吸附被分离的物质未达到平衡时，其吸附速率是随着温度的升高而增加的。当到达平衡后，几乎没有什么影响。

2. 硅胶

硅胶是应用较广泛的一种极性吸附剂，层析用硅胶具有多孔性网状结构。它的主要优点是化学惰性，具有较大的吸附量，容易制备不同类型、孔径、表面积的多孔性硅胶。可用于萜类、固醇类、生物碱、酸性化合物、磷酯类、脂肪类、氨基酸类等的吸附分离。

3. 氧化铝

氧化铝也是一种常用的亲水性吸收剂，它具有较高的吸附容量，分离效果好，特别适用于亲脂性成分的分离，广泛应用在醇、酚、生物碱、染料、苷类、氨基酸、蛋白质以及维生素、抗生素等物质的分离。活性氧化铝价廉，再生容易，活性容易控制；但操作不便，手续繁琐，处理量有限，因此也限制了在工业生产上大规模应用。

4. 大孔网状吸附剂

大孔网状吸附剂是一种非离子型共聚物，是借助于范德华力从溶液中吸附各种有机物。此类吸附剂具有选择性好、解析容易、机械强度高、使用寿命长、流体阻力较小、吸附质容易脱附、吸附速度快等优点。但价格昂贵，吸附效果易受流速以及溶质浓度等因素的影响。

按其骨架极性强弱，可以分为三类：非极性吸附树脂、中等极性吸附树脂和极性吸附树脂。非极性吸附树脂通常由苯乙烯交联而成，交联剂为二乙烯苯，又称芳香族吸附剂；中等极性吸附树脂常由甲基丙烯酸酯交联而成，交联剂亦为甲基丙烯酸酯，故又称脂肪族吸附剂；极性吸附树脂一般由丙烯酰胺或亚砜经聚合而成，通常含有硫氧、酰胺、氮氧等基团。

大孔网状吸附剂的吸附能力与树脂的化学结构、物理性能以及与溶质、溶剂的性质有关。通常遵循以下规律：①非极性吸附剂可从极性溶剂中吸附非极性溶质；②极性吸附剂可从非极性溶剂中吸附极性物质；③中等极性吸附剂兼有以上两种能力。常用于抗生素（如头孢菌素等）和维生素 B_{12}等的分离浓缩过程。

孔径和比表面积是评价吸附剂性能的重要参数。一般来说，孔径越大，比表面积越小。比表面积直接影响溶质的吸附容量，而适当的孔径有利于溶质在孔隙中扩散，提高吸附容量和吸附操作速度。

吸附剂的比表面积一般采用 B. E. T（Brunauer-Emmett-Teller）法测定。通常采用液氮温度（－196℃）下的氮气吸附法，即在吸附表面形成单分子层吸附的范围内，通过测定氮气的吸附体积 v_m(cm^3/g) 计算比表面积 α(cm^2/g)

$$\alpha = \frac{Nsv_m}{22\,400} = kv_m \tag{7-1}$$

式中，N——阿伏伽德罗常数；

s——吸附分子的截面积，在－196℃氮分子的截面积为 $s=1.62\times10^{-15}cm^2$。

因此，利用液氮时，式（7-1）中 $k=4.35\times10^4cm^{-1}$。

吸附剂的孔径分布可采用水银压入法。当压力升高时，水银可进入到细孔中，压力 p 与孔径 d 的关系为：

$$d = \frac{4\sigma\cos\theta}{p} \tag{7-2}$$

式中，σ——水银的表面张力，$0.48N/m^2$；

θ——水银与细孔壁的接触角，一般采用 140°。

通过测定水银体积和压力之间的关系即可求出孔径分布情况。

二、离子交换剂

离子交换剂是最常用的吸附剂之一，含有若干活性基团的不溶性高分子物质，通过

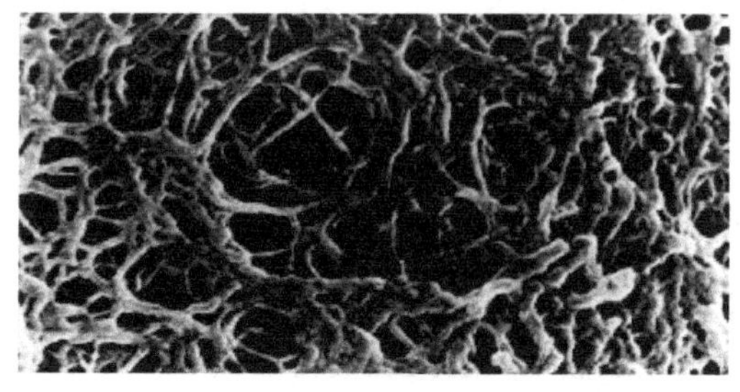
图 7-1　离子交换剂的示意图

在不溶性高分子物质（母体）上引入若干可解离基团（活性基团）而制成。常见的离子交换剂有两种：一种是使用人工高聚物作载体的离子交换树脂；另一种是使用多糖基离子交换剂。

如图 7-1 所示，离子交换剂具有三维空间立体结构的网络骨架，与网络骨架带相反电荷的活性离子（可交换的离子）连接在网络骨架上即为离子交换剂的构成。

（一）离子交换剂的分类

离子交换剂按活性基团可分为阳离子交换剂和阴离子交换剂，前者对阳离子具有交换能力，活性基团为酸性；后者对阴离子具有交换能力，活性基团为碱性。阴离子、阳离子交换剂又根据具有离子交换能力的 pH 范围不同，分为强酸性阳离子交换剂和弱酸性阳离子交换剂、强碱性阳离子交换剂和弱碱性阳离子交换剂。强离子交换剂的离子化率基本不受 pH 影响，离子交换作用的 pH 范围宽；弱离子交换剂的离子化率受 pH 影响很大，离子交换作用的 pH 范围小。如图 7-2 所示，弱酸性阳离子交换剂在 pH 降低时，其离子化率逐渐降低，离子交换能力逐渐减弱；弱碱性离子交换剂在 pH 升高时，离子化率逐渐降低，离子交换能力丧失。离子化率与离子交换能力在一定的范围内成正比。

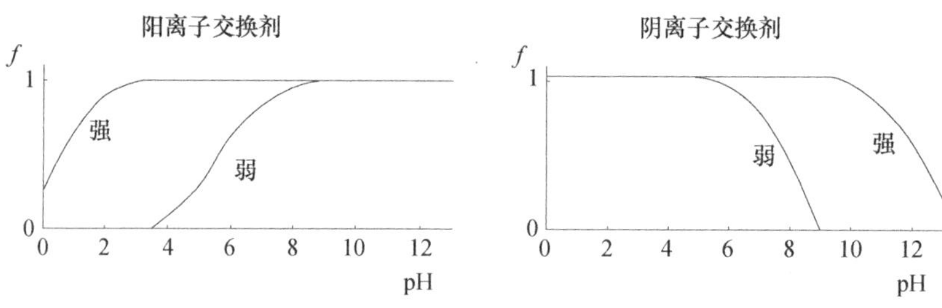

图 7-2　离子交换剂的离子化率 f 与 pH 的关系

（二）离子交换剂的性能描述

孔径、孔径分布、比表面积和孔隙率是评价离子交换性能的重要参数。此外，离子交换剂的特性常用交换容量和滴定曲线表征。

1. 交换容量

交换容量是表征离子交换剂交换能力的主要的参数，是单位质量的干燥离子交换剂或单位体积的湿离子交换剂所能吸附的一价离子的毫摩尔数（mmol）。其测定的方法为：对于阳离子交换剂，先用盐酸将其处理成氢型后，称重并测其含水量，同时称数克离子交换剂，加入过量已知浓度的 NaOH 溶液，发生下述离子交换反应：

$$R^- H^+ + NaOH \Longleftrightarrow R^- Na^+ + H_2O$$

其中，R^- 表示离子交换基。待反应达到平衡后（强酸性离子交换剂需静置 24h 左右，弱酸性离子交换剂需静置数日），测定剩余的 NaOH 摩尔数，就可求得阳离子交换剂的交换容量。

对于阴离子交换剂，不能利用与上述相对应的方法，即不能用碱将其处理成羟型后测定交换容量。这是因为，羟型离子交换剂在高温下容易分解，含水量不易准确测定，并且用水清洗时，羟型离子交换剂易吸附水中的 CO_2 而使部分成为碳酸型。所以，一般将阴离子交换剂转换成氯型后测定其交换容量。取一定量的氯型阴离子交换剂装入柱中，通入硫酸钠溶液，柱内发生下述离子交换反应

$$2R^+Cl^- + Na_2SO_4 \Longleftrightarrow R_2^+SO_4^{2-} + 2NaCl$$

用铬酸钾为指示剂，用硝酸银溶液滴定流出液中的氯离子，从而可根据洗脱交换下来的氯离子量，计算交换容量。

2. 滴定曲线

滴定曲线是检验和测定离子交换剂性能的重要参数，可参考如下方法测定。

分别在几个大试管中放入 1g 氢型（或羟型）离子交换剂，其中一个试管加入 50mL 0.1mol/L 的 NaCl 溶液，其他试管亦加入相同体积的溶液，但含有不同浓度的 NaOH（或 HCl），使其发生离子交换反应。强酸（碱）性离子交换剂放置 24h，弱酸（碱）性离子交换剂放置 7 天。达到平衡后，测定各试管中溶液的 pH。以每克干离子交换剂加入的 NaOH（或 HCl）为横坐标，以平衡时 pH 为纵坐标作图，就可得到滴定曲线。图 7-3 为几种典型离子交换剂的滴定曲线。可见，强酸（或强碱）性离子交换剂的滴定曲线开始是水平的，到某一点突然升高（或降低），表明在该点交换剂上的离子交换剂的滴定曲线逐渐上升（或下降），无水平部分。

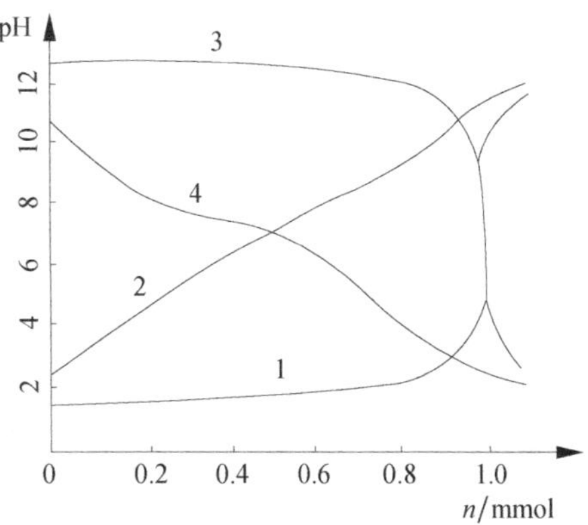

图 7-3　几种典型离子交换剂的滴定曲线

说明：n. 单位质量离子交换剂所加入的 NaOH 或 HCl 的毫摩尔数；

1. 强酸型（Amberlite IR-120）；
2. 弱酸型（Amberlite IRC-84）；
3. 强碱型（Amberlite IRA-400）；
4. 弱碱型（Amberlite IR-45）

利用滴定曲线的转折点，可估算离子交换剂的交换容量；而由转折点的数目，可推算不同离子交换基团的数目。同时，滴定曲线还表示交换容量随 pH 的变化。因此，滴定曲线比较全面地表征了离子交换剂的性质。

（三）离子交换剂的结构

常用的离子交换树脂（表 7-3）有强酸性阳离子交换树脂（活性基团是磺酸基和次甲基磺酸基）、弱酸性阳离子交换树脂（活性基团有—COOH，—OCH_2COOH，C_6H_5OH 等弱酸性基团）、强碱性阴离子交换树脂（活性基团为季铵基团，如三甲胺基或二甲基-β-羟基乙基胺基）和弱碱性阴离子交换树脂（活性基团为伯胺或仲胺，碱性较弱）。还有一些新型离子交换树脂，如大孔离子交换树脂、多糖基离子交换树脂等。大孔离子交换树脂具有和大孔吸附剂相同的骨架结构，在大孔吸附剂合成后（加入致孔剂），再引入化学功能基团，便可得到大孔离子交换树脂。多糖基离子交换树脂的固相载体为多糖类物质，亲水性强、交换空间大、对生物大分子物致变性作用。

（四）吸附与离子交换剂的制备

制备吸附剂和离子交换材料的基质主要是各种无机和有机高分子材料。其制备的方法很多，根据基质材料而定。吸附剂多为微球形多孔材料，常采用乳液聚合或悬浮聚合等方法制备，再经适当的化学修饰，在基质表面健合所需要的功能基团，制备各

表 7-3 生物分离中常用的离子交换基团及结构

离子交换基团		结构
强酸性基	磺酸基（sulphonate）	$—SO_3^-$
	磺丙基（SP，sulphopropyl）	$—(CH_2)_3SO_3^-$
	膦酸基（P，phosphate）	$—PO_3^{2-}$
弱酸性基	羧甲基（CM，carboxylmethyl）	$—CH_2COO^-$
	羧基（carboxylate）	$—COO^-$
强碱性基	三甲氨基（trimethy amine）	$—N^+(CH_3)_3$
	二甲基-β-羟基乙胺（dimethyl-β-hydroxyl ethylamine）	$—N^+(CH_3)_3$ C_2H_4OH
	季铵乙基（Q，quaternary aminoethyl）	$—(CH_2)_2—N^+(C_2H_5)_2CH_2CHCH_3$
	三乙氨基乙基（TEAE，triethyl aminoethyl）	$—(CH_2)_2—N^+(C_2H_5)_3$
弱碱性基	二乙氨基乙基（diethyl aminoethyl，DEAE）	$—(CH_2)—N^+(C_2H_5)_2H$
	二乙氨基（diethylamine）	$—NH^+(C_2H_5)_2$
	氨基（amino）	$—NH_3^+$

种吸附剂。

制备高分子的吸附剂的主要材料包括功能性单体、交联剂、引发剂、制孔剂和分散剂。水溶性反应物的聚合反应用溶解表面活性剂的有机溶剂为分散剂，称为乳液聚合；油溶性反应物的聚合反应用溶解表面活性剂的水溶液为分散剂，称为悬浮聚合。

下面以悬浮聚合法制备多孔高分子微球为例，介绍吸附剂的制备方法。

GMA + TAIC + DVB $\xrightarrow{AIBN}$ (微球)—$COOCH_2CH\overset{O}{—}CH_2$

反应式 I：制备刚性高分子介质的聚合反应

(微球)—$C(=O)—O—CH_2CH\overset{O}{—}CH_2$ + $HN(CH_2CH_3)_2$ $\xrightarrow{Dioxane}$ (微球)—$C(=O)—O—CH_2CH(OH)CH_2—N(CH_2CH_3)_2$

反应式 II：高分子微球介质的化学修饰——制备阴离子交换剂

反应式 I 是利用甲基丙烯酸缩水甘油酯（GMA）为单体，三聚乙氰尿酸三烯丙酯（TAIC）和二乙烯基苯（DVB）为交联剂，偶氮二异丁腈（AIBN）为引发剂制备刚性高分子介质的聚合反应式。悬浮聚合过程中，可用 10g/L 聚乙烯醇［poly（vinyl alcohol），PVA］和 0.1g/L 明胶的水溶液为分散剂。为使聚合产物具有多孔性质，需在反应物溶液中添加不参与聚合反应的惰性溶剂（如甲苯和正庚烷，或环己醇和十二烷醇）作为致孔剂，通过改变有机致孔剂的比例调节孔径分布和比表面积。在机械搅拌作用下，有机反应物溶液在水分散相中分散成微小的液滴，逐渐升高反应温度至85℃即可引发聚合反应，制成微球型高分子介质pGTD。经乙醇抽提除去其中的惰性致孔剂后，再对GMA分子上的活性环氧基团进行化学修饰，可制备各种类型的吸附剂。反应式Ⅱ是利用二乙胺进行修饰的反应过程，反应溶剂为二氧六环。通过该功能基化反应，即制成阴离子交换剂DEA-pGTD。

第三节　吸附与离子交换的基本理论

一、吸附平衡理论

溶质在吸附剂上的吸附平衡关系是指吸附达到平衡时，吸附剂的平衡吸附质浓度 q^* 与液相游离溶质浓度 c 之间的关系。一般 q^* 是 c 和温度的函数，即

$$q^* = f(c, T) \tag{7-3}$$

但一般吸附过程是在一定温度下进行，此时 q^* 只是 c 的函数，q^* 与 c 的关系曲线称为吸附等温线。当 q^* 与 c 之间呈线性函数关系时，

$$q^* = mc \tag{7-4}$$

称为亨利（Henry）型吸附平衡，其中 m 为分配系数。式（7-4）一般在低浓度范围内成立。当溶质浓度较高时，吸附平衡常呈非线性，式（7-4）不再成立，经常利用佛罗因德利希（Freundlich）经验方程描述吸附平衡行为，即

$$q^* = kc^{1/n} \tag{7-5}$$

其中，k 和 n 为常数，一般 $1<n<10$。

此外，兰格缪尔（Langmuir）的单分子层吸附理论在很多情况下可解释溶质的吸附现象。该理论的要点是，吸附剂上具有许多活性点，每个活性点具有相同的能量，只能吸附一个分子，并且被吸附的分子间无相互作用。基于兰格缪尔单分子层吸附理论，可推导兰格缪尔型吸附平衡方程

$$q^* = \frac{q_m c}{K_d + c} \tag{7-6a}$$

或

$$q^* = \frac{q_m K_b c}{1 + K_b c} \tag{7-6b}$$

其中，q_m——饱和吸附容量；

K_d——吸附平衡的解离常数；

K_b——结合常数（$=1/K_d$）。

当 n 个相同溶质分子在一个活性点上发生吸附时，可得式（7-6b）的一般形式

$$q^* = \frac{q_m K_b c^n}{1 + K_b c^n} \tag{7-7}$$

对于 n 个组分的单分子层吸附，式（7-6b）变为另一种一般形式

$$q_i^* = \frac{q_{mi} K_{bj} c_i}{1 + \sum_{j=1}^{n} K_{bj} c_i} \tag{7-8}$$

式（7-8）为组分 i 的吸附浓度与各组分浓度之间的关系式，表明了各个组分在同一个

活性点上竞争性吸附的结果，使组分 i 的吸附浓度下降。

上述吸附平衡关系常用于生物物质的吸附分离过程。此外还有许多吸附平衡关系式，描述不同的吸附现象，如 Dubinin-Astskhov 式、B. E. T. 式等。

二、影响吸附的主要因素

在溶液中，固体吸附剂的吸附主要考虑 3 种作用力：①界面层上固体与溶质之间的作用力；②固体与溶剂之间的作用力；③溶质与溶剂之间的作用力。所以固体在溶液中的吸附比较复杂，影响因素也较多，主要有吸附剂、吸附物、溶剂的性质以及吸附过程的具体操作条件等。了解这些影响因素，有助于根据吸附物的性质和分离目的选择合适的吸附剂及操作条件。

1. 吸附剂的性质

吸附剂的比表面积（每克吸附剂所具有的表面积）、颗粒度、孔径、极性对吸附的影响很大。比表面积主要与吸附容量有关，比表面积越大，空隙度越高，吸附容量越大。颗粒度和孔径分布则主要影响吸附速度，颗粒度越小，吸附速度就越快，孔径适当，有利于吸附物向空隙中扩散，加快吸附速度。

吸附剂的物理化学性质对吸附有很大的影响，吸附剂的性质又与其合成的原料、方法和再生条件有关。一般要求吸附剂容量大，吸附速度快和机械强度高。

2. 吸附质的性质

①能使表面张力降低的物质，易为表面所吸附，所以固体容易吸附对固体的表面张力较小的液体；②溶质从较易溶解的溶剂中吸附时，吸附量较少。相反，采用溶解度较大的溶剂，洗脱就较容易；③极性吸附剂易吸附极性物质，非极性吸附剂易吸附非极性物质；④对于同系列物质，吸附量的变化是有规律的。

3. 温度

吸附是放热过程，吸附热越大，则吸附过程受温度的影响也越大。例如，物理吸附的吸附热较小，温度变化的影响较小。但是，有些物质由于温度升高溶解度增大，反而对吸附不利。

4. 溶液 pH

溶液的 pH 往往会影响吸附剂或吸附物解离情况，进而影响吸附量。pH 对吸附的影响主要是因为影响化合物的解离度。一般来说，有机酸在酸性下、胺类在碱性下较容易被非极性吸附剂吸附。但是，各种溶质吸附的最佳 pH 通常由实验测定。

5. 溶液中其他溶质的影响

单溶剂与混合溶剂对吸附作用有不同的影响。当溶液中存在有两种以上的溶质时，由于溶质性质的不同，可能对吸附产生互相促进、干扰或互不干扰等不同影响。一般吸附剂对具有混合组分的溶质吸附比纯溶质的吸附差，当溶液中存在其他溶质时，会因为一种溶质的吸附而导致对另一种溶质吸附量的降低。但也有例外，即对混合物的吸附效果反较单一组分好。

三、离子交换平衡理论

（一）离子交换过程的机理（图 7-4）

在没有待分离的溶质存在时，离子交换剂表面的离子基团或可离子化的基团 R（R^+或 R^-）一直被其反离子覆盖，液相中的反离子浓度为常数。溶质与反离子带有相同的电荷，溶质的吸附是基于其与离子交换基间相反电荷的静电引力。典型的离子交换过程发生系列反应。

阴离子交换　　$$R^+U^- + X^- \Longleftrightarrow R^+X^- + U^- \tag{7-9a}$$

阳离子交换　　$$R^-U^+ + X^+ \Longleftrightarrow R^-X^+ + U^+ \tag{7-9b}$$

其中，R^+——阴离子交换基；

R^-——阳离子交换基；

U——反离子；

X——溶质。

上述离子交换的平衡常数 K_{XU}分别为

$$K_{XU^-} = \frac{[RX][U^-]}{[RU][X^-]} \tag{7-10a}$$

$$K_{XU^+} = \frac{[RX][U^+]}{[RU][X^+]} \tag{7-10b}$$

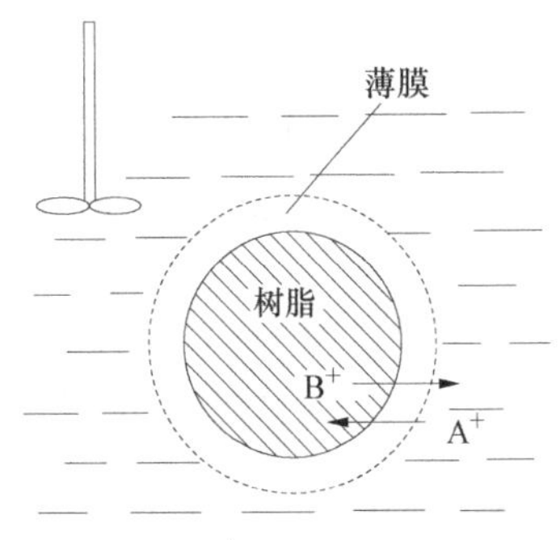

图 7-4　离子交换过程的机理

A^+自溶液中扩散到树脂表面；A^+从树脂表面进入树脂内部的活性中心；A^+与 RB 在活性中心上发生复分解反应；解吸附离子 B^+自树脂内部扩散至树脂表面；B^+离子从树脂表面扩散到溶液中；交换速度的控制步骤是扩散速度，不同的分离体系可能由内部扩散或外部扩散控制

在离子交换过程中，反离子 U 的浓度对溶质在固液两相间的分配系数 m 具有重要影响。以阴离子交换剂为例，单价强电解质 XH 完全解离，分配系数为

$$m = \frac{[RX]}{[X^-]} \tag{7-11a}$$

由式（7-10a）和（7-11a），可得到分配系数与反离子浓度的关系

$$m = \frac{K_{XU^-}[RU]}{[U^-]} \tag{7-11b}$$

即分配系数与反离子浓度成反比，表明离子交换的分配系数随离子强度的增大而下降。

式（7-11b）适用于可完全解离的强电解质。对于单价弱电解质 XH，仅发生部分解离：

$$XH \Longleftrightarrow X^- + H^+$$

解离平衡常数为

$$K_{ax} = \frac{[X^-][H^+]}{[XH]} \tag{7-12}$$

分配系数则为

$$m = \frac{[RX]}{[X^-]+[XH]} \tag{7-13a}$$

故从式（7-10a）、(7-12) 和（7-13a）得到

$$m = \frac{K_{XU^-}[RU]}{[U^-]} \cdot \frac{1}{1+\frac{[H^+]}{K_{ax}}} \tag{7-13b}$$

可见，式（7-11b）是式（7-13b）的一种特殊情况（当 $K_{ax}\to\infty$时）。从式（7-11b）或（7-13b）可知

$$m = \frac{m_1}{[U^-]} \tag{7-14}$$

其中，m_1 是反离子浓度为 1（任意单位）时溶质 X 的分配系数。从上式可知，$\ln m$ 与 $\ln[U^-]$ 呈线性关系，其斜率为−1。事实上，该斜率与溶质和反离子的种类无关，只与反离子和溶质的离子价有关。若反离子和溶质的离子价分别为 a 和 b（可正可负）的一般情况，离子交换反应为

$$bRU + aX^b \Longleftrightarrow aRX + bU^a \tag{7-15}$$

离子交换平衡常数为

$$K_{XU} = \frac{[RX]^{|a|}[U^a]^{|b|}}{[RU]^{|b|}[X^b]^{|a|}} \tag{7-16}$$

利用式（7-16）可得分配系数为

$$m = \frac{m_1}{[U^a]^{\left|\frac{b}{a}\right|}} \tag{7-17}$$

式（7-17）已被核苷酸及无机离子的离子交换层析试验结果所验证。

（二）影响交换速度的因素

1. 颗粒大小

颗粒减小无论对内部扩散控制或外部扩散控制的场合，都有利于交换速度的提高。

2. 交联度

交联度越低树脂越易膨胀，在树脂内部扩散就较容易。所以当内扩散控制时，降低树脂交联度，能提高交换速度。树脂交联度大，树脂孔径小，离子运动阻力大，交换速度慢。

3. 温度

溶液的温度提高，扩散速度加快，因而交换速度也增加。

4. 离子的化合价

离子在树脂中扩散时，和树脂骨架（和扩散离子的电荷相反）间存在库仑力。离子化合价越高，这种引力越大，扩散速度就越小。原子价增加 1 价，内扩散系数的值就要减少一个数量级。

5. 离子的大小

小离子的交换速度比较快。例如，用氨基型磺酸基苯乙烯树脂去交换下列离子时，达到半饱和的时间分别为：

Na^+ 1.25min；$N(C_2H_5)_4^+$ 1.75min；$C_6H_5(CH_3)_2CH_2C_6H_5^+$ 一周。

大分子在树脂中的扩散速度特别慢，因为大分子会和树脂骨架碰撞，甚至使骨架变形。有时可利用大分子和小分子在某种树脂上的交换速度不同，而达到分离的目的，这种树脂称为分子筛。

6. 搅拌速度

当液膜控制时，增加搅拌速度会使交换速度增加，但增大到一定程度后再继续增加转速，影响就比较小。

7. 溶液浓度

当溶液浓度为0.001mol/L时，一般为外扩散控制。当溶液浓度增加时，交换速度也按比例增加。当浓度达到0.01mol/L左右时，浓度再增加，交换速度增加的较慢。此时内扩散和外扩散同时起作用。当浓度继续增加，交换速度达到极限值后就不再增大，此时已转变为内扩散控制。

（三）影响离子交换选择性的因素

在离子交换分离过程中，要取得良好的分离效果，首先要选择好适当的吸附剂，否则难以达到分离目的。吸附剂的选择是吸附过程的关键因素。在选择吸附剂时，应注意以下几个因素。

（1）水合离子半径：半径越小，亲和力越大。

（2）离子化合价：高价离子易于被吸附。

（3）溶液pH：影响交换基团和交换离子的解离程度，但不影响交换容量。

（4）离子强度：越低越好。

（5）有机溶剂：不利于吸附。

（6）交联度、膨胀度、分子筛：交联度大，膨胀度小，筛分能力增大；交联度小，膨胀度大，吸附量减少。

（7）树脂与粒子间的辅助力：除静电力以外，还有氢键和范德华力等辅助力。

第四节　基本设备与操作

一、固定床吸附操作

固定床是将吸附剂固定在某一部位上，在其静止不动的情况下进行吸附操作的。它多为圆柱形设备，在内部支撑的格板或孔板上放置吸附剂，使处理的气体通过它，吸附质被吸附在吸附剂上。

（一）形式与结构

工业上应用最多的吸附设备是固定床吸附器，主要有立式和卧式两种，都是圆柱形容器。两端为球形顶盖，靠近底部焊有横栅条，其上面放置可拆式铸铁栅条，栅条上再放金属网（也可用多孔板替代栅条），若吸附剂颗粒细，可在金属网上先堆放粒度较大的砾石再放吸附剂。

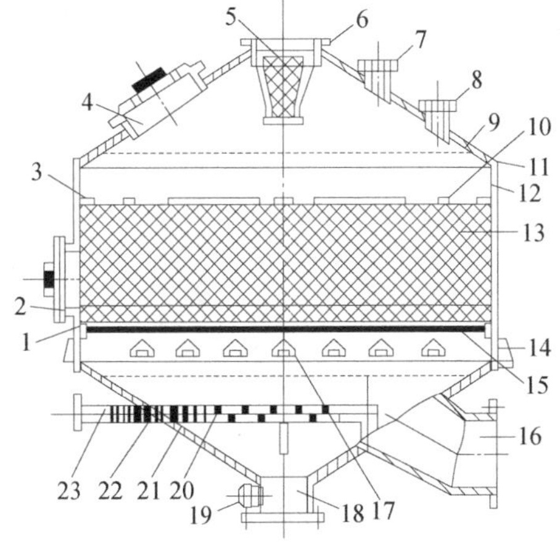

图7-5　立式固定床吸附器

1. 砾石；2. 卸料孔；3，6. 网；4. 装料孔；5. 废气及空气入口；7. 脱附气排出；8. 安全阀接管；9. 顶盖；10. 重物；11. 刚性环；12. 外壳；13. 吸附剂；14. 支撑环；15. 栅板；16. 净气出口；17. 梁；18. 视镜；19. 冷凝排放及供水；20. 扩散器；21. 吸附器底；22. 梁支架；23. 扩散器水蒸气接管

1. 立式固定床吸附器

立式固定床吸附器如图7-5所示，分上流式和下流式两种。吸附剂装填高度以保证净化效率和一定的阻力降为原则，一般取0.5～2.0m。床层直径以满足气体流量和保证气流分布均匀为原则。处理腐蚀性气体时应注意

采取防腐蚀措施，一般是加装内衬。立式固定床吸附器适合于小气量浓度高的情况。

2. 卧式固定床吸附器

卧式固定床吸附器适合处理气量大、浓度低的气体，其结构如图 7-6 所示。

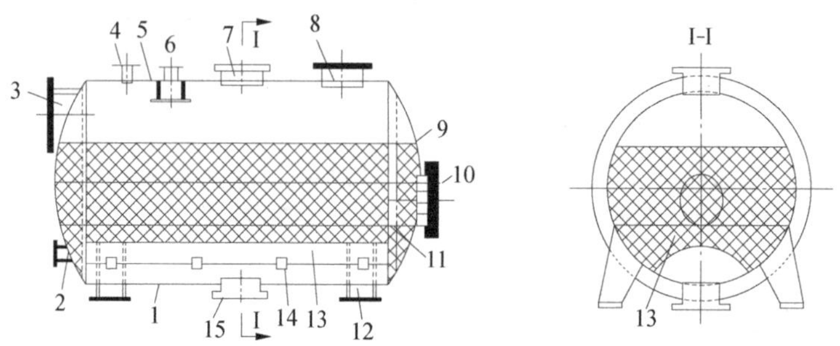

图 7-6　卧式固定床吸附器

1. 壳体；2. 供水；3. 人孔；4. 安全阀接管；5. 挡板；6. 蒸汽进口；7. 净化气体出口；8. 装料口；9. 吸附剂；10. 卸料口；11. 砾石层；12. 支脚；13. 填料底座；14. 支架；15. 蒸汽及热空气出入口

卧式固定床吸附器为一水平摆放的圆柱形装置，吸附剂装填高度为 0.5～1.0m，待净化废气由吸附层上部或下部入床。卧式固定床吸附器的优点是处理气量大、压降小，缺点是由于床层截面积大，容易造成气流分布不均。因此，在设计时特别注意气流均布的问题。

3. 环式固定床吸附器

环式固定床吸附器又称径向固定床吸附器，其结构比立式和卧式吸附器复杂（图 7-7）。吸附剂填充在两个同心多孔圆筒之间，吸附气体由外壳进入，沿径向通过吸附层，汇集到中心筒后排出。

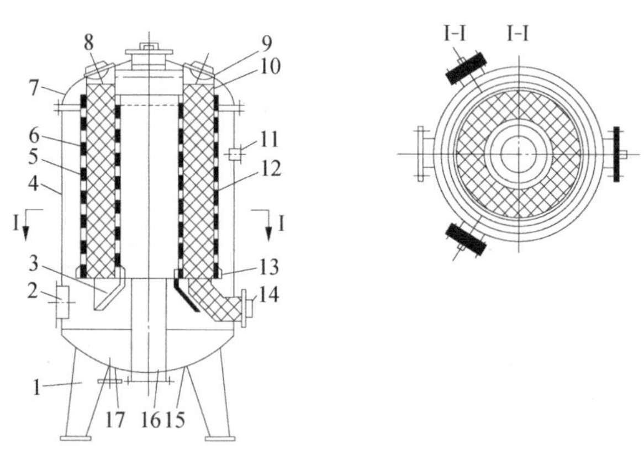

图 7-7　环式吸附器

1. 支脚；2. 废气及冷热空气入口；3. 吸附剂筒底支座；4. 壳体；5，6. 多孔外筒和内筒；7. 顶盖；8. 视孔；9. 装料口；10. 补偿料斗；11. 安全阀接管；12. 吸附剂；13. 吸附剂筒底座；14. 卸料口；15. 器底；16. 净化器出口及脱附水蒸气入口；17. 脱附时排气口

环式固定床吸附器结构紧凑，吸附截面积大、阻力小，处理能力大，在气态污染物的净化上具有独特的优势。目前使用的环式吸附器多使用纤维活性炭作吸附材料，用以净化有机蒸气。实际应用上多采用数个环式吸附芯组合在一起的结构设计，自动化操作。

（二）吸附过程的操作方式

(1) 间隙过程。欲处理的流体通过固定床吸附器时，吸附质被吸附剂吸附，流体是由出口流出，操作时吸附和脱附交替进行。

(2) 连续过程。大多数工业应用要求连续操作，因此经常采用双吸附床或三吸附床系统，其中一个或两个吸附床分别进行再生，其余的进行吸附。典型的双吸附床和三吸附床系统如图 7-8 和图 7-9 所示。

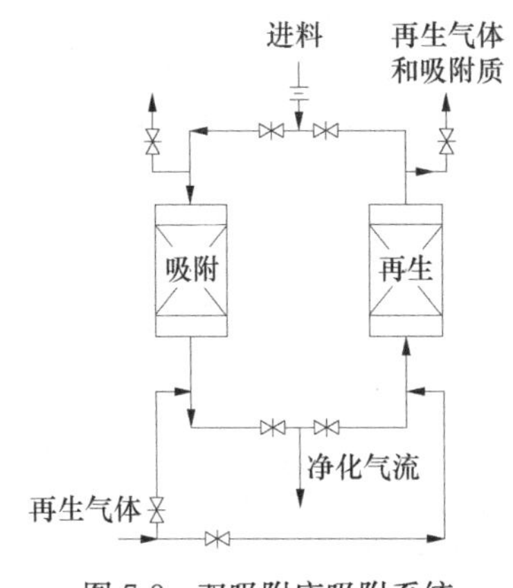

图 7-8　双吸附床吸附系统

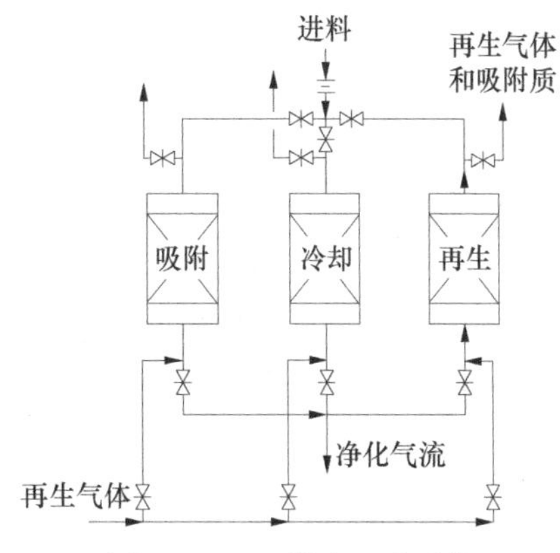

图 7-9　三吸附床吸附系统

（三）结构特点

固定床吸附器优点是结构简单、造价低，吸附剂磨损少。

固定床吸附器也存在一些缺点。①间歇操作：为使气流连续，操作必然不断地周期性切换，为此必须配置较多的进出口阀门，操作十分麻烦。即使实现了自动化操作，控制程序也比较复杂；②需设有备用设备即当一部分吸附器进行吸附时，要有一部分吸附床进行再生；这些吸附床中的吸附剂即处于非生产状态。即使处于生产中的设备里，为了保证吸附区的高度有一定的富余，也需要放置多于实际需要的吸附剂层，因而总吸附剂用量增多；③吸附剂层导热性差，吸附时产生的吸附热不易导出，操作时容易出现局部床层过热。另外，再生时加热升温和冷却降温都很不容易，因而延长了再生的时间；④对于采用厚床层，热量利用率低，压力损失也较大，因此能耗增加。

二、移动床吸附器

移动床吸附器又称“超吸附器”，特别适用于轻烃类气体混合物的提纯。流体或固体可以连续而均匀地在移动床吸附器中移动，稳定地输入和输出。同时，使流体与固体两相接触良好，不致发生局部不均匀的现象。

移动床吸附过程可实现逆流连续操作，吸附剂用量少，但吸附剂磨损严重。可见能否降低吸附剂的磨损消耗，减少吸附装置的运转费用，是移动床吸附器能否大规模用于工业生产的关键。由于高级烯烃的聚合使活性炭的性能恶化，则需将其送往活化器中用高温蒸汽（400～500℃）进行处理，以使其活性恢复后再继续使用。

移动床吸附器的优点在于其结构可以使气、固相连续稳定地输入和输出，还可以使气、固两相接触良好，不致发生沟流和局部不均匀现象。由于气相、固相均处于移动状态，所以克服了固定床局部过热的缺点。其操作是连续的，用同样数量的吸附剂可以处理比固定床多得多的气体，因此对处理量比较大的气体的操作，选用移动床较好。但

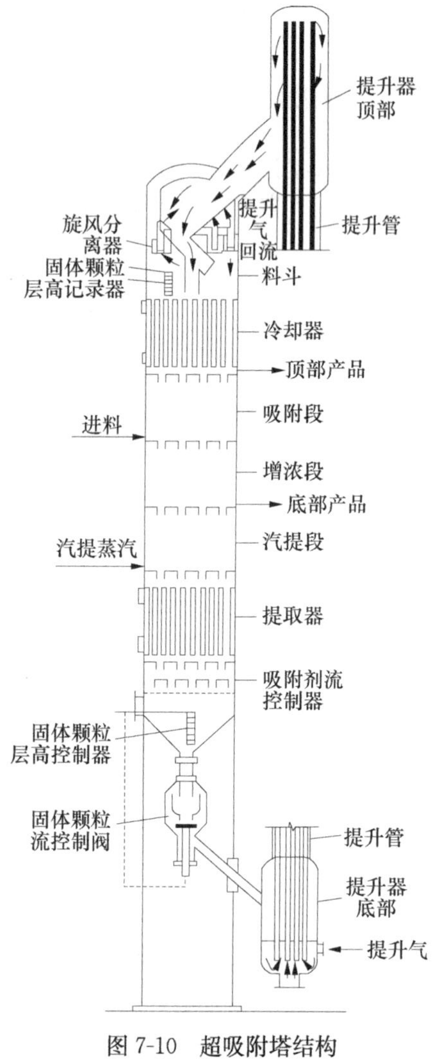

图 7-10　超吸附塔结构

是，移动床有它的固有缺点：主要是由于吸附剂处在移动状态下，磨损消耗大，且结构复杂，设备庞大。设备投资和运行费用均较高。

工业上应用的典型移动床吸附器是超吸附塔（图 7-10），设备高近 30m，由塔体和流态化粒子提升装置两部分组成。吸附剂采用硬质活性炭。活性炭经脱附、再生及冷却后继续下降用于吸附。在吸附塔内，吸附与脱附是顺序进行的。在吸附段，待处理的气体由吸附段的下部（即塔体中上部）进入，与从塔顶下来的活性炭逆流接触并把吸附质吸附下来，处理过的气体经吸附段顶部排出。吸附了吸附质的活性炭继续下降，经过增浓段到达汽提段。在汽提段的下部通入热蒸汽，使活性炭上的吸附质进行脱附，经脱附后，含吸附质的气流一部分由汽提段顶部作为回收产品（底部产品）回收，有一部分继续上升，到达增浓段。在增浓段蒸汽中所含的吸附质被由吸附段下来的活性炭进一步吸附，等于使这部分活性炭的“浓度”又增加了。活性炭经过汽提，大部分吸附质都被脱附，为了使之更彻底地脱附再生，在汽提段下面又加设了一个提取器，使活性炭的温度进一步提高，一是为了干燥目的，二是为了使活性炭更好地再生。经过再生的活性炭到达塔底，由提升器将其返回塔顶，完成了一个循环过程。在实际操作中，过程连续不断地进行，气体和固体的流速得到很好的控制。

近年来在移动床中有使用极性吸附剂（如分子筛）作吸附剂的，用于净化极性气体（如 H_2S 等），结果也相当满意。

三、膨胀床吸附操作

膨胀床是发展中的吸附分离技术，由于其在蛋白质类生物大分子的单步分离过程的诱人开发潜力，吸引了产学界的高度重视。

膨胀床与传统固定床的区别在于：膨胀床的床层上部安装有可调节床层高度的调节器，当液体（料液或清洗液等）从床底以高于吸附剂最小流化速率的流速输入时，吸附剂床层产生膨胀，高度调节器上升（图 7-11）。膨胀床状态下床层高度一般为固定床状态的 2～3 倍，床层空隙率高，允许菌体细胞或细胞碎片自由通过。因此，膨胀床吸附操作可直接处理菌体发酵液或细胞匀浆液，回收其中的目标产物，从而可节省离心或过滤等预处理过程，提高目标产物收率，降低分离纯化过程成本。这是膨胀床吸附操作的最大诱人之处。

膨胀床的形成需要特殊的吸附剂和设备结构。

1. 吸附剂

可形成稳定膨胀床的吸附剂主要有两类。一类是磁性粒子，在外部磁场作用下，磁性粒子呈现稳定的膨胀状态。但磁性粒子膨胀床的缺点是设备复杂，需要换热设备分散电磁场热，在反复清洗过程中磁性粒子的稳定性较差。另一类广泛研究和应用的吸附剂，有一定粒径或密度分布，在液体流速的分级作用下，大粒径或高密度吸附剂分布于床层底部附近，而小粒径或低密度吸附剂分布于床层的顶部，从而在床层内形成稳定的吸附剂分布。市售交联琼脂糖凝胶类吸附剂存在一定粒径分布，可形成稳定的膨胀床，但由于多糖凝胶与水溶液的密度差很小，形成膨胀床的流体流速很低（10～30cm/h）。为此，Pharmacia 生物技术公司等开发了膨胀床专用的高密度吸附剂，如多孔玻璃和 STREAMLINE^{TM}（交联琼脂糖凝胶内包埋晶体石英，以提高吸附剂密度）等。高密度吸附剂的膨胀床流速约 100～300cm/h。在较高流速下进行膨胀床吸附操作，使流速远高于菌体细胞或其碎片的终端速率，有利于微粒子透过膨胀床。

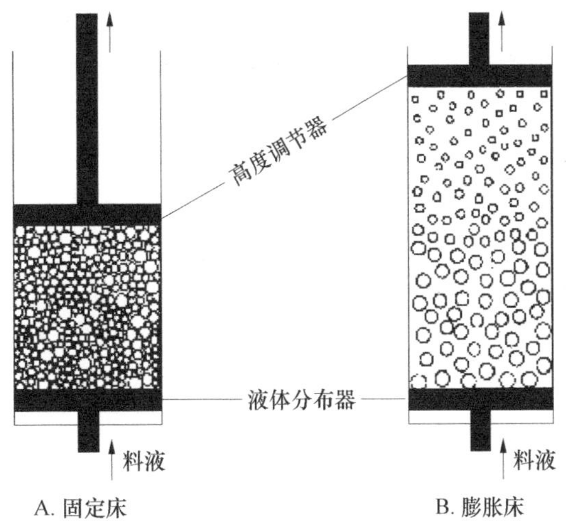

图 7-11　固定床和膨胀床状态的比较

2. 膨胀床的结构

除特殊吸附剂外，膨胀床底液体分布器对膨胀床的流体力学特性（即吸附操作特性）有重要影响。液体分布器应保证床截面的流速分布均匀，透过料液内的微粒子（菌体细胞或其碎片）而截留吸附剂。床层高度调节器的位置能自由改变，吸附操作过程中需恰好在膨胀床层的顶部，以减少吸附死区。

3. 床层膨胀特性

膨胀床的床层高度随液相流速线性增大，增大的速率与吸附剂和液相的物理性质密切相关。研究表明，膨胀床的床层膨胀规律符合 Richardson-Zaki 方程

$$U = U_t \varepsilon^n \tag{7-18}$$

式中，U——液相空塔速率；

ε——床层空隙率；

n——Richardson-Zaki 系数（层流区的 n 值一般为 4.8）；

U_t——吸附剂的终端速率。

U_t 可用 Stokes 沉降方程计算

$$U_t = \frac{d_p^2(\rho_s - \rho_L)g}{18\mu_L} \tag{7-19}$$

从式（7-18）和式（7-19）可知，液相黏度（μ_L）和密度（ρ_L）越大，U_t 值越小，达到一定膨胀率（ε）所需的液相流速越低，即床层高度随液相流速增大的速率越大。当液相和吸附剂物性已知时，可利用这两式估算达到所需膨胀率（床层高度）的液相流速。

由于膨胀床的床层结构特性和处理原料的特点（主要为微粒悬浮液），其吸附操作方式与固定床不尽相同。处理细胞悬浮液或细胞匀浆液的一般操作流程见图 7-12。首先用缓冲液膨胀床层图 7-12A，以便于输入悬浮液，开始膨胀床吸附操作图 7-12B。当吸附接近饱和时，停止进料，转入清洗过程。在清洗过程初期，为除去床层内残留的微粒子，仍需要采用膨胀床操作图 7-12C。待微粒子清除干净后，则可恢复固定床操作，

以降低床层体积，减少清洗剂用量和清洗时间图 7-12D。清洗操作之后的目标产物洗脱过程亦采用固定床方式图 7-12E。

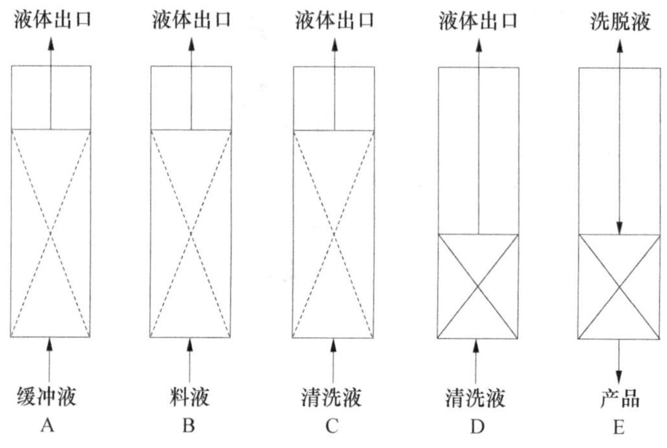

图 7-12 膨胀床吸附操作过程

A. 缓冲液膨胀（膨胀床）；B. 进料（吸附）（膨胀床）；C. 清洗微粒（膨胀床）；D. 清晰可溶性杂质（固定床）；E. 洗脱（固定床）

清洗操作（图 7-12C）可利用一般缓冲液或黏性溶液。利用黏性溶液清洗时流体流动更接近平推流，清洗效率高，清洗液用量少。目标产物的洗脱操作采用固定床方式不仅可节省操作时间，而且可提高回收产物的浓度。洗脱液流动方向可与吸附过程相反(图7-12E),这样可以提高洗脱速率。另外，由于处理料液为悬浮液，吸附剂污染较严重，为循环利用吸附剂，洗脱操作后需进行严格的吸附剂再生，恢复其吸附容量。

【例 7-1】 利用 STREAMLINE DEAE 为吸附剂，从酵母细胞匀浆液纯化葡萄糖-6-磷酸脱氢酶。

图 7-13 是膨胀床和固定床穿透曲线的比较。离子交换柱内径为 1.0cm，吸附剂的固定床高为 20cm，料液空塔流速为 115cm/h，其中葡萄糖-6-磷酸脱氢酶（G6PDH）活力如图

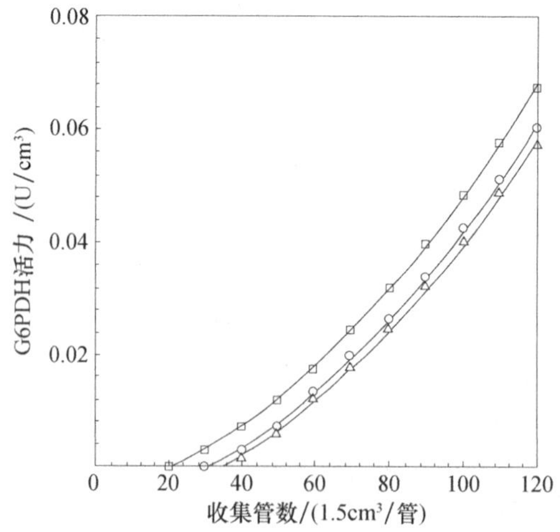

图 7-13 膨胀床和固定床的穿透曲线比较

○——固定床，澄清料液，3.63U/cm^3

△——膨胀床，澄清料液，3.63U/cm^3

□——膨胀床，细胞匀浆液，3.4U/cm^3

注脚所示，膨胀床床层高度为固定床 2 倍左右。图 7-13 只是穿透浓度达到料液浓度 2%之前的穿透曲线，结果表明，利用澄清料液时，膨胀床与固定床的穿透行为几乎完全相同，当处理匀浆液时，由于细胞碎片带负电荷，使膨胀床的吸附容量略有降低。

表 7-4 是膨胀床离子交换纯化葡萄糖-6-磷酸脱氢酶的结果。所用柱内径为 5.0cm，吸附剂的固定床高为 22.3cm($435cm^3$)，膨胀床床层高度为固定床的 2 倍，料液为 25%酵母细胞匀浆液，膨胀空塔流速为 196cm/h（A 液：$50mol/m^3$ 磷酸钠，pH 6.0）。清洗液为含 25%甘油的 A 液；洗脱液 1 为含 0.05mol/L 氯化钠的 A 液；洗脱液 1 为含 0.15mol/L 氯化钠的 A 液；洗脱液 1 为含 1.0mol/L 氯化钠的 A 液。

表 7-4 的纯化结果表明，经一步膨胀床吸附纯化，不仅除去了细胞碎片，而且葡萄糖-6-磷酸脱氢酶纯度提高 11 倍，收率达 98%。

表 7-4　葡萄糖-6-磷酸脱氢酶膨胀床离子交换纯化结果

步骤	体积 /cm^3	空塔流速 /(cm/h)	总活力 /U	总蛋白 /mg	比活 /(U/mg)	纯化倍数	收率/%
匀浆液	1068	—	2873	13 670	0.21	—	(100)
进料透过	1068	196-66	4	7273	—	—	0.14
清洗	550	66-122	5	4102	—	—	0.17
洗脱 1	1300	200	42	258	—	—	1.46
洗脱 2	2100	200	2819	1125	2.51	12.0	98.1
洗脱 3	900	200	6	917	—	—	0.2

四、流化床吸附操作

与膨胀床的床层膨胀状态不同，流化床内吸附剂粒子呈流化状态，与液体在床层内混合程度高，但吸附效率低；而膨胀床的吸附剂粒子基本悬浮于固定的位置，液体的流动与固定床相似，接近平推流，吸附效率高。

利用流化床的吸附过程可间歇或连续操作。与膨胀床一样，流化床的主要优点是压降小，可处理高黏度或含固体微粒的粗料液。流化床处理含菌体细胞或细胞碎片的粗料液时，操作方式同膨胀床。与膨胀床不同的是，流化床不需特殊的吸附剂，设备结构设计也比膨胀床容易，操作简便。与移动床相比，流化床中固相的连续输入和排出方便，即流化床的连续化操作较容易。

用于气态污染物治理的流化床吸附工艺是 20 世纪 60 年代发展起来的，是固体流态化技术在气态污染物净化方面的具体应用。由于流化床的运动形式，使它具有许多独特的优点：①由于流体与固体的强烈扰动，大大强化了气固传质；②由于采用小颗粒吸附剂，使单位体积中吸附剂表面积增大；③固体的流态化，优化了气固的接触，提高了界面的传质速率，从而强化了设备的生产能力，由于流化床采用了比固定床大得多的气速，因而可以大大减少设备投资；④由于气体和固体同处于流化状态，不仅可使床层温度分布均匀，而且可以实现大规模的连续生产。

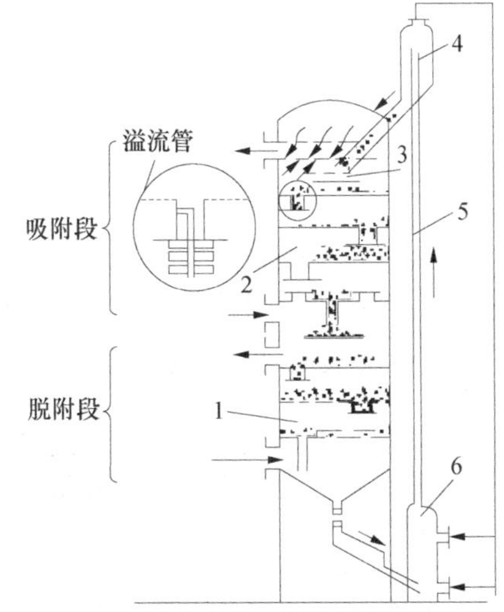

图 7-14　带再生的多层流化床吸附装置
1. 脱附器；2. 吸附器；3. 分配板；4. 料斗；5. 空气提升机构；6. 冷却器

流化床的缺点是床内固相和液相的返混剧烈，特别是高径比较小的流化床。所以，流化床的吸附剂利用效率远低于固定床和膨胀床。

当吸附剂需要再生时，可采用（图 7-14）的流化床吸附器。该吸附器由吸附塔、旋风分离器、吸附提升管、通风机、冷凝冷却器、吸附质储槽等部分组成。吸附塔按各段所起作用的不同分为吸附段、预热段和再生段。

需净化的气体由吸附塔的中部送入，与筛板上的吸附剂颗粒接触进行传质。气流穿过筛孔的速度应略大于吸附剂颗粒的悬浮速度，使吸附剂颗粒在筛板上处于悬浮状态。这样既使传质更加充分，又使吸附剂能逐渐自溢流管流下。相邻两塔板上的溢流管相互错开，以使吸附剂在各层板上均布。净气由塔顶进入旋风分离器，将气流带出的少量吸附剂颗粒分离下来，再回到吸附塔内。运转一定时期后，可将旋风分离器收回的吸附剂粉末移走，而补入新吸附剂。

吸附剂由塔顶加入，沿塔向下流动，在各层塔板上形成吸附剂层，吸附剂层的工作高度由溢流堰高度决定。吸附了吸附质的吸附剂从最下一层塔板降落到预热段，经间接加热后进入脱附再生段，脱附后的吸附质进入冷凝冷却器进行冷却，其中的部分吸附质被冷凝成液体，进入储槽。未凝气体中还含有部分吸附质，又回到吸附段。

脱附再生后的吸附剂自塔下部进入吸附剂提升管，再送入吸附塔上部重新使用。

在流化床吸附塔中，塔板称为气流分布板，是流化床装置的最重要部件，它对于流化质量的影响极为重要。设计好的分布板使气流分布均匀，吸附剂颗粒产生平稳的流化状态。同时还可防止正常操作时物料的下漏、磨损和小孔堵塞。多层流化床吸附器采用多块气体分布板，以抑制床内气体与固体颗粒的返混，改善停留时间分布，提高吸附效率。常用的几种气流分布板的结构形式如图 7-15 所示。

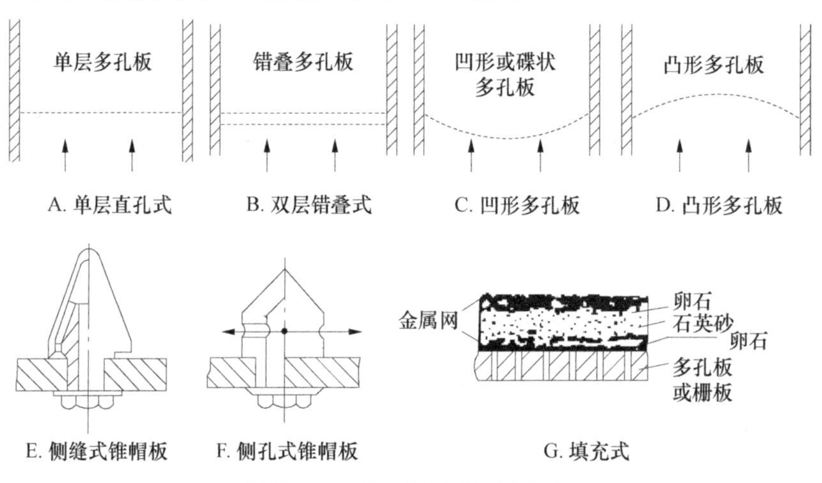

图 7-15　几种气流分布板的结构

流化床吸附器由于气流速度大，与移动床相比，具有更大的处理能力，但能耗更高，对吸附剂的机械强度要求也更高。

五、吸附器净化效率的计算与选择

从理论上讲，要求吸附器的净化效率越高越好。然而，要想达到理想的净化效率，一方面需要庞大的吸附设备和很长的气、固接触时间；另一方面需要采用高强吸附能力的吸附剂。这将使设备投资和运行费用大大增加。这在实际上往往是不可行的，而且对于大部分场合也并不是完全必要的。

吸附器净化效率是由吸附器的入口气体浓度，即污染气体的浓度和吸附器的穿透浓度决定的，设污染气体浓度为 y_0，污染物穿透吸附床时的浓度为 y_B，吸附器的吸附效率 η 可由下式计算：

$$\eta = \frac{y_0 - y_B}{y_0} \times 100\%$$

对于一定的处理任务，y_0 是已经确定了的，而净化效率的高低就取决于 y_B的选择。对于一定的吸附器，y_B越低，净化效率会越高，但是吸附剂的利用率就会降低。为了充分利用吸附剂，尽可能地延长吸附床的吸附时间，往往希望确定出较高的 y_B。但 y_B的选定是受环境保护法规规定的该污染物排放浓度限制的。因此，在实际吸附器设计时，一般是在满足环保法规的前提下，尽可能地提高 y_B值，以达到充分利用吸附剂的目的，从而降低处理成本。

思考题

1. 什么是吸附?
2. 常用的吸附剂有哪些? 各有何特点?
3. 使用活性炭时，应考虑哪些问题?
4. 大孔网状吸附剂和传统的吸附剂比有何优越性?
5. 吸附剂的哪些特性会影响到吸附过程?
6. 什么是离子交换剂?
7. 根据活性基团的不同，离子交换剂可分为几大类?
8. 影响离子交换剂的选择性的因素有哪些?
9. 影响离子交换速度的因素有哪些?
10. 常用的吸附分离设备有哪些?

第八章 色谱分离技术

第一节 色谱分离技术概述

色谱是一种常用的分离技术，在生物分离过程中应用广泛且具有很高的分辨率。色谱法又称色层分析法或色谱法，是在1903～1906年由俄国植物学家Tswett首创的。当时他将叶绿素的石油醚溶液通过$CaCO_3$管柱，并继续以石油醚淋洗，由于$CaCO_3$对叶绿素中各种色素的吸附能力不同，色素被逐渐分离，在管柱中出现了不同颜色的谱带，因此这种能用于混合物分离的方法称为色谱。当时这种方法并没引起人们的足够注意，直到1931年将该方法应用到分离复杂的有机混合物，人们才发现了它的巨大价值。

随着科学技术的发展以及生产实践的需要，色谱技术得到了迅速的发展。为此，英国生物学家Martin和Synge做出了重要的贡献。他们首先提出了色谱塔板理论。这是在色谱柱操作参数基础上模拟蒸馏理论、以理论塔板来表示分离效率、半定量的描述、评价色谱分离过程的基本理论。他们根据液液逆流萃取的原理，发明了液液分配色谱。特别是他们提出了远见卓识的预言：①气体也可作流动相，与液体相比，物质间的作用力减小了，这对分离更有好处；②使用非常细的颗粒填料并在柱两端施加较大的压差，应能得到最小的理论塔板高度（即增加了理论塔板数），这将会大大提高分离效率。

1952年诞生了气相色谱仪，它给挥发性化合物的分离测定带来了划时代的变革；20世纪60年代末高效液相色谱（HPLC）走入人们的视线，现在HPLC已成为生物化学与分子生物学、生物技术等领域不可缺少的分离分析技术之一。因此，Martin和Synge于1952年获得了诺贝尔化学奖。由于检测手段的发展，如今的色谱已没有颜色这个特殊的含义，但色谱法或色层分析法这个名字仍保留下来沿用。

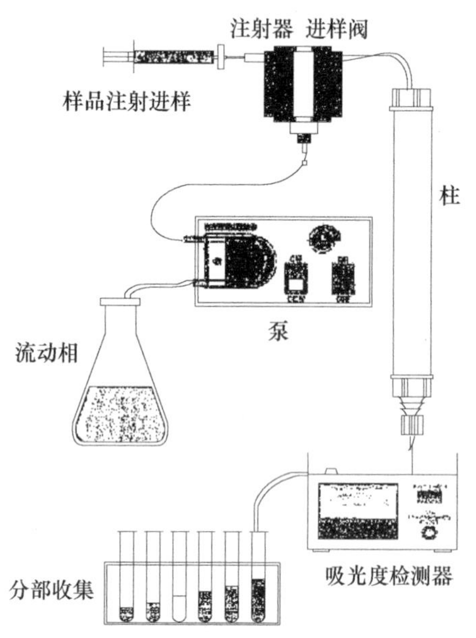

图8-1 色谱系统示意图

色谱系统由固定相、流动相、泵系统和在线检测系统四个基本部分组成（图8-1）。物质的物理、化学、物理化学和生物学性质相互作用被综合应用在色谱系统中，以用于各种混合物。流动相被输送通过填充固定相的色谱柱，固定相通常是不溶性的高分子小球，其颗粒直径范围是5～300μm。分离过程中，流动相载着被分离组分以恒定流速穿过色谱柱，色谱柱末端的检测器可以跟踪洗脱液中被分离组分的浓度，根据检测结果将洗脱液分成若干组分，分别收集以供进一步检测或处理。

色谱法的最大特点是分离效率高，它能分离各种性质极相类似的物质，它既可以用于少量物质的分析鉴定，又可用于大量物质的分离纯化制备。因此，作为一种重要的分析分离手段与方法，它广泛地应用于科学研究与工业生产上。现在，它在石油、化工、医药卫生、生物科学、环境科学、农业科学等领域都发挥着十分重要的作用。

一、色谱技术的基本概念

色谱法是一种基于被分离物质的物理、化学及生物学特性的不同，使它们在某种基质中移动速度不同而进行分离和分析的方法。例如，利用物质在溶解度、吸附能力、立体化学特性、分子的大小、带电情况、离子交换、亲和力的大小及特异的生物学反应等方面的差异，使其在流动相与固定相之间的分配系数（或称分配常数）不同，达到彼此分离的目的。例如，图 8-2 待分离的各组分对固定相亲和力的次序为：白球分子＞黑球分子＞三角形分子。将预分离的混合物加入到色谱柱的上部[如图 8-2（a）所示]，使其流入柱内，然后用流动相冲洗［如图 8-2（b)]，随着洗脱的不断进行，如果色谱柱选择适当且柱有足够长，则三种组分逐渐被分开［图 8-2（c)～(g)]。三角形分子最先流出，白球分子跑的最慢，最后流出［如图 8-2（h)]。这种移动速率的差别是色谱法的基础。加入洗脱剂使各组分分层的操作称为展开。洗脱时从柱中流出的液体称为洗脱液。展开后各组分的分布情况称为色谱图。将样品加到柱上的操作称为上样或加样。显然，因为可以选择各种特有的物质作为固定相和流动相，所以色谱法有广泛的适用范围。

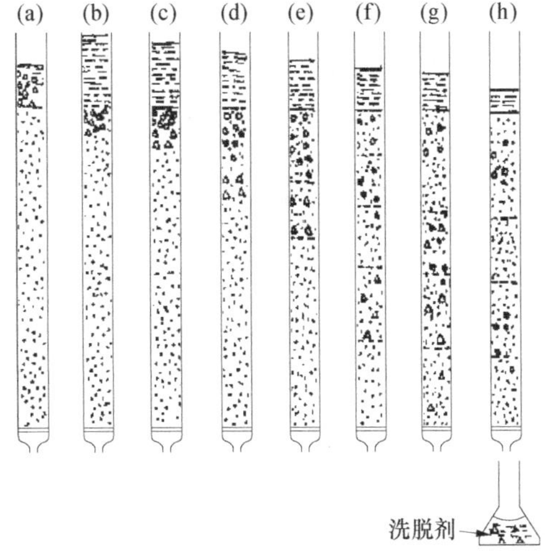

图 8-2　色谱法的基础

（一）固定相

固定相是色谱的一个基质。它可以是固体物质（如吸附剂、凝胶、离子交换剂等)，也可以是液体物质（如固定在硅胶或纤维素上的溶液)，这些基质能与待分离的化合物进行可逆的吸附、分配、交换等作用。它是影响色谱分离效果的重要因素。

绝大多数的色谱固定相由两个主要部分构成：①空间结构部分，它取决于高聚物骨架的组成，决定了固定相的尺寸与孔隙率；②化学和生物大分子功能性成分，它赋予介质与目标溶质特异性相互作用的能力。最合适的固定相设计除了满足以上两条，还应满足分离任务的其他要求，如样品体积、分离成本及过程速率等。表 8-1 中列出了常用于分离生物分子的色谱固定相材料、特点和用途。

表 8-1　商品化的聚合物骨架材料

固定相基质	主要用途	可能的优点	可能的局限性
硅胶	HIL，RPC	可承受高水力学压力	高密度
琼脂糖	AC	生物相溶性好	流速低，温度稳定性低
聚苯乙烯-二乙烯基苯	IEC	表面积很大，在有机溶剂中稳定	生物相溶性有限
聚丙烯酰胺	GPC	价格便宜，用途广	流速低
葡聚糖	GPC	交联后其强度高于琼脂糖	在有机溶剂中不稳定
羟基磷灰石	吸附色谱	可经受高水力学压力	采用微细颗粒时才可能实现高效分离
多糖-纤维素交联介质	HIC，AC	高生物相溶性	流速低
琼脂糖/葡聚糖	GPC	高强度粒子，高流速	非特异性吸附蛋白质
葡聚糖/丙烯酰胺			
聚甲基丙烯酰胺	IEC，AC	易于改性	流速通常较低

（二）流动相

在色谱过程中，推动固定相上待分离的物质朝着一个方向移动的液体、气体或超临界流体等，都称为流动相。柱色谱中一般称为洗脱剂，薄层色谱时称为展层剂。它也是色谱分离中的重要影响因素之一。

（三）分配系数

在吸附色谱中，平衡关系一般用 Langmuir（兰格缪尔）方程式表示

$$m=\frac{ac}{1+bc} \tag{8-1}$$

式中，m、c——溶质在固定相和流动相的浓度；

a、b——常数。

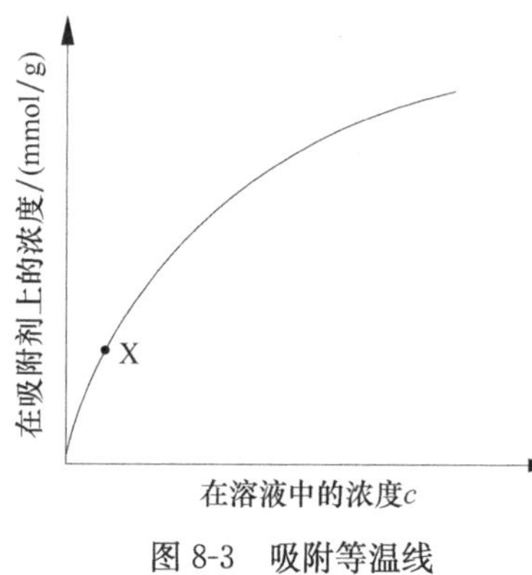

图 8-3　吸附等温线

当浓度很低时，即 c 很小时（在 X 点以下），上式为 $m=ac$，平衡关系为一直线（图 8-3）。

在分配色谱法中，平衡关系服从分配定律。当浓度低时，分配系数为一常数，所以平衡关系也为一直线

$$\frac{C_1}{C_2}=K_d \tag{8-2}$$

在离子交换色谱法中，平衡关系可用下式表示

$$\frac{M_1^{\frac{1}{Z_1}}}{(m-m_1)^{\frac{1}{Z_1}}}=\frac{K_dC_1^{\frac{1}{Z_1}}}{(C_0-C_1)^{\frac{1}{Z_2}}} \tag{8-3}$$

式中，m——树脂的总交换量；

c_0——被树脂吸附组分的原始浓度。

当浓度很低时，即 c_1 很小，m_1 因而也很小时，式（8-3）可成为 $m_1=K_dc_1$，即平衡关系也为一直线。

在凝胶色谱法中，分配系数表示凝胶颗粒内部水分中为溶质分子所能达到的部分，故用一定的凝胶、分离一定的溶质时，分配系数也是一常数。

综上所述，不论色谱分离的机理怎样，当溶质浓度较低时，固定相浓度和流动相浓度都成线性的平衡关系，即分配系数是指在一定的条件下，某种组分在固定相和流动相中含量（浓度）的比值，常用 K_d 来表示，分配系数是色谱中分离纯化物质的主要依据。

$$K_d=\frac{C_s}{C_m} \tag{8-4}$$

式中，C_s——固定相中被分离组分的浓度；

C_m——流动相中被分离组分的浓度。

不同物质的分配系数是不同的。分配系数的差异程度是决定几种物质采用色谱方法能否分离的先决条件。很显然，差异越大，分离效果越理想。

分配系数主要与被分离物质本身的性质、固定相和流动相的性质、色谱柱的温度等因素有关。

对于温度的影响有下列关系式：

$$\ln K_d=-\frac{\Delta G_0}{RT} \tag{8-5}$$

式中，K_d——分配系数（或平衡常数）；

ΔG_0——标准自由能变化；

R——气体常数；

T——绝对温度。

这是色谱分离的热力学基础。一般情况下，色谱分离时组分的 ΔG_0 为负值，则温度与分配系数成反比关系。通常温度上升 20℃，K_d 下降一半，它将导致组分移动速率增加。这也是为什么在色谱时最好采用恒温柱的原因。有时对于 K_d 相近的不同物质，可通过改变温度的方法，增大 K_d 之间的差异，达到分离的目的。

（四）阻滞因素

阻滞因素又称迁移率（或比移值），是指在一定条件下，在相同的时间内某一组分在固定相移动的距离与流动相本身移动的距离之比值，常用 R_f 来表示（$R_f \leqslant 1$）。可以看出：

R_f ═══ 溶质的移动速度 / 流动相在色谱系统中的移动速度或

R_f ═══ 溶质的移动距离 / 在同一时间内溶剂前沿的移动距离

K_d 增加 R_f 增大；反之，K_d 减小，R_f 减小。

这里的流动相为与固定相无亲和力（即 $K_d=0$）的物质。

令 A_s 为固定相的平均截面积，A_m 为流动相的平均截面积（$A_s+A_m=A_t$，即系统或柱的总截面积）。如体积为 V 的流动相流过色谱系统流速很慢，可以认为溶质在两相间的分配达到平衡，则有

$$\text{溶质的移动距离} = V/\text{能进行分配的有效截面积} = \frac{V}{A_m} + K_d A_s \tag{8-6}$$

$$\text{流动相的移动距离} = \frac{V}{A_m}$$

$$R_f = \frac{A_s}{A_m} + K_d A_s \tag{8-7}$$

因此，当 A_m、A_s 一定时，一定的 K_d 有相应的 R_f。

实验中我们还常用相对迁移率的概念。相对迁移率是指在一定条件下，在相同时间内，某一组分在固定相中移动的距离与某一标准物质在固定相中移动的距离之比值。它可以小于等于 1，也可以大于 1，用 R_x 来表示。

（五）分辨率

分辨率也称分离度，一般指相邻两个峰的分开程度。用 R_s 来表示。R_s 越大，两种组分分离的越好。当 $R_s=1$ 时，两组分具有较好的分离，互相沾染约 2%，即每种组分的纯度约为 98%。当 $R_s=1.5$ 时，两组分基本完全分开，每种组分的纯度可达到 99.8%。如果两种组分的浓度相差较大时，尤其要求较高的分辨率。

（六）解离常数 K_p 和分离因素 α

在反应工程中，人们习惯应用解离常数 K_p 来讨论分子间的相互作用。令吸附柱中空余的有效结合位子的浓度为 m，结合溶质分子的有效位子总浓度为 m_t，溶质总浓度（游离的＋被结合的）为 C_t，则有

$$m_t = m + q \tag{8-8}$$

$$C_t = c + q \tag{8-9}$$

按通常定义，溶质分子-吸附剂之间相互作用的解离常数 K_p 为

$$K_p = \frac{mC}{q} \tag{8-10}$$

如果将分离因子 α 定义为某一瞬间被吸附的溶质占总量的分数，又称质量分布比，即

$$A = \frac{q}{C_t} \tag{8-11}$$

那么，用 $q=C_t\alpha$ 以及式（8-8）、式（8-9）中的 m、C 代入式（8-10），得

$$K_p = \frac{mC}{q} \tag{8-12}$$

$$K_P = \frac{(m_t - C_t\alpha)(C_t - C_t\alpha)}{C_t\alpha} = \frac{(m_t - C_t\alpha)(1-\alpha)}{\alpha} \tag{8-13}$$

所以，

$$C_t a^2 - (m_t - C_t + K_p)a + m_t = 0 \tag{8-14}$$

这里，分离因素 α 是二次式方程的解，它是色谱柱有效结合位子总浓度 m_t、溶液中溶质总浓度 C_t 以及被结合目标物质的解离常数 K_p 的函数。

有效结合位子的总浓度 m_t、可能造 0.01mol/L 左右（亲和色谱）到 1mol/L 以上（离子交换色谱剂）。而欲分离的溶质的总浓度也可能在类似范围内。对于一个有效的柱色谱分离，通常要求 $\alpha \geqslant 0.8$，由此 K_p 一般要求要$\leqslant$0.1mol/L。这一点在亲和色谱中特别重要。

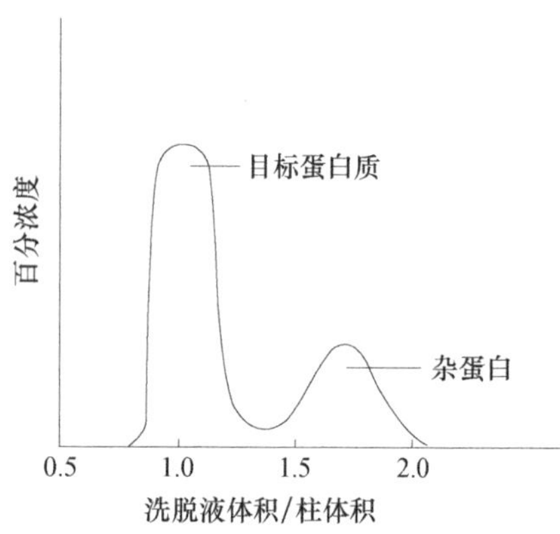

图 8-4 两种蛋白质的混合物（$\alpha1=0$ 和 $\alpha2=0.4$）的柱色谱

如果色谱分离技术用于生物大分子的制备，那么所用的样品量一般较大，其体积往往比柱体积要大得多，分离因素为 α 的目标物质（$0<\alpha<1$），将沿柱子不断往下移动。当操作开始后有 $1/(1-\alpha)$柱体积的流动相通过柱时，目标物质将会从柱的末端流出。因此，如果样品体积是柱体积的 5 倍，并且再用 5 倍柱体积的缓冲液洗涤色谱柱，要使目标物质仍然留在柱上，那么 $\alpha \geqslant 0.9$。这时，杂质已去除，样品得到纯化。另一方面，如果样品量少，并且混合液中目标物质$\alpha \geqslant 0$，而杂质分子 $\alpha=0.4$，将样品上柱后，用 1 倍柱体积的洗脱液洗脱，目标物质出现，继续洗脱到洗脱液体积为 1.7 倍柱体积时，杂蛋白开始流出。只要分段收集，可使它们得到分离（图 8-4）。

从式中 $C_t a^2-(m_t-C_t+K_p)a+m_t=0$ 可以看出，在同一色谱系统中，分离因子取决于溶质的浓度，较高的浓度往往得到较低的结合比例。相反，较低的溶质浓度一般有较高的分离因素。

（七）色带变形和“拖尾”现象

色带移动过程中常常会出现色带变性或“拖尾”现象。究其原因有两种：①固定相在色谱柱中横向填充的不均匀，因为在固定相颗粒粗的地方，溶剂的流速快，溶质的流速也加快，就会形成斜歪、不规则的色带，从而使流出曲线中各组分分离不清楚。显然柱的截面积越大越易变形，因而使用细长的柱子较好；②由于平衡关系偏离线性所引起的。一般平衡关系如图 8-5 所示，当柱中目标物质的色带移动时，如果有些分子由于纵向扩散或者不均匀的流动超出了色带前缘，它们的浓度会变稀，分离因素会增大，其大部分被吸附，相对于后面的主色带被阻滞了。结果在主色带的前缘产生了一个自动削尖的效应。但是，在色带尾部边缘上，溶质浓度的减少，将引起不断增加的结合强度。如 $\alpha=0.9$，色带后部仅以缓冲液流动速度的 10%移动，而主色带却以缓冲液流动速度的 30%～40%移动。结果在不变的缓冲液条件下，溶质的洗脱有一个尖锐的、富集的前缘和一个很长的尾巴——“拖尾”（图 8-6）。这是一种离子交换色谱中经常出现的现象。

但使用不同梯度的缓冲液会克服这种现象。在纸色谱中，也可能会出现“拖尾”，可通过选择合适的展层剂避免此现象。

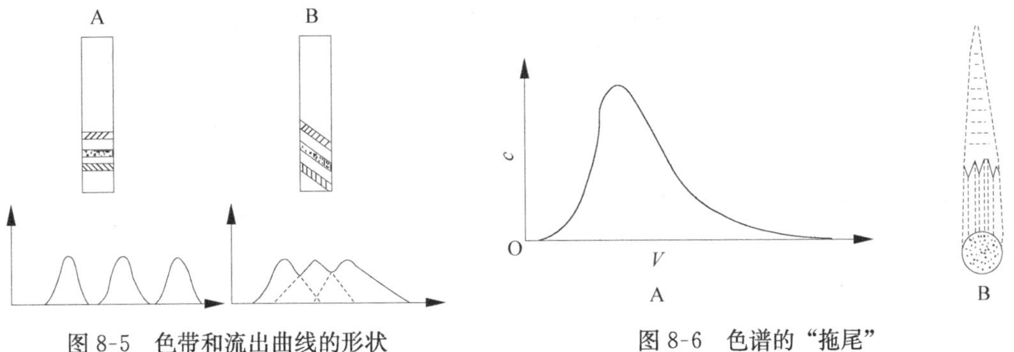

图 8-5　色带和流出曲线的形状
A. 填充均匀的柱；B. 填充不均匀

图 8-6　色谱的“拖尾”
A. 色谱流出曲线；B. “拖尾”现象

（八）正相色谱与反相色谱

正相色谱是指固定相的极性高于流动相的极性，在这种色谱过程中，非极性分子或极性小的分子比极性大的分子移动的速度快，先从柱中流出来。反相色谱是指固定相的极性低于流动相的极性，在这种色谱过程中，极性大的分子比极性小的分子移动的速度快而先从柱中流出。一般来说，分离纯化极性大的分子（带电离子等）采用正相色谱（或正相柱），而分离纯化极性小的有机分子（有机酸、醇、酚等）多采用反相色谱（或反相柱）。

（九）操作容量

操作量（或交换容量）是指在一定条件下，某种组分与基质（固定相）反应达到平衡时，存在于基质上的饱和容量，称为操作容量（或交换容量），单位是 mg/g（基质）或 mg/mL（基质），数值越大，表明基质对该物质的亲和力越强。应当注意，同一种基质对不同种类分子的操作容量是不相同的，这主要是由于分子大小（空间效应）、带电荷的多少、溶剂的性质等多种因素的影响。因此，实际操作时，加入的样品量要尽量少些，特别是生物大分子，样品的加入量更要进行控制，否则用色谱办法不能得到有效的分离。

（十）洗脱容积 V_e

在色谱分离中，使溶质从柱中流出时所通过的流动相的体积，称为洗脱容积，这一概念在凝胶色谱分离中用的最多。

设色谱柱长为 L，在时间 t 内流过的流动相的体积为 V，则流动相的体积速率为 V/t。

根据，溶质的移动距离 $=V/A_m+K_dA_s$，得到溶质的移动速度 $=V/t(A_m+K_dA_s)$

溶质流出色谱柱所用的时间为

$$T=\frac{L(A_m+K_dA_s)}{V/t}$$

于是此时流过的流动相的体积为

$$V_e=L(A_m+K_dA_s) \tag{8-15}$$

如果令 $L\cdot A_m=V_m$，色谱柱中流动相体积 $L\cdot A_s=V_s$，则色谱柱中固定相体积

$$V_e=V_m+K_dV_s \tag{8-16}$$

由式（8-16）可见，不同溶质有不同的洗脱体积（V_e），后者取决于分配系数。

(十一)色谱法的板塔理论

板塔理论可以给出在不同瞬间，溶质在柱中的分布和各组分的分离程度与柱高之间的关系。其要点是：①柱子可以分成多层，每一层为一理论塔板且有一定高度；②在色谱柱中，物质只有横向扩散，无纵向扩散，两相瞬间达到分配平衡；③体系中其他物质的存在不影响待分离物质的分配，待分离物质的存在也不影响其他物质的分配。和化工原理中的蒸馏操作一样，这里引入了“理论板塔高度”的概念。所谓“理论板塔高度”是指这样一段柱高，自这段柱中流出的液体（流动相）和其中固定相的平均浓度成平衡关系。设想把柱分成若干段，每一段等于一块理论板。假设分配系数是常数且没有纵向扩散，则不难推断出第 x 块塔板上溶质的质量分数为

$$f_x = \frac{n!}{x!}\left(\frac{1}{E+1}\right)^{n-x}\left(\frac{E}{E+1}\right)^{x} \tag{8-17}$$

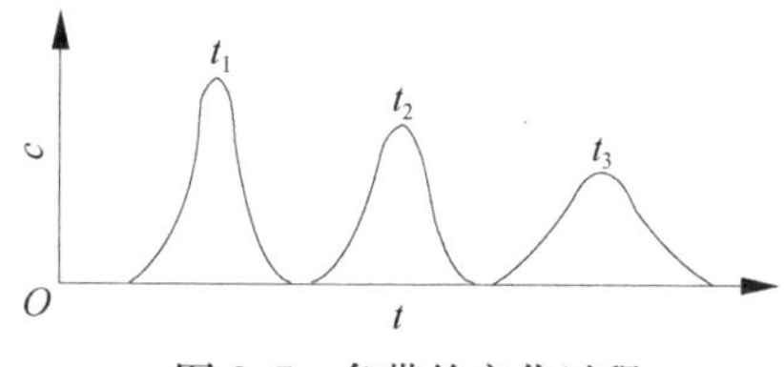

图 8-7 色带的变化过程

式中，n——色谱柱的理论塔板数；

E——流动相中所含溶质的量与固定相中所含溶质的量之比。

当 n 越大，即加入的溶剂越多，展开时间越长，也即色带越往下流动，其高峰浓度逐渐减小，色带逐渐扩大（图 8-7）。

(十二)检测方法

建立检测方法的 4 个基本目标是：灵敏度、线性度、重现性及在线操作简便。色谱操作者必须了解所用检测系统的局限性，才能从实验数据与处理数据中得出正确结论。

理想的检测方法应是可连续或在线使用的。表 8-2 列出了一些常用的在线检测方法，并说明了它们是如何满足前面提到的 4 个标准。目前应用最普遍的方法是光吸收法——采用此技术可以检测到多种类别的组分。此方法操作简便，尤其是在蛋白质分离中，因为蛋白质具有光吸收的波长范围，缓冲液组分（如盐等）不产生吸收。

表 8-2 液相色谱检测器

检测方法	原 理	灵敏度	线性度	稳定性	易用性
吸光度	光吸收差别	1μg/mL	低浓度时符合比尔定律	稳定	廉价，单波长，可变光电二极管阵列
化学发光	光发射标记	10^{-13}mol 或 10^{-15}mol	与浓度成线性关系	配套技术可能形成干扰	检测限低于荧光
电化学	洗脱组分的氧化或还原	10^{-9}g（对酚或有机酸）	与浓度成线性关系	不能有氧、金属或卤素	流动相必须是导电的
电导率	离子种类对电导率的影响		与浓度成线性关系	溶剂梯度会造成基线漂移	电导池稳定性限制其在离子交换中作用
荧光	光响应功能	高于紫外法 1000 倍	发射强度与浓度成线性	专一性、选择性光学检测器	天然荧光或衍生物荧光
傅里叶变换红外（FTIR）	喷雾干燥后沉淀面积在 ZnSe 表面	在线检测低于离线检测 FTIR	与光吸收成线性	重现性在 10%以内	脱水后即可用于 FTIR 光谱

续表

检测方法	原 理	灵敏度	线性度	稳定性	易用性
折射率	由于密度差异导致的折射光角度变化	与折射率有关	低浓度时成线性	需要重新调零	不能用于梯度洗脱
质谱：快原子轰击	流动相在甘油中轰击并用质谱检测	2ng/mL	与具体离子丰度成线性	对极性、不稳定溶质效果较好	新技术
质谱：电雾化	溶剂汽化进行离子化	10pg	与具体离子丰度成线性	多肽、蛋白质、寡聚核苷酸	可能被用作测序工具
质谱：粒子束	粒子束轰击流动相气溶胶	0.1～1ppb *	用丰度对浓度线性校正	装置复杂	此技术已有改进
蒸发光散射	脱水喷雾的密度	100ng/mL	非线性校正	灵敏度取决于折射率	有前景的方法

二、色谱法的分类

色谱根据不同的标准可以分为多种类型。

（一）根据固定相基质的形式分类

色谱可以分为纸色谱、薄层色谱和柱色谱。纸色谱是指以滤纸作为基质的色谱。薄层色谱是将基质在玻璃或塑料等光滑表面铺成一薄层，在薄层上进行色谱过程。柱色谱则是指将基质填装在管中形成柱形，在柱中进行色谱分离。纸色谱和薄层色谱主要适用于小分子物质的快速检测分析和少量分离制备，而柱色谱是常用的色谱形式，适用于样品分析、分离。生物化学中常用的凝胶色谱、离子交换色谱、亲和色谱、高效液相色谱等通常都采用柱色谱形式。

（二）根据两相所处的状态分类

流动相为气体的色谱称为气相色谱；流动相为液体的色谱称为液相色谱。固定相也有两种状态，以固体吸附剂作为固定相和以附载在固体上的液体为固定相，所以色谱法按两相所处的状态可分为：液固色谱、液液色谱、气固色谱、气液色谱。气相色谱测定样品时需要气化，大大限制了其在生化领域的应用，而液相色谱是生物领域最常用的色谱形式，适于生物样品的分析、分离。

（三）根据分离原理的不同分类

色谱主要可以分为吸附色谱、分配色谱、离子交换色谱、凝胶过滤色谱、亲和色谱等。

1. 吸附色谱

以吸附剂为固定相，根据待分离物与吸附剂之间吸附力不同而达到分离目的的一种色谱技术。吸附作用是指某些物质能够从溶液中将溶质浓集在其表面的现象。吸附剂吸附能力的强弱与被吸附物质的化学结构、溶剂的本质和吸附剂的本质有关。不同物质对同一种吸附剂的吸附能力不同，同一物质对同一吸附剂的吸附力也会环境因素（溶剂）而改变。

2. 分配色谱

分配色谱是在一个有两相同时存在的溶剂系统中，不同物质的分配系数不同而达到分离目的的一种色谱技术，相当于一种连续性的溶剂抽提方法。

在分配色谱中，固定相是极性溶剂（如水、稀硫酸、甲醇等）。此类溶剂能和多孔的支持物（常用的是吸附力小、反应性弱的惰性物质如淀粉、纤维素粉，滤纸等）紧密结合，使呈不流动状态。流动相则是非极性的有机溶剂。

3. 离子交换色谱

离子交换色谱是以离子交换剂为固定相，根据物质的带电性质不同而进行分离的一种色谱技术。离子交换色谱的固定相是离子交换剂，流动相是具有一定 pH 和一定离子强度的电解质溶液。

4. 凝胶过滤色谱

凝胶过滤色谱是以具有网状结构的凝胶颗粒作为固定相，根据物质的分子大小进行分离的一种色谱技术。凝胶过滤是利用具有一定孔径范围的多孔凝胶的分子筛作用对生物大分子进行分离。分子大小不同的物质随洗脱液流过柱床时，小分子的物质易于进入凝胶颗粒内部，流出柱子用的时间长，大分子的不易进入凝胶颗粒内部，流出时间早，这样使得大小不同的分子流出的顺序不同而分离。

5. 亲和色谱

亲和色谱是根据生物大分子和配体之间的特异性亲和力，将某种配体连接在载体上作为固定相，而对能与配体特异性结合的生物大分子进行分离的一种色谱技术。亲和色谱是分离生物大分子最为有效的色谱技术，具有很高的分辨率。

表 8-3 列出了各种色谱法的特点和用途。

表 8-3 各种色谱法的特点和用途

分离方法	分离原理	特　点	应　用
凝胶过滤色谱	分子的大小	① 在分级方法中分辨率中等，但脱盐效果优良 ② 流速较低，分级周期约≥8h，脱盐仅30min ③ 容量受样品体积局限	用于大规模纯化的最后步骤，在纯化过程中的任何阶段均可进行脱盐处理，尤其适用于两种缓冲液交替时
离子交换色谱	电荷多少和种类	① 通常分辨率较高 ② 选用介质得当时流速快，容量很高，样品体积不受限制	最适用于大量样品的前期处理和分离阶段
聚焦色谱	等电点	① 分辨率很高 ② 流速快 ③ 容量很高，但柱的大小限制样品体积	适用于纯化的后阶段
疏水色谱	疏水性	① 分辨率好 ② 流速快 ③ 容量高，样品体积不受限制	适用于分离的任何阶段，尤其是样品离子强度高时，即在盐析、离子交换或亲和色谱之后用
亲和色谱	生物大分子的特异性结合性	① 分辨率非常好 ② 流速很高 ③ 样品体积不受限制	适用于分离纯化的任何阶段，尤其是样品体积大、浓度很低时而杂质含量很高时

三、色谱系统的操作方法

（一）装柱

装柱是成功得到分离物质最关键的一步，实验室色谱分离操作的重力沉降装柱法可按以下步骤进行操作。

（1）将柱中待填充的材料在溶剂中充分溶胀后抽真空除去气泡。

（2）将柱子清洗干净后垂直固定在铁架台上，装入少许缓冲液让其自然流下，离柱底约 2～3cm 处仍有洗脱液时，关闭柱的流出口。

（3）慢慢连续不断地将填料装入柱中，待填料自然沉降 3cm 后，打开下口，让缓冲液慢慢流出，控制流速和一定的操作压，并不断补加填料，使其形成的柱床体积达到预定体积为止。

整个过程一般需要反复多次操作才能达到较好的效果。需注意以下几点：①为了防止由于溶剂或样品的加入搅动引起柱表面不平，可在柱表面上加一个保护装置，比如滤纸、尼龙纱或人造丝网，有些商品有一个承接管或柱塞；②柱床中不能有气泡；③柱子绝对不能流干，也就是说必须在柱床上面保留一小段缓冲液。

由于固定相种类的不同，装柱的方法还有很多，除重力沉降法外，还有加压法，在柱顶上连接一个耐压的厚壁梨形瓶，其中贮放交换剂悬浮液。梨形瓶上口连接加压装置，装柱过程中随柱床的升高，压力逐渐加大，达到 1.01×10^5Pa，立即再减压。还有一种可靠的装柱方法是：在电动搅拌下或用蠕动泵连续将处理好的填料装入柱中沉积，这是一种比较理想的方法。

对于离子交换色谱来说，交换剂进入柱中采用减压或加压等机械操作，进入后又利用气压的变化来抖松交换剂使之分布均匀，这样不易产生“节”和气泡等不正常现象。色谱柱形状的选择需根据介质和分离目的来定，以直径和高度的比例为 1∶15 为宜。柱越细长，分离效果越好，但流速越慢。对于样品组分不太复杂、交换剂目细的情况下，为了防止细目交换剂加压排列紧密柱阻塞的现象，可选用粗短型的柱子。在离子交换色谱中，通常应根据样品的量和杂质的情况，通过交换剂总交换量指标，先粗略估算应用多少交换剂后，再根据样品中组分情况和色谱条件决定所用柱的形状。

（二）平衡

色谱柱装好之后，必须用起始缓冲液平衡至与之 pH 和离子强度相同时才可使用。一般在恒压下平衡，起始缓冲液的用量为柱床体积的 3～5 倍，使交换剂充分平衡，柱床稳定即可。装好的柱子必须是均匀，无纹路，无气泡，柱顶部平整。检查柱是否均匀，可用蓝色葡聚糖-2000，在恒压下走柱，如色带均匀下降，说明柱是均匀的，可以使用，否则应重新装柱。

（三）上样量和上样体积

上样量的多少和上样体积大小是影响分离效果的关键因素，上样体积越小，量越少，分离效果越好。它主要取决于色谱目的（分析性色谱和制备性色谱），也与样品的种类多少、相对浓度及亲和力有关。对于分析性柱色谱，加样量一般不超过柱床体积的 0.5%～1%，制备性柱色谱加样量一般不超过柱床体积的 1%～3%。分子筛的加样量要远小于离子交换色谱。如果要求高分辨率，样品的体积尽可能小。相对分子质量较小的物质亲和力低，加样量要少，体积要小。总之任何物质的上样量需通过反复实验来决定。

1. 样品的准备

样品在上柱之前必须经过预处理，由于分离和制备的目的不同，预处理的方法也不同。一般样品溶解后要与起始缓冲液有相同的 pH、离子强度和较小的体积及合适的浓度。

样品在上柱前要将不溶的物质用离心法或过滤法去除，并根据需要进行透析、超滤或凝胶过滤等进行浓缩和脱盐。

2. 加样方法

加样的方法有以下几种：①移去柱床上方的液体至柱床刚露出，用移液管小心地将样品沿离柱床表面 1cm 处的内壁转动一周，然后迅速移至中央尽可能快地覆盖胶面，打开下口，待胶面刚露出，关闭下口。同样操作用缓冲液洗涤 2～3 次，再加缓冲液1～2mL，然后将柱和贮液瓶相连进行洗脱。这样可以使样品全部进入色谱柱中，以免造成拖尾，降低分辨率。加样前如果胶面不平整，可用玻璃棒轻轻将胶面搅起，待自然沉降至平整后，再加样。加样过程中不可破坏胶面的平整性；②不需要将柱子流干至胶面露出，而是加入 1%的蔗糖来增加样品的密度，当这种溶液铺在柱床上部的溶剂上时，它自动沉到柱的胶表面，因而很快地通过柱，当然这种方法是以蔗糖的存在不影响分离和以后样品的分析为前提的；③用一根毛细管和一个注射器或蠕动泵把样品直接传送到柱表面（如一些商品柱附有专门加样装置）。

保持柱上端胶面平整、柱内无气泡和胶床不干裂对于分离效果是很关键的。因此，在加样时以及色谱过程中都应保持胶面的平整，且过程中应在胶面上方保持一定的液面高度。

（四）洗脱

洗脱液的 pH 及离子强度等是影响分离效果、产品质量和数量的重要因素，故不同物质应选用不同的洗脱液。离子交换法根据洗脱液配比不同，洗脱方法有 3 种：①改变洗脱液的 pH。根据目的物质的等电点和介质性质选择合适的 pH，通过改变 pH，使大分子的电荷减少，从被吸附状态变为解离状态；②改变离子强度。用一种比吸附物质更活泼的离子，增加洗脱液的离子强度，使离子竞争力加大，将被分离物从交换剂上换下来；③当被分离物组分复杂用一种方法往往分离效果不理想时，可同时改变 pH 及离子强度。洗脱一般借助重力或蠕动泵洗脱。

洗脱的方式有三种：一步洗脱、阶段洗脱和梯度洗脱。

一步洗脱的方法最简单，洗脱缓冲液就是起始缓冲液，如用 DEAE-纤维素分离血清中的 IgG。

阶段洗脱是用几个具有不同离子强度或 pH 的缓冲液相继进行洗脱。首先用起始缓冲液洗脱，待不出新的洗脱峰后，改用离子强度较高或 pH 改变了的缓冲液洗脱，此时可出现新的洗脱峰，待不再出新的洗脱峰后，改用离子强度更高或 pH 改变了的缓冲液继续洗脱，如此反复，直到将不同组分分离开为止。

当待分离物质组成简单，或相对分子质量及性质差别较大，或需要快速分离时，该方法比较适用。但这种方法也有一定缺点：①洗脱能力较强，分辨率较差，亲和力或相对分子质量相近的不同组分不易分开；②由于大分子和介质表面的电荷分布不均匀或分子构象的不规则，可使同一个组分的不同分子所遇到的微环境有差异，吸附的紧密程度就有所不同。在同一恒定的洗脱条件下，吸附较紧密的分子将在后面出现拖尾现象。

梯度洗脱是用离子强度改变或 pH 连续改变的洗脱液进行洗脱。通常采用一种低离子强度的盐溶液为起始溶液（A），另一种为高离子强度的盐溶液（B）作为最终溶液。两种溶液之间通过一根玻璃管接通时高离子强度溶液向低离子强度溶液处流动，起始溶液直接流入柱内，这样可使柱内的离子强度梯度上升，克服了直线洗脱中的拖尾现象。同时，混合物中的各组分逐个进入解吸状态，因此其分辨率要高于阶段洗脱。在生物化学实验及生化物质制备中常常用到梯度洗脱。由于用到装 A 液和 B 液的容器形状和大小不同会产生凹形梯度、凸形梯度和线性梯度几种形式，无论什么样的梯度，它的效力都是通过对其 pH 或电导率的测定来检验，所以形成梯度应满足以下要求：

（1）梯度上限要足够高，若目的物质是酸性的大分子，则选择碱性 pH；若目的物质为碱性物质，则选择酸性 pH。

（2）梯度的斜度要足够平缓，以使各峰分开，但又足够陡峭，以免峰形过宽或拖尾。

（3）洗脱液的总体积要足够大，洗脱时间足够长，使分离的各个峰不致丢失。

（4）梯度升降速度要适当，恰好能使移动区带接近柱末端时，达到解吸状态，这样可用全柱长进行无数次的解吸和再吸附，达到分离目的。

（5）最大分辨率的梯度洗脱，在那些对吸附和洗脱有相近亲和力的大分子出现的区域比较平坦，而在相邻大分子的亲和力差异较大的区域则是陡峭的，通常需要反复试验，特别是用优选法或正交实验摸索一个合适的梯度洗脱液配方来调节梯度，才能达到理想的结果。

（五）流速及控制

洗脱液的流速也会影响色谱的分辨率，所以在整个分离过程中，洗脱液通过柱时保持稳定的流速是很重要的。由于流速与所用介质的结构、数量及粒度有关，且与柱子的大小、介质填料的松紧及洗脱液的黏度、操作压有关，必须根据具体条件反复试验以确定一个合适的流速。太高的流速使洗脱峰加宽，继而降低了分辨率；操作压过高时，有时会使流速先快后慢甚至发生阻塞。流速可以通过调节操作压来实现，即调节柱上部贮液瓶中溶剂的水平和出水口位置的水平差。保持流速恒定的方法有两种：①用装有恒压管的恒压瓶来保持；②用蠕动泵将洗脱液泵入或泵出柱子。

（六）分部收集

要想将各组分分离开，必须将溶在洗脱液中已经分离的各组分分部收集，即将洗脱液分成小部分收集，使得柱上已经分离的化合物仍然处于分离状态。每管收集的体积越小，越容易得到纯的组分。一种特殊的化合物可能分布在好几个小管中，但是如果分离的好，会集中在相对较少的管中，它们通过一些不含任何化合物的中间部分与含有别的化合物的部分分开。含有相同化合物的部分可以合并。

分部收集可以人工实现，也可通过自动部分收集器实现。自动部分收集器被设计成当一个管中收集了一定量的洗脱液后，另一个新的收集管自动地接替它的位置。每一部分中洗脱液的实际量可以用几种方法来确定：①在固定的时间内，让洗脱液进入每个管子。在这种情况下，如果柱的流速改变，收集的每一部分的体积也会发生改变；②用一种虹吸式或类似的系统使一个预先确定的体积转移到每一个管中；③用电子控制的方法使预定的滴数滴入每一管。此法有一个缺点，如果洗脱液的组分改变（如在梯度洗脱时），表面张力可能改变，就会改变液滴的大小，使得实际收集的体积发生变化。

目前市场上已有多种形式的商品化的自动部分收集器生产和出售。

（七）检测和合并收集

洗脱液按一定的体积分别收集于试管中，为了测定各部分中各种成分的分布，必须用一些能特异性检测被分离化合物的方法来进行分析，根据溶质的性质和分离的目的，有直接法和间接法两种方法。直接法有分光光度法、光折射法、荧光法和免疫法等。有许多的化合物可能必须用手工方法来分析所有的部分，如果某一化合物对可见光或紫外光有吸收，如蛋白质在 280nm、核酸在 260nm 处有最大的吸收。在这种情况下可以通过核酸蛋白检测仪来检测。当洗脱液从柱口流出后，可以经毛细管与一个分光光度计连接，分光光度计上吸光值的变化通过一个光电管转换器在图表记录仪或在电脑显示屏上被描绘出来，这样可连续地记录各部分的号码和每一部分中分离成分的量。

洗脱液的合并方法对目的物质量和产量有较大的影响。一般根据洗脱峰的位置合并较窄的部分，纯度较高；合并较宽的部分，含量较多的。

（八）洗脱峰纯度鉴定

实际工作中，因为检测系统的分辨率有限，所以一个对称的洗脱峰并不一定代表一个纯净的组分。对在一个特定的柱色谱分离条件下显示出的每个峰要用几个纯度标准来检验，才能确定它的均一性。例如，可采用等电聚焦法、高效液相色谱法、SDS 电泳法和测定 N 末端氨基酸残基方法等。如果洗脱峰不对称，或出现“肩”，则表示混有杂质。

（九）脱盐和浓缩

纯度鉴定完毕可将同一组分合并。要想得到某一产品，有必要依次经过超滤法（去盐、去水）或减压薄膜浓缩，透析去盐，再用冻干机干燥或有机溶剂沉淀等方法处理，得到干粉或沉淀。科研、生产中要得到高纯度组分，往往要经过几次柱色谱，每次柱析后，某一峰的洗脱液可依次用透析法除盐，减压薄膜或超滤浓缩将样品浓缩到一定体积后，再第二次上柱子。

第二节　吸附色谱法

一、吸附色谱基本原理

某些固体物质（如氧化铝、活性炭等）具有吸附的性能，可将一些物质从溶液中吸附到它的表面上。吸附剂从溶液中吸附物质的同时，也有部分已被吸附的该物质从吸附剂上脱离下来。在一定条件下，这种吸附与脱附之间可建立动态平衡。达到平衡时，在吸附剂表面上被吸附的物质数量的多少，是该吸附剂对该物质吸附能力强弱的反映；这种吸附能力是由离子键、氢键、范德华力等决定的。在不同的情况下，占主要地位的作用力可能不同，也可能由几种力同时起作用。吸附剂吸附能力的强弱除决定于吸时剂及被吸附物质的本身性质外，还和周围溶液的组成有密切关系。当改变吸附剂周围溶剂的成分时，吸附剂的吸附能力即可发生变化。在这种情况下，往往可使被吸附物质从吸附剂上解吸下来，这种解吸过程称为洗脱或展层。被解吸下来的物质向前移动时，遇到前面新的吸附剂会被重新吸附，然后又被后来的洗脱液再次解吸下来，继续向前移动。经过这样反复地吸附—解吸—再吸附—再解吸的过程，物质既可沿洗脱液的前进方向移动，其移动速率取决于当时条件下吸附剂对该物质的吸附能力。若吸附剂对该物质的吸附能力强，其向前移动的速率慢；反之，若吸附能力弱，其移动速率就要快。由于吸附剂对样品中各组分的吸附能力不同，所以在洗脱过程中各组分便会由于移动速率不同而逐渐分离开来。

二、吸附薄层色谱法

吸附薄层色谱是将吸附剂或者支持剂（有时加入固化剂）均匀地铺在一块玻璃上，

形成薄薄的平面涂层。干燥后在涂层的一端点样，竖直放入一个盛有少量展开剂的有盖容器中。展开剂接触到吸附剂涂层，借毛细作用向上移动形成薄层色谱，使混合物得以分离的方法。

（一）吸附薄层色谱的基本原理

吸附薄层主要是利用吸附剂对样品中各成分吸附能力不同，及展开剂对它们的解吸附能力的不同，使各成分达到分离。吸附强度决定于吸附剂的吸附能力，还受被吸附成分的性质影响，也与展开剂的性质有关。经过在吸附剂和展开剂之间的多次吸附-溶解作用，将混合物中各组分分离成孤立的样点，实现混合物的分离。

（二）吸附薄层色谱条件

1. 固定相选择

吸附薄层色谱的固定相即吸附剂。常用吸附剂有硅胶、氧化铝和聚酰胺等。硅胶粒度一般为 10～40μm，比表面积约为 500m²/g，比孔体积约为 0.4mL/g，平均孔径约为 100nm。常用硅胶有硅胶 H、硅胶 G 和硅胶 GF_{254} 等规格。硅胶 H 为不含黏合剂的硅胶，铺成硬板时需另加黏合剂；硅胶 G 是硅胶和煅石膏（gypsum）混合而成。硅胶 GF_{254} 含有一种无机荧光剂，如锰激活的硅酸锌（Zn_2SiO_4 ∶ Mn），在 254nm 紫外光下呈强烈黄绿色荧光背景。用含荧光剂的吸附剂制成的荧光薄层板可用于本身不发光且不易显色的物质的研究。氧化铝和硅胶类似，有氧化铝 G、氧化铝 H 等。硅胶、氧化铝活度可以用柱色谱法或薄层色谱法测定。

吸附剂颗粒的大小对展开速度、R_f 值和分离效果都有明显的影响。颗粒大，则总表面积小，吸附量低，展开速度快，展开后斑点较宽，分离效果差。若颗粒太小，则展开速度太慢，而且不易用干法铺板。因此，应该选用颗粒大小适宜的吸附剂，而且其粒度分布要窄。吸附剂颗粒大小通常有两种表示方法，一种是颗粒直径（以 μm 表示），另一种是筛子单位面积的孔数（以目表示）。干法铺板所用吸附剂颗粒直径一般在 75～100μm，或150～200目较为合适，而湿法铺板则用更细的颗粒，为 10～40μm 或 250～300 目。聚酰胺则一般在 100～180 目范围内。高效薄层板的颗粒直径为 5～10μm。

2. 展开剂选择

吸附薄层色谱展开剂的选择，主要根据样品中各组分的极性、溶剂对于样品中各组分溶解度等因素来考虑。展开剂的极性越大，对化合物的洗脱力也越大。展开剂的选择主要根据样品的极性、溶解度和吸附剂的活性等因素来考虑，在进行薄层色谱时，首先应该知道未知化学成分的类型，其极性的大致归属，若某样品里含多种化学成分先按极性不同大致分，然后细分，对于分离未知的化学物质，展开剂的选择也是一个摸索的过程，不应该仅仅从展开剂考虑，应多因素综合衡量。

常用展开剂的极性强弱顺序为：水＞酸＞吡啶＞甲醇＞乙醇＞正丙醇＞丙酮＞乙酸乙酯＞乙醚＞氯仿＞二氯甲烷＞甲苯＞苯＞三氯乙烷＞四氯化碳＞环己烷＞石油醚。

选择展开剂时，除参照上述溶剂极性来选择外，更多地采用试验的方法。表 8-4 列举了薄层色谱各类物质的常用展开溶剂。

先用一种极性较小的溶剂为基础溶剂展开混合物，若展开不好，用极性较大的溶剂与前一溶剂混合，调整极性，再次试验，直到选出合适的展开剂组合。合适的混合展开剂常需多次仔细选择才能确定。

表 8-4 薄层色谱各类物质的常用展开溶剂

<table>
<tr><th>被分离的物质</th><th>载 体</th><th>展开溶剂</th></tr>
<tr><td rowspan="3">氨基酸</td><td>硅胶 G</td><td>① 70%乙醇，或 96%乙醇：20%氨水=4：1
② 正丁醇：乙酸：水=6：2：2
③ 酚：水=3：1（质量比）
④ 正丙醇：水=1：1 或酚：水=10：4
⑤ 氯仿：甲醇：17%氨水=2：2：1</td></tr>
<tr><td>氯化铝</td><td>正丁醇：乙醇：水=6：4：4</td></tr>
<tr><td>纤维素</td><td>① 正丁醇：乙酸：水=4：1：5
② 吡啶：丁酮：水=15：70：15
③ 正丙醇：水=7：3
④ 甲醇：水：吡啶=80：20：4</td></tr>
<tr><td>多肽</td><td>硅胶 G</td><td>① 氯仿：丙酮=9：1
② 环己烷：乙酸乙酯=9：1
③ 氯仿：甲醇=9：1
④ 丁醇饱和的 0.1% NH_4OH</td></tr>
<tr><td rowspan="2">蛋白质及酶</td><td>Sephadex G-250</td><td>① 0.05mol/L NH_4OH
② 水</td></tr>
<tr><td>DEAE-Sephadex G-250</td><td>各种浓度的磷酸缓冲液</td></tr>
<tr><td rowspan="2">水溶性 B 族维生素</td><td>硅胶 G</td><td>乙酸：丙酮：甲醇：苯=1：1：4：14</td></tr>
<tr><td>氧化铝</td><td>甲醇，或四氯化碳，或石油醚</td></tr>
<tr><td>脂溶性 B 族维生素</td><td>硅胶 G</td><td>① 石油醚：乙醚：乙酸=90：10：1
② 丙酮：己烷：甲醇=50：135：13</td></tr>
<tr><td rowspan="3">核苷酸</td><td>纤维素 G</td><td>① 水
② 饱和硫酸铵：1mol/L 乙酸钠：异丙醇=80：18：2
③ 丁醇：丙酮：乙醇：5%氨水：水=3.5：2.5：1.5：1.5：1</td></tr>
<tr><td>DEAE-纤维素</td><td>① 0.02～0.04mol/L HCl
② 0.2～2mol/L NaCl</td></tr>
<tr><td>硅胶 G</td><td>① 正丁醇饱和液
② 异丙酮：浓氨水：水=6：3：1
③ 正丁醇：乙酸：水=5：2：3
④ 正丁醇：丙酮：冰醋酸：5%氨水：水=3.5：2.5：1.5：1.5：1</td></tr>
<tr><td>脂肪酸</td><td>硅胶 G、硅藻土</td><td>① 石油醚：乙醚：乙酸=70：30：1
② 乙酸：甲腈=1：1
③ 石油醚：乙醚：乙酸=70：30：1</td></tr>
<tr><td>脂肪类</td><td>硅胶 G</td><td>① 石油醚（沸点 60～90℃）：苯=95：5
② 石油醚：乙醚=92：8
③ 四氯化碳
④ 氯仿
⑤ 石油醚：乙醚：冰醋酸=90：10：1（或 80：10：1）</td></tr>
<tr><td rowspan="2">糖类</td><td>硅胶 G-0.33mol/L 硼酸</td><td>① 苯：冰醋酸：甲醇=1：1：3
② 正丁醇：丙酮：水=4：5：1
③ 氯仿：丙酮：冰醋酸=6：3：1
④ 正丁醇：乙酸乙酯：水=7：2：1</td></tr>
<tr><td>硅藻土</td><td>① 乙酸乙酯：异丙醇：水=65：23.5：11.5
② 苯：冰醋酸：甲醇=1：1：3
③ 甲基乙基丙酮：冰醋酸：甲醇=3：1：1</td></tr>
</table>

续表

被分离的物质	载　体	展开溶剂
磷脂	硅胶 G	① 氯仿∶甲醇∶水＝80∶25∶3 ② 氯仿∶甲醇∶水＝65∶25∶4（或 65∶2∶4，或 13∶6∶1）
生物碱	硅胶 G	① 氯仿＋(1%～5%) 甲醇 ② 氯仿∶乙二胺＝9∶1 ③ 乙醇∶乙酸∶水＝60∶30∶10 ④ 环己烷∶氯仿∶乙二胺＝5∶4∶1
	氧化铝 G	① 氯仿 ② 环己烷∶氯仿＝3∶7，再加 0.05%二乙胺 ③ 正丁醇∶二丁醚∶乙酸＝40∶50∶10
酚类	硅胶 G	① 苯 ② 石油醚∶乙酸＝90∶10 ③ 氯仿 ④ 苯∶甲醇＝95∶5

3. 相对移动值

从点样原点开始到展开后的溶剂前沿，是溶剂的移动距离，记为 l_0，混合物中各组分的移动距离分别记为 l_1，l_2，l_3……

在不同的展开条件下，各化合物的移动距离不会相同，而在同一条件下，相对于展开剂的移动距离，各化合物有可比较的展开数据，称为相对移动值，或比移值：$R_f = l_i/l_0$。

在相同条件下测得的比移值可以用作化合物的薄层色谱特征值。

4. 显色

分离的化合物若有颜色，很容易识别出来各个样点。但多数情况下，化合物没有颜色，要识别样点，必须使样点显色。通用的显色方法有碘蒸气显色和紫外线显色。

(1) 碘蒸气显色。将展开的薄层板挥发干展开剂后，放在盛有碘晶体的封闭容器中，升华产生的碘蒸气能与有机物分子形成有色的缔合物，完成显色。

(2) 紫外线显色。用掺有荧光剂的固定相材料（如硅胶 F、氧化铝 F 等）制板，展开后再用紫外线照射展开的干燥薄层板，板上的有机物会吸收紫外线，在板上出现相应的色点，可以被观察到。

(3) 喷雾显色。有时对于特殊有机物使用专用的显色剂显色。表 8-5 和表 8-6 列举了各类物质常用的薄层显色剂。此时常用盛有显色剂溶液的喷雾器喷板显色。

表 8-5　各类物质常用的薄层显色剂

化合物	显色剂
氨基酸类	茚三酮液：0.2～0.3g 茚三酮溶于 95mL 乙醇中，再加入 5mL 2,4-二甲基吡啶
脂肪类	5%磷钼酸乙醇液；三氯化锑或五氯化锑氯仿液；0.05%若丹明 B 水溶液
糖类	2g 二苯胺溶于 2mL 苯胺、10mL 80%磷酸和 100mL 丙酮液
酸类	0.3%溴甲酚绿溶于 80%乙醇中，每 100mL 中加入 30% NaOH 3 滴
醛酮	邻联茴香胺乙醇溶液
酚类	5%三氯化铁溶于甲醇-水（1∶1）中
脂类	7%盐酸羟胺水溶液与 12% KOH 甲醇液等体积混合，喷于滤纸上，将薄层在 30～40℃接触 10～15min，取下滤纸，喷洒 5% $FeCl_3$（溶于 0.5mol/L HCl 中）于纸上

表 8-6 腐蚀性万能薄层显色剂

试 剂	组成和用法
浓硫酸	喷上浓硫酸，加热到 100～110℃
50%硫酸	喷上后，加热到 200℃，在日光或紫外灯下观察
硫酸：乙酸酐＝1：3	喷上后加热
H_2SO_4-$KMnO_4$	0.5g $KMnO_4$ 溶于 15mL 浓硫酸，喷后加热
H_2SO_4-$HCrO_4$	将 $HCrO_4$ 溶于浓硫酸中使成饱和溶液，喷后加热
H_2SO_4-HNO_3	喷 H_2SO_4-HNO_3（1：1）后加热，或用含有 5% HNO_3 的浓硫酸，喷后加热
$HClO_4$	喷 2%（或 25%）$HClO_4$ 溶液后，加热至 150℃
I_2	喷 1%碘的甲醇溶液，或放在含有 I_2 结晶的密闭容器内

（三）薄层色谱操作

1. 制板（以硅胶板为例）

选择合适的玻璃板（经常使用显微镜上的载玻片），依次用水和乙醇洗净，晾干。取适量薄层色谱用的硅胶，加适量蒸馏水调成糊。调制时慢慢搅拌，勿使产生气泡。将糊倒在玻璃板上，摇动摊平，晾干。使用前放入烘箱内，在 105～115℃左右烘干 40～50min，冷却后使用。

2. 点样

用微量进样器吸取试样溶液，在薄层板上点样。点样点距底边 1.5～2.0cm，点样点直径小于 3mm。上样量要适中，太少时，某些成分不能被检出；太多时，容易产生拖尾现象，即每个斑点都拉得很长，互相重叠，不能分开。薄板承载样量有限，勿使点样量过多。

3. 展开

吹干样点，竖直放入层析缸中。展开剂要接触到吸附剂下沿，但切勿接触到样点。盖上盖子，展开。待展开剂上行到一定高度，取出薄层板，画出展开剂的前沿线。

4. 显色及的计算 R_f 值

用吹风机吹干展开剂，选择合适的显色方法显色。量出展开剂和各组分的移动距离，计算各组分的相对移动值。

（四）薄层色谱应用

薄层色谱主要用于生物物质的分离鉴定。可用于判断两个化合物是否相同（同一展开条件下是否有相同的移动值）；可用于确定混合物中含有的组分数；为柱色谱选择合适的展开剂，监视柱色谱的分离状况和效果。

三、吸附柱色谱法

（一）吸附柱色谱基本原理

在一定条件下，吸附剂与被分离物质之间产生作用，这种作用主要是物理和化学作用两种。物理作用来自于硅胶表面与溶质分子之间的范德华力；化学作用主要是硅胶表面的硅羟基与待分离物质之间的氢键作用。

（二）吸附柱色谱条件

1. 色谱柱的选择

色谱柱通常用玻璃柱，这样可以直接观察色带的移动情况，柱应该平直，直径均匀。工业上大型色谱柱可以用金属制造，有时在柱壁上嵌一条有机玻璃带，便于观察。柱的入口端应该有进料分布器，使进入柱内的流动相分布均匀。有时也可在色谱柱顶端加一层多孔的尼龙圆片或保持一段缓冲液层。柱的底部可以用玻璃棉，也可用砂芯玻璃板或玻璃细孔板支持固定相，最简单的也可以用铺有滤布的橡皮塞。砂芯板最好是活动的，能够卸下，这样色谱过程结束后，能够将固定相推出。柱的出口管子应该尽量短些，这样可以避免已分离的组分重新混合。在分离生物物质时，有些色谱柱需要带有夹套，以保持操作过程能在适宜的温度下进行；还有些柱应该能进行灭菌，以免微生物的污染。灭菌方法因色谱柱的材质而异。

一般情况下，柱的内径和长度比为 1：(10～30)。柱直径大多为 2～15cm。柱径的增加可使样品负载量成平方地增加，但柱径大时，流动很难均匀，色带不容易规则，因而分离效果差；柱径太小时，进样量小，且使用不便，装柱困难，但适用于选择固定相和溶剂的小实验。实验室中所用的柱，直径最小为几毫米。

色谱柱的长度与许多因素有关，包括色谱分离的方法、流动相和固定相的种类、容量和粒度、填装的方法和填装的均匀度等。此外，设计柱长时需考虑下列几点：①柱的最小长度取决于所要达到的分离程度，目的产物的分离程度分辨率低，需要较长的色谱柱；②较大的柱直径需要较长的色谱柱。柱越长，长度和内径比越大，就越难得到均匀的填装。就目前实验室采用的匀浆填装技术，填装长度一般不超过 50cm，而大多数色谱柱的长度在 25cm 左右。

2. 吸附剂的选择

吸附剂的选择是吸附色谱法的关键问题，选择不当，达不到要求的分离效果。吸附剂的种类很多，而对吸附剂的选择尚无固定的法则，一般需通过小样实验来确定。一般而言，所选吸附剂应有最大的比表面积和足够的吸附能力，它对欲分离的不同物质应该有不同的解吸能力，即有足够的分辨力；与洗脱剂、溶剂及样品组分不会发生化学反应，还要求所选的吸附剂颗粒均匀，在操作过程中不会破裂。吸附的强弱可概括如下：吸附现象与两相界面张力的降低成正比，某物质自溶液中被吸附程度与其在溶液中的溶解度成正比，极性吸附剂容易吸附极性物质，非极性吸附剂容易吸附非极性物质，同族化合物的吸附程度有一定变化方向，如同系物极性递减，因而被非极性表面吸附能力将递增。

经典柱色谱所用的吸附剂都比薄层用的略粗，而且被分离样品和吸附剂之间有一定的比例，一般规律见表 8-7。

表 8-7　常用吸附剂与样品量的关系

吸附剂	粒度/目	样品：吸附剂
氧化铝	100～150	19：(20～50) 9
硅胶	100～200、200～300	19：(30～60) 9
聚酚胺	60～100（或颗粒状）	19：1009
活性炭	粉末状、锦纶-活性炭、颗粒活性炭	(5～10)g：100mL

3. 洗脱剂的选择

吸附剂选择好之后，要进行洗脱剂的选择。原则上要求所选的洗脱剂纯度合格，与样品和吸附剂不起化学反应，对样品的溶解度大，黏度小，容易流动，容易与洗脱的组分分开。常用的洗脱剂有饱和的碳氢化合物、醇、酚、酮、醚、卤代烷、有机酸等。选择洗脱剂时，可根据样品的溶解度、吸附剂的种类、溶剂极性等方面来考虑，极性大的洗脱能力大，因此可先用极性小的作洗脱剂，使组分容易被吸附，然后换用极性大的溶剂作洗脱剂，使组分容易从吸附柱中洗出。

为了摸索色谱条件，可以首先将被分离物质进行薄层色谱分离，选择较好的色谱条件。如果混合物各组分的 R_f 相差很大，可直接用薄层展开剂作为柱色谱洗脱剂。如果各组分结构相似，R_f 相差很小，则需采用梯度洗脱法。氧化铝和硅胶柱色谱，常选用非极性溶剂加入少量极性有机溶剂作为梯度洗脱剂。

如果选择的薄层展开剂是氯仿-甲醇（8∶2）时，作柱色谱时先用氯仿洗脱，然后在适当的时候（洗脱液颜色变浅或新的成分不能被洗脱时），逐步更换为氯仿-甲醇（98∶2、95∶2、90∶10 等）。

聚酰胺在水中吸附能力最强，在碱液中吸附能力量弱。聚酰胺柱色谱常用的洗脱剂为稀醇，一般柱色谱开始用水，然后依次用 10%、30%、50%、70%、95%的乙醇作为洗脱剂，也可用不同浓度的稀甲醇或丙酮为洗脱剂。分离极性较小的成分开始可用氯仿，然后用不同比例的氯仿-甲醇作为洗脱剂。如果有些成分难被洗脱，可用 3.5%氨水洗脱。

活性炭柱的洗脱剂先后顺序为 10%、20%、30%、50%、70%的乙醇溶液，也有用稀丙酮、稀乙酸或稀苯酚作洗脱剂的。某些被吸附的物质不能被洗脱，可先用适当的有机溶剂或 3.5%氨水洗脱。

（三）吸附柱色谱应用

吸附柱色谱在生物化学和药学领域有比较广泛的应用，主要体现在对生物小分子物质的分离。生物小分子物质相对分子质量小，结构和性质比较稳定，操作条件要求不太苛刻，其中生物碱、萜类、苷类、色素等次生代谢小分子物质常采用吸附色谱或反相色谱法。吸附色谱在天然药物的分离制备中占有很大的比例。

第三节　分配色谱法

一、基本原理

分配色谱法是利用被分离物质中各成分在两种不相混溶的液体之间的分布情况不同而使混合物得到分离。相当于一种连续性的溶剂提取方法，只是把其中一个溶剂设法固定，用另一种溶剂来冲洗，这种分离不经过吸附程序，仅由溶剂的提取而完成，所以叫分配色谱法。

固定在柱内的液体叫做固定相，用作冲洗的液体叫做流动相。为了使固定相固定在柱内，需要有一种固体来吸牢它，这种固体本身不起分离作用，只是起支撑固定相的作用，叫做载体。进行分离时先将含有固定相的载体装在柱内，加少量被分离的溶液后，用适当溶剂进行洗脱。在洗脱过程中，流动相与固定相发生接触，由于样品中各成分在两相之间的分布不同，因此向下移动的速度不同，容易溶于流动相中的成分移动快，而在固定相中溶解度大的成分移动就慢，因此得到分离。

二、分配色谱条件

1. 载体的选择

分配色谱法中所用的载体，通常是惰性的、没有吸附能力的、能容留较大量固定相的物质，主要有硅胶、硅藻土、纤维素等，近年来也有用有机载体的（如聚乙烯粉等）。

（1）纤维素。将纤维粉 29 加 8～12mL 蒸馏水湿法铺板，晾干后，100℃左右活化 1h。纤维素作为支持剂，与其烃基相结合的水作为固定相，其他溶剂为移动相，可从纤维板上自由通过。

（2）硅胶。硅胶吸水量为 50%时仍为粉末状，当其吸水量在 17%以上时，硅胶就失去其吸附作用，作为载体使用，此时硅胶色谱则为分配色谱。

（3）硅藻土。硅藻土具有微孔结构，不具吸附作用，是现在使用最多的载体。装柱时，要将拌成浆状的硅藻土分批小量放入大柱中，用一端成平盘的棒把硅藻土压紧压平。流动相的流速一般与硅藻土所含水分有关，但水分太多，会造成流动困难，一般每克硅藻土可吸着 2～3mL 水溶液。

必须指出，在分配色谱法中，固定相和流动相必须事先互相饱和后再使用，至少流动相应先用固定相饱和；否则，在以后展开时通过大量流动相，就会把载体中的固定相逐渐溶掉，只剩下载体，这样就不能称为分配色谱法。

2. 固定相的选择

常用的固定相有水、各种缓冲溶液、酸的水溶液、甲酚胺、丙二醇以及为水所饱和的有机溶剂等。按一定比例与支持剂混匀后填装于色谱柱内，用有机溶剂为洗脱剂进行分离。在水中添加某些物质作为固定相，其目的在于控制溶质的电离度，有时还能减轻色带“拖尾”现象。

有时也采用“反相色谱法”，即用有机溶剂为固定相，而以水或水溶液或与水混合的有机溶剂为流动相。被分离物质的移动情况与正常的相反，亲脂性成分移动慢，在水中溶解度较大的成分移动快。因此，有时可用于正常色谱法分离不好的体系。反相色谱法常用的固定相有硅油、液体石蜡等。如果所处理的溶质憎水性很强（如高级脂肪酸等），则可将载体经适当的处理，吸着有机溶剂作为固定相，而以水作为流动相，进行色谱分离。

3. 流动相的选择

流动相一般用为水所饱和的有机溶剂或水-有机溶剂互溶的混合液，一般常用的流动相溶剂有石油醚、醇类、酮类、酯类、卤代烷类、苯类等，或它们的混合物。反相色谱法常用的流动相，则为正相色谱法中的固定相，如水、各种水溶液（包括酸、碱、盐与缓冲液）、低级醇类等。

固定相与流动相的选择，要根据被分离物质中各成分在两相溶剂中的溶解度比，即分配系数而定。一般在选择流动相时，首先选择各组分溶解度相差大的溶剂。表 8-8 列举了分配色谱常用的流动相系统。

表 8-8　分配色谱展开剂示例

载　体	固定相	展　开　剂
纤维素	水	水饱和的酚、水饱和的正丁醇、正丁醇∶乙酸∶水（4∶1∶5）、异丙醇∶氨水∶水（45∶5∶10）等
硅藻土	乙二醇	正己烷、正己烷∶苯（1∶1）、苯、苯∶氯仿（1∶1）
纤维素	丙二醇	异丙醚∶甲酸∶水（90∶7∶3）、氯仿
（硅胶）	聚乙二醇 甲酰胺	苯∶庚烷∶氯仿∶二乙胺（60∶50∶10∶0.2）、氯仿 正己烷、正己烷∶苯（1∶1）、苯、苯∶氯仿（1∶1）
硅藻土	液体石蜡	甲醇∶水或丙酮∶水（90∶5、90∶10、80∶20、70∶30）
纤维素	正十一烷	乙酸乙酯∶水或丙腈（90∶5、90∶10、80∶20、70∶30）
硅胶	硅油	氯仿∶甲醇∶水（75∶25∶5）

三、分配色谱基本操作

1. 装柱

分配柱色谱的装柱质量，直接影响分离效果。装柱前，将固定相与载体混合，如果用硅胶、纤维素等载体时，可以直接称出一定量固体，再加入一定比例的固定相液体，混匀后按上节所述的方法装柱。

用硅藻土为载体，加固定相直接混合的办法不容易得到均匀的混合物。为此先把硅藻土放在大量流动相液体中，在不断搅拌下，逐渐加大固定相，加时不宜太快，加完后继续搅拌片刻。有时因局部吸着水分过多，硅藻土会聚成大块，可用玻璃棒把它打散，使硅藻土颗粒均匀，然后填充柱管，分批小量地倒入柱中，用一端是平盘的棒把硅藻土压紧压平，随时把过多的溶剂放出。流动相通过时的流速与硅藻土所含的水分固定相有关，水分太多时流动困难。一般每克硅藻土最多可以吸着 2～3mL 水溶液，再多时流动相就不容易通过了。

2. 加样

分析用分配柱色谱的加样方法有 3 种：①将被分离物配成浓溶液，用吸管轻轻沿管壁加到含固定相载体的上端，然后加流动相洗脱；②被分离物溶液用少量含固定相的载体吸收，溶剂挥发后，加在色谱管载体的上端，然后加流动相洗脱；③用一块比管径略小的圆形滤纸吸附被分离物溶液，溶剂挥发后，放在载体上，然后加流动相洗脱。

3. 洗脱

洗脱方法参照上节相关内容。

四、分配色谱法的应用

分配色谱适用于分离极性比较大、在有机溶剂中溶解度小的成分，或极性很相似的成分。若所分离的化合物的极性基团相同和类似，但非极性部分（化合物的母核烃基部分）的大小及构型不同，或者所分离的各种化合物溶解度相差较大，或者所分离的化合物极性太强不适于吸附色谱分离时，可采用分配色谱法。分配色谱法多用于分离亲水性的成分，如糖及氨基酸等。

第四节　离子交换色谱法

离子交换色谱法是利用离子交换树脂作为固定相，以适宜的溶剂作为流动相，使溶质按它们的离子交换亲和力的不同而得到分离的方法。用离子交换纯化蛋白质，最早是在 20 世纪 50 年代由 Sober 和 Peterson 用纤维素离子交换介质完成的，他们合成了如今仍广为使用的 DEAE、CM 的纤维素衍生物。如今，离子交换介质得到了很大的发展，包括在交联葡聚糖、交联琼脂糖以及在合成有机高分子聚合物上引入带电基团的新一代色谱介质，尤其为适应工业化大生产及高压液相色谱对压力和流速的要求而开发的刚性好的颗粒介质，使这一技术得到了更加广泛的应用。

一、离子交换色谱技术的基本原理

离子交换分离技术是基于不溶性高分子化合物作为色谱介质的一种分离方法。通过分子中的活性离子将溶液中带相反电荷的物质吸附在离子交换剂上，然后用适当的洗脱溶剂将吸附物质再从离子交换剂上洗脱下来，从而达到目的产物的分离、浓缩和纯化的目的。

目前在生产中常用的离子交换剂主要有离子交换树脂和多糖基离子交换剂。它们都是由 3 部分组成：①不溶性载体，由高分子化合物构成的不溶于水、酸和碱、也不溶于普通有机溶剂、化学性质稳定的网络状骨架；②功能基团，大量与载体连接、不能自由移动的活性基团；③可交换离子，在功能基团上携带的可移动的活性离子。在离子交换过程中，溶液中的离子由于扩散作用达到离子交换剂的表面，然后穿过表面，再扩散到交换剂颗粒内部，这些离子与交换树剂中的同性离子发生互换反应，完成交换过程。交换出来的离子由于扩散离开交换剂表面，进入溶液中去。这样，当溶液和离子交换剂分离后，其组成都发生了变化，从而达到分离纯化的目的。

离子交换反应有一个重要特征，就是对任何离子型的化合物这种交换反应都是可逆的，并可以进行化学计量。通过化学计量可以为交换剂的使用量及设备大小提供依据。离子交换作用可表示为

$$R^- — H^+ + Na^+ Cl^- \rightleftharpoons R — Na^+ + H^+ Cl^-$$

式中，R^- 表示载体及载体连接的功能基团，H^+ 为功能基团上携带的活性离子；Na^+ 为溶液中可交换离子（物质）。在交换过程中载体不发生任何变化，所以离子交换剂是可以重复使用的。

上述离子交换反应的平衡常数为

$$K = \frac{[R^- — Na^+][H^+ Cl^-]}{[R^- — H^+][Na^+ Cl^-]}$$

一般来说，如果 K 很大，表示正反应容易进行，而逆反应困难。如要使逆反应进行就需要更多的再生剂（H^+Cl^-）。通过选择适当的反应过程和再生剂可使离子交换剂带有不同类型的离子。虽然离子交换反应都是平衡反应，但在色谱柱中进行时，由于连续添加新的交换溶液，平衡不断朝正反应方向进行，直至完全，因而可以把离子交换剂上原有的离子全部或大部分洗脱下来，交换上新的离子。如果有两种以上的成分被吸附在离子交换剂上，用洗脱液进行洗脱时，其被洗脱的能力决定于各自洗脱反应的平衡常数。这就是离子交换色谱使物质分离的基本原理。

事实上，离子交换色谱是一个非常复杂的反应过程，包括吸附、吸收、穿透、扩散、离子交换、离子亲和等物理化学过程，交换反应是它们综合作用的结果。一个优良的离子交换剂应具备结构疏松且多孔，这样离子才能自由出入，并发生交换反应，提高交换容量。

离子交换剂中的活性离子是决定交换剂的主要性能，因此离子交换剂可以按照活性离子的性质进行分类。例如，目前常用的离子交换树脂中的活性离子带正电荷，则可以和溶液中的阳离子发生交换，就称为阳离子交换树脂；如果离子交换树脂的活性离子带负电荷，则可与溶液中的阴离子发生交换，就称为阴离子离子交换树脂。

二、离子交换剂的类型与结构

（一）离子交换树脂

离子交换树脂是目前使用较多的离子交换剂，基本都是人工合成的。根据交换基团的不同，可分成以下几种类型：

1. 阳离子交换树脂

活性基团为酸性，对阳离子具有交换能力。根据其活性基团酸性的强弱又可分为：

(1) 强酸性阳离子交换树脂。这类树脂的活性基团为磺酸基团（—SO_3H）和次甲酸磺酸基团（—CH_2SO_3H）。它们都是强酸性基团，能在溶液中解离出 H^+，解离度基本不受 pH 影响。反应简式为

$$R—SO_3H \rightleftharpoons R—SO_3^- + H^+$$

树脂中的 H^+ 与溶液中的其他阳离子（如 Na^+）交换，从而使溶液中的 Na^+ 被树脂中的活性基团 SO_3^- 吸附，反应简式为

$$R—SO_3^- H^+ + Na^+ \rightleftharpoons R—SO_3^- Na^+ + H^+$$

由于强酸性树脂的解离能力很强，因此在很宽的 pH 范围内都能保持良好的离子交换能力，使用时的 pH 没有限制，在 pH 为 1～14 范围内均可使用。

以磷酸基［—$PO(OH)_2$］和次磷酸基［—PHO(OH)］作为活性基团的树脂，具有中等强度的酸性。

(2) 弱酸性阳离子交换树脂。这类树脂的活性基团主要有羧基（—COOH）和酚羟基（—OH），它们都是弱酸性基团，解离度受溶液 pH 的影响很大，在酸性环境中的解离度受到抑制，故交换能力差，在碱性或中性环境中有较好的交换能力，羧基阳离子交换树脂必须在 pH＞7 的溶液中才能正常工作，对酸性更弱的酚烃基时，则应在 pH＞9 的溶液中才能进行反应。弱酸性阳离子交换树脂可进行如下反应：

$$R—COOH + Na^+ \rightleftharpoons R—COONa + H^+$$

2. 阴离子交换树脂

活性基团为碱性，对阴离子具有交换能力。根据其活性基团碱性的强弱又可分为：

(1) 强碱性阴离子交换树脂。这类树脂的活性基团多为季铵基团（—NR_3OH），能在水中解离出 OH^- 而呈碱性，且离解度基本不受 pH 影响。反应简式为

$$R—NR_3OH \rightleftharpoons R—NR_3^+ + OH^-$$

树脂中的 OH^- 与溶液中的其他阴离子如 Cl^- 交换，从而使溶液中的 Cl^- 被树脂中的活性基团 NR_3^+ 吸附，反应式为

$$R—NR_3OH + Cl^- \rightleftharpoons R—NR_3^+ Cl^- + OH^-$$

由于强碱性树脂的解离能力很强，因此在很宽的 pH 范围内都能保持良好的离子交换能力，使用时的 pH 没有限制。

(2) 弱碱性阴离子交换树脂。这类树脂含弱碱性基团，如伯胺基（—NH_2）、仲胺基（—NHR）或叔胺基（—NR_2），它们在水中能解离出 OH^-，但解离能力较弱，受 pH 影响较大，在碱性环境中的解离度受到抑制，故交换能力差，只能在 pH＜7 的溶液中使用。

以上四种树脂是树脂的基本类型，在使用时，常将树脂转变为其他离子型式。例如，将强酸性阳离子树脂与 NaCl 作用，转变为钠型树脂。在使用时，钠型树脂放出钠离子与溶液中的其他阳离子交换。由于交换反应中没有放出氢离子，避免了溶液 pH 下降和由此产生的副作用（如对设备的腐蚀）。进行再生时，用盐水而不用强酸。弱酸性树脂生成的盐（如 RCOONa）很容易水解，呈碱性，所以用水洗不到中性，一般只能洗到 pH 9～10。但是弱酸性树脂和氢离子结合能力很强，再生成氢型较容易，耗酸量少。强碱性阴离子树脂可先转变为氯型，工作时用氯离子交换其他阴离子，再生只需用食盐水。但弱碱性树脂生成的盐（如 RNH_3Cl）同样容易水解。这类树脂和 OH^- 结合能力较强，所以再生成轻型较容易，耗碱量少。

各种树脂的强弱最好用其活性基团 pK 来表示。对于酸性树脂，pK 越小，酸性越强，而对于碱性树脂，pK 越大，碱性越强。

以上四种类型树脂性能的比较见表 8-9。

表 8-9　四种类型树脂性能的比较

性能	阳离子交换树脂		阴离子交换树脂	
	强酸性	弱酸性	强碱性	弱碱性
活性基团	磺酸	羧酸	季铵	伯铵、仲铵、叔铵
pH 对交换能力的影响	无	在酸性溶液中交换能力很小	无	在碱性溶液中交换能力很小
盐的稳定性	稳定	洗涤时水解	稳定	洗涤时水解
再生	用 3～5 倍再生剂	用 1.5～2 倍再生剂	用 3～5 倍再生剂	用 1.5～2 倍再生剂
交换速率	快	慢	快	慢

（二）多糖基离子交换剂

离子交换树脂在无机离子交换和有机酸、氨基酸、抗生素等生物小分子的回收、提取方面应用广泛，但不适用于蛋白质等生物大分子的分离提取。这主要是由于其疏水性高、交联度大、空隙小和电荷密度高。以蛋白质类生物大分子为分离对象时，离子交剂必须具有很高的亲水性、较大的孔径、较小的粒度和较低的电荷密度。较高的亲水性能使离子交换剂在水中充分溶胀后成为“水溶胶”类物质，从而为生物大分子提供适宜的微环境；较大的孔径使蛋白质容易进入离子交换剂的内部，提高实际交换容量；较小的粒度能增大生物大分子的扩散速率，减少其运动阻力；电荷密度适当的离子交换剂则可避免生物大分子的多个带电荷残基与交换剂的多个活性基团结合，从而使生物大分子的构象发生变化而失活。

采用生物来源稳定的高分子聚合物（多糖）作离子交换剂的载体，能满足分离生物大分子的全部要求。根据载体多糖种类的不同，多糖基离子交换剂可分为离子交换纤维素、离子交换葡聚糖和离子交换琼脂糖。

1. 离子交换纤维素

离子交换纤维素是以天然纤维素分子为母体，通过酯化、醚化等化学反应，引入可交换的离子基团，构成一种半合成的离子交换剂。离子交换纤维素为开放的长链骨架结构，大分子物质能自由地在其中扩散和交换，亲水性强，表面积大，容易吸收大分子；交换基团稀疏，对生物大分子的实际交换容量大；非特异性吸附少，交换和洗脱条件温和，不容易引起生物分子的变性；分辨率高，能对复杂的生物大分子混合物进行有效的分离。

根据连接于纤维素骨架上的活性基团的性质，可分为阳离子交换纤维素和阴离子交换纤维素两大类。每大类又分为强酸（碱）型、中强酸（碱）型、弱酸（碱）型三类。常用的离子交换纤维素及化学式如下：

二乙氨基乙基纤维素：纤维素—O—$CH_2CH_2N(C_2H_5)_2$

三乙氨基乙基纤维素：纤维素—O—$CH_2CH_2N^+(C_2H_5)_3$

羧甲基纤维素：纤维素—O—CH_2COOH

交联醇胺纤维素：纤维素—O—$CH_2CH_2N^+(C_2H_5OH)_3$

磷酸纤维素：纤维素—O—PO_3H_2

胍基乙基纤维素：纤维素—O—$CH_2CH_2NH—C(=NH)—NH_2$

氨乙基纤维素：纤维素—O—$CH_2CH_2N_2$

对氨基苯甲基纤维素：纤维素—C_6H_4—CH_2—NH_2

磺乙基纤维素：纤维素—O—$CH_2CH_2SO_3H_2$

2. 离子交换葡聚糖和离子交换琼脂糖凝胶

离子交换葡聚糖是葡聚糖经环氧氯丙烷交联后形成的具有多孔三维空间网状结构和离子交换功能基团的多糖衍生物（Sephadex G）。它和纤维素一样具有亲水性强、不会引起生物分子的变性和失活，母链对蛋白质、核酸及其他生物分子的非特异性吸附能力小。它能引入大量活性基团而骨架不被破坏，交换容量很大，是离子交换纤维素的3～4倍，外形呈球形，装柱后，流动相在柱内流动的阻力较小，流速理想。另外，Sephadex、Sepharose还具有分子筛效应。因此，自20世纪70年代以来，这类离子交换剂已广泛用于生物大分子的分离纯化。

离子交换葡聚糖命名时将活性基团写在前面，然后写骨架Sephadex，最后写原骨架的编号。为使阳离子交换剂与阴离子交换剂便于区别，在编号前添一字母“C”（阳离子）或“A”（阴离子）。该类交换剂的编号与其母体（载体）凝胶相同，如载体Sephadex G-25构成的离子交换剂有CM-Sephadex C-25、DEAE-Sephadex A-25等。

市售的离子交换葡聚糖是由葡聚糖凝胶G-25（SephadexG-25）及G-50（SephadexC-50）两种规格的母体制成的，以CM-Sephadex C-25（50）、DEAE-Sephadex A-25（50）在国内外使用最广泛。

离子交换琼脂糖是携带DEAE或CM基团的Sepharose CL-6B、DEAE-Sepharose（阴离子型）和CM-Sepharose（阳离子型）的离子交换介质，具有硬度大、性质稳定，流速好，分离能力强等优点尤其是介质受pH和离子强度的影响所引起的膨胀和收缩效应较小，因此具有稳定的外形体积。

离子交换葡聚糖在使用方法上和处理上与离子交换纤维素相似。

三、离子交换剂的理化性能

（一）离子交换树脂的理化性能

由于树脂的原料和制备方法不同，会对离子交换树脂的分离性能等指标产生较大的差异。因此，在选择树脂时除考虑被分离物质的性质外，在选用离子交换树脂时还需要考虑以下理化性能。

1. 物理性质

离子交换树脂的颗粒尺寸和有关的物理性质对它的工作和性能有很大影响。

（1）离子交换树脂通常制成珠状的小颗粒，它的尺寸很重要。树脂颗粒较细者，反应速度较大，但细颗粒对液体通过的阻力较大，需要较高的工作压力；特别是浓糖液黏度高，这种影响更显著。因此，树脂颗粒的大小应选择适当。如果树脂粒径在0.2mm（约为70目）以下，会明显增大流体通过的阻力，降低流量和生产能力。

树脂颗粒大小的测定通常用湿筛法，将树脂在充分吸水膨胀后进行筛分，累计其在20目、30目、40目、50目筛网上的留存量，以90%粒子可以通过其相对应的筛孔直径，称为树脂的“有效粒径”。多数通用的树脂产品的有效粒径在0.4～0.6mm之间。

树脂颗粒是否均匀以均匀系数表示。它是在测定树脂的“有效粒径”坐标图上取累计留存量为40%粒子，相对应的筛孔直径与有效粒径的比例。例如，一种树脂（IR-120）的有效粒径为0.4～0.6mm，它在20目筛、30目筛及40目筛上留存粒子分别为：18.3%、41.1%及31.3%，则计算得均匀系数为2.0。

（2）树脂的密度，树脂在干燥时的密度称为真密度。湿树脂每单位体积（连颗粒间空隙）的重量称为视密度。树脂的密度与它的交联度和交换基团的性质有关。通常，交联度高的树脂的密度较高，强酸性或强碱性树脂的密度高于弱酸或弱碱性者，而大孔型树脂的密度则较低。例如，苯乙烯系凝胶型强酸阳离子树脂的真密度为 1.26g/mL，视密度为 0.85g/mL；而丙烯酸系凝胶型弱酸阳离子树脂的真密度为 1.19g/mL，视密度为 0.75g/mL。

(3) 树脂的溶解性，离子交换树脂应为不溶性物质。但树脂在合成过程中夹杂的聚合度较低的物质及树脂分解生成的物质，会在工作运行时溶解出来。交联度较低和含活性基团多的树脂，溶解倾向较大。

(4) 膨胀度，离子交换树脂含有大量亲水基团，与水接触即吸水膨胀。当树脂中的离子变换时，如阳离子树脂由 H^+ 转为 Na^+、阴离子树脂由 Cl^- 转为 OH^-，都因离子直径增大而发生膨胀，增大树脂的体积。通常，交联度低的树脂的膨胀度较大。在设计离子交换装置时，必须考虑树脂的膨胀度，以适应生产运行时树脂中的离子转换发生的树脂体积变化。

(5) 耐用性，树脂颗粒使用时有转移、摩擦、膨胀和收缩等变化。长期使用后会有少量损耗和破碎，故树脂要有较高的机械强度和耐磨性。通常，交联度低的树脂较易碎裂，但树脂的耐用性更主要地决定于交联结构的均匀程度及其强度。例如，大孔树脂，具有较高的交联度者，结构稳定，能耐反复再生。

2. 交换容量

离子交换树脂进行离子交换反应的性能，表现在它的“离子交换容量”上。它又有“总交换容量”、“工作交换容量”和“再生交换容量”等三种表示方式：①总交换容量，表示每单位数量（重量或体积）树脂能进行离子交换反应的化学基团的总量；②工作交换容量，表示树脂在某一定条件下的离子交换能力，它与树脂种类和总交换容量，以及具体工作条件（如溶液的组成、流速、温度等因素）有关；③再生交换容量，表示在一定的再生剂量条件下所取得的再生树脂的交换容量，表明树脂中原有化学基团再生复原的程度。

通常，再生交换容量为总交换容量的 50%～90%（一般控制 70%～80%），而工作交换容量为再生交换容量的 30%～90%（对再生树脂而言），后一比率亦称为树脂的利用率。

在实际使用中，离子交换树脂的交换容量包括了吸附容量，但后者所占的比例因树脂结构不同而异。现仍未能分别进行计算，在具体设计中，需凭经验数据进行修正，并在实际运行时复核之。

3. 吸附选择性

离子交换树脂对溶液中的不同离子有不同的亲和力，对它们的吸附有选择性。各种离子受树脂交换吸附作用的强弱程度有一般的规律，但不同的树脂可能略有差异。

(1) 对阳离子的吸附，高价离子通常被优先吸附，而低价离子的吸附较弱。在同价的同类离子中，直径较大的离子的被吸附较强。一些阳离子被吸附的顺序如下：

$$Fe^{3+} > Al^{3+} > Pb^{2+} > Ca^{2+} > Mg^{2+} > K^+ > Na^+ > H^+$$

(2) 对阴离子的吸附，强碱性阴离子树脂对无机酸根吸附的一般顺序为：

$$SO_4^{2-} > NO_3^- > Cl^- > HCO_3^- > OH^-$$

弱碱性阴离子树脂对阴离子的吸附的一般顺序如下：

OH^- > 柠檬酸根$^{3-}$ > SO_4^{2-} > 酒石酸根$^{2-}$ > 草酸根$^{2-}$ > PO_4^{3-} > NO^{2-} > Cl^- > 醋酸根$^-$ > HCO_3^-

(3) 对有色物的吸附，如糖液脱色常使用强碱性阴离子树脂，它对拟黑色素（还原糖与氨基酸反应产物）和还原糖的碱性分解产物的吸附较强，而对焦糖色素的吸附较弱。这被认为是由于前两者通常带负电，而焦糖的电荷很弱。

通常，交联度高的树脂对离子的选择性较强，大孔结构树脂的选择性小于凝胶型树脂。这种选择性在稀溶液中较大，在浓溶液中较小。

（二）多糖基离子交换剂的理化性能

离子交换纤维素与离子交换树脂相比，它的理化性能具有自己的一些特点：

(1) 有极大的表面积和多孔结构。由于纤维素的特殊构型，其有效交换基团间的空间地位较大，故易于吸附蛋白质等高分子物质，与离子交换树脂相比它的交换容量较低（一般为 0.2～0.9mmol/g）。但对于分离蛋白质类的高分子物质已很适用。

(2) 有良好的化学、物理稳定性，使洗脱剂的选择范围很广，如用 DEAE-C 吸附胰岛素可以用 0.3mol/L 盐酸洗脱，也可以用 pH 10 的碱液洗脱。

(3) 离子交换纤维素吸附生物高分子时的结合键比较松，吸附与解吸条件都较缓和，适于易变性的蛋白质、酶、激素等生化产品的纯化。

(4) 分离能力很强，能将一组复杂的混合物逐一分开，如用 DEAE-C 能分离垂体前叶各种激素。

(5) 能分离纯化毫克量至克量的纯品。

四、离子交换色谱基本操作

（一）离子交换树脂的操作

1. 离子交换树脂的选择

(1) 对阴阳离子交换树脂的选择。一般根据被分离物质所带的电荷来决定选用哪种树脂。如果被分离物质带正电荷，应采用阳离子交换树脂，被分离物质带负电荷，应采用阴离子交换树脂。例如，酸性黏多糖易带负电荷，一般采用阴离子交换树脂来分离。如果某些被分离物质为两性离子，则一般应根据在它稳定的 pH 范围带有何种电荷来选择树脂，如细胞色素 c，等电点为 pH 10.2，在酸性溶液中较稳定且带正电荷，故一般采用阳离子交换树脂来分离；核苷酸等物质在碱性溶液中较稳定，则应用阴离子交换树脂。所以，阴阳离子交换树脂的选择主要决定生物大分子本身的性质及所处的环境。

(2) 对离子交换树脂强弱的选择。当目的物具有较强的碱性和酸性时，宜选用弱酸性或弱碱性的树脂，以提高选择性，并便于洗脱。因为强性树脂比弱性树脂的选择性小，如简单的、复杂的、无机的、有机的阳离子很多都能与强酸性离子树脂交换。如果目的物是弱酸性或弱碱性的小分子物质时，往往选用强碱性或强酸性树脂，以保证有足够的结合力，便于分步洗脱。例如，氨基酸的分离多用强酸树脂。对于大多数蛋白质、酶和其他生物大分子的分离多采用弱碱或弱酸性树脂，以减少生物大分子的变性，有利于洗脱，并提高选择性。

另外，pH 也影响离子交换树脂强弱的选择。一般地说，强性离子交换树脂应用的 pH 范围广，弱性交换树脂应用的 pH 范围窄。所以在选用离子交换剂时应注意所用工作液及离子交换树脂的适用范围。

(3) 对离子交换树脂离子型的选择，主要是根据分离的目的进行选择。例如，将肝素钠转换成肝素钙时，需要将所用的阳离子交换树脂转换成 Ca^{2+} 型，然后与肝素钠进行交换；又如制备无离子水时，则应用 H 型的阳离子交换树脂和 OH 型的阴离子交换树脂。

使用弱酸或弱碱性树脂分离物质时，不能使用 H 型或 OH 型，因为这两种交换剂分别对这两种离子具有很大的亲和力，不容易被其他物质所代替，应采用钠型或氯型，而使用强酸性或强碱性树脂，可以采用任何型式。但如果产物在酸性或碱性条件下容易被破坏，则不宜采用氢型或羟型。

选择离子交换树脂时，还应考虑树脂的一些主要理化性能，如粒度、交联度、稳定性、交换容量等。

2. 操作条件的选择

(1) 交换时的合适的 pH 应具备 3 个条件：①pH 应在产物的稳定范围内；②能使产物离子化；③能使树脂解离。

(2) 溶液中产物的浓度低价离子增加浓度有利于交换上树脂，高价离子在稀释时容易被吸附。

(3) 洗脱条件应尽量使溶液中被洗脱离子的浓度降低。洗脱条件一般应和吸附条件相反。如果吸附在酸性条件下进行，解吸应在碱性下进行；如果吸附在碱性条件下进行，解吸应在酸性下进行。例如，谷氨酸吸附在酸性条件下进行，解吸一般用氢氧化钠作洗脱剂。为使在解吸过程中，pH 变化不致过大，有时宜选用缓冲液作洗脱剂。如果单凭 pH 变化洗脱不下来，可以试用有机溶剂，选用有机溶剂的原则是：能和水混合，且对产物溶解度大。

洗脱前，树脂的洗涤工作很重要，很多杂质可以在洗涤时除去，洗涤可以用水、稀酸和盐类溶液等。

3. 离子交换树脂的预处理、转型、再生与保存

(1) 离子交换树脂的预处理及转型。首先用清水对树脂进行冲洗（最好为反洗）洗至出水清澈无混浊、无杂质为止。而后用 1mol/L 的 HCl 和 NaOH 在交换柱中依次交替浸泡 2～4h，在酸碱之间用大量清水淋洗（最好用混合床高纯度去离子水进行淋洗）至出水接近中性，如此重复 2～3 次，每次酸碱用量为树脂体积的 2～4 倍，完成预处理过程。最后一步用酸处理使之变为氢型树脂的操作也可称为转型（即树脂去杂后，为了发挥其交换性能，按照使用要求，人为地赋予平衡离子的过程）。对强酸性树脂来说，应用状态还可以是 Na 型。若把上面的酸—碱—酸处理改为碱—酸—碱处理，便可得到 Na 型树脂。

阴离子交换树脂的预处理步骤：阴离子交换树脂的处理和转型方法与阳离子交换树脂的预处理相似。希望树脂是 Cl 型，则按酸—碱—酸的顺序处理；希望树脂是 OH 型，则按碱—酸—碱的顺序处理。

应用于医药、食品行业的树脂，预处理最好先用乙醇浸泡，而后再用酸碱进行交替处理，大量清水淋洗至中性待用。

各种树脂因品种、用途不一，预处理的方法也有区别，预处理时的酸碱浓度及接触时间等，可具体参考各型号树脂的介绍。

预处理中最后一次通过交换柱的是酸还是碱，决定于使用时所要求的离子型式。为了保证所要求的离子型式的彻底转换，所用的酸、碱应是过量的。

(2) 离子交换树脂再生就是让使用过的树脂重新获得使用性能的处理过程。再生时，首先要用大量水冲洗使用后的树脂，以除去树脂表面和空隙内部吸附的各种杂质，然后用转型的方法处理即可（表 8-10）。

表 8-10 离子交换树脂再生剂

树 脂	转 化	再生剂	再生剂溶剂/树脂溶剂
强酸肪	$H^+ \longrightarrow Na^+$	1mol/L NaOH	2
中强酸	$H^+ \longrightarrow Na^+$	0.5mol/L NaOH	3
弱酸	$H^+ \longrightarrow Na^+$	0.5mol/L NaOH	10
强碱	$Cl^- \longrightarrow OH^-$	1mol/L NaOH	9
中强碱	$Cl^- \longrightarrow OH^-$	0.5mol/L NaOH	2
弱碱	$Cl^- \longrightarrow OH^-$	0.5mol/L NaOH	2

再生可在柱外或柱内进行，分别称为静态法和动态法。前者是将树脂放在一定容器内，加进一定浓度的适量酸碱浸泡或搅拌一定时间后，水洗至中性。动态法是在柱中进行再生，其操作程序同静态法，该法适合工业生产规模的大柱子的处理，其效果比静态法好。

(3) 离子交换树脂内含有一定量的水分，在贮存和运输过程中应保持这部分水分。离子交换树脂在贮存中若出现脱水，使用前应先将其浸入浓度为10%左右的食盐溶液中，使其缓慢充分膨胀后，再用清水逐渐稀释。切忌将脱水的树脂直接浸入水中，以免树脂体积急剧膨胀而破碎。如果树脂暂不使用，应以下述离子型式贮存：阳离子交换树脂为Na型；阴离子交换树脂为Cl型；弱碱阴离子交换树脂为游离胺型。离子交换树脂在贮存过程中应防止铁锈、油污、强氧化剂，有机物的污染，以免发生氧化降解、中毒等事故。应尽量保持5～40℃的温度环境，避免过冷或过热造成树脂被冻裂或加速微生物繁殖而影响产品质量，降低产品性能。在冬季如没有保温装置，也可将树脂贮存在食盐水中，食盐水的浓度可根据气温而定，避免结冰。

4. 离子交换的基本操作

(1) 离子交换的操作方式一般分为静态和动态操作两种。静态交换是将树脂与交换溶液混合置一定的容器中搅拌进行。静态法操作简单、设备要求低，是分批进行的，交换不完全。不适宜用于多种成分的分离。树脂有一定的损耗。

动态交换是先将树脂装柱。交换溶液以平流方式通过柱床进行交换。该法不需要搅拌、交换完全、操作连续，而且可以使吸附与洗脱在柱床的不同部位同时进行。适合于多组分分离。

(2) 离子交换完成后将树脂所吸附的物质释放出来重新转入溶液的过程称为洗脱。洗脱方式也分静态与动态两种。一般地说，动态交换也作动态洗脱，静态交换也作静态洗脱，洗脱液分酸、碱、盐、溶剂等类。酸、碱洗脱液旨在改变吸附物的电荷或改变树脂活性基团的解离状态，以消除静电结合力，迫使目的物被释放出来，盐类洗脱液是通过高浓度的带同种电荷的离子与目的物竞争树脂上的活性基团，并取而代之，使吸附物游离。实际工作中，静态洗脱可进行一次，也可进行多次反复洗脱，旨在提高目的物的收率。

动态洗脱在色谱柱上进行。洗脱液的pH和离子强度可以始终不变，也可以按分离的要求人为地分阶段改变其pH或离子强度，这就是阶段洗脱，常用于多组分分离上。这种洗脱液的改变也可以通过仪器（如梯度混合仪）来完成，使洗脱条件的改变连续化。其洗脱效果优于阶段洗脱。这种连续梯度洗脱特别适用于高分辨率的分析目的。

(二) 离子交换纤维素的操作

1. 离子交换纤维素的选择

(1) 离子交换纤维素种类的选择与前述的离子交换树脂相似，一般情况下，在介质中带正电的物质用阳离子交换剂；带负电物质用阴离子交换剂。

对于具有两性性质的生物活性物质，必须考虑保持其生物活性和可溶性的 pH 范围，如果已知其等电点，可根据其等电点和在上述 pH 范围内的带电情况，选择合适的离子交换纤维素种类。一般原则是，在高于其等电点的 pH 条件下，因分子带负电荷而应采用阴离子交换纤维素；在低于其等电点的 pH 下，则应选用阳离子交换纤维素。

对于未知等电点的两性物质，可用电泳等简单的分析方法确定其在某一 pH 下的带电情况，向阳极泳动的物质，在同样条件下可被阴离子交换纤维素吸附；向阴极泳动的物质在同样条件下可被阳离子交换纤维素吸附。

实验室中最常用的离子交换纤维素（如 DEAE-C、CM-C 等）适合在中性和酸性条件下使用。如需在更低 pH（pH<2）下操作时，可用 P-纤维素和 SM-纤维素。在 pH 10 以上操作时，可用 GE-C。对大分子两性物质（如蛋白质），其选择情况见图 8-8。

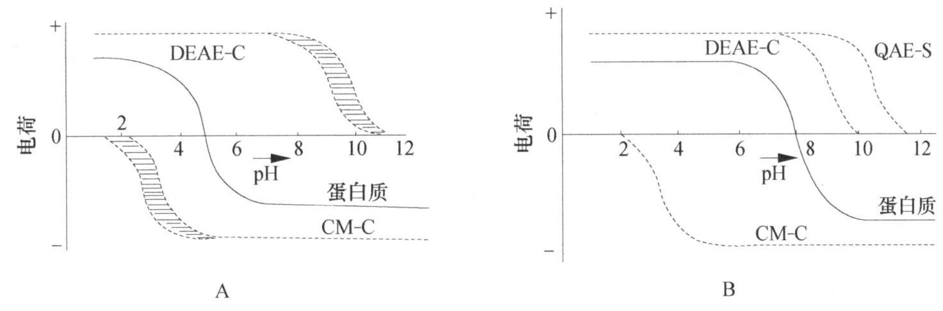

图 8-8　蛋白质离子交换色谱中交换剂的选择
A. 酸性蛋白质；B. 碱性蛋白质

图 8-8A 表示酸性蛋白质（等电点约为 pH 5）的解离曲线和 DEAE-纤维素及 CM-纤维素的解离曲线。蛋白质作为一个阴离子，它的 DEAE-纤维素柱色谱可在 pH 5.5～9.0 进行，在这个 pH 范围内，蛋白质和交换剂都是解离的，带相反的电荷。在 CM-纤维素上色谱则必须限于较窄的 pH 范围内（pH 3.5～4.5）进行。

图 8-8B 表示碱性蛋白质（pH 8）和羧甲基纤维素的解离曲线，蛋白质作为一个阳离子，用羧甲基纤维素色谱可在 pH 3.5～7.5 进行，如果作为阴离子用 DEAE-纤维素，色谱则仅限于 pH 8.5～9.5 的范围内进行。

在实际工作中，选择离子交换纤维素时还需要考虑被分离物质的稳定性和杂质情况。

（2）离子交换纤维素颗粒大小的选择对吸附容量的影响不显著，主要影响分辨率和流速。用较粗颗粒装柱时，虽然可增加流速，但由于颗粒间隙大，容易引起区带扩散，使分辨率降低；细颗粒的情况刚好相反。通常采用 100～325 目的颗粒，最常用颗粒为 100～230 目。

2. 离子交换纤维素的实验操作技术

离子交换纤维与离子交换树脂相似，既可静态交换，也可动态交换。但因为离子交换纤维素比较轻、细，操作时需要仔细一些；又因为它交换基团密度低，吸附力弱，总交换容量低，交换体系中缓冲盐的浓度不宜高（一般控制在 0.001～0.02mol/L），过高会大大减少蛋白质的吸附量。

用离子交换纤维素分离蛋白质类生物大分子时，应首先考虑在蛋白质稳定的 pH 和离子环境。利用蛋白质在偏离等电点时带电性质，选择可与之进行交换的（带相同电荷）离子交换纤维素作为吸附剂，如蛋白质在低于等电点时带正电荷，选用阳离子交换纤维素，蛋白质在高于等电点时带负电荷，选用阴离子交换纤维素。同样，改变 pH 或离子强度可以改变蛋白质和交换纤维素的荷电状态，使蛋白质从离子交换剂上解析下来。利用不同蛋白质在离子交换纤维素上的吸附及解吸的差异，达到分离的目的。

常用多糖基离子交换剂数据见表 8-11 及表 8-12。

表 8-11 常见离子交换纤维素主要技术数据

DEAE-纤维素	外观	交换当量/(mmol/g)	蛋白吸附容量/(mg/g)		床体积/(mL/g)		操作条件
			胰岛素(pH 8.5)	牛血清清蛋白(pH 8.5)	pH 6.0	pH 7.5	
DE-22	纤维性状	1.0±0.1	750	450	7.7	7.7	0.05mol/L，pH 7.5（pH 8.5）磷酸缓冲液平衡（吸附）
DE-23	纤维性状	1.0±0.1	750	450	8.3	9.1	
DE-32	微粒	1.0±0.1	850	660	6.0	6.3	
DE-52	微粒	1.0±0.1	850	660	6.0	6.3	
CM-纤维素	外观	交换当量/(mmol/g)	蛋白吸附容量/(mg/g)		床体积/(mL/g)		操作条件
			溶菌酶(pH 5.0)	7S-γ球蛋白(pH 5.0)	pH 5.0	pH 7.5	
CM-22	纤维性状	0.6±0.06	600	150	7.7	7.7	0.05mol/L，pH 5.0乙酸缓冲液平衡，0.08mol/L，pH 5.0磷酸缓冲液吸附
CM-23	纤维性状	0.6±0.06	600	150	9.1	9.1	
CM-32	微粒	1.0±0.1	1260	400	6.8	6.7	
CM-52	微粒	1.0±0.1	1260	400	6.8	6.7	

英国 Whatman 厂的型号，原来有旧型号（如 DE-1），为长纤维性，长度 1000μm。还有 DE-11，纤维性，50～250μm，对牛血清清蛋白的吸附容量仅为 130mg/g。

表 8-12 常见离子交换葡聚糖的主要技术数据

离子交换介质名称	基团性能	颗粒大小/μm	特性/应用	pH 稳定性工作	耐压/MPa	最快流速/(cm/h)
QAE Sephadex A-25	强碱	干粉 40～120	纯化低分子质量蛋白、多肽、核苷以及巨大分子（相对分子质量大于 200 000）	2～10	0.11	475
QAE Sephadex A-50	强碱	干粉 40～120	批量生产和预处理用，分离中等大小的生物分子（30～200 000）	2～11	0.01	45
SP Sephadex C-25	强酸	干粉 40～120	纯化低分子质量蛋白、多肽、核苷以及巨大分子（相对分子质量大于 200 000）	2～10	0.13	475
SP Sephadex C-50	强酸	干粉 40～120	批量生产和预处理用，分离中等大小的生物分子（30～200 000）	2～10	0.01	45
DEAE Sephadex A-25	弱碱	干粉 40～120	纯化低分子质量蛋白、多肽、核苷以及巨大分子（相对分子质量大于 200 000）	2～9	0.11	475
DEAE Sephadex A-50	弱碱	干粉 40～120	批量生产和预处理用，分离中等大小的生物分子（相对分子质量大于 200 000）	2～9	0.11	45
CM Sephadex C-25	弱酸	干粉 40～120	纯化低分子质量蛋白、多肽、核苷以及巨大分子（相对分子质量大于 200 000），	6～13	0.13	475
CM Sephadex C-50	弱酸	干粉 40～120	批量生产和预处理用，分离中等大小的生物分子（30～200 000）	6～10	0.01	45

续表

离子交换介质名称	基团性能	颗粒大小/μm	特性/应用	pH 稳定性工作	耐压/MPa	最快流速/(cm/h)
Q Sepharose H. P.	强碱	24～44	蛋白等生物分子的精细纯化	2～12	0.3	150
SP Sepharose H. P.	强酸	24～44	蛋白质等生物分子的精细纯化	3～12	0.3	150
Q Sepharose F. F.	强碱	45～165	生物分子快速、高产量纯化	2～12	0.2	400
SP Sepharose F. F.	强酸	45～165	生物分子快速、高产量纯化	4～13	0.2	400
DEAE Sepharose F. F.	弱碱	45～165	用于游初步纯化介质，高流速加上高载量，能快速纯化大量粗产品	2～9	0.2	300
CM Sepharose F. F.	弱酸	100～300	用于低分子质量蛋白、多肽、核苷酸以及巨大分子的纯化（相对分子质量为20 000）	6～13	0.2	300
Q Sepharose Big Beads	强碱	100～300	粗分离	2～12	0.3	1200～1800
SP Sepharose Big Beads	强酸	干粉 40～120	粗分离	4～12	0.3	1200～1800
DEAE Sepharose CL-6B	弱碱	45～165	分离蛋白及多糖	3～12	0.015	150
CM Sepharose CL-6B	弱酸	45～165	分离蛋白及多糖	1～14	0.015	150

五、离子交换色谱的应用

在离子交换中，理论上任何可溶性的有机或无机离子化合物，都将以化学计量和可逆的方式参与交换反应。化合价越高，被结合的生物物质越强，在相同化合价和条件下，结合的亲和力随原子数的增加而增加。离子交换的具体应用主要包括以下几类。

1. 反离子的交换

树脂从一种反离子转变成另一种反离子，是通过过量置换反离子处理树脂来实现的。

2. 物质的浓缩

用一种树脂吸附，再用另一种高亲和力的物质洗脱。

3. 相似物质的分离

可以设法让蛋白质像反离子那样吸附在树脂上，进行蛋白质的纯化，它能被某些中性盐洗脱（如 NaCl），虽然蛋白质在这类离子交换树脂上容易失活，但在离子交换纤维素上不易失活。

4. 离子排出

利用 Donnan 排斥效应产生的离子排斥进行分离，主要用于有机酸和氨基酸等的分离，以及从生物分子中分离无机离子。

5. 在离子交换葡聚糖和离子交换琼脂糖上进行分配色谱

用这类离子交换技术可对非离子化合物分离。

目前离子交换分离技术在硬水的软化处理、无盐水的制备，以及在发酵液中提取氨基酸、抗生素、蛋白质等生物活性物质等方面得到广泛应用。

第五节 亲和色谱

一、亲和色谱概述

亲和色谱是利用亲和作用分离纯化生物物质的液相色谱法，它根据生物分子与特定的固定配基之间的亲和力不同而使生物分子得以分离。亲和色谱也称为亲和色谱、功能色谱、生物专一吸附或选择色谱。

亲和色谱可以追溯到1910年，当时发现不溶性淀粉可以选择性吸附α-淀粉酶；到了20世纪60年代，亲和色谱的优点得到了充分认识。而作为一种现代的分离手段是1967年Axen等和Cuatrecasas等开发了利用溴化氰活化琼脂糖凝胶制备亲和吸附介质的方法而开始的。亲和色谱这一名词也在此时首次出现。

亲和色谱已经广泛应用于生物分子的分离和纯化，如酶、治疗蛋白、抑制剂、抗原、抗体、激素、激素受体、糖蛋白、核酸、多糖类及辅助因子以及细胞、细胞器、病毒等。特别是对于那些分离流程长、浓度低、杂质多、采用常规方法难以分离的生物分子来说，亲和色谱技术具有独特的优越性。

二、亲和色谱原理

1. 原理

将一对能可逆结合和解离生物分子的一方作为配基（也称为配体），与具有大孔径、亲水性的固相载体相偶联、制成专一的亲和吸附剂，再用此亲和吸附剂填充色谱柱，当含有被分离物质的混合物随着流动相流经色谱柱时，亲和吸附剂上的配基就有选择地吸附能与其结合的物质，而其他的蛋白质及杂质不被吸附，从色谱柱中流出，使用适当的缓冲液使被分离物质与配基解吸附，即可获得纯化的目的产物。

2. 亲和色谱的优点

几十年来，亲和色谱技术发展十分迅速，已经成为分离纯化生物物质的主要方法。与其他分离技术相比，亲和色谱具有以下优点。

(1) 高选择性，待分离物质与配基专一性结合，分辨率高。操作简单，通过一次纯化即可得到很高纯度的被分离物质。

(2) 具有浓缩作用，可以从含量很低的溶液中得到高浓度的样品，纯化倍数甚至达到几千倍，特别适用于含量极少的活性物质的分离。

(3) 操作条件温和，利用生物学的特异性进行分离，分离条件温和，有效保持样品原有的生物学性质，活性样品回收率高，适用于不稳定的活性物质的分离。

三、亲和色谱介质

亲和色谱介质由配基和载体构成。配基是指能与目的产物大分子相结合、解离的生物结构或分子。载体是指被活化剂活化后，与配基发生偶联，并为其提供支持的化学物理性质稳定的聚合物。

（一）亲和配基

1. 配基应具备的条件

用于亲和色谱的配基必须具备下列条件：

（1）配基必须具有适当的化学基团以利于固定在载体上，固定后不能影响配基和被分离生物大分子的专一结合特性。

（2）配基的分子大小必须合适，以减小分离过程中的空间位阻效应。

（3）配基与待分离物之间的结合具有可逆性，配基既能有效地与目标产物结合，又能有效地与目标产物分离，且不破坏生物大分子的生物活性和理化性质。

（4）配基与被分离物质之间应该有足够大的亲和力，配基-分离产物复合物能稳定一定时间，以便在色谱过程中产生有效阻滞。

（5）配基与被分离物质之间具有合适的特异性，根据分离要求，既可以选择专一性配基，又可以选择基团特异性配基。

2. 亲和配基的分类

用于亲和色谱介质的配基种类很多，按照配基的特性可分为有机小分子类、生物大分子类和染料化合物三类。例如，苯基、烷基、氨基酸和核苷酸属于有机小分子类，酶、蛋白质、抑制剂和抗原抗体属于生物大分子类，染料类化合物包括蓝色葡聚糖、荧光染料和三嗪类染料等。

按照配基的选择性，亲和色谱配基又可大体分为专一性配基和基团特异性配基两大类，前者指仅对某种生物物质具有特别强的亲和性，如用单克隆抗体纯化相应的抗原；后者是指对某类化学基团，即某一类生物分子具有结合作用，如一些辅酶（NAD^+、$NADP^+$、ATP 等）能与许多需要它们才起催化作用的酶（各种脱氢酶、激酶等）发生亲和作用，这类配基可用于多种物质的分离纯化。亲和配基的分类见表 8-13。

表 8-13　亲和配基的类型

分类方式	类　型	包含配基
配基的特性	有机小分子	苯基类、烷基类、氨基酸类、核苷酸类
	生物大分子	酶、抑制剂、蛋白质、抗原、抗体等
	染料化合物	蓝色葡萄糖、荧光染料、三嗪类染料等
配基的选择性	专一性小分子配基	固醇类激素、微生物、特定酶抑制剂等
	专一性大分子配基	蛋白质、抗原、抗体、激素、受体
	基团特异性小分子配基	辅酶及类似物、仿生染料、硼酸衍生物、氨基酸等
	基团特异性大分子配基	凝集素、蛋白质 A、蛋白质 G、钙调蛋白、肝素等

3. 几类常用的亲和配基

（1）抗体与抗原之间具有高度特异性结合能力，因此可利用抗体（或抗原）为配基分离纯化相应的抗原（或抗体），此种亲和色谱法又称免疫亲和色谱。利用免疫亲和色谱法，特别是以单抗为配基的免疫亲和色谱法是高度纯化蛋白质类生物大分子的有效手段。由于单克隆抗体本身的制备工艺复杂，成本较高，目前单抗免疫亲和色谱法仅用于产量小、价格昂贵的某些基因工程药物的分离纯化，如组织纤溶酶原激活剂（t-PA）和干扰素（interferon）等。多克隆抗体较单抗的特异性低，但成本低，制备简单，选择适当的洗脱条件，也可以达到目标产物的高度纯化。

(2) 蛋白质A和蛋白质G。蛋白质A来源于金黄色葡萄球菌，蛋白质G分离自G群链球菌，它们与许多动物的免疫球蛋白G（immunogloblin G，IgG）的Fc片段具有很强的亲和结合作用，不与抗体（IgG）的抗原结合部位结合，而任何抗体Fc片段的结构都非常相似，因此这些蛋白质可以作为各种抗体的亲和配基。此外，它们与抗体的结合并不影响抗体与抗原的结合，因此它们也可用于分离抗原-抗体的免疫复合体。蛋白质A和蛋白质G与不同种属来源的各种免疫球蛋白的亲和性不一，如蛋白质A仅与人类IgG的1、2、4亚类作用，而与IgG3不发生相互作用，而蛋白质G可以与那些不能被蛋白质A结合的IgG结合（除鸡IgG外）。因此，要达到对某种免疫球蛋白的成功分离，就必须采用合适的纯化试剂。例如，纯化兔抗体可以使用蛋白质A作配基，而纯化山羊抗体就必须使用蛋白质G作配基。

(3) 凝集素。外源凝集素（lectin）是一种天然蛋白质，大多数可由植物中提取，它们含有糖结合部位，与一些糖的残基或链段具有高度亲和力，因此可结合糖基。不同的凝集素与糖结合的特异性不同。例如，伴刀豆球蛋白A（ConA）与葡萄糖和甘露糖的亲和结合作用较强，而麦芽凝集素（WGA）与*N*-乙酰葡糖胺的亲和结合作用较强。扁豆凝集素也可作为亲和色谱配基使用。

ConA是常用的亲和配基之一，可用作糖蛋白、多糖、糖脂、各种含糖配基的生物大分子物质以及整个细胞、细胞表面受体蛋白和细胞膜片段的分离纯化。

(4) 蛋白酶均存在抑制其活性的物质，称为酶的抑制剂。酶的抑制剂具有特殊的结构，能够与酶的活性中心结合，从而抑制酶的活性。因此，酶的抑制剂可以作为配基用于酶的分离纯化。

酶的抑制剂在分子大小和形态上分布较广，有天然的生物大分子，也有小分子化合物。例如，胰蛋白酶的天然蛋白质类抑制剂有胰脏蛋白酶抑制剂（PTI）、卵黏蛋白和大豆胰蛋白酶抑制剂（STI）等，小分子抑制剂有苄脒、精氨酸和赖氨酸。这些抑制剂均可作为亲和纯化胰蛋白酶的配基。

(5) 辅酶和磷酸腺苷。某些酶（如脱氢酶和激酶）需要在辅酶存在的情况下才能表现出催化活性，即辅酶能与脱氢酶和激酶之间通过亲和作用相互结合，因此这些辅酶可用作脱氢酶和激酶的亲和配基。主要的辅酶有辅酶Ⅰ（烟酰胺腺嘌呤二核苷酸，NAD)、辅酶Ⅱ（NADP）和三磷酸腺苷（ATP）等。此外，5′-磷酸腺苷（5′-AMP）与NAD^+以及ATP分子中的腺嘌呤核苷酸部分具有结构类似性，因此，凡是需要NAD^+及ATP作辅酶的酶一般都可用5′-AMP作配基的亲和色谱分离纯化。2′，5′-ADP与$NADP^+$分子中的腺嘌呤核苷酸具有结构类似性，因此需要$NADP^+$作辅酶的酶可用2′，5′-ADP作配基进行亲和色谱分离纯化。

(6) 某些过度金属离子，如Cu^{2+}、Ni^{2+}、Zn^{2+}、Mn^{2+}和Cd^{2+}等可与N、S和O等供电原子产生配位键，因此可与蛋白质表面的组氨酸的咪唑基、半胱氨酸的巯基和色氨酸吲哚基发生亲和结合作用，其中以组氨酸的咪唑基的结合作用最强。

过渡金属离子通过亚氨基二乙酸（IDA）被固定在固相载体表面，用作亲和吸附蛋白质的配基，这种利用金属离子为配基的亲和色谱一般称为金属螯合亲和色谱或固定化金属离子亲和色谱（IMAC）。

金属螯合亲和色谱常用的载体为琼脂糖，通过双环氧法偶联亚氨基二乙酸较常见。图8-9显示了以环氧乙烷活化的琼脂糖为载体，亚氨基二乙酸为配基，Cu^{2+}或Zn^{2+}为螯合离子的金属螯合亲和介质的吸附原理。吸附常在pH 6～8时进行，洗脱可采用降低 pH、增加离子强度或在缓冲液中加入螯合剂 EDTA 等方法。

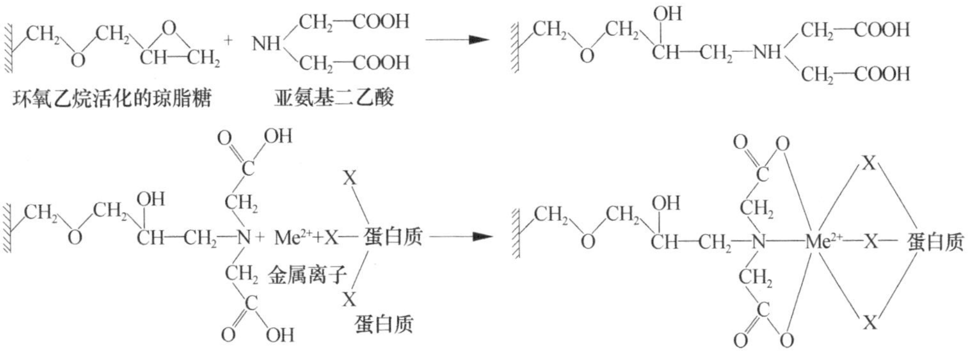

环氧乙烷活化的琼脂糖　+　亚氨基二乙酸　→

金属离子　蛋白质　→

图 8-9　金属螯合亲和介质作用原

许多蛋白质和肽类分子表面都不同程度地含有暴露的组氨酸、半胱氨酸和色氨酸，这些氨基酸能与二价金属离子发生螯合作用。因此，可利用金属螯合色谱得以分离纯化。同时，金属螯合色谱并不局限于分离这些生物分子，还可以利用螯合介质上未偶联金属离子的亚氨基二乙酸配基，分离分子中含有金属离子的金属结合蛋白质。因此，金属螯合色谱可以分离非金属结合蛋白和金属结合蛋白。

金属螯合色谱的应用范围比较广泛，目前用于分离富含半胱氨酸、组氨酸的蛋白质、酶类、肽类，如尿激酶、胰蛋白酶、胰岛素、SOD、干扰素、金属硫蛋白（MT）或用于分离金属结合蛋白等。尤其适用于末端标有组氨酸六肽的基因工程表达重组蛋白的分离纯化。

(7) 组氨酸具有比较独特的性质，如具有弱疏水性，咪唑环为弱电性，因此组氨酸可与蛋白质发生亲和结合作用。在低盐和 pH 约等于目标蛋白质等电点的溶液中，固定化组氨酸的亲和吸附最强，随盐浓度的增大，亲和吸附作用降低。因此，利用组氨酸为配基可亲和分离等电点相差较大的蛋白质。

(8) 色素配基，三嗪类色素是一类分子内含有三嗪环的合成活性染料，为 ADP-核糖的结构类似物，与各种需要在 NAD 的存在下表现其生物活性的脱氢酶和激酶具有结合作用。这类色素与 NAD 的结合部位相同，具有抑制酶活性的作用，因此又称为生物模拟色素。利用色素为配基的亲和色谱法一般称作色素亲和色谱。

除脱氢酶和激酶外，三嗪类色素还与很多蛋白质具有结合能力，如血液蛋白质（血清白蛋白、血清脂蛋白、凝块因子和铁传递蛋白等）、干扰素、核酸酶及聚合酶、磷酸二酯酶、脱羧酶、溶菌酶和糖解酶等。因此，色素亲和色谱的用途非常广泛。

(9) 除上述几类配基外，还有一些分子可用作亲和色谱的配基，如肝素、多聚尿苷酸和多聚腺苷酸等。肝素为存在于哺乳动物的肝、肺、肠等脏器中的酸性多糖，具有抗凝血作用。肝素与脂蛋白、脂肪酶、限制性核酸内切酶、甾体受体、抗凝血酶、凝血蛋白质等具有亲和作用，可用作这些物质的亲和配基。

多聚尿苷酸能与碱基对互补的多聚腺苷酸具有紧密的结合的作用。所有信使 RNA 分子中一般都有一段多聚腺苷酸。因此，以多聚尿苷酸为配基的亲和色谱可用于分离纯化信使 RNA。此外，还可用于逆转录酶、干扰素以及植物中的核酸的色谱分离。

以多聚腺苷酸为配基的亲和色谱可用于信使 RNA 的结合蛋白、病毒 RNA、与 DNA 有关的 RNA 聚合酶、核酸的抗体等生物活性物质的色谱分离。

表 8-14 列出了部分亲和色谱中常见的配基及洗脱液。

表 8-14 亲和色谱中常见的配基及洗脱液组成

分离对象	配　基	洗脱液
乙酰胆碱酯酶	对氨基苯-三甲基氯化铵	1mol/L NaCl
醛缩酶	醛缩酶亚单位	6mol/L 尿素
羧肽酶 A	L-Tyr-D-Trp	0.1mol/L 醋酸
羧肽酶 B	D-Ala-L-Arg	0.05mol/L NaCl，Tris-HCl，pH 7.9
A-糜蛋白酶	D-色氨酸甲酯	0.1mol/L 醋酸
脱氧核糖核酸酶抑制剂	脱氧核糖核酸酶	0.7mol/L 盐酸胍
3-磷酸甘油脱氢酶	3-磷酸甘油	0.5mol/L 3-磷酸甘油
木瓜蛋白酶	对氨基苯-醋酸汞	0.0005mol/L $MgCl_2$
胃蛋白酶、胃蛋白酶原	多聚赖氨酸	0.15～1.0mol/L NaCl 梯度，pH 5.2
凝血酶	对氯苯胺	1.0mol/L 苯胺-HCl，pH 7.0
转氨酶	吡哆胺-5′-磷酸	0.25mol/L 谷氨酸，1.0mol/L 磷酸盐
α,β 胰蛋白酶	卵黏蛋白	0.1mol/L 甲酸-0.5mol/L KCl，pH 4.5～2.75 梯度
白蛋白（人）	抗血清白蛋白	0.5mol/L NaCl，甘氨酸-HCl，pH 2.8
绒毛膜促性腺激素（人）	绒毛膜促性腺激素（人）	6.0mol/L 盐酸胍，pH 3.0
胰岛素	胰岛素	0.1mol/L 醋酸，pH 2.8

（二）载体

1. 载体应具备的条件

理想的亲和色谱的载体应具备以下特性：

（1）不溶于水，但具有高度亲水性，以便载体上的配基容易接近并结合水溶液中的目的产物。

（2）化学惰性，没有或极少的物理吸附或离子交换等非特异性结合作用，减少被分离物质的损失。

（3）具有多孔网状结构，有利于溶液的流动和渗透，大分子可自由通过，能提高配基的有效浓度和亲和容量。

（4）必须具有足够的可同配基结合的化学基团。

（5）具有良好的化学稳定性，不会因为 pH 变化、离子强度、温度的改变和变性剂、去污剂的使用而改变其结构，使用过程中能抵抗微生物和酶的侵蚀。

（6）具有良好的物理稳定性，机械性能好，不容易发生变形，确保最佳的分离效果，耐用，易回收再生。

（7）均匀性好，最好是均匀的球形结构，保证亲和柱具有较好的流速，不影响色谱结果。

目前常用的载体由于物理化学性质和分子结构的特点，对不同的分离产物具有不同的分离效果。

2. 几类常用载体的基本性质

（1）琼脂糖凝胶。琼脂糖凝胶是由 D-半乳糖和 3,6-L-半乳糖聚合而成的大分子多聚糖，以糖链间的次级键交联形成稳定网状结构的凝胶。通过改变琼脂糖的浓度可控制网状结构的疏密，机械强度随凝胶浓度的降低而减弱。目前应用最多的琼脂糖凝胶是瑞典 Pharmacia 公司生产的 Sepharose 系列琼脂糖，具有理想载体的特性，机械强度高、透性好、非特异性吸附少等。根据琼脂糖含量不同，有 Sepharose-2B、Sepharose-4B、Sepharose-6B，其中 2B、4B 和 6B 分别代表琼脂糖含量为 2%、4%和 6%。

（2）交联琼脂糖。交联琼脂糖凝胶是通过交联剂共价交联后得到的机械强度更高的琼脂糖凝胶色谱介质，如 Pharmacia 公司生产的 Sepharose CL 系列介质。Sepharose CL 介质比 Sepharose 介质具有更好的稳定性，在各种有机溶剂中稳定，孔径不会改变，可耐受有机溶剂修饰、高温灭菌和盐酸胍处理等条件，还可以用水不溶性的小分子作为配基。根据琼脂糖含量的不同也可分为 Sepharose CL-2B、Sepharose CL-4B、Sepharose CL-6B 等。交联后的 Sepharose CL 介质配基的有效结合位点数量减少，活化效率只有 Sepharose 介质的 50%左右，因此亲和容量低。

（3）葡聚糖凝胶。葡聚糖凝胶是由葡聚糖经环氧氯丙烷交联而成的凝胶，具有良好的化学和物理稳定性，骨架上具有很多羟基用于偶联配基。但此类凝胶的孔径小，多孔性差，活化后由于进一步交联，孔径缩小。具有最松散结构的 Pharmacia 公司生产的 Sephadex G-200，也只能允许相对分子质量为 6×10^5 的球蛋白通过，具有一定的局限性。葡聚糖凝胶只适合与小配基制成亲和吸附剂以及免疫吸附系统。

（4）纤维素。亲水性纤维素是葡萄糖残基的链状化合物以氢键相连接的网状结构。纤维素衍生物价格低廉，来源充足，但纤维素活化后会产生带电荷的离子，物理结构较为紧密，受空间位阻影响，蛋白质和核酸的通透性不好，限制了其应用范围。目前，纤维素类载体逐步被其他类型的载体所取代。

（5）聚丙烯酰胺凝胶。聚丙烯酰胺由丙烯酰胺单体和甲叉双丙烯酰胺在加速剂 N,N,N',N'-四甲基乙二胺（TEMED）和催化剂过硫酸铵作用下聚合形成的稳定结构的凝胶。凝胶具有三维网状结构和碳氢骨架，具有大量亲水性的酰胺基支链可供活化。聚丙烯酰胺凝胶物理化学性质稳定，耐微生物侵蚀，可制成各种衍生物载体，偶联不同类型基团的配基。但是，配基偶联后凝胶孔径缩小，不利于亲和色谱操作。

（6）多孔玻璃。多孔玻璃是由硼硅酸钠玻璃经高温和酸碱处理制备的具有均匀孔径的载体材料，机械强度高，化学性质稳定，耐高温，耐微生物侵蚀，对制备无菌、无病毒、无热源生物制剂有利，但价格昂贵，有时呈现硅羟基的非专一性吸附。目前，研究人员正在进行研究以克服以上缺点。

除此之外，一些合成的高分子材料（如交联聚苯乙烯、交联聚甲基丙烯酸等），具有刚性良好，粒度均匀，孔径较大，pH 适用范围广等特点，而且对生物样品具有较好的相容性，也适于用作亲和色谱的载体。

（三）活化剂

载体上的化学基团是不活泼的，不能与配基直接偶联，通过化学反应使介质上化学基团处于活化状态，称为活化。活化剂即是指能使载体发生产生自由基与配基结合的化学物质。亲和色谱中使用的活化剂大约有 200 多种，常用的几种活化剂有溴化氰（CNBr）、环氧氯丙烷、1,4-丁二醚、戊二醛和高碘酸盐等。亲和载体活化时，不同的载体需要不同的活化剂。

四、亲和色谱介质的制备

亲和介质的好坏直接影响纯化效率。亲和介质是将特定的配基与选定的载体通过合适的偶联方法连接而成的。其制备过程包括：①选择合适的配基、载体和间隔臂；②选择合适的活化剂和活化方法；③活化载体；④配基偶联；⑤封闭未偶联配基的活化基团（图 8-10）。

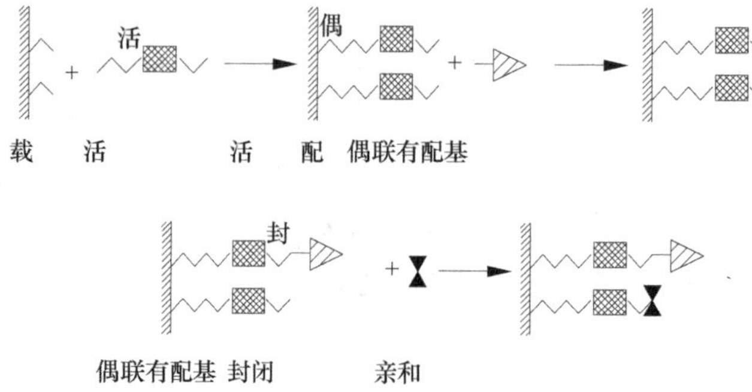

载 活 活 配 偶联有配基

偶联有配基 封闭 亲和

图 8-10 亲和介质

制备亲和介质比较费时费力，若无特殊要求，可选择商品化的亲和介质。目前，多家公司供应商品化的亲和色谱介质，几乎能满足分离各类产物的需要。表 8-15 列出了其中的一些。

表 8-15 商品化亲和色谱介质

商品	载体	配基	目标产物
Chelating Sepharose Fast Flow	交联琼脂糖，6%	IDA	能与金属结合的蛋白、肽类、核苷酸等
Ni Sepharose High Performance	交联琼脂糖，6%	Ni^{2+}	带有组氨酸标签的蛋白
Arginine Sepharose 4B	琼脂糖，4%	精氨酸	丝氨酸蛋白酶，凝固因子，血纤维蛋白溶酶原、血纤维蛋白溶酶原激活剂
Calmodulin Sepharose 4B	琼脂糖，4%	钙调蛋白	ATP 酶、磷酸二酯酶、神经传递素、干扰素、促肾上腺皮质激素
Gelatin Sepharose 4 Fast Flow	交联琼脂糖，4%	明胶	纯化或去除纤维结合素
Glutathione Sepharose 4 FF	交联琼脂糖，4%	谷胱甘肽	含谷胱甘肽 S-转移酶的重组蛋白、依赖 S-转移酶或谷胱甘肽的蛋白
Heparin Sepharose 6 Fast Flow	交联琼脂糖，6%	肝素	抗凝血酶Ⅲ、凝血因子、脂蛋白、脂酶等
IgG Sepharose 6 Fast Flow	交联琼脂糖，6%	人类 IgG	蛋白 A 融合产物
Protein A Sepharose CL-4B	交联琼脂糖，4%	蛋白 A	免疫球蛋白
Streptavidin Sepharose HP	交联琼脂糖，6%	链菌素	生物素标记的蛋白
Con A Sepharose 4B	琼脂糖，4%	刀豆蛋白 A	糖蛋白、膜蛋白、糖脂、多糖、激素、脂蛋白等
2′,5′-ADP Sepharose 4B	交联琼脂糖，4%	2′,5′-ADP	$NADP^+$ 依赖脱氢酶、与 $NADP^+$ 有亲和作用的酶
poly A Sepharose 4B	交联琼脂糖，4%	poly A	mRNA-结合蛋白、poly A-结合 RNA、病毒 RNA、聚合酶
Affi-Gel Blue Gel	交联琼脂糖	Cibacron Blue F3GA	结合白蛋白
Affi-Prep 10	合成高聚物	羟基琥珀酰胺	伯氨基偶合物
TSK gel Chelate-5pW	亲水性高聚物	IDA	能与金属结合的蛋白、肽类

（一）配基的选择

选择合适的配基是亲和色谱的重要环节。由于配基多种多样，对于某一特定的生物分子，其相应的配基也可能不止一种，因此需要根据需要选择合适的配基，以便简化纯化过程，提高纯化效率。首要考虑的因素是目标产物与配基之间亲和力的大小和专一性，配基-生物分子之间的结合常数 K_a 应在 $10^4 \sim 10^8$mol/L 之间，即解离平衡常数在 $10^{-8} \sim 10^{-4}$mol/L 之间。若配基-生物分子之间的结合作用过强，需要强烈的洗脱条件，容易导致蛋白质变性。如果解离常数能随着洗脱条件的变化而改变，则可以选择高亲和性的配基。在实际过程中，选择哪一种物质作配基，还要根据待分离对象和实验的具体情况而定。

（二）载体的选择

选择好合适的配基外，还要选择一个合适的载体。亲和载体应该具有高的比表面积，亲水凝胶尤其适合作为亲和色谱的载体。几类常见的亲和载体前面已经提到。不同的载体适合分离不同的生物分子，如纤维素载体主要用于核酸的亲和分离，而且由于价格低廉，适合大规模工业应用。多糖类载体洗脱速率慢，容易滋生细菌，在工业上的应用受到限制，多用于实验室规模。多孔玻璃及硅胶等无机载体的机械强度高，又不利于微生物生长，应用前景较好。进行亲和色谱时需根据待分离生物分子的特性及分离要求选择合适的载体。

（三）载体偶联

1. 偶联条件的选择

(1) pH。与配基偶联的 pH 8～10 最有效，如蛋白质的偶联一般选在 pH 8.3，此时配基上的氨基多以非质子化形式存在。若所选用的配基在碱性条件下比较稳定，可选择碱性条件，但 pH 过高，偶联率高，可导致配基的高级结构改变，甚至丧失活性。因此，pH 的选择还需根据具体情况而定。

(2) 缓冲液。不同的载体活化所需要的缓冲液组成不同，如溴化氰活化的载体，可使用碳酸氢钠或硼酸盐缓冲液，不能用 Tris 和其他含氨基的缓冲液，否则缓冲液中的氨基会干扰配基的偶联。偶联蛋白质配基时缓冲液的盐浓度要达到 0.5mol/L 的 NaCl，以防止蛋白质配基的聚合。

(3) 温度和时间。溴化氰活化的载体，需要在 4℃偶联过夜，或者室温（20～25℃）反应 2h。环氧氯丙烷活化的载体，一般在 35～45℃偶联，偶联时间根据配基的浓度而定。

(4) 配基的浓度。多数亲和吸附介质每毫升凝胶的配基量为 1～20μmol，2μmol 最常用；蛋白质配基每毫升凝胶用量为 5～10mg；免疫吸附剂每毫升凝胶最有效的配基浓度小于 5mg，对于吸附力很低的系统（解离常数 $K_d > 10^{-4}$mol/L）配基浓度可适当增大。但并不是配基浓度越高效果越好，高浓度配基的偶联在增加结合强度的同时，也增加了空间位阻和非特异性的结合，可引起吸附剂结合效率的降低。

2. 偶联反应

目前有多种方法可以完成载体活化和配基偶联过程，根据载体和配基的化学基团不同可以有不同的活化方法，同一化学基团也可以采用不同的方法。以下介绍几种典型的载体活化与配基偶联的方法。

(1) 溴化氰法。溴化氰是最常用的载体活化方法。此种方法普遍适用于含羟基多糖载体和含羟基的合成载体的活化，既可用于含氨基小分子配基的偶联，又可用于含氨基大分子配基的偶联。该方法操作简单，重现性好，所需条件温和，特别适用于偶联敏感性生物大分子，如多肽和蛋白质，能很容易地用此法偶联。活化时，溴化氰与载体上的羟基反应，使其活化为高反应性的氰酸酯和环亚氨碳酸盐，二者再与配基发生反应，从而将配基固定于载体上（图 8-11）。

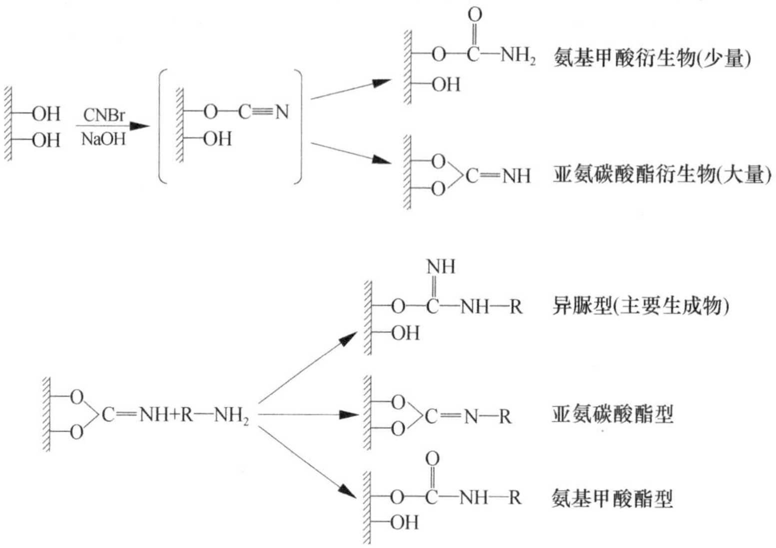

图 8-11 溴化氰活化多糖与配基偶联反应

为保证羟基处于脱质子化状态，活化反应一般稳定在高 pH 条件下，但此时 95% 以上的溴化氰会发生水解而产生氰酸盐离子，只有 2% 的溴化氰能形成有用的活化基团。研究者对此进行了改进，用溴化氰和特定碱，如三乙胺（TEA）、二甲氨基吡啶（DAP）等形成的氰基转移复合物取代溴化氰，这样 20%～80% 的氰基都能转化成氰酸酯（图 8-12）。活化反应在有机溶剂/水混合液和低温下进行。

溴化氰活化法也有一些缺点，如能产生非特异性吸附，共价键不稳定，配基容易脱落等，另外溴化氰剧毒，操作危险性比较大。

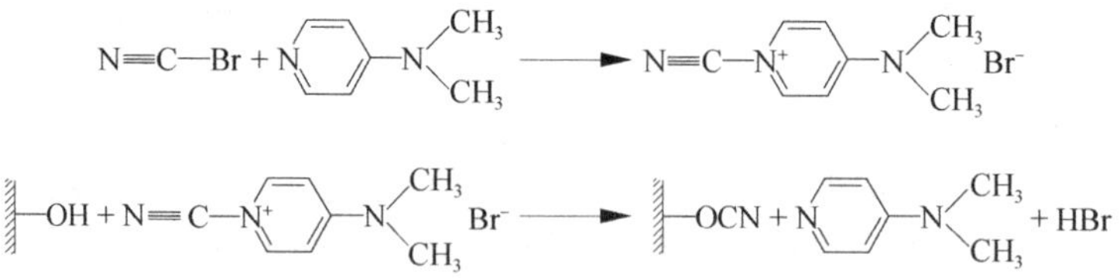

图 8-12 二甲氨基吡啶取代溴化氰对多糖类载体的活化

（2）环氧法。环氧法也是一种比较常用的制备亲和介质的方法，可用于含羟基、氨基和巯基配基的偶联，尤其是糖类配基的偶联。环氧法所形成的共价键稳定，配基不易脱落，非特异吸附小，并能自动引入间隔臂，操作简单，危险性小。环氧试剂包括双环氧试剂（双环氧乙烷）和环氧氯丙烷。

对于双环氧法，载体活化需要在碱性条件下进行，用双环氧化物活化含羟基或氨基的凝胶，产生带有亲水链的活化琼脂糖。配基上的巯基、氨基或羟基与活化琼脂糖上的环氧乙烷基团反应，被固定在载体上（图 8-13）。

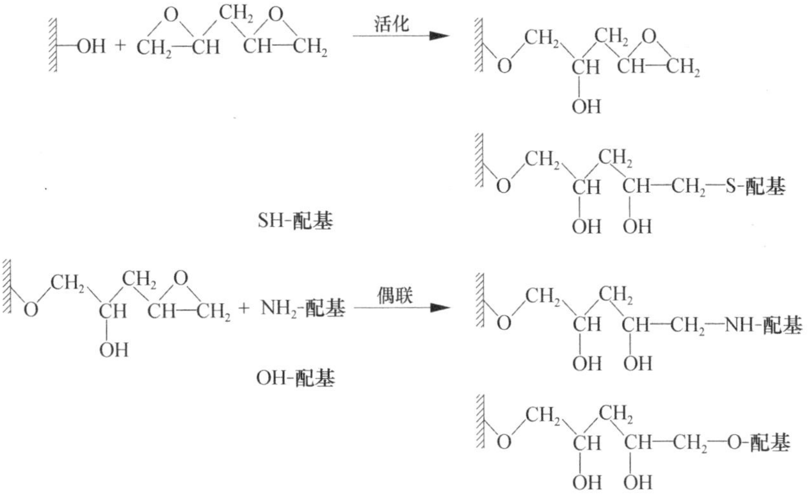

SH-配基

OH-配基

图 8-13 双环氧法制备亲和介质化学反应

环氧氯丙烷对多糖凝胶的活化偶联过程与此类似（图 8-14），活化后也会在凝胶上引入环氧基团，只是间隔臂较短。环氧氯丙烷可制备高配基密度的亲和载体，残留的活化基团在以后的反应过程中会自行水解，不会产生非特异性吸附。

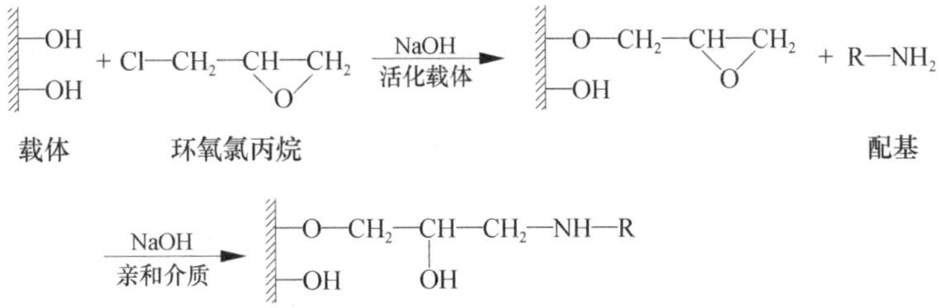

载体 环氧氯丙烷 配基

图 8-14 环氧氯丙烷活化载体反应

活化需要在碱性条件下进行，环氧基团在中性和酸性 pH 条件下很稳定，所以可通过升高偶联温度和 pH 来提高偶联效率。偶联羟基类配基时 pH 11～12，氨基类配基 pH>9，巯基类配基在中性条件下即可。因此，环氧法不适合对含有不稳定羟基和氨基类配基的偶联。

（3）碳二亚胺交联法。碳二亚胺法可用于将氨基类配基偶联到具有羧基末端的间隔臂（或载体）上，或将羧基类配基偶联到具有氨基末端的间隔臂（或载体）上。反应在弱酸性条件下进行（pH 5.0），氨基类配基（载体或间隔臂）应过量（图 8-15）。

（4）有机磺酰氯法。有机磺酰氯法适合将含氨基和巯基的配基偶联到琼脂糖上。通常使用的有机磺酰氯试剂为对甲苯磺酰氯和三氟代乙磺酰氯。对甲苯磺酰氯较三氟代乙磺酰氯便宜，而且可释放发色基团，可用分光光度法监测偶联反应。

载体活化时，对甲苯磺酰氯与载体的羟基反应，生成磺酰酯基团，磺酰酯基团与配基偶联后容易脱落，不引入电荷，配基与羟基之间形成稳定化学键。对甲苯磺酰氯活化操作需在无水丙酮中进行，用无水吡啶中和释放的 HCl，偶联配基根据情况，既可在水中又可在有机溶剂（如 DMF）中进行。偶联配基的缓冲液可采用 pH 9.5 的碳酸盐缓冲液，其他缓冲液也可以使用，但含氨基的缓冲液能与配基产生竞争性反应，应避免使用。用三氟代乙磺酰氯活化偶联时，反应可在中性 pH、4℃下进行（图 8-16）。

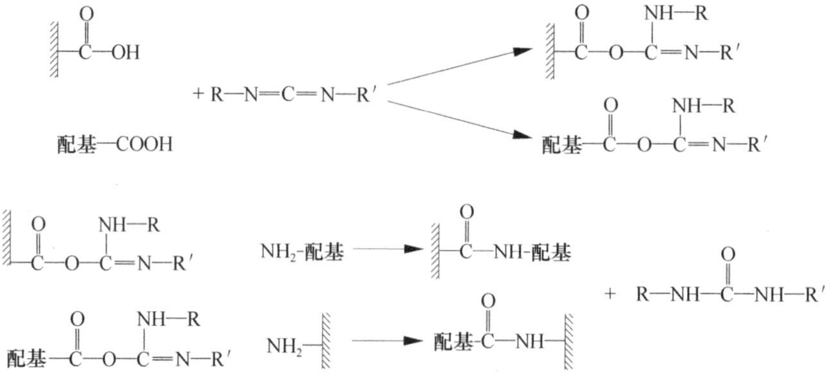

图 8-15　碳二亚胺交联反应

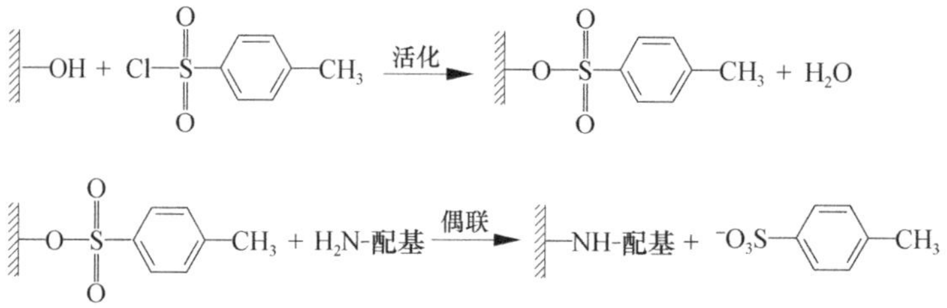

图 8-16　对甲苯磺酰氯活化反应

(5) 戊二醛法。戊二醛法适合聚丙烯酰胺凝胶的活化，戊二醛将凝胶上的酰胺基团活化后，再将含氨基的配基固定到活化基团上。20～40℃下，25%的戊二醛溶液（溶于pH 7.5、0.5mol/L磷酸缓冲液）将载体的氨基或酰胺基活化过夜；40℃下，同样的缓冲液中，配基的伯氨基与活化载体偶联。

该方法操作简单，适宜对碱性pH敏感的配基进行活化偶联，制备的亲和介质性质稳定，偶联时可同时引入间隔臂。戊二醛有毒，使用时要注意。

(四) 间隔臂

亲和色谱中经常采用一些小分子化合物作为配基，而被分离物质通常为生物大分子，若将小分子配基直接固定在载体上，会由于载体的空间位阻效应导致目标产物与配基不能很好的结合，最终亲和吸附无效（图8-17）。因此需要在载体与配基之间连接一个“间隔臂”，以增大配基与载体之间的距离，配基向外延伸，增加了配基的活动自由度和与被分离物质的接触面，减少空间位阻，提高结合效率。

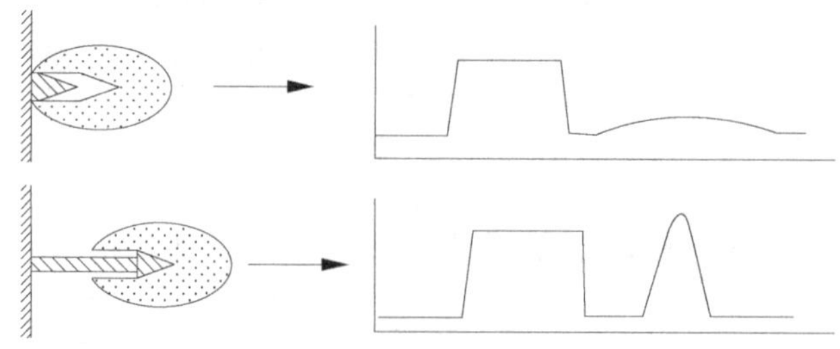

图 8-17　配基的空间位阻效应及对色谱效果的影响

—配基；—间隔臂；—目标产物

间隔臂的长度非常重要，一般甲基数目为6～8个。过短不起作用，但过长配基与目标产物的结合能力反而下降。因为间隔臂过长增加了其与载体或配基相互作用的机会，而且间隔臂容易弯曲使有效距离缩短，不利于配基与目标产物的结合。而且有的间隔臂可能会和目标产物发生非专一性疏水相互作用，影响分离效果。因此，要根据目标产物的分子结构和载体特点，选择合适的间隔臂。常用的间隔臂有己二胺、6-氨基己酸、3,3′-二氨基二丙胺等。

间隔臂应满足以下条件：①发生作用的活性位点必须位于配基分子的内部，并且不能影响配基与目标产物结合；②长度适当，不能过短，否则难以和配基有效结合，不能太长，以免自身某些基团发生相互作用；③必须在某种特定的分离条件下能被洗脱。

（五）封闭

活化结束后会有少部分活化基团未被配基偶联，需要将其封闭。可以加入过量的能与活化剂反应的伯胺基试剂封闭多余的活化基团，或者置于适宜条件下水解活化基团。最常采用的封闭试剂是pH 8.0的乙醇胺，再如巯基乙醇、葡萄糖胺、甘氨酸、谷氨酸和葡萄糖等。

（六）亲和色谱介质的技术指标

（1）配基偶联量。以每克或每毫升载体偶联的微摩尔数表示（μmol/g或μmol/mL），此种表示方法适于小分子质量配基的表示。

（2）样品吸附量。以每克或每毫升载体偶联的毫克数表示（mg/g或mg/mL），适用于大分子质量配基的表示。

（3）化学稳定性。抗氧化物的能力、配基不降解的程度等。

（4）耐酸碱。稳定的pH应用范围，如pH 3～10。

五、亲和色谱的操作过程

亲和色谱的操作过程与其他色谱基本一致，其典型过程分为：样品制备、装柱、平衡、吸附（上样）、清洗杂蛋白、洗脱、再生和保存几个步骤。其中，吸附、清洗和洗脱，属于目标产物的分离过程（图8-18）。

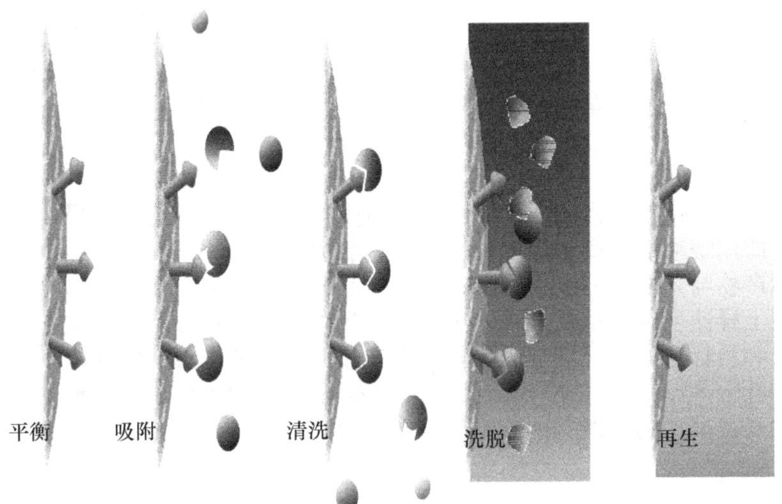

图8-18　亲和色谱分离过程示意图

（一）样品制备

目标产物通常在发酵液中含量很低，而亲和色谱过程中，即使有少量杂质的存在，也会大大降低纯化效率。因此，若样品液中杂质很多或样品浓度过低时，需要进行预处理除去主要的污染物，提高样品浓度，减少上样体积，以提高亲和色谱的纯化效果。主要程序有：①颗粒、细胞碎片、膜片段的去除，对于复杂样品，如组织、培养细胞、发酵产物等，应先进行分级粗提；②样品的浓缩及去除蛋白酶或抑制剂等。常用的预处理方法有蛋白沉淀或离子交换色谱，有时还可对样品进行透析、凝胶过滤脱盐或置换缓冲液。

（二）装柱与平衡

装柱操作对色谱分离效果影响较大，其操作可简述为：固定色谱柱，打开柱子下端出口，上端接入漏斗；将50%的亲和介质悬浮液一次性加入漏斗中，待水面接近胶面时，关闭下端出口；取下漏斗，将适配器插至接近胶面，也可剪一片塑料纸置于胶面上，防止液滴扰动胶面；连接蠕动泵，打开下端出口，将水输送至色谱柱中；流过一定体积水后，亲和介质被压实，关闭出口。要保证介质装填均匀，表面平整，不能有气泡。注意装柱时环境温度与应用时环境温度一致，否则会产生气泡。

装柱后应使用5个柱床体积的起始缓冲液进行平衡，以使介质处于最佳的适于结合的状态。缓冲液的种类、浓度、pH等需经实验确定并加以优化。

（三）吸附

吸附是被分离的目标产物与亲和吸附介质紧密结合的过程。为了达到满意的吸附效果，需要根据载体、配基、目标产物的性质与特点选择吸附条件。亲和色谱操作中存在两种吸附作用：一种是基于亲和配基与目标产物分子之间的特异性结合的亲和吸附；另一种是样品液中的各种溶质（包括目标产物和杂质）的非特异性吸附，非特异性吸附产生于溶质与固定相介质和配基分子中某些部位的疏水性和静电相互作用。特异性吸附的选择性高，非特异性吸附的选择性低。吸附操作要在保证亲和介质对目标产物有较高的吸附作用和吸附容量的基础上，将杂质的非特异性吸附控制在最低水平。

选择吸附条件时要考虑平衡缓冲液的组成、pH范围、离子强度、样品浓度、样品体积、温度和流速等因素，使亲和介质与被分离物质之间形成较强的亲和作用，进而形成稳定的复合物。如果对目标产物与配基的结合情况比较了解，可以直接设定吸附条件。例如，金黄色葡萄球菌蛋白A与免疫球蛋白IgG之间的结合主要为疏水作用，可以通过增大盐浓度、提高pH来促进吸附。若对结合情况不了解，洗脱条件则必须通过试验确定。

吸附过程中即使有少量杂质的非特异性吸附也会大大降低纯化效果。为了减少非特异性吸附，所用缓冲液的离子强度要适当，一般为0.1～0.5mol/L，缓冲液的pH应使配基和目标产物与杂质的静电作用较小。若样品中杂质过多，目标产物与配基结合力较弱时，控制上样速度或者重复上样，进行多次吸附，以使目标产物与配基充分结合。为了减少杂质和目标产物的疏水性吸附，可在样品液（和清洗液）中加入一定浓度的表面活性剂（如吐温80、Triton X-100等），尤其是对疏水性较大的蛋白质（如t-PA）加入表面活性剂是提高产物纯度和回收率的有效手段。

（四）清洗

清洗的目的是洗去色谱柱中和吸附剂内部未被吸附的杂质，尽可能留下专一性吸附的结合物。一般使用与吸附操作相同的平衡缓冲液（pH 和离子强度相同），必要时可加入表面活性剂。若亲和介质上存在较多的非特异性吸附，则清洗缓冲液离子强度应该处于起始吸附缓冲液和洗脱缓冲液之间。如某种蛋白质在 0.1mol/L 磷酸盐缓冲液中吸附，洗脱条件是 0.6mol/L 的 NaCl，则可考虑用 0.3mol/L 的 NaCl 溶液清洗。

清洗不充分会使回收的目标产物纯度降低，但清洗过渡会损失目标产物，尤其是吸附结合常数较小的亲和体系。因此，清洗操作时要通过试验确定适宜的清洗时间与清洗次数。

（五）洗脱

洗脱是使目标产物与配基解吸附后进入流动相并随流动相流出色谱柱的过程。洗脱条件可以是特异性的，也可以是非特异性的。

1. 洗脱方法

（1）特异性洗脱。特异性洗脱是指使用能与配基或待分离物质发生更强特异性亲和作用的小分子化合物作为洗脱剂，通过与配基或目标产物竞争性结合，使配基与目标产物解吸附的洗脱方法。例如，葡萄糖与伴刀豆球蛋白 A 具有亲和结合作用，利用 ConA 为配基的亲和色谱可用葡萄糖溶液洗脱；咪唑能与 Ni^{2+} 结合，因此可用于以 Ni^{2+} 为配基亲和纯化表面含组氨酸目标产物的洗脱过程中。特异性洗脱通常在低浓度、中性 pH 下进行，条件温和，有利于保护目标产物的生物活性。此外，对于特异性较低的亲和体系或非特异性吸附较严重的体系，特异性洗脱有利于提高目标产物的纯度。

（2）非特异性洗脱。非特异性洗脱通常是指改变洗脱液的 pH、离子强度、离子种类或温度等理化性质降低目标产物与配基之间亲和作用的洗脱方法。目标产物与配基之间的作用力主要包括静电作用、疏水作用和氢键等，任何导致此类作用减弱的情况都可用作非特异性洗脱的条件。

当目标产物与配基通过静电相互作用结合时，可采用提高离子强度的方法洗脱。一般情况下 1mol/L 的 NaCl 溶液就能达到有效解吸附。若配基与被分离物质间疏水作用占优势，则降低离子强度能够有效地将目标产物洗脱下来。

改变流动相的 pH 是比较常见的洗脱方法。pH 的变化可改变结合位点上带电基团的离子化程度，从而影响亲和作用。一般情况，高 pH 利于样品吸附，低 pH 利于样品解吸附。

当目标产物与配基结合过于牢固的情况下，可采用强洗脱条件，包括降低溶液极性、加入水化试剂或加入变性剂等。例如，加入乙二醇可降低溶液的极性；加入水化试剂可破坏溶液中水分子的有序结构而解吸附；加入 8mol/L 的尿素或 6mol/L 的盐酸胍可破坏蛋白质产物的结构，影响其与配基的结合而解离下来。

2. 洗脱方式

亲和色谱的洗脱方式可以分为三类：

（1）一步洗脱。此种方法针对目标产物与配基高度特异性结合的情况。调节洗脱液的 pH、离子强度、温度和介电常数，以改变目标产物与配基之间的结合作用，将目标产物一次性洗脱下来，可以得到较纯的分离物。

（2）分步洗脱。某些情况下，亲和配基的专一性结合作用较弱，配基上结合了包括目标产物在内的一组结构特性相似的物质，需要用几种不同的洗脱条件分几步洗脱。即先用解吸附作用弱的洗脱液，再用解吸附作用强的洗脱液洗脱，可以将亲和力不同的成分从配基上洗脱下来。

（3）梯度洗脱。利用洗脱液的 pH、离子强度等因素的梯度变化，将吸附性质相同、特异性程度不同的物质洗脱下来。随着洗脱液解吸附能力的逐渐增强，与配基亲和力不同的被吸附物质分别被洗脱下来。梯度洗脱一般比分步洗脱的效果要好，目标产物洗脱集中，无拖尾现象，分辨率高。

图 8-19 显示了亲和色谱的三种洗脱方法。

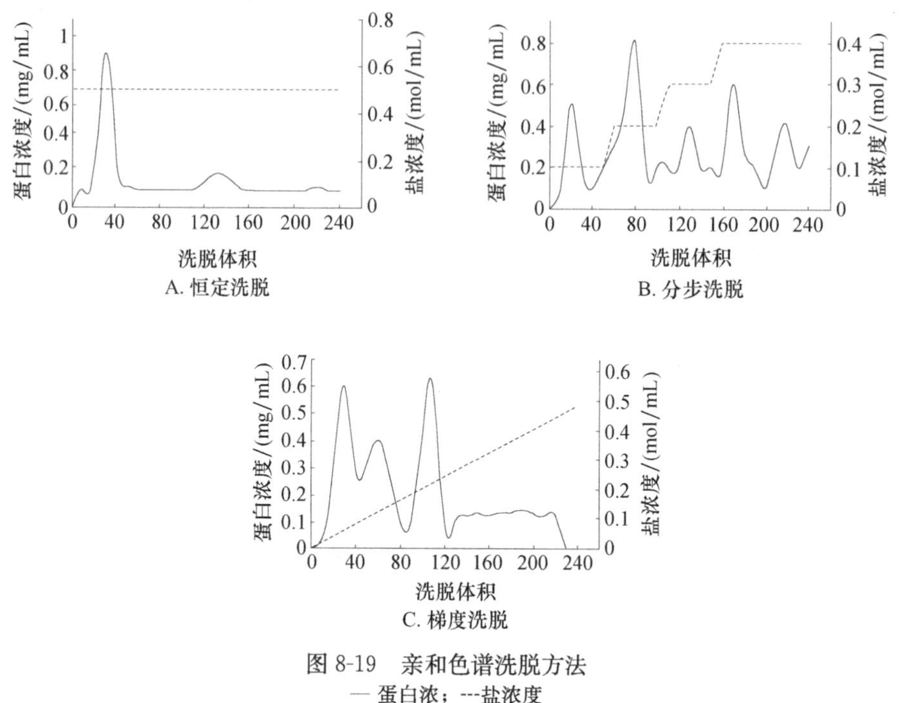

图 8-19　亲和色谱洗脱方法

— 蛋白浓；---盐浓度

（六）亲和色谱介质的再生与保存

1. 再生

亲和柱再生的作用是去除未被洗脱的仍然结合在亲和介质上的物质，以使亲和柱能反复使用。通常先用大量的洗脱液洗涤色谱柱，再用平衡缓冲液平衡，使色谱柱达到初始状态，或者采用高浓度盐溶液（如 2mol/L 的 KCl）进行再生。但是，随着使用次数的增加，变性蛋白质或各种杂质在亲和柱上产生较严重的不可逆吸附时，必须采用苛刻的条件才能去除，如升高或降低 pH，加入洗涤剂、变性剂或使用非专一性蛋白酶进行再生。普通的亲和色谱介质可使用 0.5～1.0mol/L 的 NaCl 中性盐、异丙醇以及 8mol/L 的尿素和 6mol/L 的盐酸胍分别去除离子性、疏水性和中性分子杂质。含染料配基的亲和色谱介质上的杂质可用 8mol/L 的脲或去污剂（1％SDS 或 Triton X-100）以及 1～3mol/L KSCN 去除。再生时注意，亲和介质与试剂作用时间不能太长，以免破坏介质。

2. 保存

亲和色谱介质一般保存于溶胀状态，保存温度 4～8℃。为防止细菌滋生，可加入 20％的乙醇或 0.02％的叠氮钠。

六、影响亲和色谱的因素

1. 上样体积

若目标产物与配基的结合作用较强，上样体积对亲和色谱效果影响较小。若二者间结合力较弱，样品浓度要高一些，上样量不要超过色谱柱载量的5%～10%。

2. 柱长

亲和柱的长度需要根据亲和介质的性质确定。如果亲和介质的载量高，与目标产物的作用力强，可以选择较短的柱子；相反，则应该增加柱子的长度，保证目标产物与亲和介质有充分的作用时间。

3. 流速

亲和吸附时目标产物与配基之间达到结合反应平衡需要一个缓慢的过程。因此，样品上柱的流速应尽量的慢，保证目标产物与配基之间有充分的时间结合，尤其是二者间结合力弱和样品浓度过高时。

洗脱时一般采用低的洗脱速度，尤其是亲和介质能结合几种物质和特异性洗脱时，某些情况下还要根据洗脱方式的不同采用不同的流速，以保证获得最佳的分离效果。

4. 温度

温度效应在亲和色谱中比较重要，亲和介质的吸附能力受温度影响，可以利用不同的温度进行吸附和洗脱。一般情况下亲和介质的吸附能力随温度的升高而下降，因此在上样时可选择较低的温度，使待分离物质与配基有较大的亲和力，充分地结合；而在洗脱时刻采用较高的温度，使待分离物质与配基的亲和力下降，便于待分离物质从配基上脱落。例如，一般选择在4℃进行吸附，25℃下进行洗脱。

第六节　色谱分离技术的应用

一、亲和色谱的应用

1. 亲和色谱法纯化抗大肠肿瘤相关抗原的单克隆抗体

制备和纯化鼠源性抗人大肠肿瘤单克隆抗体ND-1。常规方法免疫BALB/c小鼠制备腹水，应用G蛋白亲和色谱柱对小鼠腹水样品进行分离纯化。采用SDS-PAGE、间接免疫荧光（IFA）、间接ELISA检测纯化后抗体的纯度、活性、效价和特异性。

单抗腹水制备　常规培养的杂交瘤细胞株IC_2（分泌抗人大肠癌相关抗原的单克隆抗体ND-1）培养至对数生长期。BALB/c纯系小鼠（7～12天预先注射0.5mL降植烷）腹腔注射（2～5）$\times 10^6$个杂交瘤细胞，10天后收获腹水4～8mL。

鼠腹水单抗的初步分离　腹水中加入$CaCl_2$，室温静置2h，除去蛋白纤维凝块，4℃过夜。4℃ 1000r/min离心5min，除去凝固的纤维蛋白块。取上清，4℃ 15 000r/min离心30min，上清对20mmol/L pH 7.0磷酸缓冲液4℃透析1～2d。微孔滤膜过滤后，4℃贮存备用。

腹水单抗的亲和色谱法纯化　取HiTrap protein G柱（GE Healthcare，Amershambiosciences公司，柱床体积5mL），用5个柱体积以上的起始缓冲液（pH 7.0，20mmol/L PB）洗去乙醇防腐剂及平衡色谱柱。用起始缓冲液将5mL处理后的腹水1∶1稀释后，2mL/min上柱，再以5个柱体积以上的起始缓冲液洗柱，流速为3mL/min，紫外检测（A280）至无蛋白峰出现（OD 280nm＜0.01），换用洗脱缓冲液 0.1mol/L Gly-HCl、pH 2.7 洗脱，流速为 0.8mL/min，洗脱 5 个柱体积。洗脱的各组分收集在预先加入 80μL 1mol/L Tris-HCl（pH 9.0）中和缓冲液的收集管中。

依吸光度分别收集了 2 个蛋白峰的洗脱液，分别进行浓度和纯度鉴定，活性和特异性的 IFA 检测，及 ELISA 检测效价。纯化后的抗体分装后 4℃备用或−70℃保存。

杂交瘤 IC_2 细胞产生的 BALB/c 小鼠腹水经 HiTrap protein G 亲和色谱后出现 2 个蛋白峰，得到 2 个不同的洗脱峰曲线（图 8-20），两峰间分离度良好，达到了基线分离。IFA 检测各洗脱峰结果显示，洗脱峰Ⅱ收集液的 ND-1 抗体阳性，在表达有 ND-1 相应细胞表面抗原 LEA 的 CCL-187 靶细胞膜上有较强的荧光反应，细胞内及背景不发光，即洗脱峰Ⅱ为抗体峰。洗脱峰Ⅰ收集液的 ND-1 抗体阴性，为非结合峰。用 SDS-PAGE 鉴定结果表明，洗脱峰Ⅱ为 IgG 的单一组分，纯化的单抗呈现均一的两条带：一条相对分子质量约为 55 000 的带为重链，另一条是相对分子质量约为 25 000 的轻链，凝胶成像扫描分析其纯度达到 90%以上。ELISA 测定纯化后单抗 ND-1 的效价为 1∶10^6。

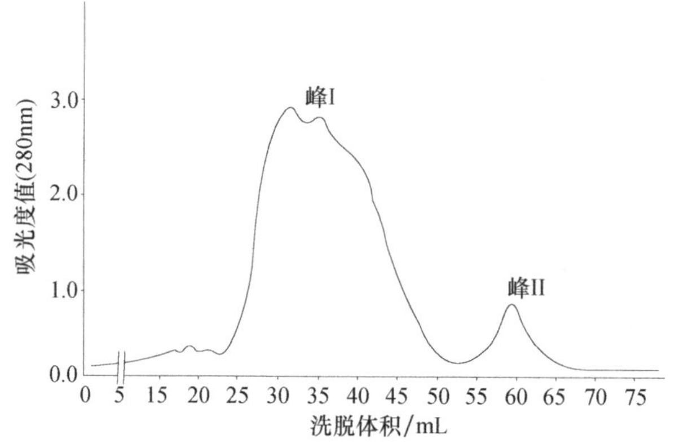

图 8-20　HiTrap 蛋白 G 柱纯化腹水单抗 ND-1 色谱图

2. 金属螯合亲和色谱分离纯化重组人 Cu,Zn-SOD

Cu^{2+}-IDA-硅胶柱的制备与 Cu^{2+}-IDA-Agarose 6B 的制备（略）。制备的 Cu^{2+}-IDA-Agarose 6B 产物装柱（1cm×30cm），用 50mmol/L $CuSO_4$ 过柱，螯合铜离子。

重组人 Cu,Zn-SOD 粗酶液的制备　诱导培养后的发酵液离心弃上清得湿菌体，加入适量 pH 8.0 的 20mmol/L Tris-HCl 缓冲液，溶解沉淀，超声破碎，4℃离心去细胞碎片，上清即为粗酶液。

重组人 Cu,Zn-SOD 的亲和色谱　硅胶柱用 pH 5.0 50mmol/L 醋酸盐缓冲液（含 0.5mol/L NaCl）平衡，粗酶液对平衡缓冲液透析后上柱，再用相同平衡缓冲液清洗杂蛋白，然后用 A：pH 7.4 50mmol/L 磷酸盐缓冲液（含 0.2mol/L 硫酸铵）、B：pH 7.4 50mmol/L 磷酸盐缓冲液（含 0.6mol/L 硫酸铵）进行梯度洗脱。Agarose 6B 柱用 pH 7.5 50mmol/L 磷酸盐缓冲液（含 0.5mol/L NaCl）平衡，粗酶液对平衡缓冲液透析后上柱，再用相同平衡缓冲液清洗杂蛋白，然后用 pH 8.0 50mmol/L Tris-HCl（含 0.5mol/L 硫酸铵）洗脱。收集活性蛋白峰，透析除盐。

洗脱曲线见图 8-21。结果显示，硅胶柱和自制 Agarose 6B 柱特异洗脱阶段均获得单一的具有 SOD 活力的蛋白峰，且 SOD 活力峰均随蛋白峰同时升降。2 种亲和柱只需用平衡缓冲液平衡后，即可再次使用，纯化效果相同。5 次使用后，硅胶柱获得的 SOD 平均比活为 7586U/mg 蛋白，纯化倍数为 6.5 倍，活力回收率为 86.7%；Agarose 6B

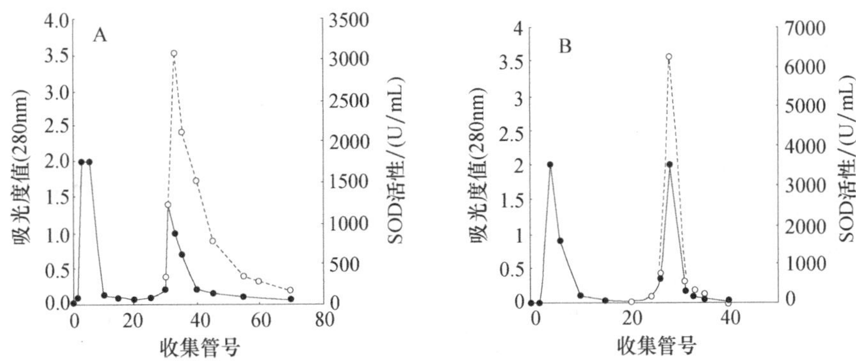

图 8-21 金属螯合亲和色谱纯化重组人 Cu,Zn-SOD 酶色谱图

A. Cu^{2+}-IDA-硅胶亲和色谱柱；B. Cu^{2+}-IDA-Agarose 6B 柱

—•— A(280nm) --○-- SOD活性/(U/mL)

柱获得的 SOD 平均比活为 6223U/mg 蛋白，纯化倍数为 5.8 倍，活力回收率为 93%。

3. 免疫亲和色谱纯化舟山眼镜蛇毒神经生长因子

初步分离舟山眼镜蛇毒（NGF），获得的蛇毒粗毒进行 Sephadex G50 分子筛色谱，对含 NGF 部分进行 CM-Cellulose 32 离子交换色谱，分部洗脱，收集 0.3mol/L NaCl 洗脱部分。将初步分离的 NGF 经电泳进一步纯化，回收蛋白条带，免疫家兔，1 个月后取抗血清，ELISA 测定效价达 1∶1800，经辛酸-硫酸铵沉淀、蛋白 A-Sepharose 进一步纯化 IgG。

称 4g CNBr-Sepharose 4B，用 400mL 1mmol/L（pH 2～3）的 HCl 膨胀和平衡。称 60mg IgG，用 0.1mol/L Na_2CO_3 缓冲液（pH 8.3，含 0.5mol/L NaCl）室温透析 2h，将上述 CNBr-Sepharose 4B 与 IgG 混合，室温搅动 2h。用 0.1mol/L Na_2CO_3 缓冲液（pH 8.3，含 0.5mol/L NaCl）充分洗涤后，用 0.1mol/L pH 8.0 Tris-HCl 洗 1 次，加 40mL 同一缓冲液，于室温搅拌过夜。

用 0.02mol/L pH 7.0 PBS 平衡亲和色谱柱，取 2g 舟山眼镜蛇毒，用 20mL 同样缓冲液溶解，离心去除沉淀，缓慢加样（20mL/h），流出溶液重复上样一次，室温静置 30min 使 NGF 与配体充分结合，然后用 PBS 洗去杂蛋白。用 0.1～0.2mol/L Gly-HCl 缓冲液（pH 2.5）直线梯度洗脱 NGF，流速 20mL/h，分管收集，主要洗脱峰组分立即用 1mol/L Tris 溶液调节 pH 7.0。

ELISA 方法对测定的数据进行统计学处理，从直线回归方程的斜率推导出 IgG 与 NGF 之间的亲和常数 $K=4.35\times10^{8}$ L/mol。4g CNBr-Sepharose 4B 与 60mg 家兔 IgG 偶联率为 94.3%。

亲和色谱纯化 NGF 的洗脱曲线见图 8-22。峰 1 为与葡聚糖或 IgG 有一定亲和力的非 NGF 蛋白，峰 2 经过生物活性检测证明为 NGF。2.0g 舟山眼镜蛇毒经过亲和色谱获得 4.7mg NGF，用传统色谱方法，2.0g 舟山眼镜蛇毒获得 3.2mg NGF，亲和色谱分离 NGF 得率比传统分离方法得率提高 46.8%，NGF 的纯度为 96.5%比活性为 5.0×10^{4} U/mg 蛋白。

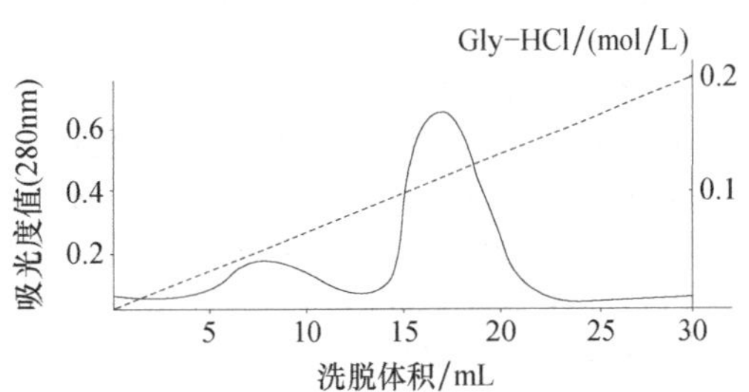

图 8-22 亲和色谱纯化舟山眼睛蛇毒 NGF 图谱

4. 肝素亲和色谱分离纯化乳铁蛋白

乳样为人初乳（第 1 天）、荷斯坦奶牛初乳（第 1 天）及二花脸母猪初乳（第 1 天）。乳样于 4℃ 条件下，4000r/min 离心 40min 脱去乳脂，再去除酪蛋白后得乳清。用 0.5mol/L 的 NaOH 调节乳清 pH 7.0，于 4℃下 pH 6.8，0.1mol/L 的磷酸盐缓冲液（PBS）中透析过夜。

取 5mL 透析后的乳清加入平衡过的肝素亲和柱，25℃结合 1h 后，以 2mL/min 的流速洗脱：PBS 洗脱至基线平稳后，分别用含 0.1mol/L、0.3mol/L、0.5mol/L 和 1.0mol/L NaCl 的 PBS 进行分步洗脱，收集洗脱液，每管收集 3mL。更换缓冲液前保证紫外吸光值回到基线水平。洗脱结果见图 8-23。

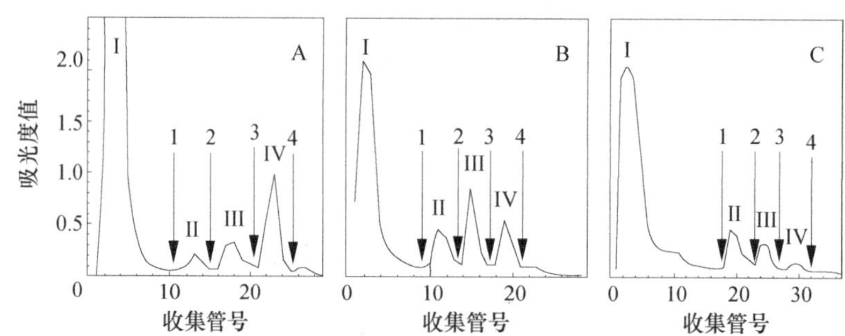

图 8-23　人（A）、猪（B）、牛（C）初乳样品的亲和色谱图

峰Ⅰ～Ⅳ分别为第 1～4 个洗脱峰，箭头 1～4 所指初分别表示在 PBS 中加入 0.1mL/L、0.3mL/L、0.5mL/L、1.0mL/L NaCl

3 种乳样在肝素亲和柱上具有相似的色谱模式。ELISA 鉴定结果表明，3 种乳样均在第 4 个峰出现最大的吸光值，表示该峰成分具有最高的免疫学活性，初步确定此峰为乳铁蛋白的吸收峰。电泳及 Western Blot 鉴定结果显示，3 种乳样的洗脱产物的电泳模式相似。第 1 个峰为杂蛋白峰，其蛋白质含量最高，组分也最为复杂；第 2 个峰包括部分免疫球蛋白和部分 β-乳球蛋白；第 3 个峰为免疫球蛋白重链成分；第 4 个峰的蛋白相对分子质量约为 70 000 左右。用牛乳铁蛋白的特异性抗体做免疫印迹，3 个乳样均在最后一个峰出现了清晰的杂交条带。由此可以确定，最后一个洗脱峰所得产物即为乳铁蛋白。人、猪和牛乳铁蛋白在初乳中的纯度分别为 13.34％、1.89％和 1.87％，纯化后分别提高至 87.00％、88.66％和 90.02％。

二、离子交换色谱的应用

1. 离子交换色谱法纯化硫酸软骨素蛋白聚糖

硫酸软骨素是组成蛋白聚糖（PG）的重要分子之一，属糖胺多糖或黏多糖类。软骨组织中的 PG 与胶原纤维一起决定骨的韧性与抗压负荷等生物力学，对软骨形状维持和功能有很大的影响。近年来发现它还具有抗肿瘤、抗骨关节炎和抗骨质疏松以及抗血栓、降血脂等活性。鹿茸是中国传统名贵中药材之一，是雄鹿未骨化的幼角。推测鹿茸中可能存在多种生物活性物质，从而促进骨生长和骨分化。

鹿茸样品　取自吉林省长春市双阳区鹿乡，为雄鹿二杠。剥去皮肤层，取间质和髓质，用蒸馏水冲洗干净，捣碎，浸于蒸馏水搅拌提取。1500r/min，4℃，离心 40min，取沉淀称重，－20℃保存备用。

PG的提取　将－20℃保存的样品迅速解冻，用滤纸吸去水分，以含有0.1mol/L 6-氨基己酸、50mmol/L EDTA-Na_2、50mmol/L 乙酸钠（NaAc）的4mol/L盐酸胍（pH 4.5）溶液中搅拌提取［W(g)∶V(mL)＝1∶15，4℃，72h］。2500r/min，4℃离心15min，分离上清液，以少量上清液洗残渣，再离心分离。合并两次上清液，对含有0.15mol/L NaCl、0.05mol/L 乙酸钠，0.5%（V/V）TritonX-100的8mol/L尿素液（pH 6.0）透析（4℃）。18 000r/min，4℃离心20min，取上清液，－20℃保存备用。

PG的分离　取一定量的上述提取液上DEAE-纤维素（DE-23）色谱柱（1.7cm×12cm）。先用8mol/L尿素（含0.15mol/L NaCl）淋洗色谱柱，然后用含0.15～1.5mol/L NaCl的上述尿素液连续梯度洗脱（流速10mL/h），总体积220mL，分步收集（1.5mL/管），结果见图8-24。

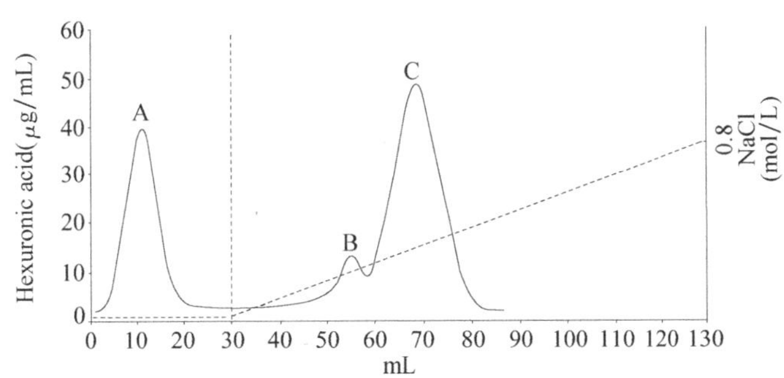

图8-24　DEAE-纤维素离子交换色谱分离硫酸软骨

由色谱图可见共有三个峰。由于糖蛋白/蛋白带电荷少，不与DEAE-纤维素（DE-23）阴离子交换柱结合，故在NaCl梯度洗脱前的透过峰-（A峰）为糖蛋白/蛋白部分。当用含NaCl的尿素溶液洗脱时，在NaCl 0.27～0.30mol/L处有一小峰B，随后在NaCl 0.33～0.48mol/L处有一大峰C。经软骨素酶AC消化实验证实，C峰为硫酸软骨素。根据糖胺聚糖的结构与性质推测，B峰为透明质酸、硫酸皮肤素或乙酰肝素。经计算得知，峰C硫酸软骨素的得率为48.77%。

通过一步色谱即完成了对硫酸软骨素的分离纯化，大大简化了纯化步骤，对硫酸软骨素的工业生产具有重要意义。

2. 离子交换色谱纯化狂犬病疫苗

狂犬病是由狂犬病毒引起的人畜共患疾病。我国1980年开始应用组织培养法制造纯化狂犬疫苗，现有原代地鼠肾细胞狂犬病疫苗和Vero细胞狂犬病纯化疫苗。

大规模精制地鼠肾细胞和Vero细胞狂犬病纯化疫苗均以超滤法浓缩病毒培养液，再用色谱和区带离心等技术纯化狂犬病毒。主要纯化工艺之一为DEAE-Sepharose CL-6B离子交换色谱法。取浓缩的病毒原液100mL，经0.01mol/L pH 7.2 PBS平衡柱透析后，选择介质DEAE-Sepharose CL-6B进行色谱分离。上柱后分别用0.01mol PB＋0.15mol NaCl、0.01mol PB＋0.03mol NaCl及0.01mol PB＋0.05mol NaCl溶液洗脱，紫外监测仪检测A_{280}，分步收集蛋白峰。蛋白峰取样后用ELISA法检测抗原活性，将ELISA检测阳性样品合并，测定残余牛血清白蛋白含量、蛋白质含量和ELISA效价，并按最终含量加入0.6mg/mL的$Al(OH)_3$溶液和0.5%人白蛋白，然后进行效力实验和安全性实验。通过该方法制成的地鼠肾细胞和Vero细胞狂犬病纯化疫苗，其效力、牛血清含量及安全实验等指标均符合WHO规程的要求。

三、吸附色谱的应用

1. 吸附色谱分离麻黄生物碱（图 8-25）

采用吸附色谱技术提取麻黄生物碱，重点考察了洗脱剂和操作条件对提取效果的影响，优化了洗脱过程。

所用树脂为 FXD-1，在 pH 10.0 的麻黄碱溶液中进行吸附，进料量为 8mg/mL，停留时间为 20min。采用 0.08mol/L 草酸为洗脱剂，流速为 3mL/min，前 2 个柱床体积用 10%的乙醇作为洗脱剂，可以洗去大部分色素和杂质，从第三个床体积开始用 0.08M 草酸洗脱。在经过树脂层后开始有麻黄碱洗出，麻黄碱洗脱效果理想，峰形良好。吸附洗脱过程的回收率达 99.3%，各部分洗脱液平均纯度在 91.2%，较进料前提高了 20.3 倍。

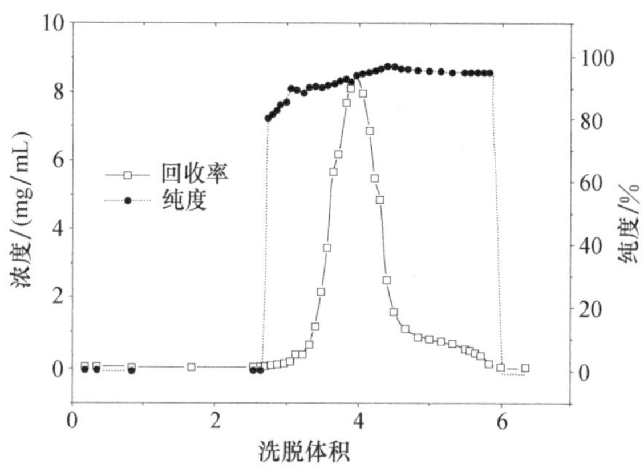

图 8-25　吸附色谱分离麻黄碱洗脱曲线

2. 吸附色谱法制备低聚原花青素

原花青素是由儿茶素与表儿茶素结合形成的聚合物，按聚合度的大小，通常将 2～4 聚体称为低聚原花青素（OPC）。OPC 有很强的抗氧化性及清除自由基能力，并且可以穿透血脑屏障，保护大脑免受与衰老有关的自由基的损伤。原花青素广泛存在于葡萄、蓝莓、樱桃、李子和松树皮中，其中葡萄籽是原花青素的重要来源。

制备葡萄籽原花青素粗提物（GSE），纯度为 52%，总酚组分中单体为 10%低聚体（OPC）约 55%，多聚体（PPC）约 35%。

大孔吸附树脂 AB28 预处理后装柱（2cm×20cm），以浓度为 13mg GAE/mL 的 GSE 上柱，进样速度为 50cm/h。以蒸馏水洗约 10 个柱体积，然后先以乙酸乙酯洗脱，50cm/h 流速洗 3～4 个柱体积；再以丙酮洗脱，回收未被乙酸乙酯洗脱的多酚类物质，洗脱流速较快，为 100cm/h，洗 2 个柱体积。结果表明，两步溶剂洗脱收率高达 95%，并且由于水洗过程中取出了大部分糖、盐、酚酸等杂质，溶剂洗脱产物纯度提高到 90%。洗脱产物中单体约 28%，低聚原花青素（OPC）占 64%，多聚体（PPC）仅为 8%。

四、分配色谱的应用

近年来，分配色谱的分支反相色谱得到了迅速发展，其纯化对象已经涵盖了从疏水分子、有机小分子到生物大分子的各种类型物质，已成为生物分子分离纯化领域不可缺少的技术之一。

1. 反相色谱法纯化紫杉醇

紫杉醇是一种具有独特抗癌机理的天然抗癌植物药物，它对乳腺癌和卵巢癌等有特殊的疗效。但紫杉醇在植物体中含量极低，同时又与多种类似物共存，紫杉醇的分离纯化困难，导致紫杉醇造价昂贵。因此，简化紫杉醇的提纯工艺，降低成本，是紫杉醇走入市场的一个技术关键。目前，采用反相色谱精制紫杉醇取得了较好的效果。

采用常规方法结合碱性氧化铝柱色谱法制备紫杉醇粗品，纯度在25%左右。装填色谱柱（15mm×260mm），乙腈充分洗出硅胶中的杂质后，用1∶1∶3（体积比）的甲醇-乙腈-水溶液平衡紫杉醇粗品，粗品溶于1∶1∶3（体积比）的甲醇-乙腈-水溶液后上柱，再用甲醇-乙腈-水（1∶2∶2体积比）洗脱。同时采用再循环分离操作方式，当cephalomannine和紫杉醇混合物即将从柱中洗脱出来时，开始循环洗脱。色谱过程在常温常压下进行，流动相流速为1.0mL/min。

图8-26为典型的反相色谱洗脱图谱，其中峰1为紫杉醇峰，紫杉醇的纯度可达95.3%，回收率为88.0%。图8-27为循环洗脱图谱，循环洗脱后，cephalomannine峰和紫杉醇峰均有一定的扩散，但cephalomannine和紫杉醇得到了良好的分离。经过1次循环，紫杉醇含量超过了95%。

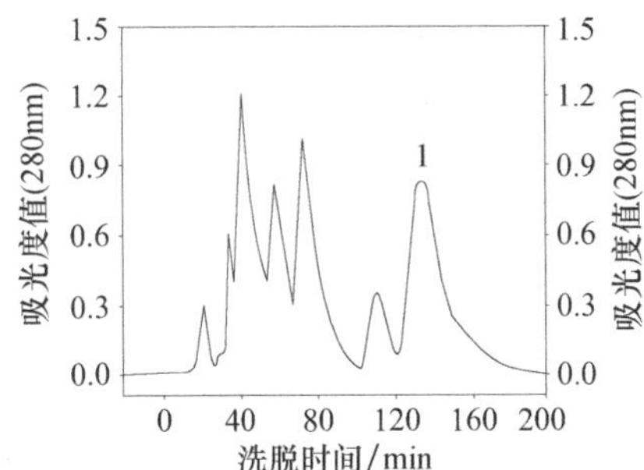

图8-26　C_{18}-硅胶反相柱色谱纯化紫杉醇图

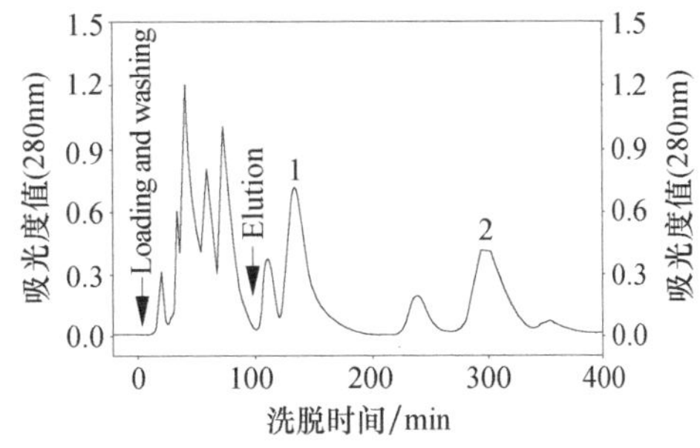

图8-27　C_{18}-硅胶反相柱色谱纯化紫杉醇循环洗脱图谱

2. 反相色谱对样品脱盐

脱盐是生物分子分离过程中经常遇到的步骤，是指从生物大分子样品中除去小分子的杂质，有时还可完成交换缓冲液的目的。脱盐技术有多种，如非色谱技术的透析和超滤，色谱手段的有凝胶过滤色谱，经常采用。但是凝胶过滤色谱的上样量小，而且还对样品有稀释作用。反相色谱也能实现对蛋白质、肽类等大分子物质的脱盐目的，样品量比较大，而且洗脱后样品在很小的体积范围内被洗脱下来，完成脱盐的同时也对样品进行了浓缩。

五、多种色谱技术的组合应用

生物分子的分离纯化，有时需要多种分离纯化手段同时使用。色谱技术是目前所知的两种最好的分离方法之一，其应用范围非常之广泛。有时为了达到较好的分离纯化效果，需要多种色谱技术的同时使用。

1. 胰蛋白酶的制备

胰蛋白酶是从猪、牛、羊胰中提取的一种丝氨酸属蛋白水解酶。胰蛋白酶专一作用于由碱性氨基酸精氨酸及亮氨酸羧基所形成的肽键，酶本身容易自溶，由原先的β-胰蛋白酶转化成α-胰蛋白酶，进一步降解为拟蛋白酶乃至碎片，活力也逐渐下降或丧失。胰蛋白酶易溶于水，不溶于氯仿、乙醇、乙醚和甘油。在 pH 1.8 时，短时煮沸几乎不失活，在热溶液中加盐则蛋白沉淀，滤液不显示酶作用。Ca^{2+} 有保护作用和激活作用，当 pH<3 及有 0.01mol/L Ca^{2+} 存在时较稳定。

以猪胰为原料的提取胰蛋白酶的技术路线如图 8-28 所示。

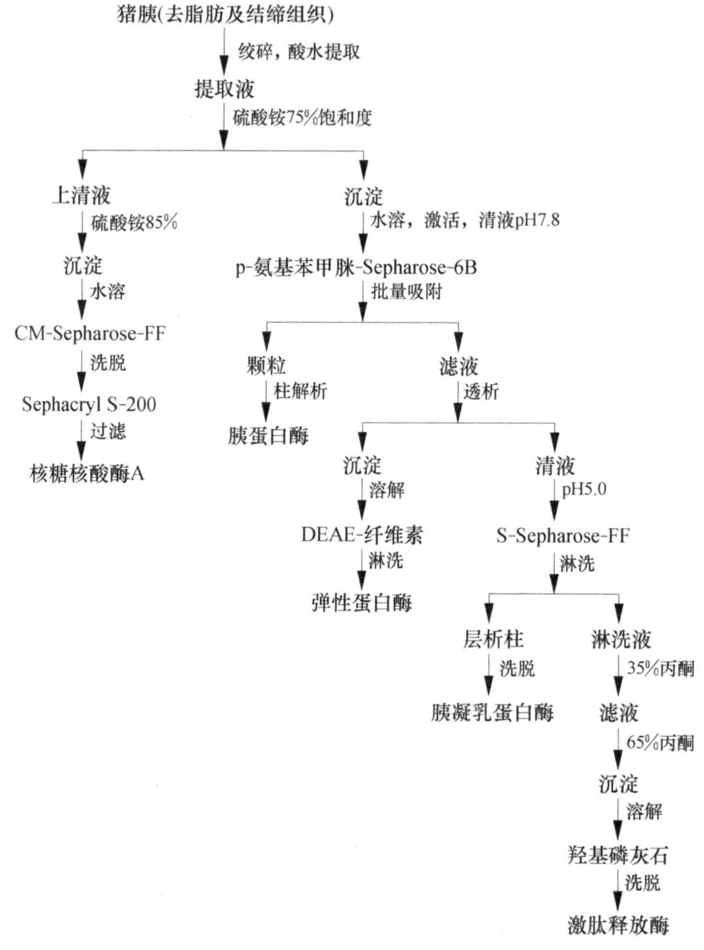

图 8-28　猪胰蛋白酶的技术路线

(1) 提取、盐析。取 1kg 猪胰，除去脂肪及结缔组织，净重 138g，绞碎，加 pH 4 含乙酸水 4℃下搅拌提取 24h，纱布过滤，弃去残渣，得提取液 2480mL，再加入固体硫酸铵 1428g，达到 75%饱和度，离心，得上清液 3100mL，盐析沉淀 90g。

(2) 核糖核酸酶 A 制备。取上清液加入固体硫酸铵 372g，达到 85%饱和度，离心得沉淀，再将沉淀溶于少量水后，调 pH 6.0，然后加入到用 0.01mol/L pH 6.0 的 PBS 平衡过的 CM-Sepharose FF 色谱柱中，用平衡缓冲液洗涤 1～2 柱床体积后，再用 0.01mol/L pH 7.5 的 PBS 共 1000mL，进行梯度洗脱，收集活性峰液 100mL。将活性峰液 5mL 调 pH 8.0，再加入用 0.05mol/L pH 8.0 的 PBS 平衡好的 Sephacryl S-200 色谱柱中，用同样缓冲液洗脱，收集活性峰 75mL。经透析脱盐、冻干，即得核糖核酸酶 A。比活为 71 000U/mg 蛋白。

(3) 胰蛋白酶制备。将上述75%饱和度的盐析沉淀 90g，溶于 10 倍体积 1L 蒸馏水中，加入 $CaCl_2$ 粉末 30g，使其高出硫酸铵 0.1mol/L,；调 pH 8.0，加入 5mg 结晶胰蛋白酶，于 4℃下激活 24h，过滤，除去硫酸铵沉淀；并调 pH 7.8，加入 p-氨基苯甲脒-Sepharose-6B 进行批量吸附，用 0.1mol/L Tris-0.05mol/L HCl，pH 8.0（含 0.1mol/L $CaCl_2$）缓冲液洗脱，收集活性峰。透析、冻干，即得胰蛋白酶。比活力为 23 750U/mg 蛋白，活性回收 60%。

(4) 弹性蛋白酶制备。取未被 p-氨基苯甲脒-Sepharose-6B 吸附的滤液 1.5L 对水透析产生沉淀，离心，保留清液，沉淀用少量 0.02mol/L pH 8.8Tris-HCl 缓冲液溶解，并调 pH 10.4，加入用上述缓冲液平衡好的 DEAE-纤维素柱上，再用同样的缓冲液洗涤。因弹性蛋白酶在此条件下不被吸附，收集活性峰。对水透析，冻干、即得弹性蛋白酶。比活力为 2010U/mg 蛋白，活性回收 10%。

(5) 糜蛋白酶制备。将产生弹性蛋白酶沉淀的透析液经离心得清液，调 pH 5.0，加入用 0.01mol/L pH 5.0 的柠檬酸缓冲液平衡的 S-Sepharose-FF 柱上，用同样缓冲液洗涤,收集洗涤液待制备激肽释放酶。用 0.01～0.05mol/L pH 5.0 的柠檬酸缓冲液进行梯度洗脱，收集活性峰组分 16～20 管。再透析、冻干，即得糜蛋白酶。比活力为 23 000U/mg蛋白，活性回收 37%。

(6) 激肽释放酶。取用 0.01mol/L pH 5.0 柠檬酸缓冲液洗涤 S-Sepharose-FF 柱的洗涤液，调 pH 4.5，加入丙酮，至体积比为 35%，－4℃冰箱放置 2～4h，过滤，得滤液 205mL，再加入醋酸钠和氯化钠，使浓度分别达到 0.065mol/L 和 0.035mol/L，继续加入丙酮，使体积比达 65%，过滤，滤饼用少量水溶解，调 pH 4.2，再次产生沉淀，过滤，滤饼用水溶解后调 pH 6.8，透析脱盐后，加入到用 0.01mol/L pH 6.8 磷酸缓冲液平衡的羟磷灰石柱上，用 0.01～0.2mol/L pH 6.8 的磷酸缓冲液进行梯度洗脱，收集活性峰组分第 63～85 管溶液。再透析脱盐，加入到同一个经过重新平衡的羟磷灰石柱上，改用 0.05～0.2mol/L pH 6.8 磷酸缓冲液进行梯度洗脱。收集活性峰第 55～70 管，经透析、冻干，即得激肽释放酶。比活力为 130U/g，活性回收 26%。

2. 重组人尿激酶原的生产工艺

尿激酶原（pro-UK）亦称单链尿激酶，是双链尿激酶的前体，由于其具有选择性的溶栓作用，引起了人们很大的兴趣，它是当前很有希望的溶栓药物之一。通过基因重组技术构建了可生产人尿激酶原的基因工程细胞（如大肠杆菌、哺乳动物、酵母、昆虫等细胞）。大量培养生产尿激酶原过程中，纯化工艺包括快流速磺酸型琼脂糖凝胶珠、CM-纤维素阳离子交换色谱、对氨基苯甲脒-Sepharose-6B 亲和色谱、磺酸型阳离子交换快速蛋白质液相色谱（mono-S FPLC）等。

以大肠杆菌细胞生产尿激酶原的生产工艺为：

菌种复苏→LB 琼脂平板→摇瓶种子培养→种子罐发酵→生产罐发酵→菌体分离与破碎→包涵体回收与活化→CM 离子交换色谱→分子筛色谱→Affi-polymyxin Support 亲和色谱→hpro-UK 精制溶液→冷冻干燥→重组人尿激酶原原料药→制剂配制→罐装→冷冻干燥→注射用重组人尿激酶原

其中包涵体的复性处理是制造工艺的关键。基于 hpro-UK 的分子质量，可先用截流相对分子质量 30 000 的超滤膜对 hpro-UK 活化液进行透析；利用其碱性蛋白的特点，先用 CM-纤维素阳离子交换色谱，再用分子筛色谱，以去除大分子质量杂质和小肽；最后用 Affi-polymyxin Support 亲和色谱，可有效地去除样品中的热源，获得 hpro-UK 精制溶液。进一步透析去盐，冷冻干燥，获得 hpro-UK 原料药。

3. 重组 CHO 细胞乙型肝炎疫苗的生产工艺

国内生产重组 CHO 细胞乙肝疫苗所用的细胞种子为重组 CHO 细胞 C_{28} 株，该株系利用 DNA 操作技术将编码 HBsAg 的基因拼接入 CHO 细胞染色体中而获得。静止或旋转培养细胞，待表达 HBsAg 含量达到 1.0mg/L 以上时收获培养液，培养液用离心机进行澄清处理后，可采用三步色谱法提纯 HBsAg。

培养上清液经过以 Butyl-S-Sepharose FF 为介质的疏水作用色谱（HIC）、以 DEAE-Sepharose FF 为介质的阴离子交换色谱（IEC）和过以 Sepharose 4FF 为介质的凝胶过滤色谱（GFC）制得精制的 HBsAg。

按上述方法纯化获得的 HBsAg 加入终浓度为 1∶4000 甲醛于 37℃保温 72h，再经超滤、浓缩及除菌过滤后得到原液，原液吸附 $Al(OH)_3$ 佐剂并加入防腐剂为半成品，经分包装即为成品。

思考题

1. 什么是梯度洗脱法？如何选择展开剂？
2. 薄层色谱常用的显迹方法有哪些？试述其适用范围。
3. 薄层色谱法的操作要点是什么？
4. 吸附柱色谱法的操作要点是什么？
5. 试述分配色谱的装柱和上样操作与吸附色谱有哪些不同。
6. 分配色谱的载体选择依据是什么？
7. 适合用离子交换色谱分离的物质应具有什么特性？为什么？
8. 如何选择离子交换色谱的洗脱剂？
9. 试说明离子交换色谱的特点，它在色谱分析中的地位和作用。
10. 亲和色谱的分离机理是什么？
11. 试比较亲和色谱的特异性洗脱法和非特异洗脱法的优缺点？
12. 亲和色谱主要适用于分离什么物质？其特点是什么？

第九章　离 心 技 术

离心技术主要用于固液或液液分离过程，是利用转鼓高速转动所产生的离心力来实现悬浮液、乳浊液的分离或浓缩的分离技术。由于离心力场产生的离心力可以比重力高几千甚至几十万倍，所以对于固体颗粒小的或液体黏度很大，过滤速度很慢，甚至难以过滤的悬浮液，就可用离心分离技术。对于那些忌用助滤剂或助滤剂使用无效的悬浮液的分离，使用离心分离也能得到满意的结果。

离心技术作为一项分离技术具有悠久的历史。1878 年，瑞典工程师 Gustaf de Laval 发明了连续操作离心机，从牛奶中分离出奶油。1896 年，这项设计被应用于发酵工业中提取酵母。如今，离心应用于生物物质（如 DNA、大分子、哺乳动物细胞和细胞内组分等）的分离。例如，啤酒和果酒的澄清、酵母液的增缩、谷氨酸结晶的分离，各种发酵液菌体和流感、肝炎的疫苗以及干扰素制备等，大量使用各种类型的离心分离机。通常，离心分离设备比过滤设备更复杂更精密，因此设备投资高，但对于难过滤的待分离物的分离效果却很有效。

离心分离原理是利用悬浮粒子与周围溶液间存在密度差进行的，高密度相在离心加速的作用下从低密度相中沉降下来或利用分离物的沉降系数、质量及浮力等因子的不同而使物质进行分离的。

离心分离过程根据分离原理可分 3 种：①离心沉降。利用固液两相的相对密度差，在离心机无转鼓或管子中进行悬浮液的操作；②离心过滤。利用离心力并通过过滤介质，在有孔转鼓离心机中分离悬浮液的操作；③离心分离和超离心。利用不同溶质颗粒在溶液各部分分布的差异，分离不同相对密度液体的操作。

因此，习惯上把离心机分为过滤式离心机、沉降式离心机和离心机。过滤式离心机的转鼓壁上开有小孔并有过滤介质，用于处理固体颗粒较大、固体含量较高的悬浮液；沉降式离心机用于分离固体浓度较低的悬浮液；而离心机用于分离两种互不相溶的密度有微小差异的乳浊液或含有微量固体颗粒的乳浊液。

第一节　离心分离原理

一、离心沉降原理

离心沉降的基础是固体沉降。当固体粒子在无限连续流体中沉降时，受到两种作用力，一种是连续流体对它的浮力，另一种是流体对运动粒子的黏滞力（摩擦力）。当这两种力达到平衡时，固体粒子将保持匀速运动。如果粒子在离心场中运动，还会受到离心力的作用。

1. 离心力

离心分离是根据在一定角速度下作圆周运动的任何物体都受到一个向外的离心力进行的。当离心机转子以一定的角速度 $\omega(\mathrm{s}^{-1})$ 旋转，颗粒的旋转半径为 r(cm) 时，任何颗粒均受一个向外的离心力。此离心力 F 为

$$F = \omega^2 r \tag{9-1}$$

2. 相对离心力

由于各种离心机转子的半径或者离心管至旋转轴中心的距离不同，所受离心力也会不同，因此文献中常用“相对离心力”或数字“数字×g”表示离心力。相对离心力（RCF）是指在离心力场的作用下，颗粒所受的离心力相当于地球重力的倍数，单位是重力加速度（9.8m/s^2）。

RCF 可表示为

$$RCF=\frac{\omega^2 r}{980} \tag{9-2}$$

RCF 为实际离心场转化为重力加速度的倍数。实际应用时，这一关系式常用转数 n(r/min) 表示。由于 $\omega=2\pi n/60$，于是

$$RCF=\frac{\frac{4\pi^2 n^2 r}{3600}}{980}$$

简化为

$$RCF=1.119\times10^{-5}n^2 r \tag{9-3}$$

计算颗粒相对离心力时，应注意离心管于旋转轴中心的距离 r，沉降颗粒在离心管中所处的位置不同，所受的离心力也不同。

在式（9-3）的基础上，Dole Cotzias 制作了与转子速度和半径相对应的离心力的转换列线图（图 9-1）。将离心机转数换成相对应的离心力时，先在离心机半径标尺上取已知的离心机的半径和在转数标尺上取已知的离心机转数，然后将这两点间划一条直线，在图中间 RCF 标尺上的交叉点，即为相应的离心力数值。例如，已知离心机的转数为 2500r/min，离心机的半径为 7.7cm，将两点连接起来交于 RCF 标尺，此交点 500×g 即是 RCF。

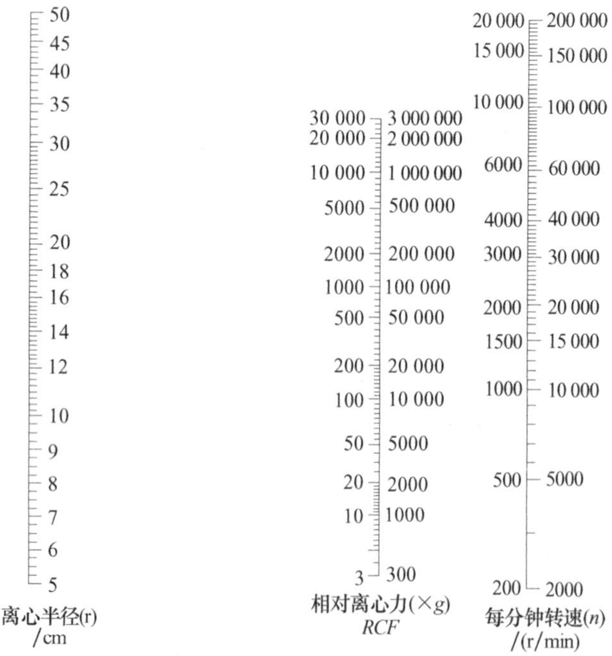

图 9-1 离心力的转换列线图

（引自俞建瑛等，2005）

3. 沉降速率

根据 Stocke 定律，悬浮微粒在重力场中的重力沉降速度为

$$v_g = \frac{d^2(\rho_p - \rho_m)g}{18\mu} \tag{9-4}$$

要注意式（9-4）成立的条件是 $Re = d\rho_p v_g(\mu < 1)$。

沉降速率是指在强大离心力的作用下，单位时间内物质运动的距离。体积为 V_p 的粒子，悬浮于密度为 ρ_m 的介质中，根据阿基米德定律，在地心引力场中将受到浮力作用（F_B）：

$$F_B = \frac{mg(\rho_m)}{\rho_p}$$

式中，m——粒子的质量；

ρ_p——粒子密度。

粒子在离心场中受到的浮力为

$$F_B = \frac{m(\rho_m)\omega^{2x}}{\rho_p}$$

根据 Stocke 定律，悬浮在介质中的球形粒子移动受到的摩擦力为

$$F_f = 6\pi n\mu r\left(\frac{dx}{dt}\right)$$

式中，r——球形粒子半径；

μ——液体介质黏度；

dx/dt——粒子移动速率。

为简便起见，只考虑离心力（F_0）、摩擦力（F_B）和浮力（F_f）之间的关系。因此，当移动速率达到恒定时：

$$F_0 = F_B + F_f$$

$$m\omega^{2x} = 6\pi n\mu r(dx/dt) + m(\rho_m)\omega^{2x}/\rho_p$$

粒子质量用 ρ_p 和体积 $4\pi r^3/3$ 的乘积来表示

$$(4\pi r^3/3)(\rho_p)(\omega^{2x}) = 6\pi n\mu r(dx/dt) + (4\pi r^3/3)(\rho_m)\omega^2 x$$

$$\frac{dx}{dt} = \frac{2r^2(\rho_p - \rho_m)(\omega^{2x})}{9\mu}$$

或

$$\frac{dx}{dt} = \frac{r^2(\rho_p - \rho_m)(\omega^{2x})}{18\mu} \tag{9-5}$$

从式（9-5）中可知，粒子沉降速率与粒子直径的平方、粒子密度与液体介质密度差成正比；当粒子密度等于介质密度时，沉降速率为零；当液体介质的黏度增加时，沉降速率下降；当离心力场增加时，沉降速率增加。

4. 离心时间

在实际工作中，常常会遇到要求在已有的离心机上把某一溶质从溶液中全部沉降出来的问题，这就必须首先知道用多大转速与多长时间才可达到分离目的。如果转速已知，则需要解决沉降时间来确定分离某粒子所需的时间。

某粒子在离心场中，从 x_1 处到 x_2 处所需时间为 $t = t_1 - t_2$：

$$\int \frac{X_2}{X_1} \frac{dx}{dt} = \int \frac{t_2}{t_1} \frac{d^2(\rho_p - \rho_m)}{18\mu} \cdot \omega^2 dt$$

$$\ln\frac{X_2}{X_1}=\frac{d^2(\rho_p-\rho_m)}{18\mu}\cdot\omega^2 t$$

$$t_2-t_1=\frac{18\mu}{d^2(\rho_p-\rho_m)\omega^2}\cdot\ln\frac{X_2}{X_1} \tag{9-6}$$

5. 沉降系数

沉降系数是指单位离心力作用下粒子的沉降速率，可以用下式表示

$$S=\frac{\frac{dx}{dt}}{\omega^2 X}$$

$$Sdt=\frac{dx}{x}\cdot\frac{1}{\omega^2}\quad 积分：$$

$$S\cdot\int\frac{t_2}{t_1}dt=\frac{1}{\omega^2}\int\frac{X_2}{X_1}\frac{dx}{dt}$$

$$S=\frac{\ln\frac{X_2}{X_1}}{\omega^2(t_2-t_1)}=2.303\frac{\lg\frac{X_2}{X_1}}{\omega^2(t_2-t_1)} \tag{9-7}$$

$$\omega=\frac{2\pi n}{60}=0.105n$$

$$S=\frac{2.1\times10^2\times\lg\frac{X_2}{X_1}}{n^2(t_2-t_1)}$$

所以，S 的单位应该是 $(cm/s)/(cm/s^2)$，即其单位为（s）。

S 实际上时常在 10^{-13}s 左右，实用中这个单位太大了。令 1S$=10^{-13}$s，是为了纪念在离心技术发展中做出了贡献的 Svedberg。

为了便于比较，常用 20℃纯水中的沉降系数为标准（$S_{20,w}$）表示，其他条件下的沉降系数与标准沉降系数的关系为：

$$S_{20,w}=S_{T,m}\frac{\mu_{T,m}(\rho_p-\rho_{20,w})}{\mu_{20,w}(\rho_p-\rho_{T,m})} \tag{9-8}$$

式中，$S_{T,m}$——在温度为 T、介质 m 中的沉降系数，S；

$\mu_{T,m}$——在介质 m 温度为 T 时的黏度，$kg/(m^3\cdot s)$；

$\mu_{20,m}$——20℃纯水中的黏度，$kg/(m^3\cdot s)$；

ρ_p——粒子 p 的密度，g/L；

$\rho_{T,m}$——在介质 m 温度为 T 时的密度，g/L；

$\rho_{20,w}$——20℃纯水中的密度，g/L。

6. *K* 因子（澄清因子）

K 因子又称澄清因子，它估计粒子从离心杯上最近转轴处（X_{min}）到最远处（X_{max}）所需的时间。有了 *K* 值就可以估计具有一定沉降系数的某种颗粒的沉降时间。

颗粒沉降时间可以用下式计算：

$$T=\frac{1}{S}\frac{\ln\frac{X_2}{X_1}}{\omega^2} \tag{9-9}$$

式中，T——样品颗粒安全沉降到管底的时间，也叫澄清时间，s；

S——颗粒沉降系数；

X_2，X_1——分别是旋转轴中心到离心管底部及样品液面的距离，cm。

把 $[\ln(x_1/x_2)\omega^2]$ 用常数 K 表示，$K=TS$

若 t 的时间单位用 h，S 以 Svedberg 单位（S）表示，由于 $1S=10^{-13}s$，可得：

$$K=\frac{10^{13}}{3600}\frac{\ln\frac{X_2}{X_1}}{\omega^2} \tag{9-10}$$

将 $\omega=2\pi n/60$ 代入式（9-10）中，

$$K=\frac{2.53\times10^{11}\cdot\ln\frac{X_2}{X_1}}{\omega^2} \tag{9-11}$$

K 因子是转子的效率因子，与转子大小和速率有关。

S、X_2 和 X_1 不变时，由公式可知：①K 值越低，颗粒沉降时间越短，转子使用效率越高；②$\omega_1^2t_2=\omega_2^2t_1$；③$K$ 值与转速平方成反比，$\omega_1^2K_1=\omega_2^2K_2$。

转子出厂时已标上最大转速时的 K 值，由此可求得低速时的转速，但文献或厂家所给 K 值均从离心管腔顶部而不是液面计算的，故实际 K 值比理论 K 值小。

通常，离心机的转子说明书中提供的 K 值，都是根据最大路径及在最大转速下所计算出来的数值。如果已知粒子的沉降系数为 80S 的 Polysome，采用的转子的 K 因子是 323，那么预计沉降到管底所需的离心时间是 $T=K/S=4h$。利用此公式预估的离心时间，对水平式转子最适合；对固定角式转子而言，实际时间将比预估的时间来得快些。

【例 9-1】 某一动物细胞粘附在葡聚糖凝胶珠的表面进行培养来生产乙肝疫苗。反应器装液量 50L，液深为罐径的 1.5 倍，凝胶珠直径为 0.15mm，密度为 $1020kg/m^3$，没有载体的液体密度为 $1000kg/m^3$，黏度为 $1.1\times10^{-3}(Pa\cdot s)$。求：

(1) 若微粒体胶珠自然沉降很快达到最大终端沉降速度所经历的沉降时间；

(2) 估算搅拌停止后凝胶珠达到终端沉降速度所经历的时间。

解：(1) 由上面红色的公式（9-4）可以求出凝胶珠终端沉降速度为：

$$\begin{aligned} v_g &= d^2(\rho_p-\rho_m)g/18\mu \\ &= (0.15\times10^{-3})^2(1020-1000)\times9.81/18/1.1\times10^{-3} \\ &= 2.23\times10^{-4}(m/s) \end{aligned}$$

$$\begin{aligned} Re &= d\rho_p v_g \\ &= 0.15\times10^{-3}\times1020\times2.23\times10^{-4}/1.1\times10^{-3}=0.03<1 \end{aligned}$$

反应溶液体积为：

$$V=\pi hr^2/4=3.14\times h(h/1.5)^2/4=5\times10^{-2}(m^3)$$

求得反应液的深度为：$h=0.524(m)$

由液深为 h 和微粒终端沉降速度自然沉降 v_g，且忽略搅拌停止时至到达 v_g 的过滤时间，则凝胶从液面沉降至反应器底部所需时间为：

$$t=h/v_g=0.524/2.23\times10^{-4}=2345(s)=39.1(min)$$

(2) 设搅拌停止时凝胶的沉降速度为 $v=0$。根据牛顿运动定律和斯托克斯定律，有

$$[\pi d^3(\rho_p-\rho_m)(dv/dt)]/6=[\pi d^3(\rho_p-\rho_m)]g/6-3\pi\mu dv$$

简化得：

$$dv/[gd^2(\rho_p-\rho_m)-18\mu]=dt/[d^2(\rho_p-\rho_m)]$$

由 $t=0$，$v=0$ 至 $t=t$，$v=v_g$，定积分并简化得：

$$t=[d^2(\rho_p-\rho_m)/18\mu]\ln\{gd^2(\rho_p-\rho_m)/[18\mu v_g-gd^2(\rho_p-\rho_m)]\}=1.29(s)$$

由此可见，搅拌停止时到达终端沉降速度只耗时 1.29s，与凝胶珠沉降至底部所耗时间 39.1min 相比可忽略不计。

【例 9-2】 用多室式分离机从发酵液中分离酵母细胞，离心操作时多个圆筒的轴线与转鼓回转轴线相垂直，且离心筒内的液面与回转轴线相距 0.03m，筒底到回转轴线的距离为 0.1m。酵母细胞可视为球形，直径为 $8.0\times10^{-6}m$，细胞密度为 $1050kg/m^3$。若离心转速为 300r/min，发酵液的密度 $1000kg/m^3$，黏度为 $1.0\times10^{-3}(Pa\cdot s)$。求酵母细胞从发酵液完全分离所需用时间。

解：由式（9-5）可得出酵母离心沉降速度为：

$$dx/dt = v_c = d^2(\rho_p - \rho_m)(\omega^{2x})/18\mu$$

由题意可知筒内液面附近的细胞沉降到管底所需要分离时间最长，故方程的边界条件为：

$$\begin{cases} t = 0 \\ r_0 = 0.03\text{m} \end{cases} \quad 和 \quad \begin{cases} t = t_1 \\ r_1 = 0.10\text{m} \end{cases}$$

在边界条件积分上述离心沉降速度方程可得出酵母的完全分离时间：

$$t = 18\mu\ln(r_1/r_0)/[d^2(\rho_p - \rho_m)\omega^2]$$

$$= 18 \times 10 - 3\ln(0.1/0.03)/[(8.0 \times 10^{-6})^2(1050 - 1000)(2 \times 3.14 \times 3000/60)^2]$$

$$= 68.6(\text{s})$$

二、离心过滤原理

将料液送入有孔的转鼓并利用离心场进行过滤的过程，以离心力代替压力为推动力完成过滤作业，兼有离心和过滤的双重作用，其工作原理见图 9-2。半径越大离心过滤面积和离心力越大。

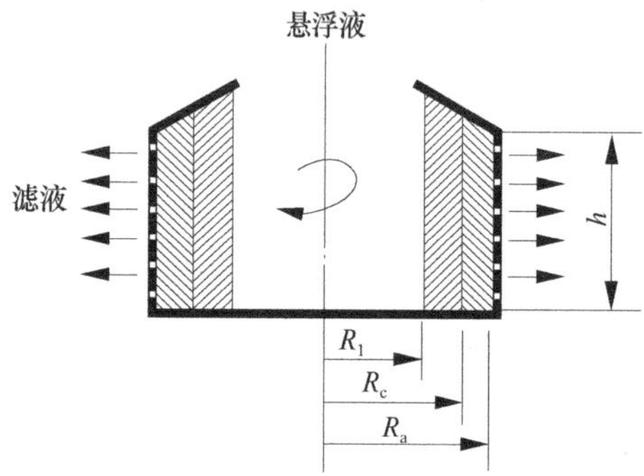

图 9-2　离心过滤工作原理

（引自严希康，2003）

以间歇式离心过滤为例，离心过滤可分为 3 个阶段。

1. 滤饼形成

料液进入装有过滤介质（滤网或有孔套筒）的转鼓中，然后转鼓加速旋转到一定速度，料液在鼓壁上几乎形成一中空的圆柱面。粒子受离心力而沉积，过滤介质则阻止固体粒子通过，形成滤饼。当悬浮液的固体粒子沉积时，滤饼表面生成了澄清液，该澄清液透过滤饼层和过滤介质上的小孔向外排出。

2. 滤饼压紧

在过滤后期，由于施加在滤饼上的部分载荷的作用，相互接触的固体粒子经接触面传递粒子应力，逐渐排列紧密，空隙减小，空隙中的液体逐渐排出，滤饼开始体积缩小，此时的过滤推动力是滤饼对液体的压力和液体所受的离心力，所以过滤推动力是变化的。

3. 滤饼的压干

此时滤饼层的结构已排列的非常紧密，其毛细组织中的液体被进一步排出。液体受到的离心力对固体产生压力，由于近转鼓内壁处的压力最大，所以越接近转鼓内壁，滤饼越干。

但是根据物料性质的不同，有时可能只需进行一个或两个阶段。例如，较大颗粒的结晶体就只有第一阶段。

第二节　离心分离设备

一、离心分离设备概述

离心机是生物化学实验室及生物化工业广泛使用的分离设备。实验室常用离心机以离心管式转子离心机为主，离心操作为间歇式。工业用离心设备一般要求有较大的处理能力并可进行连续操作。

（一）离心机的分类

离心机根据其离心力（或转速）的大小可分为低速离心机、高速离心机和超速离心机。低速离心机最大转速为 8000r/min，相对离心力为 1×10^4g 以下，在实验室和工业中都有广泛用途，主要用于细胞、细胞碎片和培养基残渣等固形物的分离，也用于酶的结晶等较大颗粒的分离；高速离心机最大转速为 $(1\sim2.5)\times10^4$ r/min，相对离心力为 $10^4\sim10^5g$，主要用于各种沉淀物、细胞碎片和细胞器等的分离；超速离心机最大转速为 $(2.5\sim12)\times10^4$ r/min，相对离心力可达 10^6g，主要用于 DNA、RNA、蛋白质等生物大分子以及细胞器、病毒等的分离纯化、样品纯度的检测、沉降系数和相对分子质量的测定等。

按使用温度分为常温和冷冻离心机。

按容量和用途分为分析型离心机、制备型离心机和大容量冷冻离心机。

按放置方式分为台式离心机、落地式离心机等。

根据排出沉渣的方式可分为停机排出沉渣的保留固体式离心机、连续运转分批自动排出沉渣的排出固体式离心机、连续运转连续排出浓缩液体的喷嘴式离心机以及进行液液分离的离心机或萃取机。

生化分离常用的为高速冷冻离心机。各种离心机的离心力和分离对象见表 9-1。常用的离心机分类如下：

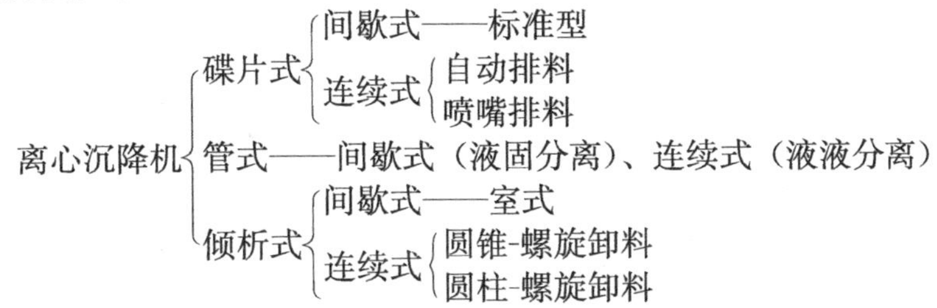

表 9-1 离心机的种类和适用范围

	离心机种类	低速离心机	高速离心机	超速离心机
	转数（r/min）	2000～6000	10 000～26 000	30 000～120 000
	离心力（g）	2000～7000	8000～80 000	100 000～600 000
适用范围	细胞	适用	适用	适用
	细胞核	适用	适用	适用
	细胞器	—	适用	适用
	蛋白质	—	—	适用

引自孙彦，2005

（二）离心机的转子及附件

离心机转子是离心机的重要组成部件。针对离心过程中对流和区带划分问题，研究者们设计了多种不同形式的转子。对流问题在离心力较高时更为明显，而区带的确定和分离也较为困难。例如，在高角速度下进行胶体离心分离时就会出现这样的问题。转子的类型有甩出式水平转子、角转子、垂直转子、区带转子、细胞洗脱转子、分析转子等。图 9-3 为各种形式的转子。表 9-2 列出了常见的转子类型及其应用范围。转子用高强度合金制成，应力强，有的具备 X 射线检测系统，但是有使用寿命。

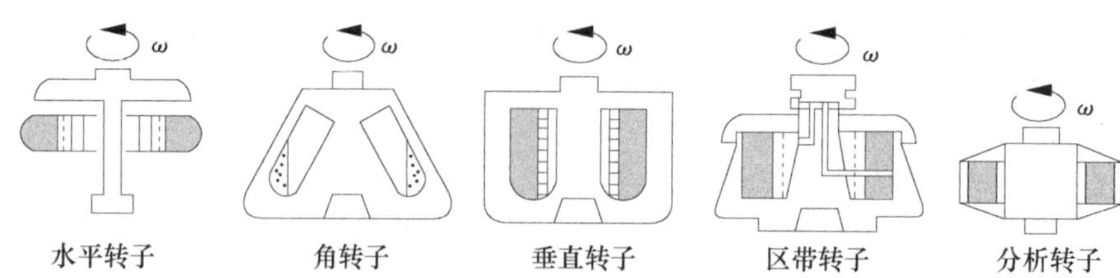

图 9-3　各种类型的离心机转子
（引自孙彦，2005）

表 9-2　转子类型及其使用范围

转子类型	粒化效果	带级沉降效果	带级浮选效果	等密性
固定角转子	很好	有限	好	易变
近垂直转子	—	差	好	易变
垂直转子	—	好	好	很好
摆动叶片转子	不好	好	很好	好
带状转子	—	很好	很好	好

引自刘铮，2004

1. 转子

(1) 角转子。离心管放置的位置与旋转轴心形成固定角度。一般在 14°～40°之间。铺设的梯度液和叶片平面开始是水平方向，当转子旋转时，改变为离心轴平行的垂直方向，离心停止后又恢复原来状态。适用于差速离心。

(2) 水平转子。开始处于垂直方向的离心管由于离心时转子高速旋转，受离心力的作用，装离心管的吊桶使离心管甩成水平方向，颗粒的沉降方向与旋转轴心垂直。常用于差速-区带离心和等密度离心。

(3) 垂直转子。离心管垂直插入转子孔穴，离心时液层产生 90°变化，从开始的水平方向变成垂直的方向，当转子降速时，垂直分布的液层又逐渐趋向水平，待停转后，液面又恢复成水平方向。主要应用于差速-区带离心和等密度离心。

(4) 区带转子。是中空的圆柱体，分上下两半，中间由螺纹连接。转子中央有一轴核及伸向四面的 4 块隔板，把转子腔分为四个扇形槽室，梯度液及样品可以通过轴核及隔板内通道流入转子的中心区及边缘区。在离心时，可使密度梯度分离在转子腔中进行，提高了样品分离率。由于区带转子比其他转子容量大，因此适用于较大量样品的分离。

2. 附件

离心机由于用途不同，有的还带有一些附件，如梯度混合仪、部分收集器、记录仪和分光光度计。

3. 离心管

离心机的离心管根据材料不同分为有玻璃离心管、塑料离心管和不锈钢离心管。

塑料离心管常用聚乙烯管、纤维素管、聚碳酸酯管和聚丙二醇酯管等，它们都有各自的物理特性和化学特性，要根据不同情况来选用。这种类型的离心管使用时切记样品充满离心管，离心力不能超过 200 000g。不锈钢管是用优质合金制成的，它能抗热、抗化学腐蚀，又能用来蒸、煮、高压消毒，一般是配对的，上有编号。

下面根据分离原理不同，分别介绍一下沉降离心设备和离心过滤设备，超速离心设备将在下一节中介绍。

二、离心沉降设备

（一）设备

沉降式离心机包括实验室用瓶式离心机和工业用的无孔转鼓离心机，其中无孔转鼓离心机有管式（或鼓式）、多室式、碟片式以及卧螺式等几种类型（图 9-4）。

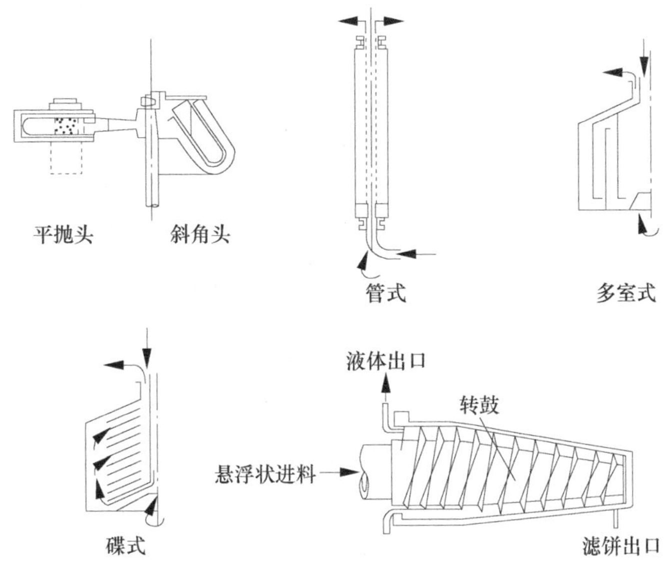

图 9-4　离心机沉降设备类型
（引自严希康，2003）

1. 瓶式离心机

这是一类结构简单的实验室常用的低、中速离心机，转速一般在 3000～6000r/min，其转子外摆式或角式。操作一般在室温下进行，也有配备冷却装置的冷冻离心机。

2. 管式离心机

分为液液分离的连续式管式离心机和液固分离的间歇式管式离心机，结构简单（图 9-5），仅是一根直管形的圆筒或转鼓，其直径较小，长度较大，壁上没有开孔，转速较高，可达到 50 000r/min，从而产生强大的离心力，除此之外它还可以冷却，这有利于蛋白质的分离。操作时，悬浮液或乳浊液从管底加入，在离心力的作用下，被转筒的纵向肋板带动与转筒同速旋转，上清液在顶部排出，固体粒子沉降到筒壁上形成沉渣和黏稠的浆状物，由于这种设备无固体排出口，运转一段时间后，有部分沉渣就会从出口随清液流出，当出口液体中固体含量达到规定

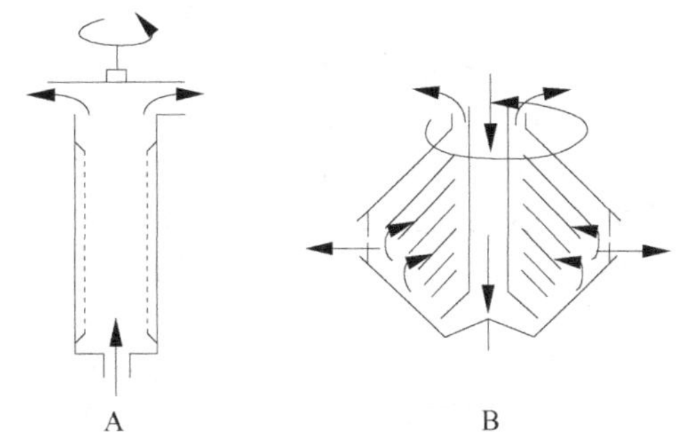

图 9-5　管状转筒式离心机和盘式离心机的结构
（引自刘铮，2004）

的最高水平，澄清度不符合要求时，需停机清除沉渣后才能重新使用，因此沉渣的去除是间歇式的。虽然其结构简单，设备的拆卸和清洁过程易于完成，但反复停顿会影响生产效率，是该设备的不足之处。

管式离心机转筒一般直径为 40～150mm，长径比为 4～8，离心力强度可达 15 000～65 000g,处理能力为 0.1～0.4m^3/h，适合固体粒子粒径为 0.01～100μm，固液密度差大于 0.01g/cm^3，体积浓度小于 1%的难分离的悬浮液，常用于微生物菌体和蛋白质的分离等。

管式离心机具备脱水的功能，但固体容量有限。如果不采取特殊的能够去除泡沫的泵或离心泵，则泡沫现象会影响分离效果。这种设备易于实施冷却，因此能够用于蛋白质的分离。

3. 多室离心机

多室离心机的转鼓内有若干同心圆筒组成若干同心环状分离室间隔而成的环隙通道，这些通道是串联相通的（图 9-6）。这样可加长分离液体的流程，使液层减薄，以增加沉降面积，减少沉降距离，同时还有粒度筛分的作用，越靠近旋转轴心的液体流速越大，而颗粒所受的惯性离心力越小，悬浮液中的大颗粒沉降到靠近内部的分离室壁上，澄清的分离液经溢流口或由向心泵排出。多室离心机的出渣比较困难，一般在运转一段时间后，待分离液澄清度不符合要求时，停机处理。这种离心机有 3～7 个分离室，转鼓的分离线路较长，离心力强度为 2000～8000g，处理能力为 2.5～10m^3/h，适合固体粒子的粒径为 0.1μm，固液浓度小于 5%易于分离的悬浮液，并且有较大的生产能力。常用于抗菌素液液萃取分离、果汁和酒类饮料的澄清等。

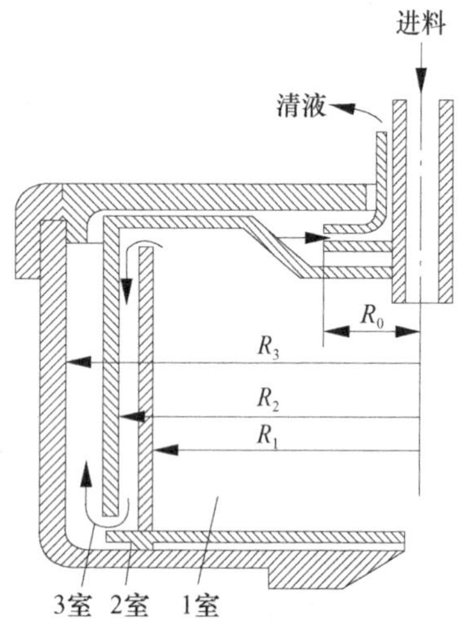

图 9-6　多室式管式离心机结构图
（引自严希康，2003）

4. 碟片式离心机

这是一种应用最为广泛的离心机，最初是针对奶油的分离而研制的。它有一密封的转鼓，固定着十至上百个锥顶角 60°～100°锥形碟片，悬浮液由中心进料管进入转鼓，从碟片间隙向碟片内缘流动。由于碟片间隙很小，形成薄层分离，从而增加了沉降面积，固体颗粒的沉降距离短，分离效果好。颗粒沉降到碟片内表面上后向碟片外缘滑动，最后沉降到鼓壁上，已澄清的液体经溢流口或由向心泵排出。在碟片转动的时候，可用由一束光穿过它们来监测不同的组分区域。碟片式离心机的离心力强度为 3000～10 000g，碟片间距一般为 0.5～2.5mm，与被处理物料的性质有关。锥顶角的大小应大于固体颗粒与碟片表面的摩擦角。

碟片式离心机既能分离低浓度的悬浮液（液固浮分离）又能分离乳浊液（液液分离）。两相分离和三相分离的碟片形式有所不同，对于液固或液液两相分离所用的碟片为无孔式，它们的工作原理见图 9-7。三相分离所用的碟片在一定位置有孔，以此作为液体进入各碟片间的通道，孔的位置是处于轻液和重液两相界面的相应位置上（图 9-7 右侧）。

根据卸渣方式，碟片离心机又可分为以下几种：

（1）人工排渣的碟片离心机。这是一种间歇式离心机，其转鼓如图 9-8 所示，机器运行一段时间后，转鼓上聚集的沉渣增多，而分离澄清度下降到不符合要求时，需停机清除沉渣后才能重新使用。这种离心机用于进料中固体颗粒浓度很低的场合（<1%～

2%)，但可达到很高的离心力，特别适合用于分离两种液体并同时除去少量固体颗粒，也可用于澄清作业，如用于抗生素的提取、疫苗的生产、梭状芽孢杆菌的收集以及维生素、生物碱甾类化合物。

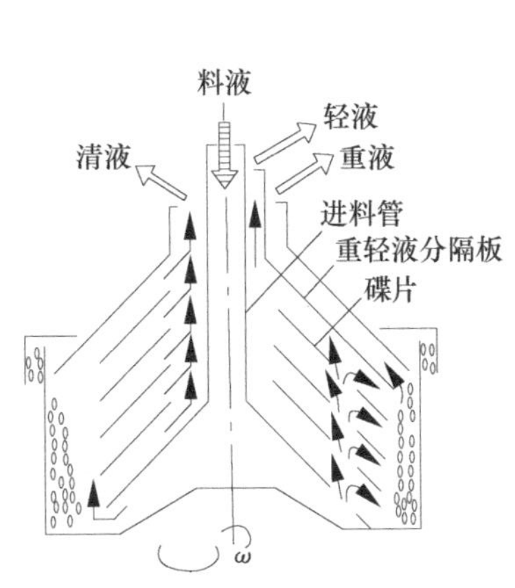

图 9-7 液-固分离（左侧）和液-液-固分离（右侧）的工作原理
（引自欧阳平凯等，2003）

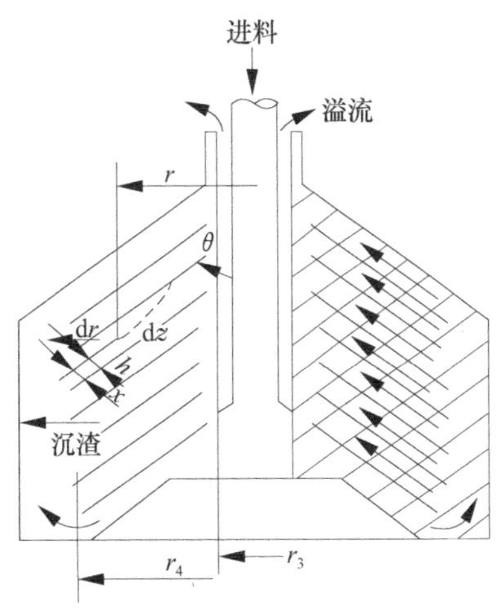

图 9-8 碟片式分离机转鼓及物料流动示意图
（引自严希康，2003）

（2）喷嘴排渣碟片离心机。这是一种连续式离心机，具有结构简单生产能力大等特点。其转鼓（图 9-9）呈双锥形，转鼓周边有若干个喷嘴，一般为 2～24 个，喷嘴直径为0.5～3.2mm,由于排渣的含液量较高，具有流动性，故喷嘴排渣碟片式离心机多用于浓缩过程，浓缩比例可达 5～20，这种离心机的转鼓直径可达 900mm，最大处理量为 $300m^3/h$，喷嘴易堵，适合于处理颗粒直径为 0.1～100μm、体积浓度小于 25%的悬浮液，如用于抗生素、酶、氨基酸和微生物或单细胞蛋白质、酵母、淀粉、糖蜜等。该设备排出固体为浓缩液，为了减少损失，提高固体纯度，需要进行洗涤；喷嘴宜磨损，需要经常调换。

（3）活门（活塞）排渣碟片式离心机。这种离心机利用活门启闭排渣孔进行断续自动排渣（图 9-9）。位于转鼓底部的环状活门在操作时可以作上下运动，位置下降时开启排渣口卸渣，排渣时可以不停车；在上时，则关闭排渣口，停止卸料，这种离心机的离心强度范围为 5000～9000g，处理能力可高达 $40m^3/h$，适合固体粒子的直径为 0.1～500μm，固液密度差大于 $0.01g/cm^3$，固相含量小于 5%的悬浮液，对于一些难分离的物料特别有效，如大肠杆菌之类，因此其应用范围是最广的。

（4）活门（活塞）排渣喷嘴碟片式离心机。这是近年来开发的机型，它和相同直径的活塞机相似，其速度可增加 23%～30%，故可使离心强度可达 15 000g 左右，这是其他碟片式离心机所不能及的，该机型可用于酶制剂、疫苗和胰岛素生产中分离物的澄清，酶的生产中细菌的收集以及 DNA 的收集和澄清（图 9-10）。

（5）螺旋卸料沉降离心机。该机型有立式和卧式两种，后者又称卧螺机，是用得较多的形式（图 9-11）。悬浮液经加料孔进入螺旋内筒的进料孔进入转鼓，沉降到鼓壁的沉渣由螺旋运输到转鼓小端的排渣孔排出，螺旋与转鼓在一定的转速差下，同向回转，分离液经转鼓大端的溢流孔排出。

转鼓有圆锥形、圆柱形和锥柱形等形式，其中圆柱形有利于液相澄清，圆锥形有利于固相脱水，锥柱形则兼顾二者的特定，是常用的转鼓形式，锥柱筒体的半锥角范围为 5°～18°。

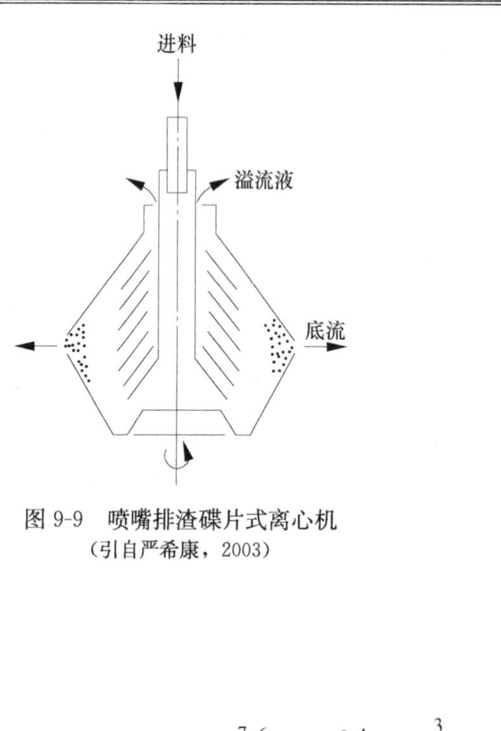

图 9-9 喷嘴排渣碟片式离心机
（引自严希康，2003）

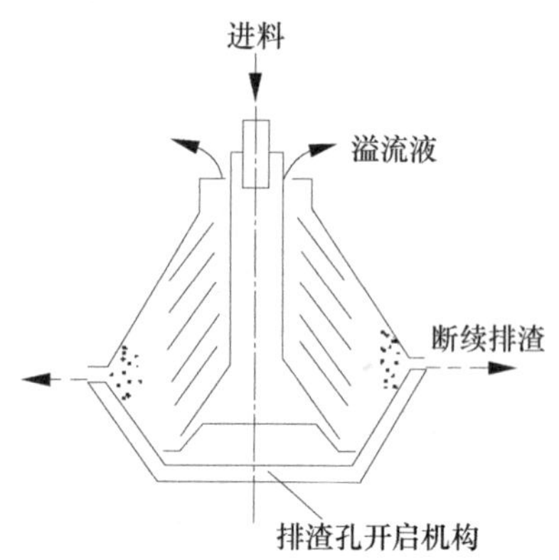

图 9-10 活塞排渣碟片式离心机
（引自严希康，2003）

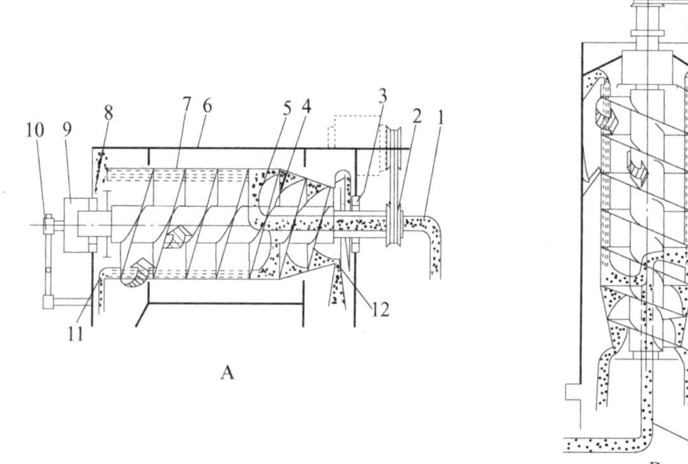

图 9-11 卧式（A）和立式（B）螺旋卸料离心沉降机结构示意图
1. 进料管；2. 三角皮带轮；3. 右轴承；4. 螺旋输送器；5. 进料孔；6. 机壳；7. 转鼓；8. 左轴承；9. 行星差速器；10. 过载保护装置；11. 溢流口；12. 排渣孔
（引自严希康，2003）

卧螺机是一种连续进料、全速旋转、分离和卸料的离心机。其最大离心力强度可达6000，操作温度可大于300℃，操作压力一般为常压（密闭性可从真空到0.98MPa），处理能力范围为0.4～60m^3/h，适于处理颗粒粒度为2～5000μm、固相浓度为1%～50%、固液密度差大于0.05g/cm^{3}的悬浮液，常用于胰岛素、细胞色素、胰酶的分离和淀粉精制及废水处理等。

（二）离心沉降机的计算

1. 管式离心机计算

管式离心机的分离原理可用图9-12进行分析。管式离心机的分离过程模型，其核心是描述颗粒的位置如何随时间变化。进入离心机的颗粒将获得两个方向的运动，一个沿轴向的至下而上运动，另一个沿径向的向壁运动。设料液中微粒与旋转轴线距离为 X，与离心管底部的距离为 Y，根据 Belter 方程，微粒随料液在泵的作用下，在管中由上而下运动，其轴向速度：

$$\frac{\mathrm{d}Y}{\mathrm{d}t}=\frac{Q}{\pi(R_0^2-R_1^2)} \tag{9-12}$$

式中，Q——给料流速或生产能力，m^3/s；

R_0——离心半径，m；

R_1——液体界面与旋转轴线的距离，m。

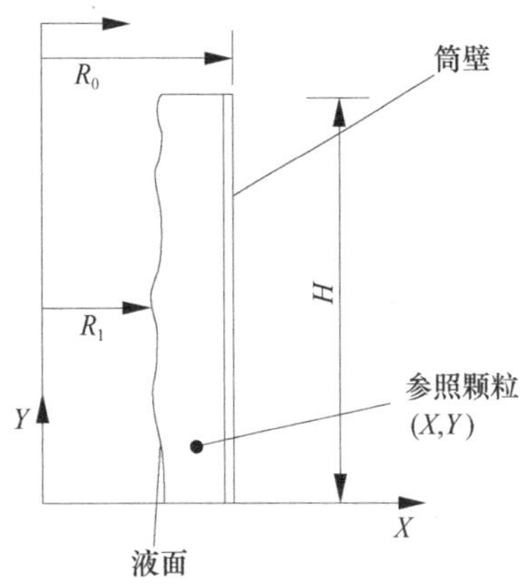

图 9-12　管式离心机工作示意图

（引自严希康，2003）

在实际操作中，管式离心机的转速高达 10^4～(8×10^4)r/min，所以重力的作用可以忽略不计，转鼓内液体界面与旋转轴线的距离 R_1 几乎不随距离 Y 的改变而改变。固体微粒在离心力的作用下，沿径向运动的速度为：

$$\frac{\mathrm{d}X}{\mathrm{d}t}=\frac{d^2(\rho_s-\rho)\omega^2 r}{18\mu} \tag{9-13}$$

式中，μ——料液的黏度，Pa · s。

微粒在重力场中的沉降速度 v_g 为：

$$v_g=\frac{d^2(\rho_s-\rho)g}{18\mu} \tag{9-14}$$

将式（9-14）和式（9-13）合并，可得

$$\frac{\mathrm{d}X}{\mathrm{d}t}=v_g\frac{\omega^2 r}{g} \tag{9-15}$$

用式（9-12）除以式（9-15）可得出微粒在离心管中的运动轨迹，即

$$\frac{\frac{\mathrm{d}X}{\mathrm{d}t}}{\frac{\mathrm{d}Y}{\mathrm{d}t}}=\frac{\mathrm{d}X}{\mathrm{d}Y}=v_g\frac{\omega^2 r}{g}\frac{\pi(R_0^2-R_1^2)}{Q} \tag{9-16}$$

从式（9-16）可以看出当 v_g 较高时，微粒较快到达管壁，凡是沉降到管壁的粒子才有可能被除去；而当给料流速 Q 增大时，悬浮固体微粒将向上运动更远的距离才能到达管壁沉降，Q 太大时，微粒就很难达到管壁而去除不掉。所以，对于那些刚好能被分离沉降的微粒，若其进入转管时（$Y=0$）处于 $X=R_1$ 的位置，则其随料液向上运动到转管顶部时（$Y=L$），微粒刚好沉降运动到转管壁面而被截获分离，这类粒子称为边界粒子。系统内的粒子很多，有很多难去除的粒子，在生产上关注的主要是那些难以去除的粒子，对于这些难以去除的粒子，按进入和离开的边界条件（边界粒子的条件）进行积分得有效分离的适宜物料流量 Q 为

$$Q=\frac{\pi L(R_0^2-R_1^2)v_g\omega^2}{g\ln\frac{R_0}{R_1}} \tag{9-17}$$

式（9-17）中给出了粒子在离心机中获得分离时的最大流速与粒子性质（v_g）和离心机特性（L、R_0、R_1 及 ω）的函数关系。由于管式离心机的转速很高，离心力很大，故几乎 R_0 等于 R_1。令 $R=(R_0+R_1)/2$，则 $(R_0^2-R_1^2)/\ln(R_0/R_1)$ 可以简化为

$$\frac{R_0^2-R_1^2}{\ln\frac{R_0}{R_1}}=\frac{(R_0-R_1)(R_0+R_1)}{\ln\frac{1+(R_0-R_1)}{R_1}}=(R_0+R_1)R_0=2R^2 \tag{9-18}$$

将式（9-18）代入式（9-17）中，得

$$Q = v_g \frac{2\pi LR^2\omega^2}{g} = v_g \Sigma \tag{9-19}$$

式（9-19）同样表明了最大流量 Q 取决于系统的性质 v_g（料液的黏度、密度，固体粒子的大小及密度等）和离心机的特性（L、R 和 ω）。这给离心机的设计、发达以及操作带来了方便，可以在固定一种性质的情况下，考虑另一种特性的变化的影响，反之亦然。

【例 9-3】 用管式离心机从发酵液中分离大肠杆菌细胞，已知离心管（即转鼓）内径为 0.127m，高为 0.73m，转速为 16 000r/min，生产能力 Q 为 0.2m³/h。求：

（1）细胞的离心沉降速度 v_g。

（2）若大肠杆菌细胞破碎后，为了直径平均降低 1 倍，细胞浆黏度升高 3 倍，估算用上述离心机对破碎细胞液的处理能力。

解：（1）用管式离心机技术生产能力的公式为

$$Q = v_g \frac{2\pi LR^2\omega^2}{g}$$

从而可求出 v_g：

$$v_g = \frac{Qg}{2\pi LR^2\omega^2} = \frac{\frac{0.2}{3600}\times 9.81}{2\pi\times 0.73\times 0.127^2\times\left(16\,000\times\frac{2\pi}{60}\right)^2}$$

$$= 2.62\times 10^{-9}\,(\text{m/s})$$

（2）细胞破碎后，反应悬浮微粒特性的终端沉降速度 v_g 改变了，但离心机仍为同一台，因而离心机的特性参数未变，于是得出：

$$Q_1/Q_2 = v_{g1}/v_{g2}$$

式中，Q_1——菌体未破碎前生产能力；

Q_2——菌体未破碎后生产能力；

v_{g1}——菌体未破碎前沉降速度；

v_{g2}——菌体未破碎后沉降速度。

而 $v_g = d^2(\rho_s-\rho)g/18\mu$，代入上式得：

$$Q_2 = Q_1 v_{g2}/v_{g1} = Q_1(d_{s2}/d_{s1})^2(\mu_1/\mu_2)$$

$$= 0.2\times(1/2)^2(1/4) = 0.0125(\text{m}^3/\text{h})$$

从计算结果可以看出，细胞破碎一分为二后，其离心分离的生产能力大大下降，只有破碎前的 1/16。

2. 碟片式离心机的计算

碟片式离心机的分离原理可用理想的碟片式离心机（图 9-13）来分析，碟片式离心机的分离模型的核心也是描述颗粒的位置如何随时间变化，只是碟片式离心机的几何结构更为复杂，使得分析和描述更为困难。

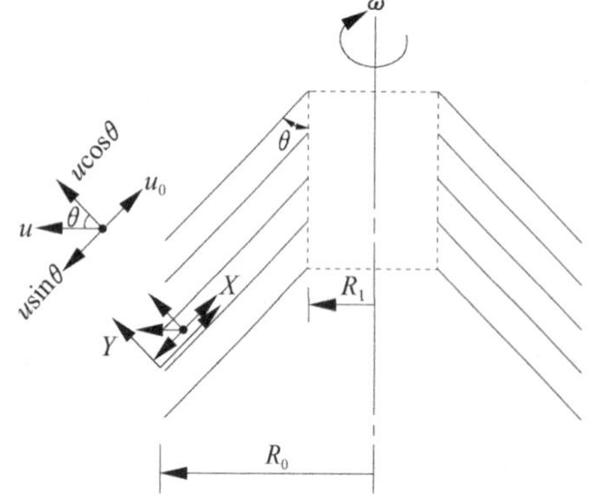

图 9-13　碟片式离心机工作示意图

（引自严希康，2003）

在碟片式离心机中，料液从中心管中进入离心机的底部，有两种运动即以 θ 角沿着锥形碟片向上、向内运动。假设典型粒子位于直角坐标的某点（x，y），x 是指沿着碟片方向与离开碟片外缘的距离；而 y 是指离开碟片的垂直（最下面碟片外缘）距离。碟片外缘与内缘半径分别为 R_0、R_1，转速为 ω。

（1）粒子在 x 轴方向的速度。由于流体流动和沉降，颗粒沿 x 轴方向移动的速度为

$$\frac{dX}{dt} = v_0 - v_\omega \sin\theta \tag{9-20}$$

式中，v_0——产生的液速，m/s；

v_ω——粒子在离心力的作用下产生的沉降速度，m/s；

θ——是碟片与垂直线间的倾角。

当 $\theta=0$ 时，粒子的运动只受对流的影响，这时粒子的运动与管式离心机中的运动相当。在多数场合下，v_0 比 v_ω 大的多，v_0 是与半径成反比的，因碟片间的环隙通道截面积是与半径成正比的。此外，v_0 还是微粒位置的 y 坐标的函数，即在碟片表面，$v_0=0$，所以可用下式表示：

$$v_0=\frac{Qf(y)}{n(2\pi rl)} \tag{9-21}$$

式中，Q——给料流速或生产能力，m^3/s；

N——碟片间隙数；

R——微粒与转鼓轴线的距离，m；

l——相邻碟片间隙宽度，m；

$f(y)$——碟片间流速变化的函数。

从式（9-21）中可以看出，Q 为常数时，$Q/[n(2\pi rl)]$ 代表了液体流经碟片间的平均速度，与离心机半径成反比。根据质量守恒定律，液体在 y 方向上 v_0 的平均值与对流速度相等，即

$$\frac{1}{L}\int\frac{L}{0}v_0\,\mathrm{d}y=\frac{Q}{N(2\pi RL)} \tag{9-22}$$

根据定义，函数 $f(y)$ 在碟片间隙 L 上的积分为：

$$\frac{1}{L}\int\frac{L}{0}f(y)\,\mathrm{d}y=1 \tag{9-23}$$

将式（9-20）和式（9-21）合并，当 v_0 远大于 v_ω 时，可得粒子在 x 轴上的运动速度为

$$\frac{\mathrm{d}X}{\mathrm{d}t}=v_0-v_\omega\sin\theta\approx v_0=\frac{Q}{2\pi nrl}f(y) \tag{9-24}$$

（2）粒子在 y 轴上的运动速度。由图 9-13 可知，粒子沿 y 轴方向的运动速度分量为：

$$\frac{\mathrm{d}y}{\mathrm{d}t}=v_\omega\cos\theta \tag{9-25}$$

用 v_g 和角速度 ω 表示 v_ω：

$$\frac{\mathrm{d}y}{\mathrm{d}t}=v_g\cos\theta\left(\frac{\omega^2 r}{g}\right) \tag{9-26}$$

用式（9-24）除以式（9-26）可以表示粒子在碟片式离心机片层间的运动轨迹：

$$\frac{\frac{\mathrm{d}y}{\mathrm{d}t}}{\frac{\mathrm{d}x}{\mathrm{d}t}}=\frac{\mathrm{d}y}{\mathrm{d}x}=\frac{2\pi nlv_g\omega^2r^2\cos\theta}{Qgf(y)}$$

由图 9-13 可知，$r=R_0-x\sin\theta$，将其代入上式中，可得粒子在碟片式离心机片层间的运动轨迹：

$$\frac{\mathrm{d}y}{\mathrm{d}x}=\frac{2\pi nlv_g\omega^2\cos\theta(R_0-x\sin\theta)^2}{Qgf(y)} \tag{9-27}$$

同样，在生产上关注的主要是那些难以去除的粒子，为了达到有效的固液分离，必须使难去除的固相粒子在相邻两碟片间的运动时抵达碟片底部。可以看出，处于碟片外缘半径（即 $x=0$ 处）且在相邻两碟片中下碟片上（即 $y=0$ 处）的粒子是难以分离的，若离开碟片间隙前正好抵达上碟片底部，即坐标为 $x=(R_0-R_1)/\sin\theta$，$y=1$ 的粒子在离心力的作用下，刚好被收集到沉渣中，这些粒子称边界粒子。这些难以去除的粒子，按进入和离开的边界条件（边界粒子的条件）进行积分得有效分离的适宜物料流量 Q

为

$$Q = v_g \frac{2\pi n\omega^2 (R_0^3 - R_0^3)\cot\theta}{3g} = v_g \Sigma \tag{9-28}$$

从式（9-28）不难看出，此公式与管式离心机得出的公式是一致的。离心机允许的最大料液流量即生产能力 Q，取决于系统的性质 v_g（料液的黏度、密度，固体粒子的大小及密度等）和离心机的特性（L、R 和 ω）。

【例 9-4】 用一开水池培养绿藻，计划用一台碟片式离心机从培养液中分离收获绿藻细胞，经测定，绿藻的终端沉降速度为 1.84×10^{-6}m/s，已知离心机的碟片数为 80，碟片角 θ 为 40°，外径 R_0 为 0.157m，内径 R_1 为 0.06m，转速为 6000r/min，求离心机对这种绿藻液的生产能力 Q。

解： 根据碟片机的生产能力计算公式，把各已知数代入得

$$\begin{aligned} Q &= v_g \frac{2\pi n\omega^2 (R_0^3 - R_1^3)\cot\theta}{3g} \\ &= 1.84\times10^{-6}\times[2\times3.14\times(6000/60)^2(0.157^2-0.06^2)\cot40°] \\ &= 1.368\times10^{-3}(\mathrm{m^3/s}) \\ &= 4.925(\mathrm{m^3/h}) \end{aligned}$$

3. 卧螺机的计算

卧螺机的分离原理也可以从粒子运动的规律分析得出，根据管式和碟片式离心机得出的普遍结论，生产能力的公式为

$$Q = v_g \Sigma \tag{9-29}$$

式中，Q——给料流速或生产能力；

v_g——粒子的沉降速度；

[Σ]——当量沉降面积。

从图 9-14 和图 9-15 可以看出，[Σ] 与离心机的结构性能有关，转鼓的不同，[Σ] 也不同。

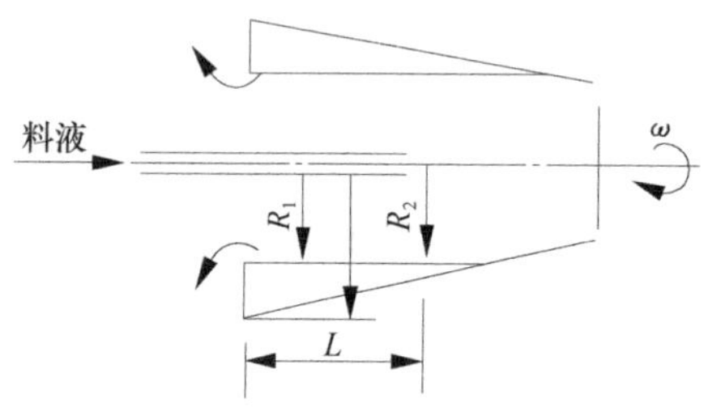

图 9-14　卧螺机转鼓示意图（圆锥形）

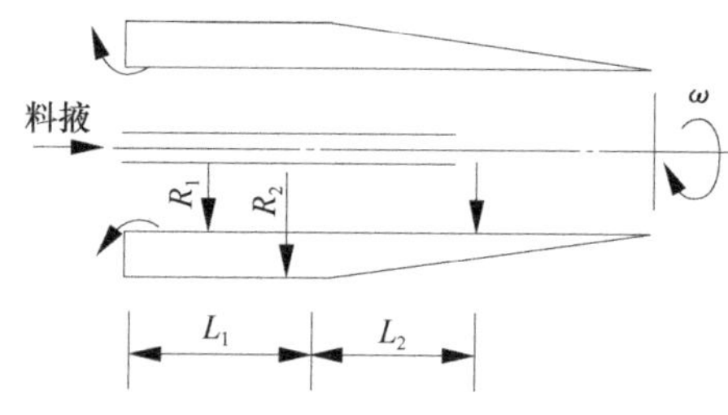

图 9-15　卧螺机转鼓示意图（圆锥形-圆柱形）

（1）转鼓为圆锥形。

$$\Sigma = \frac{\pi l\omega^2 (R_0^2 + 3R_0R_1 + R_1^2)}{4g} \tag{9-30}$$

式中，l——料液的轴向长度。

（2）转鼓为圆锥形-圆柱形。

$$\Sigma = \frac{\pi l_1\omega^2 (R_0^2 + 3R_1^2)}{2g} + \frac{\pi l_2\omega^2 (R_0^2 + 3R_0R_1 + R_1^2)}{4g} \tag{9-31}$$

式中，l_1——圆柱部分料液的轴向长度；

l_2——圆锥部分料液的轴向长度。

三、离心过滤设备

（一）离心过滤设备

离心过滤机的转鼓多为一个多孔圆筒，圆筒内装普通真空抽滤或加压过滤。操作时，被处理的料液由圆筒口连续进入筒内，在离心力的作用下，清液透过滤布及鼓壁的小孔被收集排出，固体颗粒则被截留于滤布表面形成滤饼。可以分离固体密度大于或小于液体密度的悬浮液。它可分为连续式和间歇式（图 9-16）。间歇式离心机通常在减速的情况下由刮刀卸料或停机抽出滤布或转鼓套筒进行卸料。工业上常用篮式（或筐式）离心过滤机。

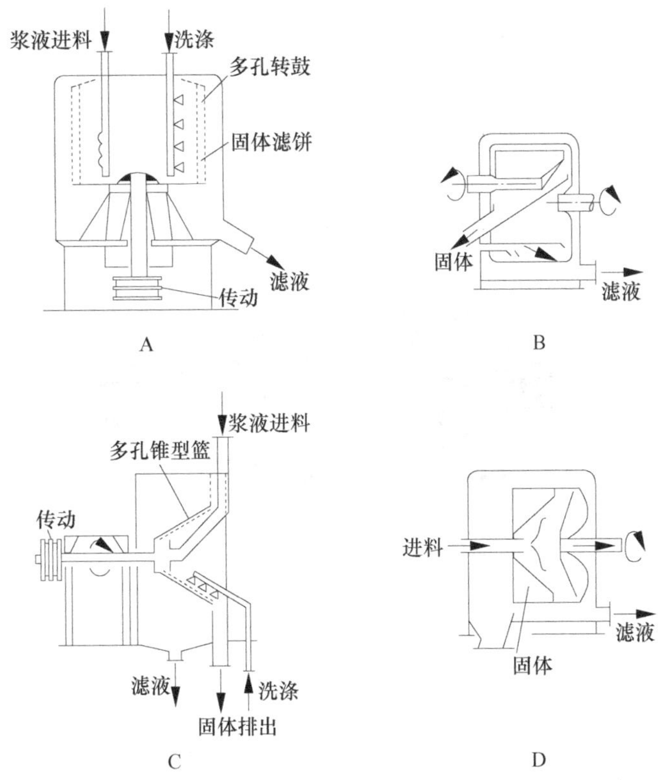

图 9-16　离心过滤设备

A. 分批立式轴；B. 分批卧式轴；C. 连续锥型滤网；D. 连续推送式

（引自严希康，2003）

常用的离心过滤机的分类如下：

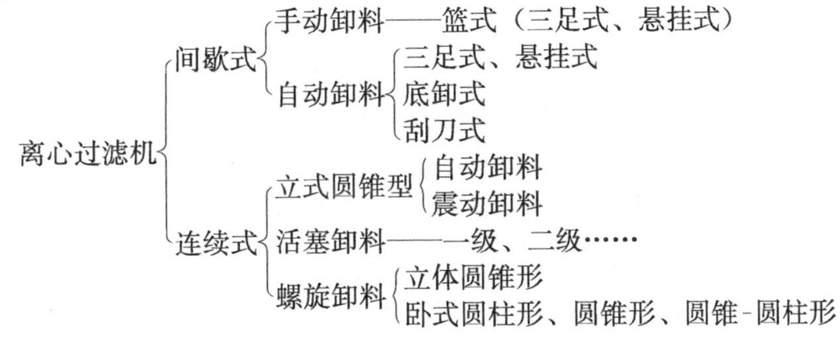

1. 连续式离心机

用活塞推料和振动卸料两种方法：①活塞推料离心机借助活塞的往返运动带动推料盘进行脉动卸料，另有多级活塞推料离心机，他是活塞推料离心机的改进型式，其网孔转鼓多为多阶梯结构；②振动卸料离心机为立式结构，其网孔转鼓为锥形，物料由小端进入，转鼓的轴向振动和固体例子的重力产生指向大端方向的总推动力，该推动力克服了粒子与转鼓间的摩擦力，使粒子从转鼓小端向大端移动，达到卸料的目的。

2. 螺旋卸料式离心机

螺旋卸料式离心机分卧式（图 9-17）和立式两种。立式螺旋卸料式离心机用于需耐压的场合，并具有较高的离心力。卧式螺旋卸料式离心机的转鼓有圆柱形、圆锥形和圆锥-圆柱形三种。圆柱形用于液相的澄清；圆锥形用于固相的脱水；圆锥-圆柱形既能用于澄清又能用于脱水，是一种常用的型式（图 9-18），连续沉降-过滤式螺旋卸料离心机便是一种，该机集螺旋沉降离心机和螺旋过滤离心机于一体，在连续沉降式离心机的锥部小端至卸渣口设置一个柱形网孔转鼓段，液体借助于粒子的沉降而澄清，粒子则借助于压缩和锥部排流而脱水，但最终脱水和洗涤在网鼓段进行。

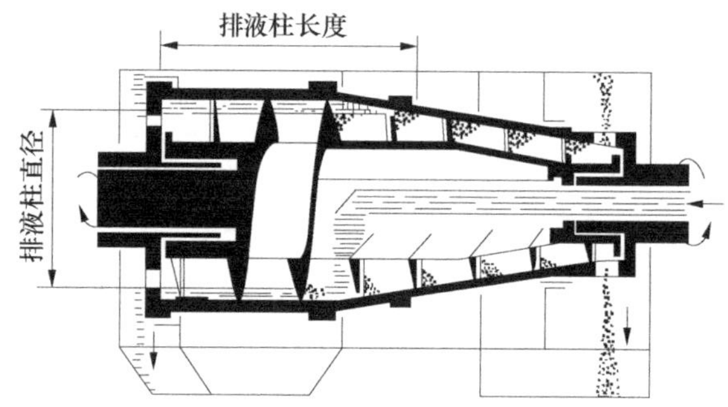

图 9-17 卧式螺旋卸料式离心机结构图
（引自欧阳平凯等，2003）

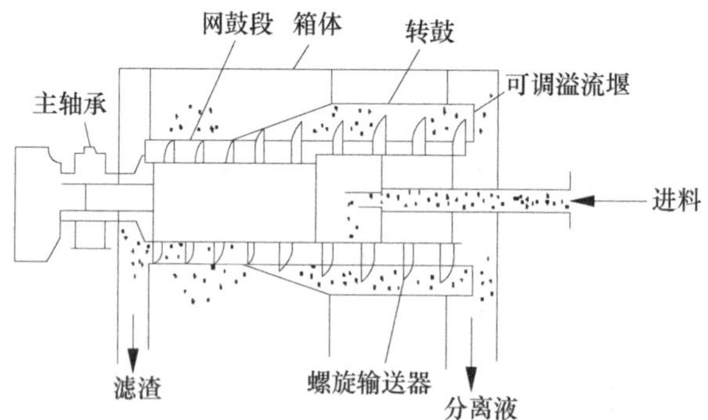

图 9-18 连续沉降-过滤式螺旋卸料离心机
（引自严希康，2003）

高速沉降式螺旋卸料离心机适用于黏性大，较难分离的物料（如活性污泥），其转速为 3000～6000r/min，离心力为 3000～46 000g。

螺旋卸料离心机的规格很多，WL 型螺旋卸料离心机有三种规格：转鼓直径为 200mm、300mm、450mm，半锥角为 11°，转速为 2000～4000r/min，离心力为 100～2400。

螺旋卸料离心机主要有以下特点：①对颗粒直径的适应范围大；②进料浓度对分离效率的影响较小，保证了产品的均一性；③沉降性差的物料使转鼓和螺旋的转速差降低，可以提高分离效率；④占地面积小，处理量大；⑤普通型耐压 9.8×10^4 Pa，特殊的可使耐压增加 10 倍（如立式）。螺旋卸料离心机可用于易燃、易爆、有毒需密闭操作的场合；⑥对料液浓度的适应范围大。既可用于1%以下的稀薄悬浮液，又可用于50%的浓悬浮液。在操作过程中浓度有变化时无需特殊调整；⑦可在料液中加入凝聚剂一起入机，从而加快固体的沉降。

3. 篮式离心机

结合了滤布置于打孔薄板侧壁处离心和过滤的功能。此类离心机由一个侧壁为打孔薄板的转篮构成。金属网或滤布截拦固体，但允许液体通过。悬浮液从轴线进入离心机，固体沉积在转篮壁上，转篮内置于容器中，该容器将分离出的液体引入储液罐中，用来处理或循环利用。目前最常用的为三足式离心机。立式有孔转鼓悬挂于三根支足上，所以习惯上称为三足式（图 9-19）。

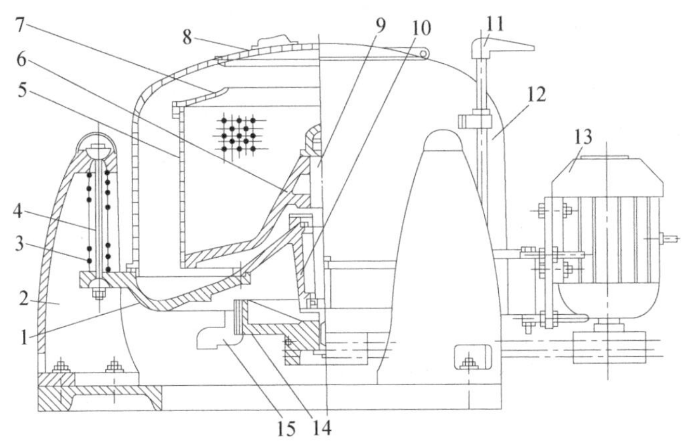

图 9-19　三足式离心机的结构

1. 底盘；2. 支足；3. 缓冲弹簧；4. 摆杆；5. 转鼓壁；6. 转鼓底；7. 拦液板；8. 机盖；9. 主轴；10. 轴承座；11. 制动器手把；12. 外壳；13. 电动机；14. 制动轮；15. 滤液口

（引自欧阳平凯等，2003）

三足式离心机的悬挂点比机体重心高，可以保证机器的稳定性；压缩弹簧可以减轻垂直重力方向的振动；主轴很短，所以机构紧凑；机身高度小利于卸料和加料。

4. 卧式刮刀离心机

卧式刮刀离心机结构（图 9-20）比三足式离心机的自动化程度高，各工序中间不需要停车，使用效率高，功率消耗较小，使用范围大。

卧式刮刀离心机的转鼓直径为 240～2500mm；离心力为 3000，转速为 450～3500r/min，可用于颗粒的范围为 5～10mm，固相浓度范围为 5%～60%的分离。

（二）离心过滤的计算

以工业上常用的篮式过滤离心机为例进行计算讨论。其操作原理（图 9-2），过滤器是半径为 R_0 的多孔圆筒，转鼓的内表面铺有一层流动阻力较小的滤布，料液连续地加入圆筒，被迅速旋转的圆筒甩向内壁，一方面形成恒定的料液表面，离轴半径 R_1，

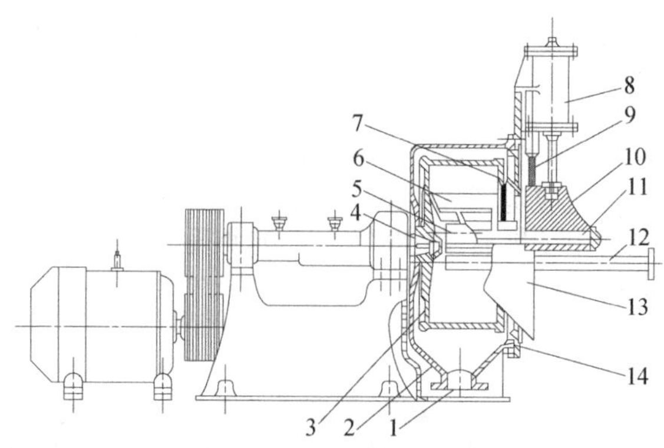

图 9-20　卧式刮刀离心机结构

1. 滤液出口；2. 外壳；3. 转鼓；4. 主轴；5. 耙齿；6. 刮刀；7. 拦液板；8. 油缸；9. 导向柱；10. 刀架；11. 刀杆；12. 进料管；13. 卸料斗；14. 前盖

（引自欧阳平凯等，2003）

另一方面粒子积累于内壁上形成滤饼，离轴的半径为 R_C，为简化离心过滤计算，设滤饼是不可压缩的。

其中，R_1 和 R_0 分别为中空柱状料液的内径和外径（即忽略介质厚度的转鼓内径），对某一离心机在一定转速下这两个值基本是不变的；而 R_C 为滤饼的内径，其值随过滤时间延长而增大。设滤饼是不可压缩的，过滤压差 Δp 与滤液流速 v 成正比，即

$$\frac{\Delta p}{I} = (\mu r x_0) v \tag{9-32}$$

式中，I——滤饼厚度，m；

μ——料浆黏度，Pa · s；

r——滤饼容积比阻力，$1/m^2$；

x_0——滤饼密度，即单位体积料液所含的滤渣量，kg/m^3。

由于转鼓上的滤饼非平面状，而是中空圆柱面，其压差沿半径方向而改变，故式应改写为微分式：

$$-\frac{dp}{dr} = (\mu r x_0) v \tag{9-33}$$

而滤液流速 v 与过滤生产能力即流量 Q 的关系：

$$v = \frac{Q}{2\pi R_1} \tag{9-34}$$

Q 为滤液的生产能力；1 为离心机的高度。

结合式（9-33）和式（9-34），得

$$-\frac{dp}{dr} = (\mu r x_0) \cdot \frac{Q}{2\pi R_1} \tag{9-35}$$

沿滤饼层（即 $R=R_C$ 至 $R=R_0$）的过滤压差 Δp 可由式（9-35）从 $R_C \rightarrow R_0$ 积分求得为

$$\Delta p = Q\frac{\mu r x_0}{2\pi l} \cdot \ln\frac{R_0}{R_C} \tag{9-36}$$

而在离心场的作用下转鼓壁面上的料液层沿径向的压力差为：

$$\Delta p = \frac{x\omega^2 (R_0^2 - R_C^2)}{2} \tag{9-37}$$

综合式（9-36）和式（9-37），可以得出过滤离心分离能力为

$$Q = \frac{\pi l \omega^2 x (R_0^2 - R_C^2)}{\mu r x_0 \ln\dfrac{R_0}{R_C}} \tag{9-38}$$

因上式中的滤饼半径 R_C 是随分离时间而减少的，故分离能力 Q 是逐渐下降的。

下面求解过滤离心分离得到滤液体积 V 所经历的过滤时间 t。

设 x_1 为滤饼密度（kg/m^3），则有

$$Q=\frac{dV}{dt} \tag{9-39}$$

和

$$V=\frac{\pi l x_1}{x_0}(R_0^2-R_C^2) \tag{9-40}$$

把式（9-39）代入式（9-40）中，以 R_C 对 t 微分，再把式的 Q 值代入后，积分并移项整理得所需时间

$$t=\left[\mu r x_1 \frac{R_C^2}{2X\omega^2(R_0^2-R_C^2)}\right]\left[\left(\frac{R_0}{R_C}\right)^2-\ln\left(\frac{R_0}{R_C}\right)-1\right] \tag{9-41}$$

对通常的真空抽滤或加压过滤，所需的操作时间为：

$$t=\left(\frac{\mu r x_0}{2\Delta p}\right)\cdot\left(\frac{V}{A}\right)^2 \tag{9-42}$$

根据质量衡算，有

$$\frac{V}{A}=\left(\frac{X_1}{X_0}\right)\left(X_0\cdot\frac{V}{X_1}\cdot A\right)=\left(\frac{X_1}{X_0}\right)(R_0-R_C) \tag{9-43}$$

把式（9-43）代回式（9-42）中，可得出近似离心式过滤机由开始操作至滤饼厚度为（R_0-R_C）时所需的过滤时间：

$$t=\mu r x_1^2\frac{(R_0^2-R_C^2)}{2x_0\Delta p} \tag{9-44}$$

【例 9-5】 从某一发酵液中分离提取类固醇，类固醇晶体的浓度为 $16kg/m^3$（发酵液），料液密度为 $1000kg/m^3$。在过滤分离小试中，处理 0.25L 发酵液需 32min，实验装置的过滤面积为 $8.3\times10^{-4}m^2$，过滤压力差为 10^5Pa，所得滤饼密度为 $1090kg/m^3$，过滤介质阻力可忽略。扩大试验使用篮式过滤离心机处理发酵液，离心机转鼓内径为 1.02m，高为 0.45m，回转速度为 530r/min，在过滤运转时，测知转鼓内的液层和滤饼的厚度之和为 0.055m。求处理 $1.6m^3$ 这种发酵液所需的分离时间。

解：（1）由小试结果求滤饼特性。由式（9-42），可得

$$\begin{aligned}\mu r&=(2\Delta p t/x_0)(A/V)^2\\&=2\times10^5\times32\times60\times(8.3\times10^{-4}/2.5\times10^{-4})^2/16\\&=2.65\times10^8(s^{-1})\end{aligned}$$

（2）求出过滤螺旋分离 $1.6m^3$ 的发酵液的滤饼厚度 R_C。根据质量守恒定律，悬浮液中固体含量等于滤饼量，即

$$\begin{aligned}X_0V&=\pi l x_1(R_0^2-R_C^2)\\R_C&=(R_0^2-X_0V/\pi l x_1)^{-2}\\&=[0.51^2-(16\times1.6)/(3.14\times0.45\times1090)]^{1/2}\\&=0.493(m)\end{aligned}$$

（3）计算过滤离心分离时间。由式（8-41）得

$$\begin{aligned}t&=[\mu r x_1R_C^2/2x\omega^2(R_0^2-R_C^2)][(R_0/R_C)^2-\ln(R_0/R_C)-1]\\&=2.65\times10^8\times1090\times0.493^2/[2\times1000\times(530\times2\times3.14/60)^2(0.51^2-0.493^2)]\\&\quad[(0.51/0.493)^2-\ln(0.51/0.493)-1]\\&=505(s)\end{aligned}$$

四、离心分离设备的放大

离心分离根据规模可分为实验室小型的离心和工业规模的离心，二者存在着很大差异，但又有联系。大规模工业离心分离操作的设计包括利用实验室小型试验数据对现有型号的离心机的生产力进行估算和对合适商品离心机的选用。

在放大时首先要注意两点：①实验室小型的离心和工业规模的离心在过程上存在很大差异；②离心机是高速旋转的机械，有高强度要求，转鼓大小及其转速受到限制。

（一）应用等效时间 t_e 的近似方法

通过等效时间可对给定的分离方法，计算离心力和离心时间的乘积来估计分离的难易度，即

$$t_e = t \cdot \frac{\omega^2 R_0}{g}$$

式中，R_0——特征半径，通常用转鼓的半径来表示，m；

t——分离时间，s。

某些生物细胞或微粒的典型 t_e 如表 9-3 所示。

表 9-3　某些生物物质离心沉降的典型等效时间值（t_e）

生物物质名称	等效时间/($\times 10^6$s)	生物物质名称	等效时间/($\times 10^6$s)
真核细胞碎片、细胞核	2	细菌碎片、溶菌体	54
蛋白质沉淀物	9	核糖体、多核糖体	1100
真核细胞、叶绿体	0.3	细菌细胞、线粒体	18

引自严希康，2003

等效时间一经实验室小试确定，便可选择具有相似的等效时间的大型离心机。该方法比较粗糙，但在选择新型号离心机时可以使用。

用于估算等效时间的小试的离心机可一机多用，附加三种可变换的转鼓：第一种转鼓是管式的，可用 10mL 带刻度的离心管便于来估算等效时间；第二种转鼓是用于乳浊液分离的碟片机；第三种是带喷嘴的排渣碟片式转鼓，用于固液分离可连续操作。

（二）应用离心机的几何特征参数 Σ，进行定量分析

对于已有的离心机的选用，用参数 Σ 计算是最有效的方法。但选用新型号的离心机最好是先估计等效时间后再用参数 Σ 估算。

不同的离心机几何特征参数 Σ 的计算公式如下：

对于管式离心机：

$$\Sigma = 2\pi L R^2 \omega^2 / g$$

对于碟片式离心机：

$$\Sigma = 2\pi n \omega^2 (R_0^3 - R_1^3) \cot\theta / 3g$$

对于卧螺式离心机：

$$[\Sigma] = \pi l \omega^2 (R_0^2 + 3R_0R_1 + R_1^2)/4g \quad \text{（圆锥形）}$$

$$[\Sigma] = [\pi l_1 \omega^2 (3R_1^2 + R_0^2)/2g] + [\pi l_2 \omega^2 (R_0^2 + 3R_0R_1 + R_1^2)/4g] \quad \text{（锥 - 柱形）}$$

v_g 是微粒的函数，本质上与离心机无关，但可用上面介绍的小型离心机通过实验确定。Σ 是离心机的几何结构函数，对于管式和碟片式离心机而言都是长度平方的量纲，不是微粒的函数。因此，在选用离心机时，必须首先选那些能满足参数 Σ 要求的离心机，来适应分离过程所需的微粒沉降速度 v_g 和生产能力 Q。

在离心机放大和选型时，还必须根据离心机分离实践经验进行具体分析，对待处理液，特别是悬浮液微粒的特性进行实验分析测试。另外，要仔细分析离心机制造厂提供的资料，详细了解离心机的操作性能和使用特性，表 9-4 和表 9-5 分别为常用离心机的特性和在生物分离中应用的例子。

表 9-4 常用离心机的特性和选用

分离特性＼机型	管式	碟片式		螺旋倾析式
		间歇排渣	喷嘴	
适用分离过程	澄清、液液分离、液液固分离	澄清、浓缩、液液分离、液固分离	沉降浓缩、液液分离、液液固分离	沉降浓缩、液固分离
料液含固量/%	0.01～0.2	0.1～5	1～10	5～50
微粒直径/(10^{-6}m)	0.01～1	0.5～15	0.5～15	>2
排渣方式	间歇或连续	间歇	连续	连续
滤渣状况	团块状	糊膏状	糊膏状	较干
离心力/g	10^4～6×10^5	10^3～2×10^4	10^3～2×10^4	10^3～10^4
生产能力/(m^3/h)	10	200	300	200

引自欧阳平凯等，2003

表 9-5 微生物及生化物质的分析

发酵产物	微生物名称	微粒直径/(10^{-6}m)	离心分离相对流量/%	适合的离心机类型
面包酵母	啤酒酵母	5～8	100	喷嘴碟片式
啤酒、果酒	啤酒酵母	5～8	60～80	喷嘴碟片式
单细胞蛋白	假丝酵母	3～7	50	喷嘴碟片式、螺旋式
柠檬酸	黑曲霉	3～10	30	螺旋式、间歇排渣式
抗菌素	霉菌	3～10	20	螺旋式
抗菌素	放线菌	3～20	7	间歇排渣式
酶	枯草杆菌	1～2	7	间歇排渣式、喷嘴碟片式
疫苗	梭菌	1～2	5	间歇排渣式

引自欧阳平凯等，2003

下面用一个实例来说明离心分离过程的放大。

【例 9-6】 某发酵生产应用酵母菌生产活性蛋白，小试是使用管式离心机分离发酵液，已测出发酵液湿菌体量为 7%(V/V)，离心转速为 2000r/min，经 30min 分离可得浓浆状的菌体，转鼓管径为 0.15m，运转时中空液柱内径为 0.05m。试为日产 $10m^3$ 发酵液中试工厂选择配套离心机。

解： 要选择出配套的离心机，可通过三个步骤求解。

(1) 估算酵母细胞的沉降速度。根据小试结果，由 $v_g=d^2(\rho_s-\rho)g/18\mu$ 和 $dX/dt=d^2(\rho_s-\rho)\omega^2r/18\mu$ 得出：

$$dX/dt = v_C = v_g(\omega^2 r/g)$$

积分后整理得：

$$\begin{aligned} v_g &= g\ln(R_0/R_1)/(\omega^2 t) \\ &= [9.18\times\ln(0.15/0.05)]/[(2\times3.14\times2000/60)^2\times30\times60] \\ &= 1.36\times10^{-7}(m/s) \end{aligned}$$

根据题设要求和表 9-4 和表 9-5 可知，碟片式离心机是适合本发酵液的分离的。此外，还应用了碟片式离心机进行发酵液分离菌体实验，该离心机碟片数为 18，碟片倾角为 51°，转速 8500r/min，碟片外径为 0.047m，0.021m。最后，又把离心机转鼓改换成普通实验室用的管式离心机装置进行试验，确认发酵液酵母细胞的沉降速度与上述计算结果相近。

(2) 由碟片式离心机小试结果，可求出参数 Σ 的值。

$$\begin{aligned} \Sigma &= 2\pi n\omega^2(R_0^3-R_1^3)\cot\theta/3g \\ &= 2\times3.14\times18\times(2\times3.14\times8500/60)^2(0.047^3-0.021^3)\cot51°/(3\times9.81) \\ &= 233.1(m^2) \end{aligned}$$

由此求出该离心机对上述发酵液的最大处理量为：

$$Q = v_g \Sigma = 233.1 \times 1.36 \times 10^{-7} = 3.17 \times 10^{-5} (m^3/s)$$

(3) 由 (1) 和 (2) 的结果，可以计算出中试工厂日处理量为 $10m^3$ 发酵液所需的离心机的参数 Σ。

$$\Sigma = Q/v_g = (10/24/3600)/1.36 \times 10^{-7} = 851(m^2)$$

由计算出的 Σ 与已知的喷嘴式碟片分离机进行对照，便可初选出所需的机型。

第三节　超离心技术

超速离心技术是指根据物质的沉降系数、质量和形状不同，相对离心力在 100 000g 以上将混合物中各组分分离、浓缩、提纯的操作技术。离心技术既可以是制备型的，又可以是分析型的。它在生物化学、分子生物学以及细胞生物学的发展中起重要的作用。超离心技术主要用于线粒体、微粒体、溶酶体、病毒、DNA、RNA，蛋白质等细胞亚结构及生物大分子等的分离纯化、样品纯度的检测、沉降系数和相对分子质量的测定等。

超离心技术是现代生物技术领域研究中不可缺少的实验室分析和制备手段。

一、超速离心技术原理

超速离心技术中使用的离心机是无孔转鼓，也是离心沉降。根据前面的知识可知，粒子在离心场中进行的沉降速度为

$$v_\omega = \frac{d^2(\rho_p - \rho_m)}{18\mu} \cdot \omega^2 x \tag{9-45}$$

式中，d——粒子的直径；

ρ_p、ρ_m——分别为粒子和介质的密度；

ω——旋转角速度；

x——粒子离轴中心的距离；

μ——介质的黏度。

从式 (9-45) 可知，一个球形颗粒的沉降速度不但取决于所提供的离心力，也取决于粒子的密度和直径以及介质的密度。

若粒子在离心场中作匀速直径运动，则有

$$v_\omega = \frac{dx}{dt} \tag{9-46}$$

式 (9-45) 和式 (9-46) 合并后积分，可以求出粒子在某介质中沉降到底部所需要的时间：

$$t = \frac{18\mu \ln \frac{x_1}{x_2}}{d^2 \omega^2 (\rho_p - \rho_m)} \tag{9-47}$$

式中，t——沉降时间；

d——粒子的直径；

ρ_p、ρ_m——分别为粒子和介质的密度；

ω——旋转角速度；

x_1——旋转轴中心到液体弯月面的距离；

x_2——旋转轴中心到离心管底部的距离；

μ——介质的黏度。

从式 (9-47) 中可知，在某一转速时，沉降一组均匀的球形颗粒所需要的时间与它们的直径的平方以及它们的密度和悬浮介质的密度之差成反比，与介质的黏度成正比。也就是说，当粒子直径和密度不同时，移动同样距离所需的时间不同，在同样的沉降时

间里，其沉降的位置也不同，这是“微分分离”的基础。利用它可以从组织匀浆中分离细胞器，其主要细胞成分的沉降从先到后的顺序为：细胞和细胞碎片、核、叶绿体、线粒体、溶酶体、微粒体和核蛋白。若采用密度梯度离心，分离会更加精密。

上述公式不适合于非球形粒子，对于质量一定但形状不同的粒子，沉降速度是不同的，超速离心就是利用这点来研究大分子的构象的；另外，只适合于符合牛顿流体的稀的固体悬浮物，对于浓度较高的悬浮液，粒子运动会受到附近粒子的干扰。因此，必须对浓悬浮液中的粒子运动速度加校正。

$$\frac{v\omega'}{v\omega}=\frac{1}{1+\beta\varepsilon_p^{\frac{1}{3}}} \tag{9-48}$$

式中，v_ω、v_ω'——稀和浓的固体悬浮物的沉降速度；

β——经验参数；

ε_p——悬浮粒子在液体中的体积分数：

$$\beta=\begin{cases}1+3.05\varepsilon_p^{2.84} & 0.15<\varepsilon_p<0.5 \quad (\text{不规则粒子}) \\ 1+2.29\varepsilon_p^{3.43} & 0.20<\varepsilon_p<0.5 \quad (\text{不规则粒子}) \\ 1\sim 2 & \varepsilon_p<0.5\end{cases}$$

二、超速离心技术分类

超速离心技术按照处理要求和规模可以分为制备用超速离心机、分析用超速离心机技术和分析-制备两用超速离心机技术。制备用超速离心机主要用于细胞器、生物大分子等的分离纯化；分析用超速离心机主要用于样品纯度的检测、沉降系数的测定、分子质量的测定，所以分析用超速离心机配置了光学检测系统、自动记录仪和计算机数据处理系统等；两用超速离心机则同时具备分离纯化和分析检测的功能。

（一）制备用超速离心技术

制备超离心技术的主要目的是最大限度的从样品中分离高纯度目标组分，进行深入的生物化学研究。它可以分离量非常大的物质，如从成批的或连续的培养液中收集微生物细胞，从组织培养液中得到动植物细胞以及从血液中分离血浆；也可以从已通过某些预纯化的制剂中分离像蛋白质那样的大分子。

制备超离心技术分离和纯化生物样品用三种方法：差速离心法、差速-区带等密度梯度离心法（图 9-21）。

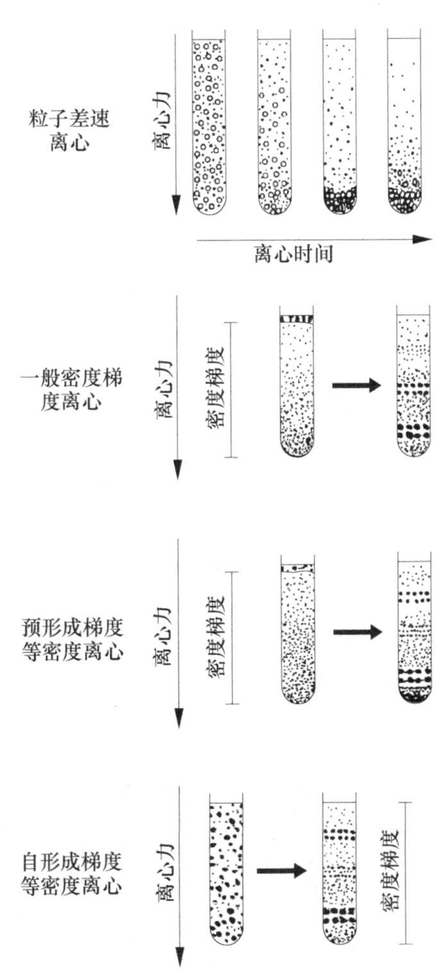

图 9-21　各类超离心分离示意图
（引自严希康，2003）

1. 差速离心法

粒子差速离心，简称差速离心法。它利用不同粒子在离心场中沉降的差别，在同一离心条件下，沉降速度不同，通过不断增加相对离心力，或低速高速交替进行离心，使一个非均匀混合液内大小、形状不同的粒子在不同速度及不同的离心时间下分批沉淀下来的方法。操作过程中一般在离心后用倾倒的方法把上清液与沉淀分开，然后将上清液加高转速离心，分离出第二级沉淀，如此反复加高转速，逐级分离出所需的物质。该方法的缺点：①是在某离心力下除了大粒子都沉淀外，一些中等粒子及少数小粒子也可能沉淀下来，且数目随时间延长而增加，所以每次沉降的沉淀颗粒不是均一的，需要将沉淀重新悬浮、洗涤、再次离心，反复数次，才有较好的效果；②颗粒被挤压，离心力过大，离心时间过长会使颗粒变形、聚集而失活的；③壁效应严重，特别是当颗粒浓度很大或很高时，在离心管一侧会出现沉淀。其优点是操作简便，离心后用倾倒法即可将上清液与沉淀分开，并可使用容量较大的角转子。

差速离心的分辨率不高，沉降系数在同一个数量级内的各种粒子不容易分开，一般用来分离沉降系数（大小和密度）相差较大的粒子，用于其他分离手段之前的粗制品提取，如细胞器和病毒的分离。图 9-22 为从组织匀浆中分离细胞器的示意图。

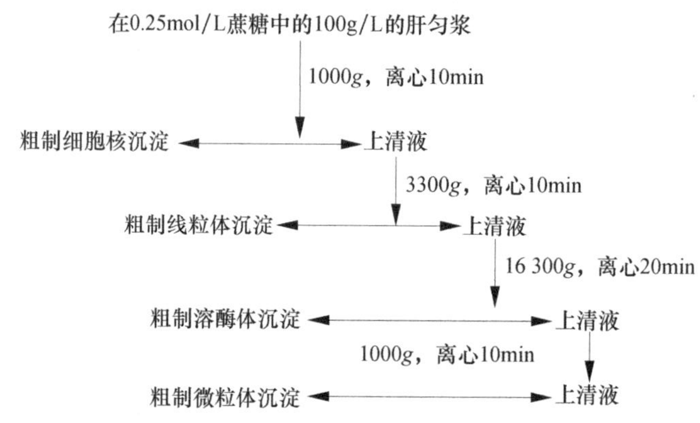

图 9-22　大白鼠肝脏匀浆分级分离出各种亚细胞组分的示意图

2. 差速-区带离心法

差速-区带离心法又称密度梯度离心法、沉降速度法或动态法，它是把样品铺放在一个连续的液体密度梯度上（为了防止形成的区带由于对流而引起混乱），然后进行离心，并控制离心分离的时间，使得粒子完全沉降之前，在液体梯度中移动而形成不连续分离区带，使沉降系数比较接近的物质分离在一个区带中。

为了使沉降系数比较接近的颗粒得以分离，必须配制好合适的密度梯度系统。密度梯度系统是在溶剂中加入一定的溶质制成的。这种溶质称为梯度介质。梯度介质具有足够大的溶解度，以形成所需的密度梯度范围；不会与样品中的组分发生反应；也不会引起样品组分的凝集、变性或失活。常用的梯度介质，如蔗糖、甘油或 CsCl 等；其适用范围是：蔗糖浓度 5%～60%，密度范围是 1.02～1.30g/cm^2。

密度梯度一般采用密度梯度混合器进行制备。制备得到的密度梯度可以分为线性梯度、凹形梯度和凸形梯度等（图 9-23）。当贮液与混合室的截面积相等时，形成线性梯度 A；贮液大于混合室的截面积时，形成凸形梯度 B；贮液小于混合室的截面积时，形成凹形梯度 C。密度梯度离心常用的是线性梯度。形成的梯度有两种：连续密度梯度和不连续密度梯度。后者叫做分层的密度梯度，其特点是把密度不同的溶液一层一层的放在离心管中。如图 9-24，密度最大的在最下层，密度小的上边，要分离的样品放在最上面，然后进行离心。这个密度梯度的优点是可允许增加梯度的容量，而且可人为地使被分离组分分布的更加集中。

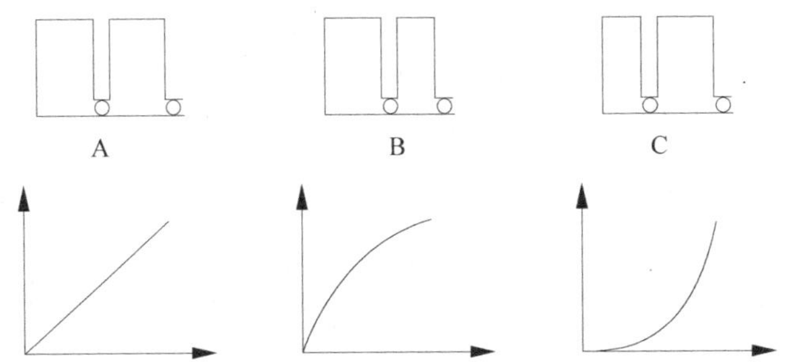

图 9-23 三种密度梯度形式示意图
A. 线性梯度；B. 凸形梯度；C. 凹形梯度
(引自郭勇，2005)

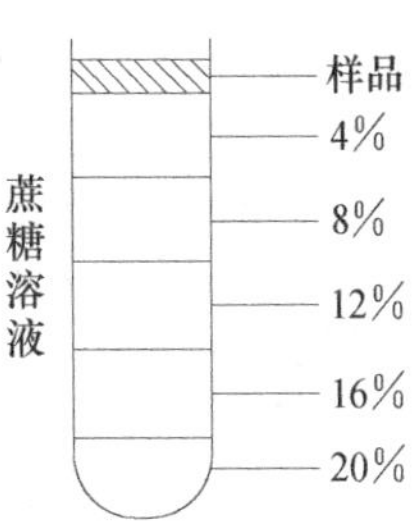

图 9-24 梯度混合器示意图
(引自何忠效，2004)

连续的密度梯度是通过一种特殊的密度梯度混合器来制备的。密度混合器有两种：简易梯度混合器和自动混合器。①简易密度梯度混合器由贮液室、混合室、电磁搅拌器和阀门等组成（图 9-25）。配制时，将稀释液置于贮液室 B，浓溶液置于混合室 A，两室的液面必须在同一水平。操作时，首先开动搅拌器，然后打开阀门 a 和 b，流出的梯度液经过导管小心地收集在离心管中。也可以将浓溶液置于 B 室，稀溶液置于 A 室，但此时梯度的导液管必须直插到离心管的管底，让后来流入的浓度较高的混合液将先流入的浓度较低的混合液顶浮起来，形成由管口到管底逐步升高的密度梯度；②自动梯度混合器如图 9-26，此装置可同时制成 1～6 支梯度管，离心后又能把不同物质分部分层的取出。它有蠕动泵、分配器、升降器、液面探测针等部件组成。整个装置由控制板上的选择器旋钮来控制仪器的运转和导管的升降。其工作原理如图 9-26，轻溶液和重溶液分别在不同的两烧杯中，当蠕动泵旋转时，轻溶液沿着轻溶液导管上升，经虹吸管一分为二，分别流入装有轻溶液、重溶液的两烧杯中。此时，轻溶液的浓度不变，而重溶液则变轻，又由于重溶液中附有搅拌装置，使其浓度能均匀下降。改变着浓度的重溶液由一蠕动泵送入分配器，把溶液均匀地分配给 6 支离心管。如果只制备 1 支或 3 支梯度管时，由于分配器上附有活塞，只需关闭分配器的 5 支或 3 支导管，同时降低泵速即

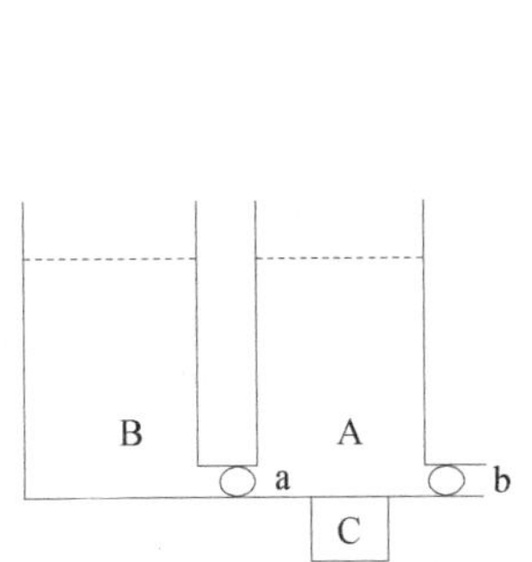

图 9-25 DGF-U 型密度梯度自动混合器剖面
(引自郭勇，2005)

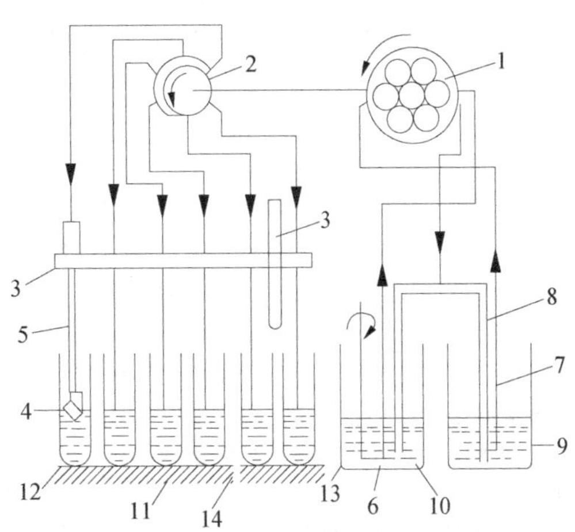

图 9-26 DGF-U 型密度梯度自动混合器工作原理示意图
1. 内有蠕动泵；2. 分配器；3. 升降器；4. 液面测定针；5. 泄放导管；6. 浓密度导管；7. 稀密度导管；8. 虹吸管；9. 5%蔗糖；10. 流速控制钮；11. 选择器旋钮；12. 离心管架；13. 搅拌器；14. 离心管
(引自何忠效，2004)

可。在连接 1 号离心管的导管上附有液面探测针，它能把离心管液面上升（或下降）的信号输送给升降器，使其指挥插入 6 支离心管中的导管同时随液面的升降而升降，以时刻准确地计量离心管中制成梯度液的体积，并达到额定体积时停机。以上制成的梯度自管底到管口是线性递减的。

离心前，将样品小心地铺在预先制备好的密度梯度的表面，同梯度液一起离心。离心后在近旋转轴处（x_1）的密度最小，离旋转轴最远处（x_2）介质的密度最大，但最大介质密度必须小于样品中粒子的最小密度，即 $\rho_p > \rho_m$，经过离心，不同大小、不同形状、具有一定沉降系数差异的颗粒在密度梯度溶液中形成若干条界面清楚的不连续区带，再通过穿刺、虹吸或切割离心管的方法将不同区带中的颗粒分开收集，得到所需物质而达到彼此分离的目的。梯度液在离心过程中以及离心完毕后，取样时起着支持介质和稳定剂的作用，避免因机械振动而引起已分层的粒子再混合。

由于 $\rho_p > \rho_m$，可知 $S>0$，因此该离心法的离心时间要严格控制，既有足够的时间使各种粒子在介质梯度中形成区带，又要控制在任何一粒子达到沉淀前。如果离心时间过长，所有的样品可全部到达离心管底部；离心时间不足，样品还没有分离。

该法仅用于分离有一定沉降系数差的粒子，与粒子的密度无关。因此，大小相同密度不同的粒子（线粒体、溶酶体和过氧化物酶体）不能用此法分离。这种方法已用于 RNA-DNA 混合物、核蛋白体和其他细胞器的分离。

常用的梯度液有 Ficoll、Percoll 及蔗糖。

3. 等密度离心

等密度离心是指当被分离的不同粒子的密度在离心介质的密度梯度范围内，在离心力场的作用下，不同浮力密度的颗粒或向下沉降，或向上漂浮，一直沿梯度移动到与它们浮力密度恰好相等的位置（等密度）上，形成区带。

等密度离心常常是在离心前先装入密度梯度介质，此种密度梯度液包含了被分离样品中所有粒子的密度，待分离的样品在梯度顶上或混在梯度液中，离心开始后，当梯度液由于离心力的作用逐渐形成底浓而管顶稀的密度梯度，与此同时原来分布均匀的粒子也发生重新分布。当管底介质的密度大于粒子的密度，即 $\rho_m > \rho_p$ 时粒子上浮；在弯顶处 $\rho_p > \rho_m$ 时，则粒子沉降，最后粒子进入到一个它本身的密度位置即 $\rho_p = \rho_m$，此时 dx/dt 为零，粒子不再移动，粒子形成纯组分的区带，此区带的位置与样品粒子的密度有关，而与粒子的大小和其他参数无关，因此只要转速、温度不变，则延长离心时间也不能改变这些粒子的成带位置。

等密度离心的有效分离取决于颗粒的浮力密度差，密度差越大，分离效果越好，与颗粒的大小和形状无关。但后者决定着达到平衡的速度、时间和区带的宽度。颗粒的浮力密度不是恒定不变的，还与其原来密度、水化程度及梯度溶质的通透性或溶质与颗粒的结合等因素有关。例如，某些颗粒容易发生水化使密度降低。等密度离心的分辨率受到颗粒性质（密度、均一性、含量）、梯度性质（形状、斜率、黏度）、转子类型、离心速率和时间的影响。颗粒区带宽度与梯度斜率、离心力、颗粒相对分子质量成反比。

等密度离心常用的离心介质是铯盐，如氯化铯、硫酸铯、溴化铯等。有时也采用三碘苯的衍生物。

在以氯化铯为离心介质时，产生所需起始密度的氯化铯的重量，可以按照下式计算：

$$a = 137.48 - \frac{138.11}{d} \tag{9-49}$$

式中，a——每 100mL 样品液所需加入的 CsCl 克数；

d——所需配制的 CsCl 溶液的 25℃的密度。

表 9-6 为在实际应用过程中氯化铯溶液的起始浓度（d）与所需加入的氯化铯重量（a）以及氯化铯溶液的终体积（V）之间的关系。

表 9-6 氯化铯溶液的起始密度与所需加入的氯化铯重量的关系

起始密度/(g/mL)	每 100mL 样品液所需加入的 CsCl 的重量/g	溶液最终体积/mL	起始密度/(g/mL)	每 100mL 样品液所需加入的 CsCl 的重量/g	溶液最终体积/mL
1.66	1.17	1.30	1.72	1.31	1.33
1.67	1.19	1.30	1.73	1.33	1.33
1.68	1.22	1.31	1.74	1.35	1.34
1.69	1.24	1.31	1.75	1.36	1.34
1.70	1.26	1.32	1.76	1.37	1.35
1.71	1.29	1.32			

引自郭勇，2005

根据梯度产生的方式可分为预形成梯度密度离心和自形成梯度密度离心。

(1) 预形成梯度密度离心。本法需要事先制备梯度，常用的梯度介质主要是非离子型的化合物（如蔗糖、甘油等）。离心时把样品铺在梯度介质的液面上或导入离心管底部，这个密度包括了所需要研究的密度范围，直到粒子的漂浮密度和梯度的密度相等时，粒子发生沉降，并排列成不同的区带。用这一技术可以定量的从线粒体和过氧化物酶体中分离溶酶体。

等密度离心分离也可以不用密度梯度来进行，这时样品需要先在一个足够使较重粒子沉降的速度下离心，分离除去这些较重的粒子后，再把含有所需粒子的样品悬浮在一个与被分离组分具有相等密度的介质中，重新离心直到所需的物质沉降为止，密度低于所需物质的粒子漂浮在弯月面上。

(2) 自形成梯度密度离心。又称平衡等密度离心。平衡等密度离心常用的梯度介质有粒子型盐类（如 CsCl 或铷盐和三典化苯衍生物等）。离心时是把密度均一的介质溶液和样品混合后装入离心管中，通过离心自形成梯度，让粒子在梯度中进行分配。离心达到平衡后，不同密度的粒子在梯度中各自法分配到其等密度点的位置上，形成不同的区带。粒子达到等密度点的时间与转速有关，提高转速可缩短平衡时间，延长时间可弥补转速不高的问题，一般离心所需的时间应以最小粒子达到平衡的时间为准。这一方法已用于分离和分析人血浆脂蛋白。

此法一般用于物质的大小相近，而密度差异较大时，常用的梯度液是 CsCl。

（二）分析超离心技术

分析超离心技术主要用于研究纯的或基本上是纯的大分子或粒子（如核蛋白体）。它只需要很少量的粒子和特殊的转头，并配备有光学分析系统，如光吸收、折射、干扰等，来连续地监测粒子在离心场中的行为。从这样的研究中得到的资料可以推断粒子的纯度、相对分子质量和构象的变化。

1. 相对分子质量的测定

借助纹影光学系统和吸收扫描光学系统，用沉淀速度法可以测定沉降系数（S）：

$$S = \frac{1}{\omega^2 r} \cdot \frac{\mathrm{d}x}{\mathrm{d}t}$$

式中，ω——角速度；

R——粒子的瞬间旋转半径，cm；

T——时间，s。

取对数得：

$$S=\frac{\ln x_2-\ln x_1}{\omega^2(t_2-t_1)}$$

式中，x_1、x_2——分别为在时间 t_1、t_2 时运动粒子到离心机转轴中心的距离，cm；

t_1、t_2——分别为测定开始和测定结束的时间，(t_1-t_2) 为测定时的离心时间，s。

分子质量与沉降系数有一定的对应关系，测出沉降系数可以通过下列公式计算出粒子的相对分子质量（M）：

$$M=\frac{RTS}{D(1-vp)}$$

式中，M——相对分子质量；

R——气体常数；

T——热力学温度，K；

S——沉降系数，s；

D——分子扩散系数；

v——分子的部分比容积（1g 溶质加入大溶剂中所占的体积）；

ρ——溶剂密度。

表 9-7 列出了几种蛋白质的沉降系数和相对分子质量。

表 9-7　几种蛋白质的沉降系数和相对分子质量

蛋白质	相对分子质量	沉降系数	蛋白质	相对分子质量	沉降系数
核糖核酸酶	13 683	1.64	血红蛋白	68 000	4.54
卵清蛋白	45 000	3.55	过氧化氢酶	250 000	11.30
血清白蛋白	65 000	4.31	脲酶	480 000	18.60

引自何忠效，2004

2. 大分子纯度的估计

用沉降速度法分析沉降界面是测定制剂均质性的最广泛的方法之一，如果试剂是均质的，则会出现单个清晰的沉降界面，如果有杂质，则含有另外一些峰出现在主峰的一侧或两侧。

3. 检测大分子中构象的变化

分子构象上的变化，可以通过检查样品在沉降速度上的差异来证实，分子越是紧密，它在溶剂中的摩擦阻力越小；分子越不规则，摩擦阻力就越大，沉降速度就越慢，因此通过样品在处理前后沉降速度的差异，可以检测它在构象上的变化。

三、超速离心设备

超速离心机主要由机械转动装置、转子和离心管组成。此外，还有一系列附件设备装置。为了防止样品液的溅出，一般有离心管帽；为了防止温度升高，超速离心机均有冷冻系统和温度控制系统；为了减少空气阻力和摩擦，均设置有真空系统；此外还有一系列安全保护系统、制动系统以及各种指示仪表。

超速离心机根据用途可分为分析型、制备型和制备兼分析型的离心机。

（一）制备型超速离心机

制备型超速离心机是指在强大离心力场的作用下，按照粒子的沉降系数、质量和形状不同，将混合物样品中各组分分离、提取的设备。制备型超速离心机的结构装置较复杂，一般由转子转动系统、速度控制系统、温度控制系统和真空系统四个主要部分组成。完善的冷却和真空系统，消除摩擦热（转速大于 20 000r/min，摩擦产热较严重），可保护转子和离心样品；精确、严格的传动系统及速度、温度的监测控制系统；防过速装置、润滑系统、电子控制装置和操纵板等保证操纵安全、自动化和良好的离心效果。

在离心技术发展史上，制备型超速离心是制备离心发展的最高形式，它与其他离心形式的不同之处如表 9-8 所示。

表 9-8 几种不同级别的制备离心机的比较

类　型	普通离心机	高速离心机	超速离心机
最大转速/(r/min)	6000	25 000	可达 75 000 以上
g	6000	89 000	可达 510 000 以上
转子	角转子或外摆式转子	角式、外摆式转子等	角式、外摆式转子、区带转子
仪性能和特点器结构	速度不能严格控制，多数室温下操作	有制冷装置，温控和速度控制较准确、严格	有真空和冷却系统，有更为精确的温度和速度控制、监测系统，有保证转子正常运转的传动和制动装置等
应用	收集易沉降的大颗粒（如 RBC、酵母细胞等）	收集微生物、大细胞碎片、硫酸铵沉淀物和免疫沉淀物等，但不能有效沉淀病毒、小细胞器（如核糖体）、蛋白质等大分子	主要分离细胞器、病毒、核酸、蛋白质、多糖等甚至能分开大小相近的同位素标记物^{15}N-DNA 和未标记的 DNA

引自陈来同，2004

（二）分析型超速离心机

分析型超速离心机主要为了研究生物大分子的沉降特征和结构，而不是实际收集一些特殊的部分。它使用了经过特殊设计的转头和检测系统，以便连续地监测物质在离心场中的沉降过程。

该机主要由一个圆形的转头组成，转头上装有透明小孔，以观察离心时粒子的分布，该转头通过一根柔性轴连接到一个高速的驱动装置上，转头在真空冷冻腔中旋转，转头能容纳两个小室，分析室和配衡室，这两个小室在转头中始终保持着垂直位置。配衡室是一个经过精密车工的金属块，作分析室的平衡用。在配衡室上钻通两个孔，它们离开旋转中心距离是经过标定的。这些标定是用来确定分析室中的距离，分析室（通常容量为 1mL）为扇形的，当正确地排列在转头中时，尽管处于垂直位置，其原理和水平转子相同，产生一个十分理想的沉淀条件。分析室有上下两个平面的石英窗，离心机中还装有一个光学系统，可在预定时间里拍摄沉降物质的照片，或通过紫外光的吸收或折射率的不同，对沉降物质进行监视，当光线通过一个具有不同密度区的透明液体时，在这些区带的界面上使光线折射，就在检测系统的照相底板上产生一个“峰”。由于沉降不断进行，界面向前推进，因此峰也移动了。从峰移动的速度可以得到物质沉降的数据。

分析型超速离心机可以在约 70 000r/min 的速度下进行操作，产生高达 500 000g 的离心力。目前这类离心机又分为专用的分析超速离心机和制备-分析两用机组。

操作时，将样品与一定浓度的介质溶液混合均匀，也可将一定量的铯盐加到样品液中使之溶解。然后在选定的离心力的作用下，经过足够的实际离心分离。在离心过程中，铯盐在离心力的作用下沉降，自动消除密度梯度；样品中不同浮力密度的颗粒在其各自的等密度点位置上形成区带。

采用铯盐作为离心介质时，它们对铝合金的转子有很强的腐蚀作用，必须注意的是要防止铯盐溶液溅到转子上，使用后将转子仔细清洗和干燥，有条件的最好采用钛合金转子。

第四节　离心技术在生物分离中的应用

一、离心技术在生物分离应用中的注意事项

高速与超速离心机是生化实验教学和生化科研的重要精密设备，因其转速高，产生的离心力大，使用不当或缺乏定期的检修和保养，都可能产生严重事故，因此使用离心机时都必须严格遵守操作规程。

（1）使用各种离心机时，必须事先在天平上精密地平衡离心管和其内容物，平衡时重量之差不得超过各个离心机说明书上所规定的范围，每个离心机不同转头有各自的允许差值，转头中绝对不能装载单数的管子，当转头只是部分装载时，管子必须互相对称地放在转头中，以便使负载均匀地分布在转头的周围。

（2）装载溶液时，要根据各种离心机的具体操作说明进行，根据待离心液体的性质及体积选用适合的离心管，有的离心管无盖，液体不得装得过多，以防离心时甩出，造成转头不平衡、生锈或被腐蚀，而制备性超速离心机的离心管，则常常要求必须将液体装满，以免离心时塑料离心管的上部凹陷变形。每次使用后，必须仔细检查转头，及时清洗、擦干。转头是离心机中需重点保护的部件，搬动时要小心，不能碰撞，避免造成伤痕，转头长时间不用时，要涂上一层上光蜡保护，严禁使用显著变形、损伤或老化的离心管。

（3）若要在低于室温的温度下离心时，转头在使用前应放置在冰箱或置于离心机的转头室内预冷。

（4）离心过程中不得随意离开，应随时观察离心机上仪表是否正常工作，如有异常的声音应立即停机检查，及时排除故障。

（5）每个转头各有其最高允许转速和使用累积限时，使用转头时要查阅说明书，不得过速使用。每一转头都要有一份使用档案，记录累积的使用时间，若超过了该转头的最高使用限时，则须按规定降速使用。

二、离心分离的优缺点

离心操作可以缩短停留时间，这是处理某些不稳定的生物活性产品时需要考虑的一个重要因素。另一方面，离心操作过程中会产生热量，使生物制品特别是那些热敏性产品的结构遭到破坏。为了便于固态产品的回收，对于进入离心机前的产品通常进行预处理以除去污染物（如助滤剂等）。但是没有这个附加操作，离心过程仍然可以方便地分离那些对于过滤过程而言难以分离的悬浮液。

工业离心机装置结构相对紧凑，可以连续操作。在连续生产过程中，流水线很可能被快速沉降的颗粒淤塞。离心分离的准备和启动时间相对较短，而且离心系统很容易实现自动化。当用离心分离除去生物有害物质（如转基因微生物）时，离心体系本身可以起到防止此类物质传播的作用。离心操作时必须防止气溶胶的产生。离心分离的操作费用通常相对较低，但是设备本身的价格和维护费用缺很昂贵。

三、离心机的选择

在设计和制造离心机时，已经考虑了不同的实际应用。对于非机械专业的工程师，不具备设计和制造离心机的能力，生产上需用的离心力性能的好坏往往只能以选为主。离心机的操作性能是选择离心机的主要因素（表 9-9），离心过程的分离效果还取决于

下述因素（图 9-27，图 9-28）：固体组成；颗粒大小和分布；颗粒的形状、密度和刚性；液相组成、密度和黏度；产品稳定性。

表 9-9 各种离心机的操作性能比较

离心机型式	澄清	增稠	脱水	洗涤	分级	三相分离（液-液-固）
过滤式离心机						
网孔转鼓	2	0	3	3	0	0
振动式	1	0	3	0	0	0
活塞推料	1	0	3	3	0	0
沉降式离心机						
圆筒形转鼓	2	1	1	0	0	1
人工卸渣型碟片	3	0	1	0	0	3
活塞排渣型碟片	3	1	0	0	1	3
喷嘴排渣型碟片	3	3	1	0	3	3
连续沉降式螺旋卸料	3	3	3	1	3	3
连续沉降-过滤式螺旋卸料	3	0	3	3	2	0

注：0—为差；1—中；2—好；3—很好
引自严希康，2003

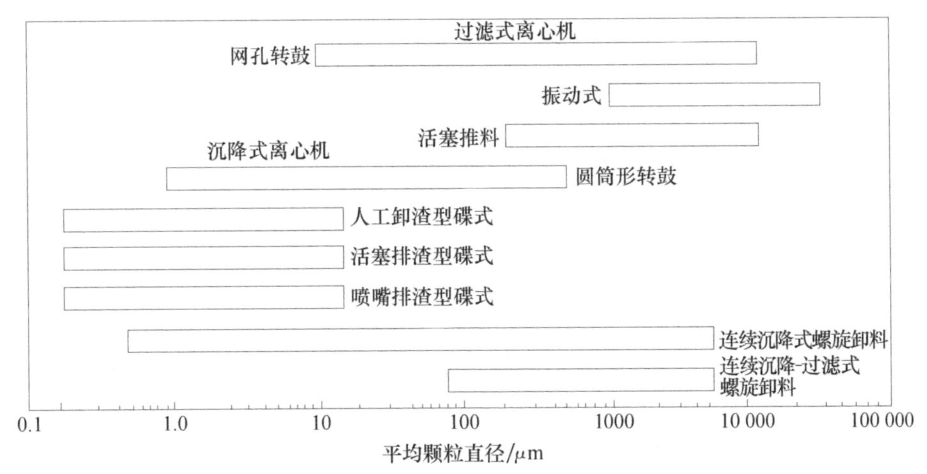

图 9-27 各种离心机所适用的进料颗粒直径范围
（引自严希康，2003）

可以预见，对于颗粒和介质的密度差异大、颗粒大、液体黏度小的体系，离心分离效果好。

密度是离心分离一个非常重要的参数，因为微生物的密度和水的密度非常接近，使得离心技术难以用于微生物悬浮液。

颗粒的大小也影响分离效果，这是因为分离效率与颗粒直径的平方相关（图 9-27）。尽管黏度对于离心分离影响不大，特别是对于低黏度的发酵液，然而黏性悬浮液还是会增加过程的难度。当离心机在高转速下操作而流量很低时，可能会产生大量的热。流体温度的升高将导致其黏度降低，分离效率提高。在碟片离心机中，流出液的温度可以升高 3～6℃，而固体残渣的温度可升高 15～20℃。这些热量会损害热敏性的产品。通过使用换热冷却夹套可以有效地移走热量并控制温度。实际操作温度是由产品的热稳定性而非离心机的效率决定。

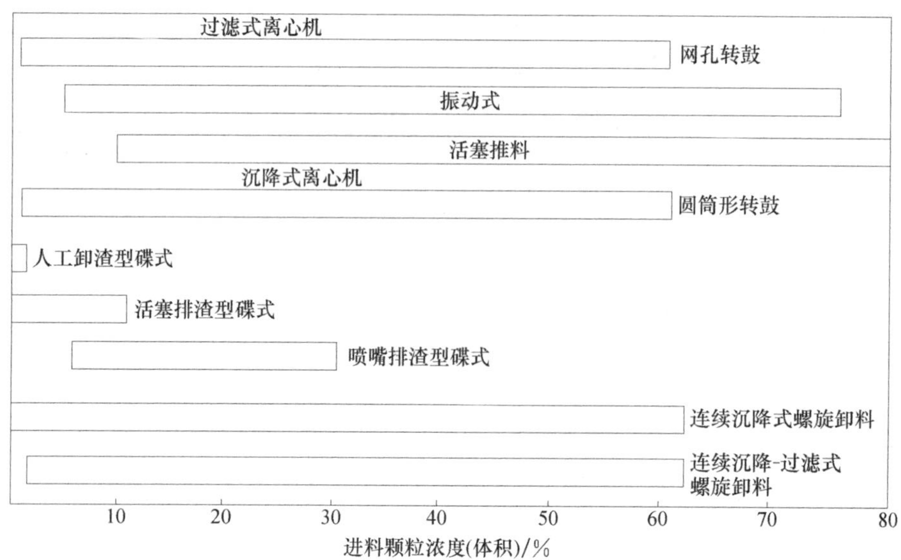

图 9-28　各种离心机所适用的进料颗粒浓度范围

对于圆筒型离心机，大约 20%进料颗粒浓度大大约束了其一次处理量的大小

(引自严希康，2003)

在某些情形下，细胞破碎会导致悬浮液的黏度增大，这是因为细小的颗粒释放到溶液中。这种黏度的增加可以通过脱氧核糖核酸水解酶而降低。

设计离心分离过程时必须考虑所要达到的上样负荷、分离程度和离心机的效率。典型生物分离过程涉及的液相黏度为 1～2cP *，固-液相密度差为 0.1g/cm^3 或更小，颗粒范围从 100μm 到 0.5μm 以下。细胞破碎释放或产品热稳定性改变等方面的限制使过程复杂化，过程处理量再大也很难获得足够的分离效果。实际上，在离心分离过程中经常要求得到高透明度的上清液，对于蛋白质纯化而言（包括色谱技术的应用）更是如此。许多新式离心机在设计上已经能够提供更高的离心力和更严格的温控。

离心分离过程的设计还需要考虑灭菌、无菌操作、防止污染以及泄漏等方面的要求。生物技术的产生过程要求灭菌操作，特别是对于那些用于人类使用的产品，在此情形下，离心机筒内部一定要和离心机支架及其他部件分开。真空密封或蒸汽消毒可以保证系统的无菌状态。真空密封减少了蛋白质的变性，通过降低进口处的扰动而提高了分辨率。真气消毒要求包括加固离心机的盖子在内的整个设备能够承受蒸汽处理时的高温高压。通常，这种消毒方式是离线操作的。当某些过程涉及基因操作，病原体或其他有害物质时，离心机设计必须满足灭菌和防止气溶胶扩散的要求。目前，这方面的研究集中于改善设备的原位清洁能力和提高蒸汽消毒容量，以提供更高水平的密封和无菌操作。

在选择离心机时，可先对悬浮液进行初步的实验室规模测试，这些测试包括重力沉降测试、管式离心、布氏漏斗过滤试验。有时也可以对于待分离体系预先进行处理以改变其悬浮液属性。例如，通过絮凝作用增大颗粒尺寸，通过升温降低液体的黏度，固体的难度也可以通过预沉降处理来降低。在处理含微生物细胞液体体系时，细胞絮凝作用可以改善离心效果。在完成上述初步试验后，设计者可以从离心机的制造商和使用者那里咨询有关设备的处理能力及操作要求。最后根据过程稳定性及经济性方面考虑来确定选用的设备。

工业离心设备往往不如实验室离心设备所产生的离心力大，由此也使得分离效率不如实验室的高。通常要使用两个或更多相同或者不同的离心设备来有效地完成离心分离。

四、离心在生物分离中的应用

在生物工业中离心机常用来处理液相黏度在1～2mPa·s，固-液密度差为≤0.1g/mL和粒子大小为0.5～100μm的悬浮液，其中的固形物，如细胞碎片、絮凝废水的细菌和蛋白质沉淀，大多是形状不规则、性软、易碎的物质。被加工的物质，如酶可能是热和氧敏感的。当待处理的是基因操作，致病的或其他毒性物质时，则在离心设计时必须考虑灭菌和防止气溶胶。而当蛋白质纯化需采用色谱时，则常常要求离心操作能提供澄清的上清液。我们可以根据不同的目的选用不同型号的离心机。

碟片式离心机在生物分离工艺中是最受欢迎的设备，它们备有密封和蒸汽灭菌等多种配件，有的配有温控习系统，且有些型号能在物料流量大2000L/h下回收大小为0.5μm的粒子。

表9-10为离心分离在生物分离技术上的应用的实例。

表9-10　离心机在生物分离中的应用

产品（过程）	微生物		离心机相对生产能力	设备类型
	类　型	大小/μm		
面包酵母	酵母属	7～10	100	喷嘴碟片式
啤酒制造	酵母属	5～8	70	喷嘴碟片式
乙醇	酵母属	5～8	60	卸渣碟片式
单细胞蛋白	假丝酵母属	4～7	50	喷嘴碟片倾析式
抗生素	霉菌	—	10～20	倾析式
抗生素	放线菌	10～20	7	卸渣碟片式
柠檬酸	霉菌	—	20～30	卸渣碟片倾析式
酶	芽孢杆菌属	1～3	7	喷嘴碟片式 卸渣碟片式
疫苗	梭菌	1～3	5	无孔转鼓 卸渣碟片式
废水处理	活性污泥	—	—	碟式
	厌氧菌/被消化固体	—	—	倾析式

引自严希康，2003

从牛生长激素（BGH）的分离提取工艺（图9-29）可以看出离心机在生物分离技术中的重要地位和重作用。来自发酵罐的菌体经过离心法去除培养液后再加入缓冲液，

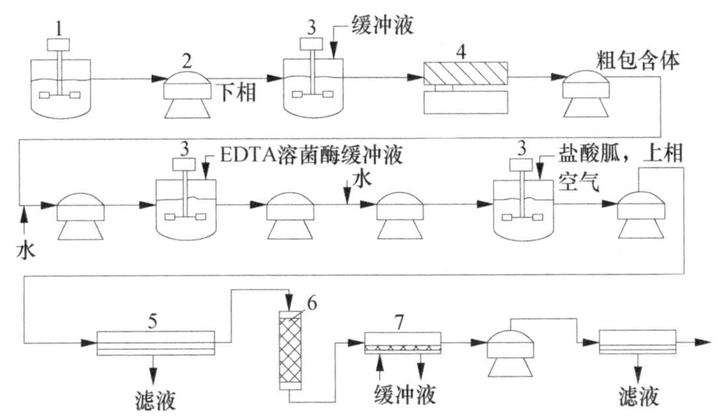

图9-29　牛生长激素（BGH）的分离提取工艺

1. 发酵罐；2. 离心机；3. 搅拌混合罐；4. 高压匀浆机；5. 超滤器；6. 凝胶过滤柱；7. 透析器

（引自严希康，2003）

通入高压匀浆机中反复破碎 3 次，匀浆液经过离心和水洗去除细胞碎片，再添加溶菌酶、EDTA 和促溶剂以去除脂蛋白和未破碎的细胞。包含体经离心沉淀和水洗后进行变性溶解，溶解剂为 6mol/L 的盐酸胍。溶解的同时通入空气氧化以打断错误连接的二硫键。离心除去沉淀，含变性蛋白质的上清液经过超滤浓缩后通过凝胶柱除去杂蛋白，再加入复性缓冲液进行透析复性。复性过程中产生的絮状沉淀也用离心除去。整个流程中多次用离心法将包含体与细胞碎片及可溶性蛋白质分开，使后继的分离纯化简单化。

思考题

1. 已知某一离心机的转子半径为 25cm，转速为 1200r/min，计算相对离心力为多大?
2. 已知某发酵生产分离用的离心机转鼓直径为 0.9m，转速为 1800r/min，现用一台转鼓直径为 0.15m 的实验离心机模拟上述生产用离心的分离操作，其转速应取多少?
3. 应用基因工程菌株生产乙肝疫苗，在产物的分离提取中，须从发酵液中分离提取出菌体。已知离心机转鼓直径是 0.125m，转速 12 000r/min，发酵液的黏度是 2×10^{-2}(Pa · s)，细胞浓度是 $50kg/m^3$，若转鼓壁面滤饼的厚度为 0.04m，菌体细胞直径 1×10^{-6}m，求：
   (1) 上述分离条件下的生产能力。
   (2) 若细胞破碎后离心，此时细胞碎片平均直径为 5×10^{-7}m，料液黏度升至 8×10^{-3}(Pa · s)，其他条件维持不变，估算离心分离生产能力。
4. 使用喷嘴碟片式离心机从培养液中增浓绿藻细胞，然后用管式高速离心机分离得到浓浆。所用的管式离心机转鼓高 1.2m，内径为 0.15m 回转分离操作时，液面至管壁距离为 0.11m，回转速度为 6500r/min，料液密度为 $1.01g/cm^3$，黏度为 1.03×10^{-3}(Pa · s)，绿藻细胞视为球形，其直径不小于1.0×10^{-5}m,细胞密度为 $1.03kg/m^3$。若要回收全部绿藻细胞，允许的料液最高流速应为多少?
5. 应用某一管式离心机从发酵液分离回收面包酵母，当离心机转速为 5000r/min，进料速度为 $0.75m^2/h$ 时，可回收 50%的酵母菌体，求：
   (1) 把酵母回收率提高到 95%，使用上述离心机时的料液流速。
   (2) 若离心机的转速增至 10 000r/min，其他条件维持不变，求此时进料流速。
6. 从发酵液中提取酵母细胞，假设酵母细胞为球形，密度为 $1.03g/cm^3$，直径为 50mm，液体的浓度为 $1.01g/m^3$，黏度为 1.03×10^{-3}(Pa · s)，求：
   (1) 酵母自由沉降的最终速度。
   (2) 离心机在 5000r/min 下操作时酵母细胞的离心速度，颗粒距离离心机中心的旋转半径为 3cm。
   (3) 如果细胞的直径加倍，(1) 和 (2) 中的最终速度又是少，如果黏度减少一半呢?
7. 用某一管式离心机来浓缩大肠杆菌的悬浮液。进口流量为 30L/s，筒的内径 13cm，长 75cm，在 16 000r/min下操作。如果某碟片机有 32 块碟片，倾角是 45°，内外半径分别为 6cm 和 12cm，在同样的转速下操作，估计两个离心机的 Σ 因子。
   (1) 哪一个可用来进行工业放大?
   (2) 如果把所选择的离心机的 Σ 因子加倍，则将如何影响进口流率。

第十章 浓缩、结晶与干燥

蒸发浓缩是利用加热的方法使溶液中的一部分溶剂（通常为水）汽化后除去，得到含较高浓度溶质的一种操作过程。常用作为沉析、结晶、干燥和包装等操作之前的预处理过程。

结晶是溶液中的溶质在一定条件下因分子有规则的排列而结合成晶体的过程。它是溶质提纯和得到固体颗粒的一种方法。

干燥是利用热能使湿物料中的湿分（水或其他溶剂）汽化除去的单元操作。干燥操作往往是整个生产过程中在包装之前的最后一道工序。

蒸发浓缩、结晶与干燥广泛应用于化工、医药、食品等行业，是相关产物分离过程中的重要的单元操作，各自有其相对应的工艺理论基础和装备。

第一节 蒸发浓缩工艺原理与设备

蒸发浓缩操作是产物分离过程中能耗最高的两大单元操作之一。解决蒸发浓缩过程中的耗能问题、实现节能操作，是降低生产成本、与同类企业竞争的制胜法宝。

蒸发浓缩操作中为了保证溶剂的蒸发，通常在较高的温度下操作。这一操作手段与生物工程制品在高温下易分解、易变性的特性相矛盾。此外，生物工程制品还有易发泡、黏度大等特点。因此，选择合适的蒸发浓缩设备与操作工艺是实现生物制品浓缩的关键。

沸点升高是蒸发浓缩过程中最常见的现象，它不仅影响到蒸发设备的设计水平，还限制了蒸发设备的节能操作。作为一名蒸发浓缩设备的选型和设计人员，沸点升高问题是必须要考虑进去的重要环节。

一、蒸发浓缩工艺

（一）蒸发浓缩操作目的

1. 提高产物的浓度

随着蒸发操作的进行，溶剂不断从溶液中逸出，溶质虽然绝对质量未发生改变，但其在溶液中的比例大大增加。这样不仅为实现结晶所需要的过饱和度创造了条件，还为后续的干燥操作降低能耗创造了条件，也为液体包装产品抗杂菌污染提供了高浓度环境。

2. 减少溶液体积

产物经过浓缩操作后，体积大大减小，减少了液体剂型的包装费用和运输费用，并缩小了后道工序装储设备的体积，减少设备投资。

3. 回收溶剂

当溶液中溶剂为有机溶剂时，可以对它们进行回收。优点在于：重新获得高价值、纯度较高的溶剂，可重复使用；减少易燃、易爆溶剂所带来的安全问题；减少有毒溶剂对环境造成的污染。

（二）蒸发浓缩应具备的操作条件

为了更好地实现蒸发浓缩操作，以下 4 个操作条件必不可少。

1. 持续供能

蒸发过程是一个不断蒸发出溶剂的过程，即溶剂由液态转化为气态的过程。这个过程需要大量的热量供其相变的持续进行。溶液本身提供不了这么多的热量，故外部供热必不可少。这一供热手段由蒸汽、导热油、电、火来提供，在加热器中完成换热操作。

2. 沸腾蒸发

蒸发在沸腾状态下进行，液体的给热系数高、传热速度快。例如，常压下，水在无相变情况下给热系数不超过 10 000kcal/(m^2 · h · ℃)，而在沸腾时给热系数可达 50 000kcal/(m^2 · h · ℃)。在蒸发器外对物料进行预热，物料在沸点状态下进料是实现沸腾蒸发的关键，可大大提高蒸发器的蒸发效率。

3. 维持真空条件

从微观上看，蒸发过程实际上既有溶剂离开液面进入气相的过程，也有气相的溶剂分子回到液面成为液相的过程。只有溶剂分子离开液面进入气相的速度大于气相溶剂分子进入液面的速度时，才在宏观上表现为蒸发浓缩的现象。速度差越大，蒸发过程越剧烈，蒸发程度就越高。随着气相中溶剂分子浓度的增加，分子进入液面的速度也在增加，最终导致速度相等，蒸发浓缩过程终止。因此，只有不断的将溶剂分子移出系统，才能保证蒸发过程的持续、稳定、高效的进行下去。真空操作是实现该工艺的主要条件。除此之外，真空操作还有其他特点：①真空蒸发的优点：真空下液体的沸点降低，增大了温度差，降低了加热面积；可促使溶剂迅速排除；可采用低压蒸汽或废蒸汽作加热源；操作温度低，适用于热敏性物料；热损失小，设备及管道可无需保温；②真空蒸发的缺点：溶液温度低，黏度大，沸腾的传热系数小，蒸发器传热系数小；系统内压力低于外部常压，料液和冷凝水排出困难，需用泵排出；真空度越大，水的蒸发潜热越大，每公斤水蒸发耗汽量越大；不断地维持真空条件，增加了真空发生装置的动力消耗，对于单效蒸发来说，没有必要过高地提高真空度。

4. 足够的换热面积

在换热器类型、物料性质、加热蒸汽性质确定的条件下，换热器的热流密度是恒定值，它反映了单位时间、单位换热面积上的传热量。为了保证物料能在单位时间内获得足够的热量，必须保证足够的换热面积。因此，可以得出蒸发浓缩过程的基本流程：料液和生蒸汽进入到加热室进行热交换；沸腾的料液进入蒸发室（汽液分离器）中分离出二次蒸汽；二次蒸汽进入冷凝器，由冷却水冷凝为冷凝水；二次蒸汽中夹带的不凝性气体由真空泵抽出并形成蒸发器内真空。加热蒸汽冷凝形成的冷凝水可进入预热器对料液进行预热。蒸发室排出的浓缩液进入后道工序。

（三）蒸发浓缩的方式

蒸发浓缩操作方式可分为分批式（间歇式）、连续式和循环式。

1. 分批式蒸发浓缩

料液可一次加入也可持续、缓慢地加入蒸发器，溶剂不断蒸发，达到指定浓度后，浓缩液一次出料。其特点是：操作简单，浓度控制准确；但加热时间长，不适应热敏性物料。主要设备有：实验室旋转蒸发仪，啤酒糖化工段煮沸锅。

2. 连续式蒸发浓缩

物料一次性、连续地通过蒸发装置，从蒸发装置出来的就是达到一定浓度的浓缩液，又叫一次式或单程式蒸发浓缩。其特点是：物料受热时间短，适用于热敏性物料，处理量大，设备利用率高，但浓度不易控制。

3. 循环式蒸发浓缩

在连续式蒸发装置中，使一部分浓缩液返回蒸发器，而使蒸发器内料液浓度增加的一种操作方法。其特点是：部分浓缩液回流，既增加了进料液的浓度，也保证了加热管中液体的流量。在多效降膜蒸发器中，可防止末效干壁现象的发生，产物浓度能得到很好的控制。目前，许多类型的连续式蒸发器改装为循环式蒸发器。

（四）不同性质的物料的蒸发浓缩操作

被浓缩物料的物性（如热敏性、结晶性、结垢性、发泡性、黏滞性和腐蚀性），是选择蒸发设备的重要依据。不考虑物料的性质而作出的选型，必会带来设备使用过程中的各种故障。

1. 热敏性物料

热敏性物料通常是指那些在较高的温度下（80～110℃）就会发生分解、变性的物质，生物制品大多数属于此类。这类物质不能耐受持续的高温，其蒸发浓缩过程应选择较高真空度、较低温度和较短受热时间的工艺与设备。薄膜蒸发器的各种类型都能用于热敏性物料的蒸发浓缩。

2. 易结晶物料

对于溶解度较低，浓度过饱和度小的物料，在浓缩过程中易进入结晶操作的不稳区，即易产生晶体。一旦晶体出现，物料黏度大增，传热系数降低；如果在加热器内出现晶体，不仅会在加热壁上结垢，导致传热系数下降，更有甚者会造成加热管的堵塞。

例如，有的企业在采用板式热交换器作为多效蒸发器的加热室时，在浓度最高的一效加热室中出现堵塞现象，检查后发现是晶体生成引起板式热交换器流道堵塞。其主要问题是在物料高浓度的情况下，仍选择了高传热系数、流道间隙窄的板式热交换器。更换热交换器为列管式或螺旋板式后，故障消除。

对于易结晶物料，在蒸发浓缩过程中应选择传热系数合适的、大流道的浸液式换热器，使沸点升高，防止在加热管中出现结晶。还应选择合适的温度差和真空度，防止蒸发速度过快而导致的结晶产生。

3. 易发泡物料

蛋白质含量高、黏度大的物料容易出现泡沫，其产生原因是溶液本身溶解的不凝性气体和蒸发过程中产生的大量的二次蒸汽。泡沫产生后，不仅造成传热面的传热系数下降，还使得排出的二次蒸汽夹带大量的泡沫，导致产品收率的降低。

对于易发泡物料，在蒸发浓缩过程中首先应选择温度差适中、传热系数合适的加热器，控制二次蒸汽的生成量，减少泡沫的产生；选择长管薄膜蒸发器加热室，依靠高流速的二次蒸汽将产生的泡沫冲碎；增大汽液分离器（蒸发室）直径，降低二次蒸汽的流速，减少泡沫的夹带。

4. 腐蚀性物料

生物发酵法生产的有机酸、氨基酸以及在低 pH 条件下提取的产物的浓缩，因其具有较强的腐蚀能力，常规材质加工而成的设备经过几个月的使用后，腐蚀严重，造成设备运行不正常。

对于腐蚀性物料，其蒸发浓缩设备在选材时，应选择耐腐蚀的材质。早期的设备材质多选用石墨，现行选择的材质有 316L、317L、双相钢及钛材，材质耐腐蚀能力逐渐提高。为了降低投资成本，根据产物浓度与腐蚀能力的正相关性，有些厂家采取分段浓缩的工艺，中低浓度下（小于 50%）采用双相钢，高浓度采用钛材。

5. 黏滞性物料

物料的黏度除与物质本身的黏滞性有关外，还与物料的浓度、温度有关。黏度越大，物料输送越困难，湍流程度越差，传热系数越低。许多企业，尤其是生产成药的中药厂，多采用连续式多效外循环蒸发器进行中药提取物（浸膏）的浓缩，当浓缩到一定浓度后，提取物流动性变差，此时的中药浓缩液打入浸液式分批浓缩锅中进行最后的浓缩，延长了浸膏在浓缩锅中的受热时间，严重影响了成药的质量。

对于黏滞性物料，在蒸发浓缩过程中常采取 3 种方法来解决该问题：①提高溶液温度，温度提高，黏度降低，流动性及传热系数提高；②强化流动，如强制循环；③选择强制成膜蒸发器，如刮板薄膜蒸发器和离心薄膜蒸发器。

（五）蒸发浓缩操作的节能方法

蒸发浓缩操作多采用蒸汽作为加热热源。在绝热条件下，一定量的生蒸汽由汽相变为液相，因相变而产生大量的相变热，物料吸收这些热量后，会使同样质量的水经相变转化为二次蒸汽。实际上，因热量的损失，并不会有同样质量的水汽化为二次蒸汽，即蒸发 1kg 水实际需要 1.1～1.3kg 生蒸汽。

许多市场巨大的产品（如味精、赖氨酸、乳酸、柠檬酸等），生产过程中的浓缩量也大。有的企业每小时的蒸发量就达到 15～20t；还有些生物工程企业的生产污水采取蒸发浓缩生产蛋白饲料工艺，每小时蒸发量高达 50t。

可见，蒸发浓缩操作是一个高能耗、高成本的工序。在蒸发浓缩操作中控制能耗和成本，改造现有工艺进行，降低能耗，是企业在同行中取得竞争优势的最主要手段之一。

1. 二次蒸汽的利用

由于蒸汽费用占整个蒸发设备运行费用的一半以上，因此合理利用蒸汽，可以大幅降低运行成本。

(1) 多效蒸发。采用多个蒸发器连用，将前一个蒸发器产生的二次蒸汽用作后面一个蒸发器的加热蒸汽，二次蒸汽经过反复利用，直到二次蒸汽无法再利用为止，该工艺称作多效蒸发（图 10-1）。多效蒸发需通过真空系统将各效的操作压力依次降低，相应的液体沸点也依次降低，这样二次蒸汽与物料之间有一定的温度差存在，从而使二次蒸汽可以作为下一效的加热蒸汽，通过多次利用而达到节能目的。

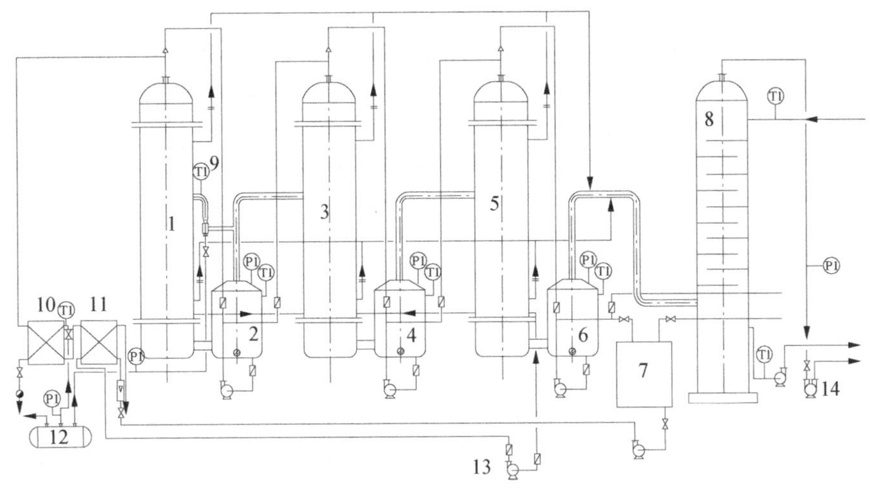

图 10-1　三效蒸发器流程

1. 一效加热室；2. 一效蒸发室；3. 二效加热室；4. 二效蒸发室；5. 三效加热室；6. 三效蒸发室；7. 稀溶液贮罐；8. 混合冷凝器；9. 蒸汽喷射泵；10，11. 预热器；12. 分汽缸；13. 冷凝水泵；14. 水环真空泵

二次蒸汽每经过一次利用后，温度会有所降低，故不能无限制的重复利用二次蒸汽。理论上，n 效蒸发器每蒸发 1kg 水仅需 $1/n$ kg 蒸汽，但实际上因热量损失要大于该值，如双效需 0.57kg 蒸汽、三效需 0.4kg 蒸汽、四效需 0.3kg 蒸汽、五效需 0.27kg 蒸汽。

从多效蒸发实际消耗生蒸汽的数值上可以看出，虽然高效数可以节省更多的蒸汽，但随着效数的增加，生蒸汽的节省幅度在下降，如一效变为二效可节省一半的生蒸汽，但二效变为三效仅能节省三效用汽的三分之一的生蒸汽，四效变为五效时仅能节省四效用汽 1/10 的生蒸汽。可见，效数太高，节能效果越来越差。再者，效数增加，设备投资大大增加。因此，需要找出一个投资成本与运行成本的平衡点，既要降低运行费用，还要节省投资费用。一般情况下，三效和四效是比较合适的多效蒸发方式。

（2）二次蒸汽压缩。由于蒸发过程中产生的二次蒸汽温度较低，用作加热蒸汽时，与物料之间的温度差太小，影响了二次蒸汽的利用及多效蒸发的效果和效数。采用二次蒸汽压缩来升高二次蒸汽的压力，使二次蒸汽得到更好的利用，达到节能的目的。图 10-1 中 9 所示的蒸汽喷射泵就是压缩第一效二次蒸汽的热泵。

二次蒸汽压缩又称为热泵压缩。热泵就是以消耗少量高品位能源（如电能）为代价，将大量无用的低温热能转化成有用的高温热能的装置。“热泵”是现今比较流行、比较时髦的一个有关节能的话题，平常生活中的热水器、空调上也开始采取热泵来节能，相应的热水器价格是普通电热水器的 3～4 倍，能耗为普通热水器的 0.25～0.3 倍。

除蒸发过程可通过热泵压缩节能外，蒸发结晶过程、干燥过程以及蒸馏过程都可以通过热泵压缩来达到节能的目的。

（3）引出额外蒸汽。蒸发过程中的二次蒸汽不仅供自身蒸发利用，还可以引出部分二次蒸汽作为其他工序的加热热源。二次蒸汽虽然温度较低，但利用的不是它的显热，而是它的汽化潜热，故二次蒸汽仍还有相当高的热量可以值得利用。例如，有的工厂将四效蒸发器第二效或第三效二次蒸汽引出部分作为产品干燥的加热热源；啤酒厂糖化车间将煮沸锅产生的二次蒸汽引出，加热酿造用水供配料和过滤洗糟用。

2. 冷凝水的再利用

由蒸发器排出的冷凝水仍有着很高的温度，可以作为加热热源来预热料液或加热其他物料。有两种方法利用冷凝水的热量：高温冷凝水与低温料液在预热器内换热（图10-1，冷凝水泵 13 将高温冷凝水送入预热器 11 中，与稀溶液进行换热）；高温冷凝水进入下一效加热室的壳程，因真空度提高，冷凝水自蒸发，产生的二次蒸汽作为加热蒸汽加热料液（图 10-1）。

（六）多效蒸发

1. 多效蒸发流程的确定

多效蒸发的几种常用的流程有顺流、逆流和错流。

每种流程是以蒸汽的利用流向和物料浓缩的流向之间的关系来确定的。每一效的命名是以二次蒸汽的利用顺序确定的，最先产生二次蒸汽的那一效通常也需要引入额外的生蒸汽，称之为第一效，再按二次蒸汽的流向定义为第二效、第三效……，最后一效的二次蒸汽被冷凝器冷凝成为水。

图 10-2 所示的是一套 GEA 公司的四效逆流蒸发器。生蒸汽 D 由图右侧进入蒸汽喷射泵 6，对进入的由设备 1 产生二次蒸汽的一部分进行压缩后，对设备 1 本身进行加热；设备 1 产生的另一部分二次蒸汽进入设备 2 内作为加热蒸汽。设备 2 产生的二次蒸汽又对设备 3 进行加热。因此，设备 1、2、3、4 可分别定义为一效蒸发器、二效蒸发器、三效蒸发器和四效蒸发器。稀溶液在设备 8 内贮存，由泵经设备 5 打入蒸发器。设备 5 主要利用浓缩液在设备 7 内分离的二次蒸汽来加热稀溶液。同时，设备 4 排出的二次蒸汽在设备 5 的下部被冷却。因此，设备 5 既是稀溶液的预热器，又是二次蒸汽的冷凝器。

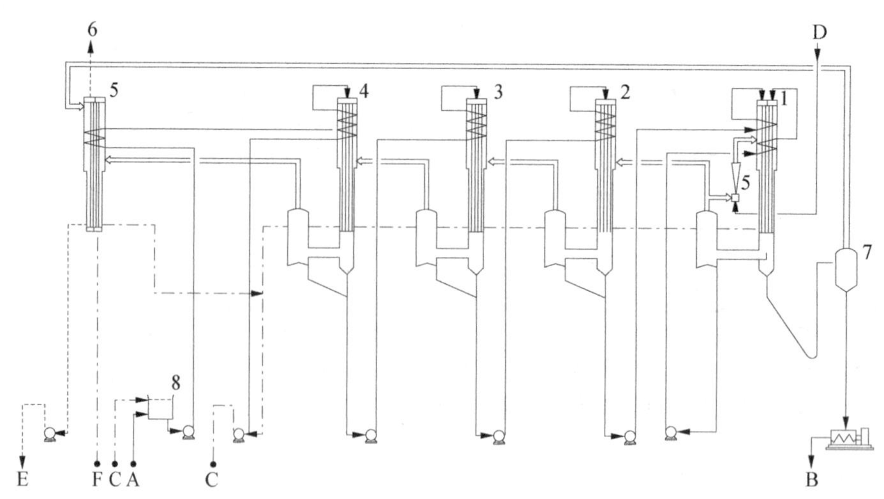

图 10-2 四效逆流蒸发器

1. 一效蒸发器；2. 二效蒸发器；3. 三效蒸发器；4. 四效蒸发器；5. 预热器；6. 蒸汽喷射泵；7. 汽液分离器；8. 稀溶液贮罐；

A. 稀溶液；B. 浓缩液；C. 冷凝水；D. 生蒸汽；E. 不凝性气体；F. 冷却水

物料在蒸发器内的流动方向是由设备5到设备4，再依次到设备3、设备2、设备1，与二次蒸汽的利用方向相反，故该流程属于四效逆流流程。

2. 不同流程多效蒸发的优缺点比较

顺流：物料流向是从第一效依次进入到第末效的方向进行，与二次蒸汽的流向相同。其优点为：真空度依次增加，物料可依靠压力差自动进入下一效，同时存在自蒸发现象；越向后效进入，加热温度越低，适合于高浓度下热敏性差的物料的浓缩（如乳酸）。其缺点为：越向后效进入，浓度越高，沸点升高也越高，温度差减小，黏度也越大，流动性降低，这些限制了多效蒸发效数的提高。

逆流：物料流向是从末效向第一效流动，与二次蒸汽的流向相反。其优点为：各效温度差相对恒定，受沸点升高的影响小，效数可以再提高；高浓度时，料液温度也较高，黏度几乎不增加。其缺点为：逆压差方向，需要输送泵提供动力；无自蒸发过程出现；高温阶段，物料浓度也高，不适合热敏性与浓度呈正相关的物料的浓缩。

错流：物料既不从第一效进入，也不从最末效进入，而是从中间的任何一效进入的流程，称为错流多效蒸发。该流程进料、出料灵活多变，吸收了顺流和逆流的优点，根据具体的需要改变进、出料的位置，是目前比较流行的多效蒸发流程。

三种流程各有优缺点，顺流适合于热敏性物料，逆流适合于沸点升高大、黏滞的物料，错流兼顾了前面两种流程的优点。在选择具体的流程前，应综合考虑物料的热敏性、黏滞性、沸点升高等因素。

（七）二次蒸汽压缩

多效蒸发大多与二次蒸汽压缩联用，装置中二次蒸汽被压缩的位置并不是一成不变的，可以在第一效被压缩也可以在后面的某一效被压缩，这由加热蒸汽的性质决定。根据加热蒸汽的需要、实际温度差和二次蒸汽的性质，二次蒸汽可多次被压缩。国外曾用于海水脱盐的52效蒸发装置，每当二次蒸汽温度降低后，由热泵加压一次，这样才能够保证足够的温度差和52效流程的实现。

在多效蒸发中配合以二次蒸汽压缩工艺，可使生蒸汽耗量再一次降低，如采用五效蒸发与两个热泵压缩相结合，可达到八效蒸发的节能效果；APV公司的带两台热泵的七效降膜蒸发器，从料液中蒸发1kg水仅耗生蒸汽0.09kg，相当于12效蒸发器的节能效果。

1. 蒸汽喷射泵实现的热泵压缩

蒸汽喷射泵属于静态混合器的一种。当以生蒸汽作为蒸汽喷射泵的工作介质、以一定流速进入蒸汽喷射泵的喷嘴处时，按照柏努利方程，它会因管道直径的变小而出现流速增加、压力减少的现象，当流速增加到一定的数值时，压力会减小到低于二次蒸汽管道内的压力。这样，二次蒸汽就会进入蒸汽喷射泵内，与生蒸汽混合而使得二次蒸汽的压力得到提升。

目前，二次蒸汽压缩主要使用的设备是蒸汽喷射泵，它的功效与二次蒸汽的压力、温度有很大的关系，当二次蒸汽温度低于60℃时，对其进行压缩用作加热蒸汽是没有意义的。

2. 机械泵实现的热泵压缩

机械泵消耗电能将低压蒸汽压缩为较高压力的蒸汽。由于机械泵在使用过程中出现过许多问题，如能耗高、故障较多、设备磨损严重等，大多数厂家没有使用它。国外现已开发出新型机械蒸汽再压缩设备（MVR），在二次蒸汽压缩上很有优势，最多可节省35%的蒸汽，目前在多效蒸发、蒸发结晶和蒸馏中使用。

（八）沸点升高

水在沸腾的时候，水的温度应等于蒸发产生的二次蒸汽的温度。例如，水在常压下沸腾，沸点为100℃，此时，液相水的温度和产生的蒸汽温度都是100℃。当水中有溶质存在时，液相温度会高于二次蒸汽的温度。沸点升高是指在蒸发时液体的温度比蒸发的二次蒸汽的温度高出的度数。沸点升高又称为传热的温度差损失。

1. 产生原因

沸点升高产生的原因有：由于溶液中溶质的存在，它的沸点比纯液体为高，而且随着浓度的增大，沸点升高的数值也增大；液体静压差的存在，液体沸腾除于大气压有关外，还与液体静压差有关；由于溶液的蒸汽压下降以及管路流体阻力而引起的沸点升高。

2. 危害

沸点升高带来的危害主要有：实际传热温度差小于理想条件下的传热温度差，使得蒸发器加热面积增大、液体蒸发量降低；在多效蒸发中，后几效的二次蒸汽温度与溶液温度相差无几，限制了较多效数的采用；在设计过程中，因忽视了沸点升高的存在或沸点升高计算失误，而导致蒸发器设计失败。

3. 沸点升高的利用

沸点升高虽然给蒸发过程带来了一些危害，但还有一些可以值得利用的地方。

（1）避免晶体的生成。在浓缩或结晶操作中，蒸发易结晶和易结垢的物料时，在加热壁上液膜容易达到过饱和浓度，引起加热壁上物料的结晶、结垢。如图10-3所示，如果在加热管上保留一定高度的液柱，加热管中的液体因获得静压差而沸点升高。这样液柱上部的液体沸腾，而在加热管中的液体并不沸腾，避免了在加热管上晶体的析出。

（2）利用沸点升高可测量和控制蒸发器内料液的浓度。如图10-4所示，首先通过实验测定不同浓度时的溶液的沸点升高，并对不同的真空度进行校正，建立不同真空度下，沸点升高与浓度的一一对应关系。精确测定蒸发器溶液和二次蒸汽的温度，将信号送入计算机，由计算机计算 T_2-T_1 的值，就可以推算出溶液的浓度。将该值与计算机程序中的与出料浓度相对应的温度差设定值进行比较，根据比较结果，可控制执行机构（调节阀）进行进、出料的控制。值得注意的是该测定过程应消除液体静压差对沸点升高的影响。

4. 冷凝水的排出

随着蒸发过程的进行，蒸汽放出相变热并由汽相转为液相，在加热管一侧会有大量冷凝水生成。如果不及时排出冷凝水，冷凝水淹没加热面，导致换热面积减小，蒸发过程恶化。如果冷凝水完全排出蒸发器，而又没有采取液封装置，会使得加热器内部与大气相通，破坏了加热器壳程内的压力，蒸发过程同样会恶化。

冷凝水的排出有3种方法：①采取重力自流。多效蒸发器后面几效加热室壳程为真空状态，这要求加热室应有较高的安装位置，壳程内的冷凝水排至一定高度后自动停止排出，可起到液封的作用；②采取泵抽出冷凝水的方式。由液位探头控制壳程内的水位；③利用多效蒸发器壳程内的压力差，由第一效逐步流入末效，最末效采取前两种方法排出冷凝水，可通过冷凝水的自蒸发回收一部分热能（图10-2）。

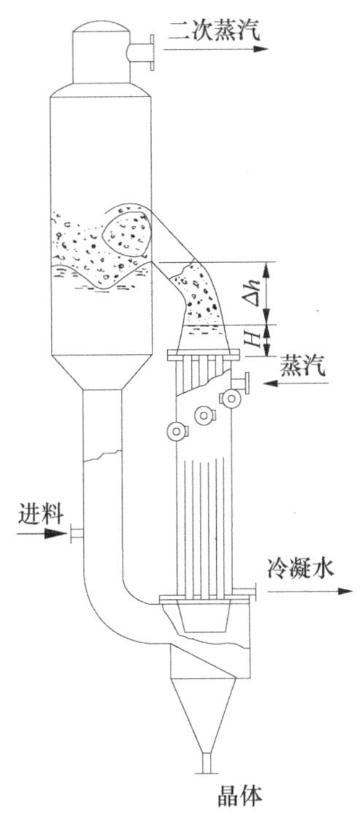

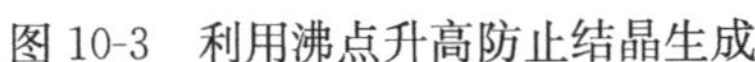
图 10-3　利用沸点升高防止结晶生成

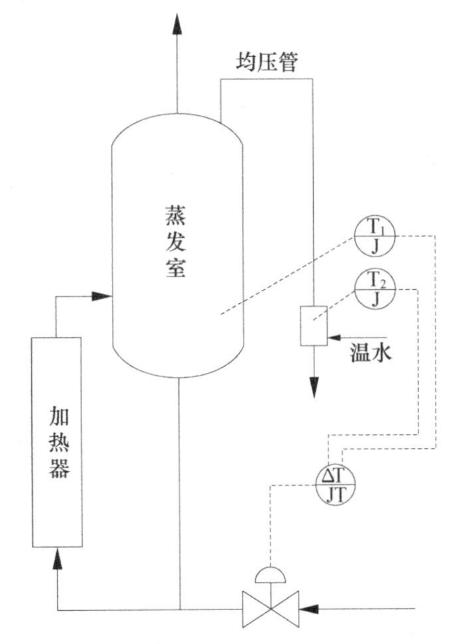

图 10-4　利用沸点升高控制溶液的浓度与进料

（九）不凝性气体的排出

由于水中多少会溶解一定量的不凝性气体，如氮气、氧气、二氧化碳等，因此蒸发过程中夹带不凝性气体是必不可少的。不凝性气体的存在，不仅降低了真空度，而且如果不能及时排出，在加热器内占据的体积空间会越来越大，蒸汽无法达到该部位，换热面积逐步减少，导致蒸发效果逐步恶化。

料液一侧的不凝性气体可直接由真空系统抽出，但加热蒸汽一侧的不凝性气体必须由专门的管道与真空系统接在一起。由于不凝性气体有些比重较大，沉积在加热管底部，而另一些比重轻，在加热管上部，所以加热管上部和下部都应该各有一根排不凝性气体的管道（图 10-1）。

二、蒸发浓缩设备

蒸发设备种类繁多，采用不同的分类标准可进行多种方式的分类，适合的蒸发设备应以物料特性和工艺要求作为依据进行选择。

（一）设备分类方法

依照不同的分类标准，可将蒸发浓缩设备分为不同的类别。

1. 按照循环方式分类

按照是否进行循环，可将蒸发器分为无循环式和循环式。循环式中又按照循环的动力分为自然循环型和强制循环型。还可以将循环式分为内循环式和外循环式。

2. 按照传热面上液体形状分类

按照传热面上液体形状可分为：非膜式（浸液式）、膜式。非膜式又分为：夹套式、列管式、盘管式等；膜式可分为：列管式、旋转式、板式、旋液式。

3. 按照加热器类型分类

按照加热器类型分为：直接加热型、夹套加热型、管式加热型、板式加热型等。

（二）设备的选择原则

（1）满足工艺要求，浓缩比适当，收得率高，保持溶液的特性。
（2）传热系数高，热的利用率高。
（3）动力消耗小，易于加工制造，维修方便，节省材料，又满足强度要求。
（4）根据物料不同的性质选择蒸发器类型是蒸发器选型成败的关键。物料的性质有耐热性、结垢性、发泡性、结晶性、腐蚀性、黏滞性。

（三）设备介绍

按照蒸发器加热面上液体形状的分类法，进行设备分类，每一大类中又细分为循环、不循环，强制、非强制等。

1. 浓缩锅

浓缩锅属分批、浸液式蒸发器，啤酒糖化工段煮沸锅属于浓缩锅类型（图 10-5）。煮沸锅采取夹套蒸汽加热，或增设中央循环管加热，带搅拌。顶部为蒸汽排出管道，管道直径为锅直径的 1/10 左右。

该类蒸发器操作简单、浓度可以较准确的控制，但加热温度高，传热系数小，料液受热时间长，不适合热敏性物料的浓缩。

2. 外循环蒸发器

如图 10-6 所示，外循环蒸发器的加热室置于蒸发室外，通过循环管相互连接形成闭合回路。加热管 H/D＝20～70，循环速度比内循环式快，故传热系数比内循环要高得多。

外循环蒸发器有分批式与连续式，还可分为自然循环型及强制循环型。自然循环型依靠其在加热和蒸发过程中温度的变化，而使其密度随之而变，形成循环。液体在加热管内开始沸腾并产生气泡，料液因温度升高以及含气率大而密度降低，故可上升至加热室上部，然后进入蒸发室。蒸发室内料液与二次蒸汽分离，二次蒸汽经液沫分离后排出，液体因蒸发而温度降低、密度变大而经循环管下降，再次进入加热管。

外循化蒸发器属于浸液式蒸发器，料液不断循环，达到浓度后开始出料，浓度控制准确，加热管上部存在静压差，适合于易结晶料液的浓缩，但物料受热时间长，加热器传热系数比不上薄膜蒸发器。该设备中药厂使用较多。另外，个别味精厂在葡萄糖浓缩和废水浓缩上使用过。

3. 薄膜蒸发器

加热面上，料液呈薄膜状流过的蒸发器形式统称为薄膜蒸发器。按照成膜的方式可分为自然成膜和强制成膜。

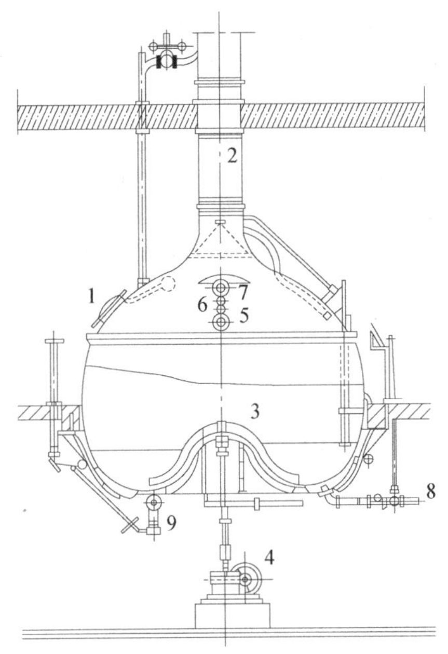

图 10-5　加套加热麦汁煮沸锅

1. 入孔；2. 升汽管；3. 搅拌器；4. 搅拌电机；5. 视镜；6. 压力表；7. 温度计；8. 蒸汽阀；9. 排料阀

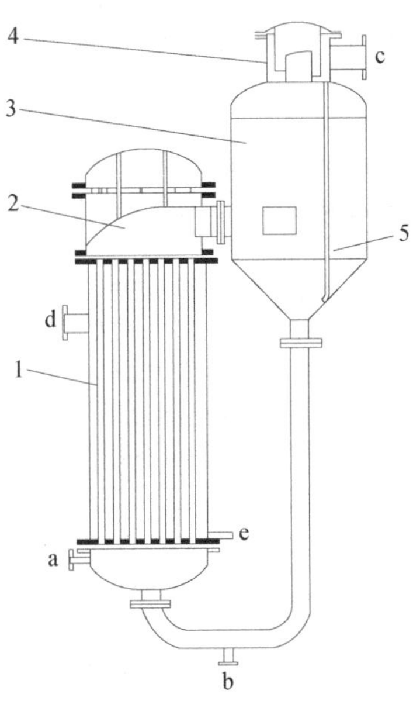

图 10-6　外循环蒸发器

1. 加热管；2. 导流罩；3. 蒸发室；4. 分离器；5. 循环管；a. 进料口；b. 出料口；c. 二次蒸汽出口；d. 生蒸汽入口；e. 冷凝水出口

(1) 长管薄膜蒸发器（自然成膜）。以列管换热器作为蒸发器的加热室，L/D 在 100～150 之间的薄膜蒸发器称为长管薄膜蒸发器。按照蒸汽和液膜在加热管中的流动方向，可细分为升膜、降膜和升降膜。长管薄膜蒸发器是目前工业化应用最普遍的一类蒸发器。

升膜　如图 10-7 所示，升膜式蒸发器显著特征是料液由加热管下部进入，达到爬膜状态后，蒸汽和液膜在加热管中向上流动，进入加热管的上部的蒸发室分离二次蒸汽，浓缩液由蒸发室底部流出。升膜蒸发器的加热室形式有列管式、套管式、套筒式、板式等。

升膜蒸发器加热管内由下至上液膜的形成过程如下：①料液在低于沸点温度进入加热管内，管外通蒸汽，加热料液，使其温度上升，传热方式为自然对流，不发生相变；②料液温度继续升高到沸腾时，大量气泡产生，并分散在连续的液相中；③此时开始两相流动，当气泡生成更多时，气泡碰撞汇合增大，而形成块状流；④气泡进一步增大形成柱栓；⑤柱栓被冲破而形成环状流动体系；⑥此时在管子中央形成蒸汽柱，上升的蒸汽将料液在管壁四周拉曳成一层液膜，沿管迅速上升；⑦若上升气速进一步增大，冲刷管壁

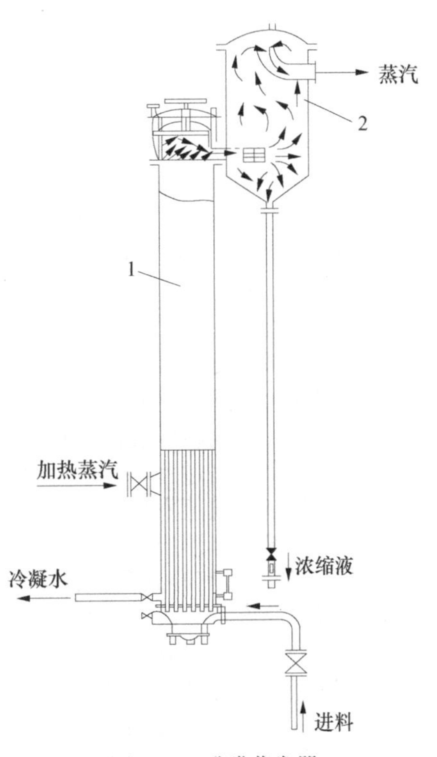

图 10-7　升膜蒸发器

1. 加热管；2. 蒸发室

上的液膜，而形成了雾沫夹带，在蒸汽柱内形成带有液体雾沫的喷雾流；⑧随着热流量和蒸汽上升速度继续增加，环状液膜被进一步蒸发而变薄，甚至部分消失，会导致产生局部干壁现象。在上述现象中，以环状流动［④～⑥］的传热系数最大，这一段是加热管的最佳工作状态。升膜形成前的整个过程，在加热管内必不可少。

升膜形成所需要的条件为：加热管必须有足够的长度，保证升膜能在加热管内形成；温度差要合适：温度差太小，二次蒸汽量不足以充满整个加热管中心的空间，升膜所需要的拖带速度也不够；料液应在沸点温度下进入加热管，这样可缩短加热管长度。

升膜蒸发器的特点：适用于黏度不大于500厘泊、易发泡、热敏性物料，不适于有结晶析出或有结垢的物料；一次通过的浓缩比可达4；总传热系数500～3600kcal/m^2·h·℃，蒸发速度快、效率高。

降膜　降膜式蒸发器显著特征是料液由加热管上部进入，经料液分配器均匀分布后进入加热管，沿管内壁向下以液膜状下降，产生的二次蒸汽因液封的阻挡而随液膜一起向下流动。蒸汽和液膜进入加热管的下部的蒸发室分离二次蒸汽，浓缩液由蒸发室底部流出。

料液进入加热管时要分配均匀，使每根加热管都能被液体呈薄层浸润，防止干壁及液膜厚薄不均现象发生。料液分配器在降膜蒸发器中起到了关键的作用。料液分配器（图10-8）有：筛板式、螺旋槽塞式、喇叭口式、锯齿式、旋液式、套管式。

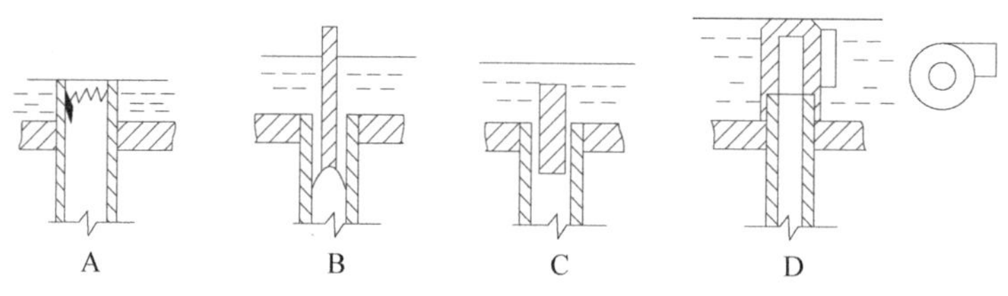

图10-8　降膜料液分配器

A. 锯齿式；B. 喇叭口式；C. 螺旋槽式；D. 旋液式

（引自梁世中，2002）

降膜蒸发器的特点：适用于黏度不大于1000厘泊、热敏性、易发泡的物料；适用于多效蒸发和二次蒸汽压缩合用；总传热系数高于升膜蒸发器，一次通过的浓缩比不小于7；操作方便，制造费用少，占地面积小。

升降膜　升降膜式蒸发器（图10-9）的显著特征是：将加热室底部进料处用隔板分隔两半，料液先经升膜管上升再经降膜管下降，最后进入汽液分离器分离。其特点为：符合物料的要求，开始时物料浓度低，蒸发内阻小，适合用升膜进行；经初步浓缩后，浓度增大，适合用降膜进行；经升膜后的气液混合物，进入降膜蒸发，有利于降膜的形成，也加速物料的湍流和搅动，提高了给热系数；用升膜控制降膜的料液分配，控制容易；两个浓缩过程串联，可提高浓缩比，设备更紧凑。

（2）强制成膜蒸发器。①刮板蒸发器。利用旋转的刮板借离心力和刮板的刮带作用使料液在传热面上形成一薄层液膜而蒸发（图10-10）。刮板分固定式和离心式（活接头、沟槽嵌入）。离心式刮板在不同的转速下，因受到离心力的作用，可沿径向方向伸展，使液膜厚度发生改变。刮板上开有倾斜的槽，可以增加料液的停留时间。该蒸发器有立式、卧式、卧式倾斜之分，也有降膜和升膜之分。立式降膜刮板蒸发器较其他形式常用。特点：可处理黏度高达10^5厘泊的物料；传热系数高，并与黏度关系密切；浓缩比为3左右，若设置停留环浓缩比可达100；可用于物料的结晶、精馏和脱臭；可任意调节停留时间；动力消耗高，加工和装配要精密；加热面积不能大，不超过20m^2；②离心薄膜蒸发器（图10-11）。在蒸发器的转鼓中有数组空心碟片，碟片中空可通入

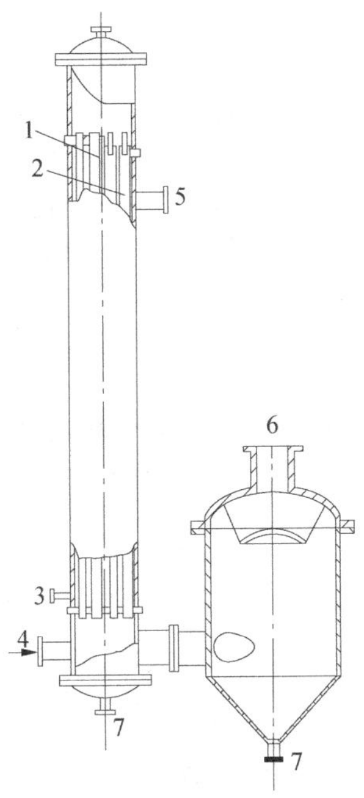

图 10-9　升降膜蒸发器

1. 升膜管；2. 降膜管；3. 冷凝水出口；4. 进料口；5. 加热蒸汽入口；6. 二次蒸汽出口；7. 浓缩液出口

（引自梁世中，2002）

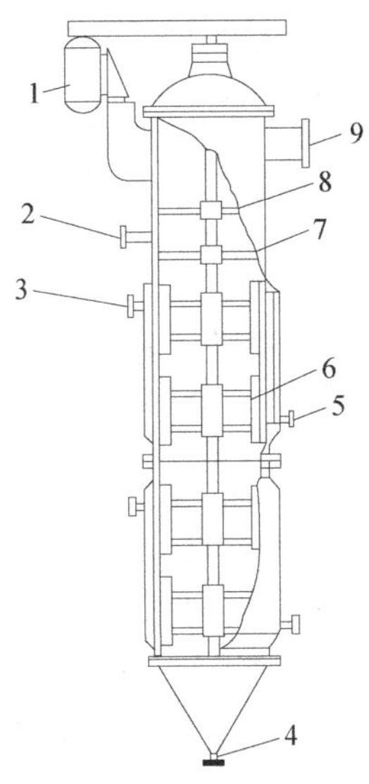

图 10-10　刮板蒸发器

1. 电机；2. 进料口；3. 加热蒸汽入口；4. 出料口 5. 冷凝水出口；6. 刮板；7. 分配盘；8. 除沫器 9. 二次蒸汽出口

（引自梁世中，2002）

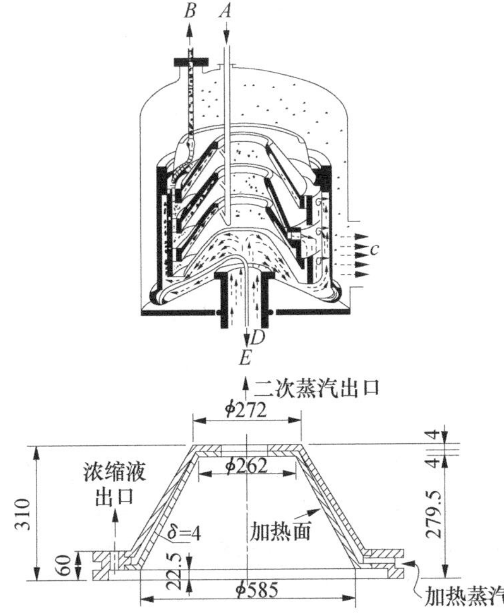

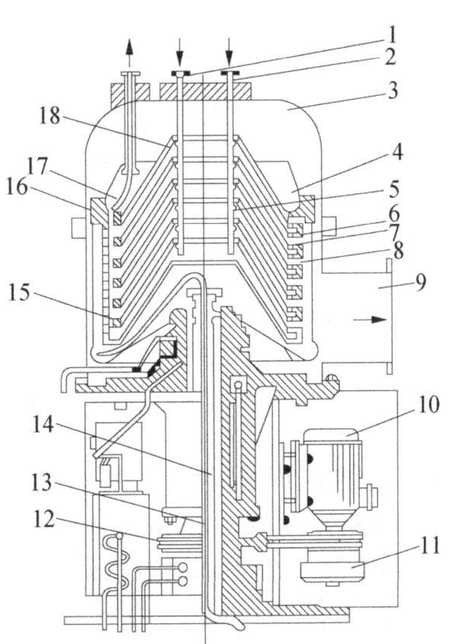

图 10-11　离心薄膜蒸发器及内部结构

1. 清洗管；2. 进料管；3. 外壳；4. 浓液槽；5. 喷嘴；6，7. 上、下碟片；8. 蒸汽通道；9. 二次蒸汽出口；10. 电机；11. 联轴器；12. 皮带轮；13. 冷凝水排管；14. 蒸汽进管；15. 浓液通道；16. 转鼓；17. 浓液吸管；18. 清洗喷嘴

（引自梁世中，2002）

蒸汽。料液由顶部的中心进料管进入后，由喷嘴喷到碟片底部的加热面上。由于离心力的作用（转速一般在 600r/min），碟片底部的料液由中心向外呈薄膜状（0.11mm）流动，因传热系数很高，料液在离开碟片时已达到指定的浓度。物料在加热面上停留时间只有 0.5～1s。生蒸汽由空心的转鼓驱动轴送入空心碟片，产生的冷凝水同样在离心力的作用下排出碟片。特点：可处理高黏度的物料（20 000 厘泊）；总传热系数为 5000kcal/(m^2h·℃)，浓缩比约为 7；可处理热敏性极高的物料；动力消耗大，结构复杂、造价高，设备不能做大。

4. 多室蒸发器

多室蒸发器并非一种新的蒸发器形式，而是在原有的连续式、低传热系数、低效率的蒸发器基础上，加以改造得到的高性能的蒸发器。在这里，重点强调的是将传统蒸发器改造为多室蒸发器后的效果。

在连续操作的老式、单效蒸发设备（浓缩锅、外循环蒸发器等）中，由于出料浓度和设备内的浓度相当，这就带来两个不利因素：①浓度高沸点升高也高，降低了温度差；②浓度高黏度也高，降低了加热器的传热系数，增加了加热面积和受热时间。

如图 10-12 所示，若用隔板将蒸发室分隔成若干小室，隔板上有孔使各室相通，各室的料液在同一温度下蒸发，其浓度依次升高，则其平均浓度低于出料时浓度。这样，其平均沸点升高和平均黏度低于单室蒸发器，而温度差和传热系数高于单室蒸发器。

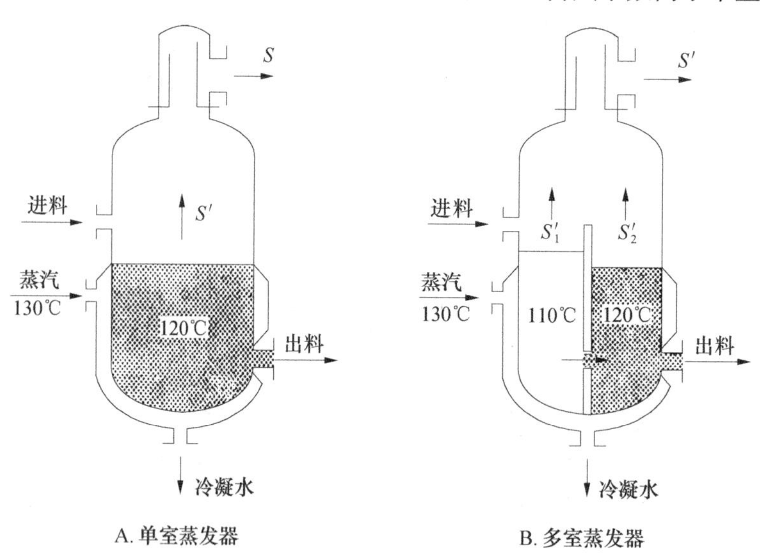

图 10-12 多室蒸发器

例如，加热面积为 $2m^2$ 的单室蒸发器，工作蒸汽 130℃，出料时料液的沸点为 120℃。传热系数 $K=200$kcal/(m^2·h·℃)；将其改为二室后，第一室沸腾温度为 110，传热系数 $K=300$kcal/(m^2·h·℃)，第二室条件与原单室蒸发器相同。

可以算出传热量：

$$Q_{单室} = KF\Delta t = 200\times 2\times (130-120) = 40\ 000(\text{kcal/h})$$

$$Q_{二室} = 300\times 1\times (130-110)+200\times 1\times (130-120) = 80\ 000(\text{kcal/h})$$

由此可知，当蒸发潜热相同时，具有同样加热面积的二室蒸发器比单室蒸发器的蒸发量提高了一倍。

特点：蒸发效率高，平均传热系数大；一次浓缩可达高浓度，省去采用循环式的所需的附属设备、管道、保温费用；与多效蒸发结合，可有效发挥各自的优点；设备小型化，停留时间缩短，适合热敏性物料；设备费用低、占地小，维修方便。

第二节　结晶工艺原理和设备

结晶是溶液中的溶质在一定条件下因分子有规则的排列而结合成晶体的过程。它是溶质提纯和得到固体颗粒的一种方法。为了得到更加纯净的产品，重结晶操作是最常用的方法。晶体易于干燥、保存和运输。

为了正确地选择结晶工艺和结晶设备，绘制溶解度曲线和过饱和曲线是必要的。结晶操作应严格按照溶解度曲线和过饱和曲线进行操作。

同一种产品可有多种结晶方法，关键要看工艺是否先进、产品一次收率哪一个更高。例如，氨基酸的产品中常用的结晶方法有等电点结晶和乙醇沉淀，此外还可以先转化成盐酸盐、醋酸盐再结晶。

一、结晶操作工艺原理

（一）结晶操作目的

1. 得到高纯度的固体颗粒

晶体是化学成分均一、排列整齐、具有一定光泽的多面体固体。晶体的自范性、各向异性和均匀性才保证了工业生产的晶体产品具有高的纯度。

2. 干燥能耗低

含水量较高的溶液（50%～80%）经过结晶后，含水量大大降低（20%左右），干燥过程中，需蒸发的水量大大降低，节省了蒸汽费用。

3. 便于保存和运输

经结晶干燥后，晶体体积大大减小，微生物不容易繁殖，贮存和运输成本大大降低。

（二）结晶操作曲线

1. 溶解度曲线

从宏观上看，当溶液中加入的固体物质不再溶解时，说明溶液达到饱和；从微观上看，晶体溶解速度等于析出晶体速度时，溶液达到饱和。此时溶解的溶质的量为该温度下的溶解度。

以温度和溶解度为坐标可绘得溶解度曲线（图 10-13Ⅰ—Ⅰ）。溶解度曲线有三种类型：温度升高溶解度增大（谷氨酸钠）；溶解度不随温度变化（氯化钠）；温度升高，溶解度降低（硫酸钠）；结晶工艺与设备的选择与溶解度曲线的类型有很大的关系。

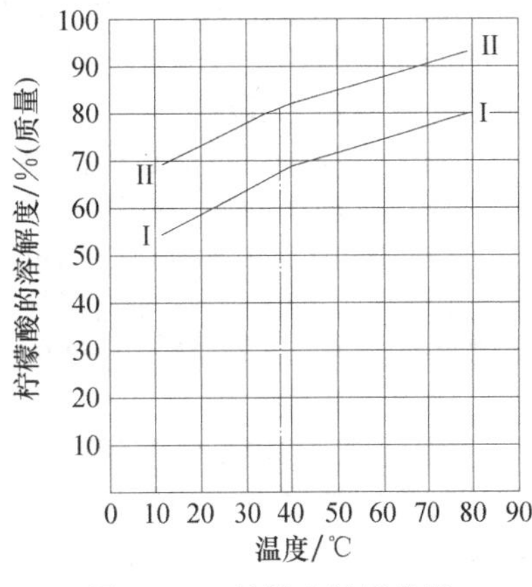

图 10-13　柠檬酸结晶曲线

2. 过饱和曲线

当用冷却方法或用移除部分溶剂的方法使溶液略微呈过饱和，通常并没有晶体析出，只有达到某种程度的过饱和状态时才会有晶体自然析出，此种状态所连成的曲线称做过饱和曲线（图 10-13Ⅱ－Ⅱ）。

过饱和曲线和溶解度曲线大致平行，两种曲线的水平距离叫做温度过饱和度，垂直距离叫做浓度过饱和度。不同溶液的过饱和度是不同的，如硝酸钠温度过饱和度为10℃，蔗糖为 25℃。

（三）操作曲线在结晶操作上的应用

1. 操作曲线的划分

结晶操作曲线的坐标系被溶解度和过饱和曲线分为稳定区、介稳区和不稳区。

溶解度曲线以下为稳定区，在该区内无论怎样操作都不会有结晶出现。

两种曲线之间区域称为介稳区，介稳区靠近过饱和曲线的区域又称为刺激起晶区，靠近溶解度曲线的区域称为养晶区。溶液处于刺激起晶区内，稍微受到热冲击或剧烈搅动就会有晶核产生，而在育晶区内，不会出现晶核，但如果有晶核存在，就会有晶体慢慢长大。

过饱和曲线以上区域称为不稳区，只要溶液进入不稳区就会有结晶产生。

2. 利用操作曲线进行结晶操作

结晶操作的开始阶段应是使溶液处于刺激起晶区或不稳区，这样才有产生晶核的可能，蒸发浓缩是最常用的提高溶液浓度的方法；对于温度与溶解度成反比的物质，可以通过升温来控制；对于温度与溶解度成正比的物质，可以通过降温来控制；对于两性电解质，可调节 pH。

晶核形成后，接下来要做的就是晶核成长为规则的、颗粒状的晶体。为了实现这一步操作，我们应该将溶液溶度维持在育晶区。这一步控制上比较关键，若操作不当进入刺激起晶区或不稳区，会有大量晶核生成，影响了晶体的大小；若进入稳定区，将不再看到晶体的长大。因此，在这里应控制好，温度的变化速度或溶液蒸发的速度。

当晶体长大到一定的大小时，应在合适的时机收获晶体。随着晶体的不断长大，母液中杂质含量不断提高，杂质本身会阻碍晶体的长大，使晶体长成的速度越来越慢；如果继续结晶下去，晶浆比也会增大，晶体与母液的分离困难，晶体还将会包裹更多的杂质，影响成品品质。

3. 成核

在一定的过饱和度下存在临界晶体半径 r_c，半径大于 r_c 的晶体生长，而半径小于 r_c 的晶体溶解消失。理论上通常将半径为 r_c 的结晶微粒定义为晶核，而将半径小于 r_c 的结晶微粒称为胚种。

晶核的产生是结晶过程的第一步，只有出现晶核，才会有晶体的长大。晶核的产生根据成核机理不同分为初级成核和二次成核。

(1) 临界晶体半径。结晶过饱和曲线的存在以及晶核能否自发产生可用临界晶体半径加以解释。从热力学理论可知，与微小液滴的饱和蒸汽压高于正常液体的饱和蒸汽压等现象的原理一样，微小晶体的溶解度高于普遍颗粒晶体的溶解度，微小晶体的半径越小，溶解度越大。

对于一个浓度低于溶解度的不饱和溶液，可通过蒸发或冷却（降温）使之浓度达到并超过相应温度下的溶解度。设此时的溶质浓度为 $c>c_s$，此时即使有微小晶体析出，如果晶体半径 $r'<r_c$，则此微小晶体的溶解度 $c'>c_s$，即该微小晶体会自动溶解。换句话说，虽然此时溶质的浓度对普通晶体是过饱和的（$c>c_s$），但对于半径为 r'（$<r_c$）的

微小晶体仍是不饱和的。设过饱和度 $\alpha=c/c_s$，α 又称过饱和系数（或过饱和度比）。用过饱和系数表示与过饱和溶液呈相平衡的微小晶体半径为：

$$r_c=\frac{2\sigma V_m}{RT\ln\alpha} \tag{10-1}$$

r_c即为此过饱和度下的临界晶体半径：$r<r_c$的晶体溶解度大于 c，自动溶解；$r>r_c$的晶体溶解度小于 c，自动生长。因此，纯净的过饱和溶液可维持在一定的过饱和度范围内无结晶析出。但是，如果向其中加入颗粒半径大于 r_c的晶体，晶体就会自动生长。这种在一定过饱和度范围内维持无结晶析出的状态就是结晶操作曲线中的介稳状态或亚稳状态。

由于 r_c随 α 的增大而降低，当 α 足够大时，r_c已非常微小，此时溶质分子（原子、离子）会合的几率又大大增加，极易形成半径大于 r_c的微小晶体。因此，当 α 超过某一特定值时，过饱和溶液中就会自发形成大量晶核，这种现象称为成核。这一特定浓度值与温度之间的关系表示在图上，即为过饱和曲线。

（2）初级成核。初级成核是过饱和溶液中的自发成核现象。由临界晶体半径的理论可知，过饱和度越大，r_c越小，就越容易自发成核，因此，初级成核可在不稳区内发生，其发生机理是胚种及溶质分子相互碰撞的结果。

在工业规模的结晶过程中，一般不应以初级成核作为晶核的来源，因为实际操作时难以控制溶液的过饱和度，使晶核的生成速率恰好适应结晶过程的需要。

（3）二次成核。过饱和度较小的介稳区内不能发生初级成核。但如果向介稳态过饱和溶液中加入晶种，就会有新的晶核产生。这种成核现象称为二次成核。工业结晶操作均在晶种的存在下进行，因此，工业结晶的成核现象通常为二次成核。

绝大多数工业结晶器中，二次成核已被认为是晶核的主要来源。其中起决定作用的两种机理为：液体剪应力成核和接触成核。①液体剪应力成核，过饱和溶液以较大流速扫过正在生长的晶体表面时，液体边界层存在剪切应力（速度差引起），将附着于晶体之上的粒子扫落，大的作为晶核生成长大，小的则溶解。因只有粒度大于临界粒度的晶粒才能生长，故这种机理的重要性有限；②接触成核（碰撞成核），晶体在与外部物体（包括另一粒晶体）碰撞时会产生大量碎片，其中较大的就是新的晶核。实际经验指出，晶核生成量与搅拌强度有直接关系。

工业结晶过程中，困难主要是晶核生成速率过高，它容易导致晶体产品的粒度及粒度分布不合格。如何降低晶核生成速率，如何消除过量产生的晶核，这是工业结晶器的结构设计和结晶操作时需要认真考虑对待的问题。

（4）伪晶。在结晶过程中已有晶体存在的条件下，突然产生的大量的晶核称为伪晶。伪晶产生时，原本晶浆清晰的溶液突然变成白色的乳浊液，出现这种现象即可判断为伪晶产生。①伪晶产生原因主要有，因溶液突然进入到不稳区，或溶液在刺激起晶区受到突然的刺激而产生大量的晶核（初级成核）；溶液中有外界杂质落入而成为晶核；晶体与搅拌桨叶轮之间剧烈地碰撞，产生的晶体碎粒引起大量晶核生成（二次成核）；设备内表面太粗糙，金属颗粒成为晶核；②伪晶的危害，导致结晶颗粒粒度大幅度减小，不能形成晶形完好的晶体；不能形成晶浆混合物，晶体与母液分离困难，甚至无法分离；即使能够分离，但不能很好的对晶体进行洗涤，晶体包裹杂质太多，未起到精制的效果；③控制伪晶产生的措施，维持稳定的过饱和度，防止结晶器在局部范围内产生过饱和度的波动，如蒸发面、冷却表面、不同浓度的两股流混合区内（如谷氨酸结晶时加酸调 pH 的酸液流附近）。限制晶体的生长速率，即不以盲目提高过饱和度的方法，达到提高产量的目的。尽可能减低晶体的机械碰撞能量及几率，长桨叶、慢搅拌是常用的方法；对溶液进行加热、过滤等预处理，以消除溶液中可能成为晶核的微粒；使符合要求的晶粒得以及时排出，而不使其在器内继续参与循环；调节原料溶液的 pH 或加入某些具有选择性的添加剂，以改变成核速率；设备内壁应光滑，晶垢要用溶解或熔融的方法清除，不能采取机械方法清除；④一旦结晶过程中出现伪晶，可以采用的消除方法有：加热熔解；加水溶解；分离。

（四）起晶方法

1. 自然起晶

使溶液蒸发而进入不稳区，自发析出晶核后，再加入稀溶液或降温进入介稳区的育晶区。

2. 刺激起晶

将溶液蒸发进入介稳区，再突然冷却进入不稳区起晶，最后控制在养育晶区慢慢长大。

3. 晶种起晶

使溶液进入介稳区，人为加入一定量、一定大小的晶种，控制在养晶区慢慢长大。

（五）晶种控制

晶种起晶是氨基酸、柠檬酸盐结晶工艺中采用较多的起晶方法，是一种比较容易控制的操作手段，可得到粒度和粒度分布较好，形状规则的晶体。主要通过控制晶种的重量和晶种的大小进行控制。

1. 晶种大小

干燥后，经筛分达不到粒度要求的晶体是制作晶种的主要原料，有时也可用母液结晶得到的纯度较低的晶体作为晶种。

晶种的大小要小于0.1mm，且大于临界晶体半径，通常可用湿式球磨机置于惰性介质（乙醇、汽油）中制得。

2. 晶种添加量

晶种加入量由产品的尺寸决定：

$$W_S = W_P(L_S^3/L_P^3) \tag{10-2}$$

式中，W——重量，kg；

L——晶粒的尺寸；

S——晶种；

P——晶体。

如果晶种为球形，其直径为 d、重度 γ，则一个晶种的重量为 $\pi\gamma d^3/6$。对于100克 $d=0.1$mm、$\gamma=2$g/cm^3 的晶种约有一亿颗颗粒。若每一颗晶种都能成长为一个晶体。则生长成1mm的晶体仅能析出100kg溶质，2mm的晶体就能析出800kg溶质，而对于2.5mm的晶体则能析出1500kg溶质。

（六）结晶方式

1. 冷却结晶

晶核产生后，将溶液缓慢冷却，维持溶液在介稳区的育晶区，晶体慢慢长大的操作方法。

2. 蒸发结晶

将稀溶液加热蒸发移除部分溶剂，使浓度达到介稳区或不稳区，添加晶种或其他方法起晶后，继续通过蒸发溶剂的方法维持溶液在介稳区的育晶区，晶体慢慢长大的操作方法。

3. 真空结晶

不外加热源，仅仅利用真空系统的抽真空作用，通过不断提高真空度，依靠溶液自身的热量，使溶液自蒸发和冷却，达到起晶和维持溶液在育晶区，晶体慢慢长大的操作方法。它和蒸发结晶的相同之处是：都有溶剂的蒸发，都需要抽真空；区别是：不需加热，温度逐渐降低。

4. 其他结晶

其他结晶包括等电点结晶、有机溶剂结晶等。等电点结晶是利用两性电解质（氨基酸、蛋白质）在等电点处溶解度最低的原理，调整溶液 pH 至等电点处，再缓慢控制晶体长大的操作方法。有机溶剂结晶是许多物质（氨基酸、抗生素）在水溶液中溶解度很大，结晶有一定的难度，但其在有机溶剂（乙醇、乙酸乙酯等）中的溶解度较低，因此，先将其水溶液浓缩到一定浓度后，加入一定倍数的有机溶剂，放置后会产生大小均一、形状规则的晶体。

（七）影响结晶操作的因素

1. 溶液浓度

结晶操作的主要控制点是将溶液浓度控制在介稳区，而临界晶体半径与溶液的过饱和度有关，过饱和度越大，产生的伪晶越稳定，这反而使得结晶效果变差。因此，在溶液浓度的控制上应控制在育晶区。既要保证一定的结晶速率，稳定的结晶质量，又要防止伪晶的产生和长大。

2. 晶浆比

晶浆比是指晶体质量与母液质量的比值，该值越大，晶浆黏度越大，流动性越差，分离越困难，晶体中的杂质就越多；该值越小，一次结晶的收率就越低，为了获得高的收率，需要对母液进行多次结晶，操作步骤增加，能耗增加。

3. 杂质浓度

微观上说，结晶过程是溶质质点在晶核表面按照一定规律排列、定位的过程。当溶液中存在杂质时，杂质质点虽然不能在晶核表面像溶质质点那样进行排列、定位，但它会阻碍溶质质点向晶核的靠拢。杂质浓度越高，这种阻碍越大，不仅降低了结晶速率和增加了晶体中的杂质含量，更有甚者会完全阻碍结晶的发生。杂质还会改变溶质的溶解度，改变晶体的晶形并会改变晶体的理化性质和生物活性（抗生素）。

4. 温度

温度对结晶的影响是比较大的。一方面，温度直接影响了溶质的溶解度和过饱和度，在进行结晶操作时，应根据结晶操作曲线进行操作，有的需要提高温度有利于结晶，有的需要降低温度有利于结晶；另一方面，溶质的结晶过程和化学反应一样需要活化能，只有超过活化能的溶质质点才能在晶核表面定植，最终长大。低于活化能的溶质质点却驻留在晶核周围，形成一层境界膜，阻碍着高能质点向晶核的靠拢。因此，提高温度可以提供更多的高能质点，有利于结晶的进行。

许多物质根据操作温度的不同，生成的晶形和结晶水会发生改变。如图 10-13 所示：柠檬酸结晶操作曲线上存在一个转折温度 36.6℃，在此温度以上结晶时，柠檬酸不带结晶水，在此温度以下结晶时，带一个分子结晶水。

冷却结晶时，降温速度应不宜过快；蒸发结晶时，温度也不宜过高。防止因过饱和度过大，而产生伪晶。

5. pH

pH 影响晶体的晶形和溶解度。两性电解质受 pH 得影响大，等电点时，溶解度最小，但有大量杂质（尤其是两性电解质）存在的条件下，等电点会发生偏移。

6. 搅拌

搅拌可以加速传质，减薄境界膜，提高晶体的生长速度并可保证晶核在溶液中悬浮运动。转速范围应在 5～20r/min，转速过低，传质效果差，生长速度太慢；转速过快，晶体容易破碎，二次成核现象严重。

7. 结晶系统的晶垢

结晶操作中常伴有结晶器壁及循环系统中产生晶垢的现象，严重影响结晶过程效率。一般可采用下述方法防止晶垢的产生或除去已产生的晶垢。

器壁内表面采用有机涂料，尽量保持壁面光滑，可防止在器壁上的二次成核现象的发生；提高结晶系统中各个部位的流体流速，并使流速分布均匀，消除低流速区；若外循环液体为过饱和溶液，应使其中含有悬浮的晶种；采用夹套保温方式防止壁面附近过饱和度过高；定期添加溶剂溶解产生的晶垢；蒸发结晶器的蒸发室壁面极易产生晶垢，可采用喷淋溶剂的方式溶解晶垢。壁上形成的晶体不可用机械方法刮除，只能用溶解或熔融法除去。

8. 有机溶剂

在不同的有机溶剂中结晶，溶质的溶解度及晶体的晶形会有很大的区别。例如，光辉霉素在醋酸戊酯中的晶形为微粒晶体，在丙酮中为长柱状晶体，在戊醇中为针状；普鲁卡因青霉素在水溶液中的晶形为方形，在醋酸丁酯中的晶形为长棒状。

9. 晶习修改剂

晶习修改剂可改变结晶行为，包括晶体外部形态（晶习）、粒度分布和促进生长速率等。因此，为促进生长速率或获得某种希望出现的晶习，可向结晶系统添加晶习修改剂。晶习修改剂的作用通常在一定浓度以上发生，具体浓度因结晶物系而异。一般认为，晶习修改剂的作用机理有两种：①不参与目标溶质的结晶，只是集中在晶体表面附近，可能导致晶体表面层发生变化，从而影响结晶行为；②不但存在于母液，而且被吸附于晶体表面，进入晶格，目标溶质与晶格连接前，必须首先替换晶面上的杂质，从而影响晶面生长速率，导致晶习的改变。

（八）结晶工艺应用举例

1. 赖氨酸结晶工艺

赖氨酸的产量仅次于谷氨酸，虽然也属于两性电解质，因其溶解度太大，一般不采取等电点结晶，而是以赖氨酸盐酸盐的结晶形式出现。其结晶方式有两种：①蒸发浓缩后的冷却结晶，发酵液经除菌和离子交换后，蒸发浓缩出去一部分水和氨离子，盐酸中和至 pH 5.0，继续蒸发浓缩至赖氨酸盐酸盐过饱和，冷却结晶至 10℃，得到赖氨酸盐酸盐一水结晶；②连续热结晶工艺，发酵液经除菌和离子交换后，蒸发浓缩出去一部分水和氨离子，盐酸中和至 pH 5.0，继续蒸发浓缩至赖氨酸盐酸盐过饱和，加入晶种后，维持 60℃以上连续结晶，可得到一水赖氨酸盐酸盐结晶，其晶体粒度小，分级分离困难。

2. 硫酸钙高温结晶工艺

有机酸（乳酸、柠檬酸、葡萄糖酸）生产工艺中，通常先得到有机酸的钙盐，再用硫酸中和生成有机酸和硫酸钙。硫酸钙在水中的溶解度极低，而且硫酸钙的溶解度随温度的升高而降低，因此，在 80℃、搅拌条件下进行中和反应，反应结束后仍维持 80℃ 3h，可得到含结晶水硫酸钙晶体微粒，通过固液分离技术就能很好地和有机酸分离，有机酸的收率高。

3. 青霉素 G 结晶工艺

青霉素 G 的澄清发酵液（pH 3.0）经乙酸丁酯萃取、水溶液（pH 7 .0）反萃取和乙酸丁酯二次萃取后，向丁酯萃取液中加入醋酸钾的乙醇溶液，即生成青霉素 G 钾盐。因青霉素 G 钾盐在乙酸丁酯中溶解度很小，故从乙酸丁酯溶液中结晶析出。控制适当的操作温度、搅拌速度以及青霉素 G 的初始浓度，可得到粒度均匀，纯度达 90%以上的青霉素 G 钾盐结晶。将青霉素 G 钾盐溶于氢氧化钾溶液中，调节 pH 至中性，加无水乙醇，进行真空共沸蒸馏操作，可获得纯度更高的结晶产品。在上述操作中，用醋酸钠代替醋酸钾，即可得到青霉素 G 钠盐。

4. 谷氨酸结晶工艺

（1）等电点结晶。氨基酸是两性电解质，在等电点附近溶解度最小。因此，等电点结晶法是分离纯化氨基酸的主要单元操作。例如，谷氨酸是目前生产量最大的氨基酸，等电点为 pH 3.22。其发酵液可不经除菌处理，直接加盐酸调节 pH 3.0～3.2，同时冷却至0～5℃，即可回收 70%以上的谷氨酸。若发酵液经除菌预处理，获得的谷氨酸结晶纯度更高。谷氨酸结晶母液中残留的谷氨酸可用离子交换法回收，或蒸发浓缩后再次结晶回收。

谷氨酸结晶晶形有 α 和 β 两种，其中 β 型为针状或粉状，晶粒微细，纯度低，不易回收，而 α 型为斜方六面晶体，纯度高、密度大、易回收，是理想的晶形。等电点结晶操作条件对谷氨酸结晶有重要影响，为获得 α 型结晶必须严格控制操作条件，如加盐酸速度、降温速度和结晶温度等。

（2）连续真空结晶。除菌体后的谷氨酸发酵液经蒸发浓缩，与结晶母液混合后调节 pH 至等电点，进入连续多级真空结晶系统，逐步提高每一级真空度，溶液缓慢蒸发，谷氨酸晶体逐渐长大。到最后一级时，溶液因自蒸发温度达到8～10℃。

分离后的母液大部分回流，使得浓缩后的发酵液被稀释到育晶区浓度，这样不会因过饱和度太大而产生大量细晶。

连续真空结晶进入结晶系统的发酵液所带入的杂质应与排出的母液中的杂质在质量上达到平衡，这样才能维持系统内的杂质浓度，保证晶体的质量和结晶速率。

二、结晶设备

结晶设备根据结晶方式的不同，工艺和结构上有所区别。根据要结晶的溶液中溶质的结晶操作曲线的不同，选用相配的结晶工艺与设备。

（一）结晶方式与工艺的选择原则

（1）温度降低，溶解度也明显减低，且沸点升高不高：采用冷却结晶或真空结晶。

（2）温度降低，溶解度明显升高或对溶解度影响不大，且热敏性不大，采用蒸发结晶。

（3）两性电解质多采用等电点结晶，或转变成其他形式的盐后，再结晶。

（4）水溶液中溶解度较大的物质，采用有机溶剂结晶。

（5）中小型规模生产，采取间歇结晶工艺；大规模生产，采取连续结晶工艺。

（二）结晶设备应具备的构造

（1）为了加速传质，减薄境界膜，保证晶核在溶液中悬浮运动，结晶器应带有搅拌装置，转速范围在5～20r/min。

（2）为了保证蒸发或降温过程的实现，控制溶液的过饱和度，结晶器应有换热装置，且换热面积和温度差应选择合适。

（3）结晶过程中，伪晶和二次成核现象发生的可能性较大，对于形成的细晶应及时除去，方法有加热、溶解、分离，这就需要相应的结构（如旋流器或喷淋器）。

（4）为了及时分离出合格晶体和排除含杂质较多的母液，连续结晶操作应带分级装置，常用的分级装置有分级腿（淘析柱）和旋液分离器。

（5）为了防止二次蒸汽夹带泡沫，减少产品的损失，蒸发结晶应在蒸发室顶部设置液沫分离器和喷淋管。

（三）冷却结晶设备

1. 螺旋槽结晶器

螺旋槽结晶器（图10-14）是一种应用十分广泛的冷却结晶器，在味精厂中作为味

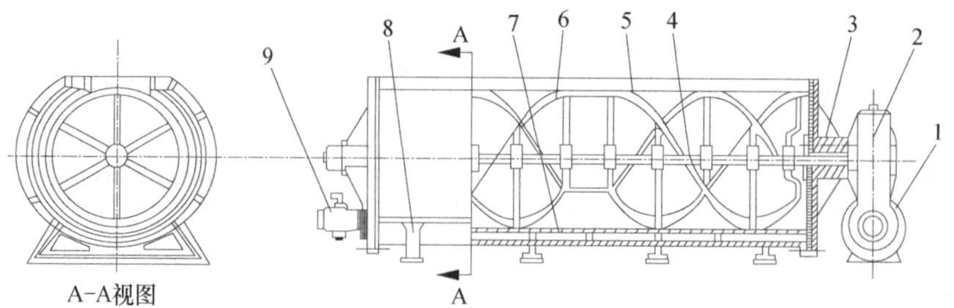

图10-14　螺旋槽结晶器

1. 电机；2. 涡轮蜗杆减速箱；3. 轴封；4. 轴；5. 左旋桨叶；6. 右旋桨叶；7. 夹套；8. 支腿；9. 排料阀

精的育晶槽用。它由U型槽中间装螺旋带构成。螺旋带转速5～10r/min，在结晶过程中作为搅拌器使用，结束后可作为卸料器，将晶体缓慢移动至出口处。换热装置通常采用夹套和冷却排管，还可以采用中空螺旋带通入制冷剂来冷却。

该结晶器适用于黏稠溶液的结晶，可获得中等程度大小，较均匀的晶体，生产量大时，可将多台设备叠置。

2. Crystal 连续循环式分级结晶器

连续循环式分级结晶器最常用的是克里斯特尔结晶器，其特点是过饱和过程与结晶过程分别在装置的两个部分进行。

如图10-15所示，饱和液与进料液一起进入循环管，通过泵经冷却器进行循环。在冷却器中，溶液被冷却至过饱和，但不能使其自发产生晶核。为此，冷却面与溶液的温差不超过2℃。过饱和溶液由中心管进入罐底折向上行。由于，设备直径由底部向上逐渐增大，故溶液的流速在由底部上行过程中速度逐渐变小，溶液中的大小不同的晶体将按沉降规律在设备内不同高度上停留。这样就对晶体进行了分级，达到产品粒度要求的晶体沉积在设备最底部，由排出管抽出；细晶无法在液流中停留于设备内，故会再次进入循环管，直到长大到一定的粒度大小。部分细晶进入分离器被分离或被溶解。

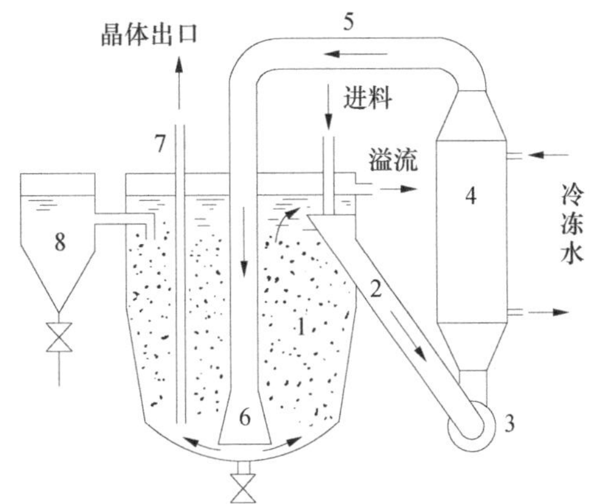

图10-15　连续冷却结晶器

1. 结晶罐；2，5. 循环管；3. 循环泵；4. 冷却器；6. 中心管；7. 出料口；8. 细晶分离器

（四）蒸发结晶设备

一些适用于有结晶析出的蒸发器都可以用作蒸发结晶设备。

1. 搅拌蒸发结晶器

搅拌蒸发结晶器（图10-16）是最简单的具有加热夹套，带底部搅拌的结晶器，采取分批操作，广泛用于味精厂味精的蒸发结晶。

搅拌器有锚式、桨式和推进式。转速控制在5～15r/min。夹套通蒸汽将溶液蒸发至过饱和，通过真空吸入晶种。采用水力喷射泵兼作冷凝和抽真空，蒸发室顶部及外部装设有惯性式和离心式液沫分离器。装设的淋水管可通入蒸汽冷凝水，有两个作用，一是清洗液沫分离器，二是溶解结晶过程产生的细晶。

2. 克里斯特尔蒸发结晶器

将克里斯特尔冷却结晶器中的冷却器换成加热器，并在结晶罐上部增加一个蒸发室，就改装成为蒸发结晶器（图10-17）。

饱和液与进料液一起进入循环管，通过泵经加热器进行循环。在加热器中，溶液温度升高，至蒸发室液面后，蒸发而达到过饱和。为防止在加热管中因沸腾而自发产生晶核，在加热管上部保持一定的液柱高度。过饱和溶液由中心管进入罐底折向上行。由于，设备直径由底部向上逐渐增大，故溶液的流速在由底部上行过程中速度逐渐变小，溶液中的大小不同的晶体将按沉降规律在设备内不同高度上停留。这样就对晶体进行了

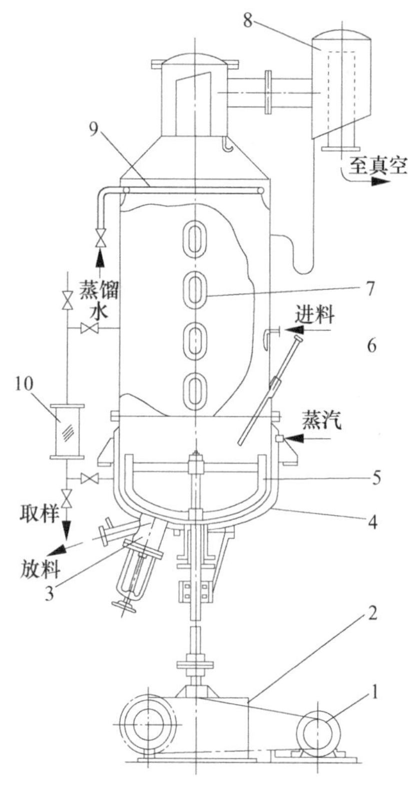

图 10-16　搅拌蒸发结晶器

1. 电机；2. 减速机；3. 放料阀；4. 夹套；5. 搅拌器；6. 温度计；7. 视镜；8. 分离器；9. 淋水管；10. 比重计

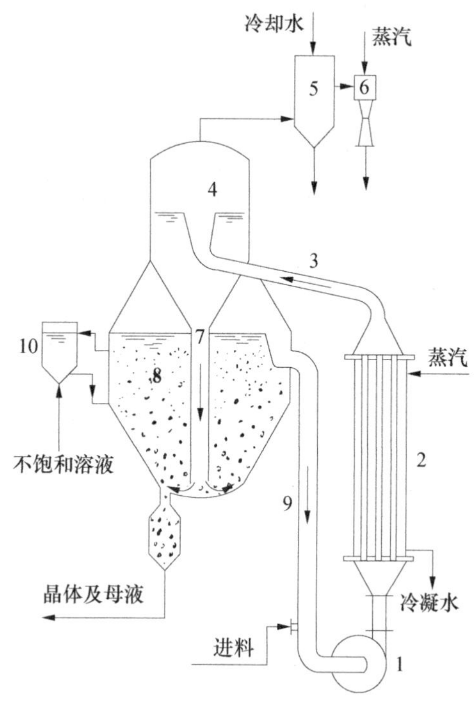

图 10-17　连续蒸发结晶器

1. 循环泵；2. 加热器；3. 循环管；4. 蒸发室；5. 冷凝器；6. 蒸汽喷射泵；7. 中央降液管；8. 晶体成长区；9. 循环管；10. 细晶溶除器

分级，达到产品粒度要求的晶体沉积在设备最底部而排出；细晶无法在液流中停留于设备内，故会再次进入循环管，直到长大到一定的粒度大小。部分细晶进入分离器被溶解后，返回设备主体。

3. 多效蒸发结晶器

为了节省蒸汽，蒸发结晶设备与蒸发设备一样可以做成多效。它的流程有顺流、逆流和错流。

（五）真空结晶设备

真空结晶器是利用料液带入的显热和所产生的结晶热在真空情况下使部分溶剂蒸发并将溶液冷却的结晶操作。常采用的压力为绝压 5～15mm 汞柱。由于在真空结晶中，沸点升高的影响比较显著。因此，在进料时，要使溶液很快地进入容器液体的表面。为了保证料液的显热，在进入前，料液先要经过预热器预热。

1. 搅拌真空结晶器

（1）间歇式。间歇式搅拌真空结晶器如图 10-18 所示。结晶器内加入溶液后，开动搅拌和真空系统，到达一定真空度后，溶液开始沸腾并逐渐冷却，到达预定温度结晶过程结束，放出晶体。

由于产生的二次蒸汽温度较低，二次蒸汽的冷凝需要更低温度的冷却水，实现起来有一定的困难，可用蒸汽喷射泵加压后再冷凝，可提高冷凝器的效果。真空发生装置可采用二级蒸汽喷射泵或汽水串联喷射泵。

这种设备生产的晶体尺寸较小，这是由于：螺旋桨的搅拌程度较激烈；浓缩液一进入溶液的液面，因闪急蒸发而引起局部过饱和变成不稳定溶液而自然产生晶核。

(2) 连续式。如图 10-19 所示，真空蒸发和真空结晶分别在两个蒸发罐和一个结晶罐中进行，同时采用预冷器冷却。

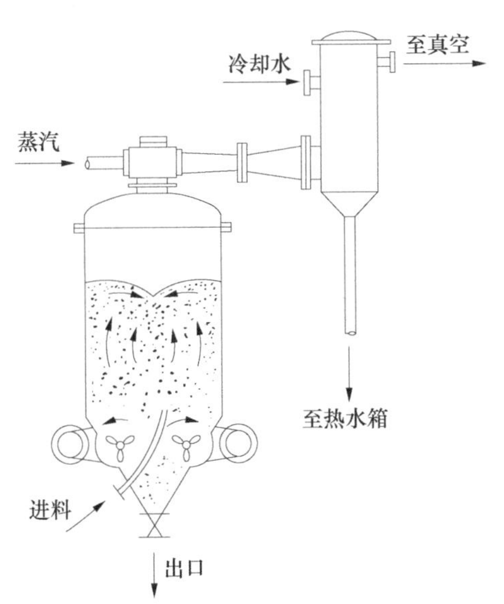

图 10-18　真空搅拌结晶器

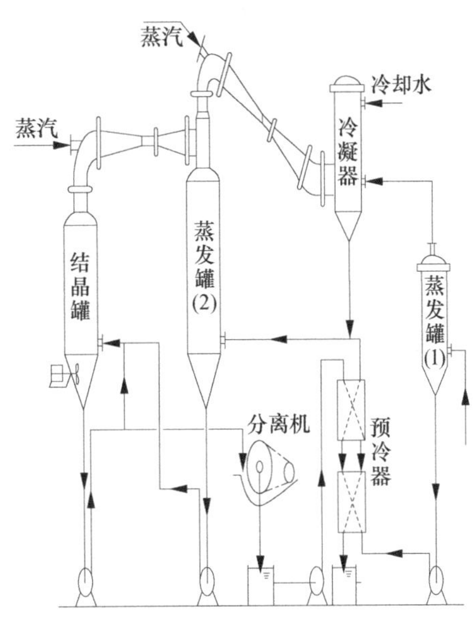

图 10-19　双蒸发连续真空结晶系统

结晶罐真空度比蒸发罐的真空度高，料液先进第一个蒸发罐，在不加外热的情况下蒸发掉一部分溶剂。泵送入预冷器，冷却介质为结晶分离后的母液。预冷后再蒸发一次，进入带搅拌的结晶罐进一步真空冷却至结晶温度。

该流程可减少闪蒸现象，冷量得到充分利用，并可连续操作。

2. 内循环式连续真空结晶器

内循环式连续真空结晶器具有中间导流筒、折流筒和分级腿，可生产大而整齐的晶体，适用于那些在母液中沉降速度大于 3mm/s 的晶粒（图 10-20）。

料液在导流筒下部加入，与循环液一起上升至液体表面。环行折流筒形成一个无搅拌的静止空间，作为晶体生长的沉降区。结晶器下部装有分级腿，通过泵循环的淡液来对晶体分级。产生的细晶通过加热器除去。

3. 多级真空结晶器

如图 10-21 所示，在水平容器中用垂直隔板将其分成若干小室，室与室之间底部连通。各室用蒸汽喷射泵造成不同的真空度并依次提高。各室底部采用空气喷管鼓泡加强沸腾作用和搅拌。

由于逐级提高真空度，所以这种形式的结晶器沸腾现象和冷却作用比较缓和，产生细晶的现象较少。

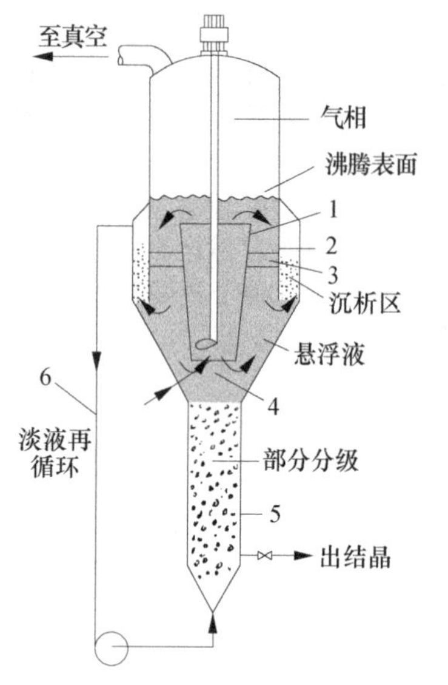

图 10-20　内循环连续真空结晶器

1. 导流筒；2. 折流筒；3. 翼片架；4. 进料口；5. 分级腿；6. 淡液再循环管

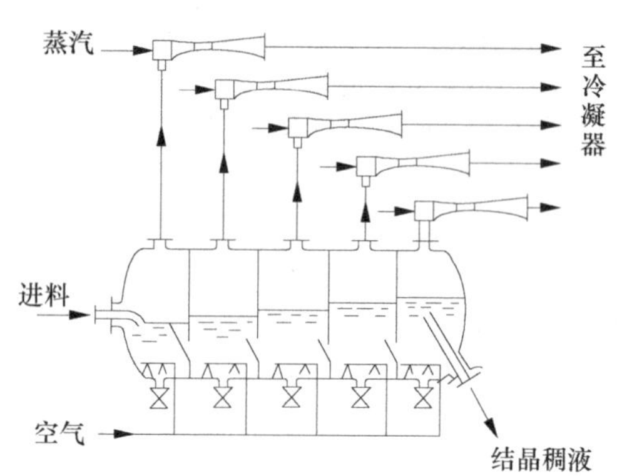

图 10-21　多级真空结晶器

第三节　干燥工艺原理与设备

干燥是利用热能使湿物料中的湿分（水或其他溶剂）汽化除去的单元操作。干燥操作往往是整个生产过程中在包装之前的最后一道工序。

干燥操作是一种热能利用率很低、能耗很高的单元操作，提高热能利用率及节能是降低产品成本，提高竞争力的关键。选择干燥工艺和设备时，除考虑它对产品品质的影响外，还应考虑它热能的利用率。

由于生物产物具有不同于一般化工产品的特殊性质和用途，在生物产物的干燥过程中必须注意到生物产物多为热敏性物质，而干燥是涉及热量传递的扩散分离过程，所以在干燥过程中必须严格控制操作温度和操作时间，要根据特定产物的热敏性，采用不使该物质热分解、着色、失活和变性的操作温度，并在最短的时间内完成干燥处理。

生物产物中的湿分多为水分，也有少数为有机溶剂的情况。为方便起见，本节仅以除去水分的干燥操作为对象。以有机溶剂为湿分的物料干燥与除水干燥原理相同，但应注意控制操作温度在有机溶剂的燃点以下。

一、干燥工艺原理

（一）干燥操作的目的

干燥的目的是：减少成品的体积，便于运输，减少运输费用及包装费用；防止成品在保存过程中变性、变质，便于长期保存；便于使用。

（二）干燥方式的分类

根据向湿物料传热的方式不同，干燥可分为传导干燥、对流干燥、辐射干燥和介电加热干燥，或者是两种以上传热方式联合作用的结果。

1. 传导干燥

载热体（如空气、水蒸气、烟道气等）不与湿物料直接接触，而是通过导热介质（如不锈钢）以传导的方式传给湿物料。因此，传导干燥又称间接加热干燥。该法热能利用率较高，干燥 1t 水，蒸汽用量为 1.4t 左右；与传热壁面接触的物料在干燥时易局部过热，不太适合生物类热敏性物料的干燥，但可用于生物工程企业中副产物（如玉米蛋白、DDGS 及活性污泥等）的干燥。

2. 对流干燥

热能以对流给热的方式由热干燥介质（通常是热空气）传给湿物料，使物料中的水分汽化，物料内部的水分以气态或液态形式扩散至物料表面，然后汽化的蒸汽从表面扩散至干燥介质主体，再由介质带走的干燥过程称为对流干燥。故对流于燥又称直接加热干燥。对流干燥的载热体同时又是载湿体。

对流干燥过程中，传热和传质同时发生。热能由干燥介质的主体，以对流方式传给固体物料的表面，然后再由物料表面传至固体的内部；而水分却由固体内部向固体表面扩散，被汽化后由固体表面扩散至气相介质的主体。传热的推动力是温度差，传质的推动力是水的浓度差，或水蒸气的分压差，传热和传质的方向相反，但密切相关。干燥介质既是热载体又是湿载体，干燥过程对于干燥介质是降温增湿的过程。

3. 辐射干燥

热能以电磁波的形式由辐射器发射至湿物料表面后，被物料所吸收转化为热能，而将水分加热汽化，达到干燥的目的。

有电能辐射器（如专供发射红外线的灯泡）和热能辐射器。红外辐射干燥比热传导干燥和对流干燥的生产强度大几十倍，且设备紧凑，干燥时间短，产品干燥均匀而洁净，但能耗大，适用于干燥表面积大而薄的物料。

4. 介电加热干燥

介电加热干燥是将需要干燥的物料置于高频电场内，利用高频电场的交变作用将湿物料加热，水分汽化，物料被干燥。

（三）湿空气的性质

由于传导干燥和对流干燥是工业中应用最多的干燥方式，传导干燥以热空气作为载湿体，对流干燥中热空气既是载热体也是载湿体，这两种干燥方式中都用到了空气，因此我们应对空气的性质有所了解。

地球上的大气是空气和水汽的混合物，因此称为湿空气。湿空气作为载湿体，初始水汽含量决定了其载湿的能力。湿空气中的水汽含量称为湿度，其定义为湿空气中水汽的质量与湿空气中干空气的质量之比，即

$$H=\frac{n_w M_w}{n_g M_g} \tag{10-3}$$

式中，M_w——水汽的相对分子质量；

M_g——空气的相对分子质量；

n_w——水汽的摩尔数；

n_g——空气的摩尔数。

设湿空气的总压为 p_t，水气分压为 p，则干空气的分压为 $p_t - p$。根据分压定律（混合气体各组分的摩尔数比等于分压之比），并设空气的相对分子质量为 29，则式（9-2）变为

$$H = \frac{18p}{29(p_t - p)} \tag{10-4}$$

所以，当总压一定时，湿度是水汽分压的函数。

若空气中的水汽分压为同温度下的饱和蒸汽压 p_s，则湿空气呈饱和状态，此时的空气湿度称为饱和湿度，用 H_s 表示

$$H_s = \frac{18p_s}{29(p_t - p_s)} \tag{10-5}$$

当空气湿度达到饱和湿度值时，不再有载湿能力。

天气预报中常用“湿度”一词。此时的湿度并非式（9-2）或式（9-3）定义的湿度，而是水汽分压与饱和蒸汽压之比，称为相对湿度，用百分数的形式表示

$$\varphi = \frac{p}{p_s} \times 100\% \tag{10-6}$$

若 $\varphi = 100\%$，则 $p = p_s$，表示空气中的水汽已达饱和，即达到该温度下的最高值。φ 值越小，距离饱和湿度越远，表示湿空气吸收水汽的能力越强，即载湿能力越大。因此，湿度 H 表示的是水汽含量的绝对值，不能直接反映空气的载湿能力，而相对湿度 φ 才能直接反映空气的载湿能力。

（四）湿物料中的水

1. 物料与水分的结合方式

物料中所含的水分大致可分为吸附水分、毛细管水分、溶胀水分和化学结合水分。

吸附水分是指湿物料的粗糙表面上附着的水分。因此，它的存在形式和液体水相同。

溶胀水分是渗透于某些生物质物料的细胞壁内的水分。

物料和水以化学方式结合存在的水分（如结晶水），这部分水分的除去，不属于干燥的范围。但有一些物料，这部分水与物料的结合力不强，在干燥过程中很容易失去。例如，带结晶水的葡萄糖和谷氨酸钠等，在干燥条件不恰当时，往往会使结晶水脱落，这是需要防止的。

多孔性物料的孔隙中借毛细管作用力所包含的水分称为毛细管水分。在干燥过程中，毛细管里的水分其存在状态有三种情况：①物料孔隙较大时，水分能通过毛细管连续转移到物料表面而被蒸发，毛细管内的水分始终保持连续状态，因此它的蒸汽压也等于与物料同温度的水的饱和蒸汽压，此种水同吸附水的情况一样。这类物料称为非吸水性物料；②孔隙很小的物料，在干燥过程中水分向表面转移时，在毛细管中不能形成连续状态，这部分水分将在物料孔隙中汽化，以蒸汽形式转移到物料表面；③孔隙极小的物料，由于毛细管力的作用，水分与物料的结合力特别强，而产生不正常的低气压，使水分的蒸汽压小于与物料同温度的纯水的饱和蒸汽压。随着干燥过程的进行，更细的毛细管中将残留一部分水分，所以水分的蒸汽压将进一步减小。这类物料称为吸水性物料。

2. 平衡水分和自由水分

在一定干燥条件下，根据在物料中所含水分能否用干燥方法除去来划分，可分成平

衡水分和自由水分两类（图 10-22）。

（1）平衡水分。如将物料与一定温度和一定相对湿度的空气接触，物料将排除水分或吸收水分，直到物料表面所产生的水蒸气压与空气中水汽分压相等，此时达到平衡，物料水分不再因与空气接触时间的延长而有所增减。此时，物料中所含的水分称为该空气状态下的平衡水分。大部分发酵产品为吸水性物料，它们的平衡水分都很高。物料的平衡水分可由实验方法测定。

平衡水分是表示在特定的空气状态下物料能被干燥的极限。在实际生产中，由于物料和空气的接触时间不可能太长，成品物料的含水率要比平衡水分高。

（2）自由水分。物料所含的水分中大于平衡水分的那部分水分称为自由水分（游离水分），它是能用干燥方法除去的水分。

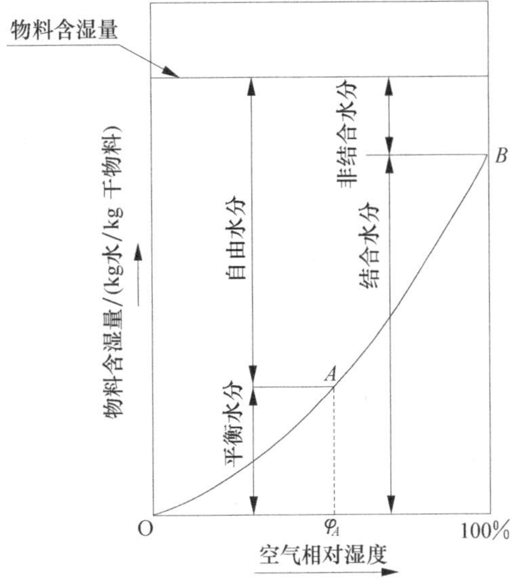

图 10-22　物料中的水分

3. 结合水和非结合水

根据物料中水分除去的难易程度划分，可以分为结合水和非结合水（图 10-22）。

结合水分包括物料细胞壁内的水分、物料内可溶固体溶液中的水分以及物料内较细毛细管内的水分等。由于这些水分与物料的结合力强，水汽到空气的扩散推动力 ΔP 小，除去较困难。

（五）干燥过程原理

干燥操作通过向湿物料提供热能促使水分蒸发，蒸发的水蒸气由气流带走或真空泵抽出，从而达到物料减湿进而干燥的目的。因此，干燥是传热和传质的复合过程，传热推动力是温度差，而传质推动力是物料表面的饱和蒸汽压与气流（通常为空气）中水汽分压之差。

1. 恒定干燥条件

如果干燥介质（热空气）的温度、湿度、流速及与物料的接触方式在整个干燥过程中保持恒定，称为恒定干燥条件。例如，大量空气干燥少量湿物料时，近似于恒定干燥条件。在恒定的条件下，可用实验方法测定物料的干燥速率。实验方法是将每个时间间隔 $\Delta\theta$ 内物料的失重 Δw 和物料表面温度 t 记录下来，直到物料重量不变为止，即达到了平衡状态，物料中残存的水分即为平衡水分。由上述实验数据可绘出如图 10-23A 的曲线，两条曲线表示物料含水率 w 和物料表面温度 t_m 与干燥时间 θ 的关系；图 10-23B 表示 w 与干燥速率 R 的关系，称为干燥特性曲线。由图可以看出，在恒定干燥条件下，物料的整个干燥过程可分成三个阶段：预热阶段、恒速干燥阶段和降速干燥阶段。

（1）预热阶段。该阶段主要对湿物料进行加热，物料温度逐步在增加，水分的蒸发量很少。

（2）恒速干燥阶段。在恒速干燥段，湿物料表面全部为非结合水所润湿。由于非结合水分与物料结合能力小，故物料表面水分汽化的速率与纯水的汽化速率相一致。这

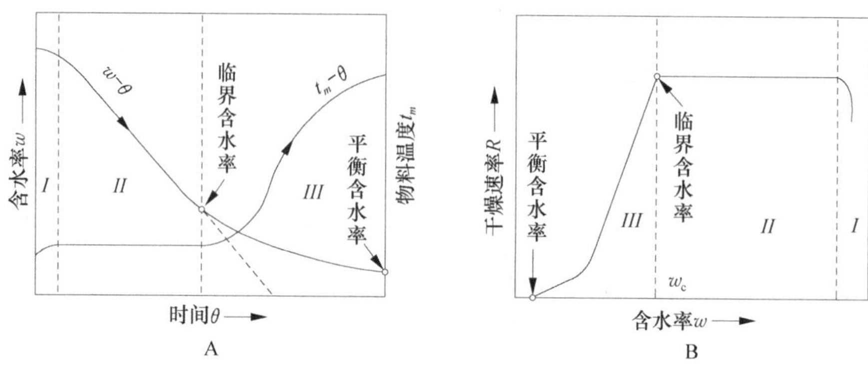

图 10-23 干燥特性曲线

样，湿物料表面的温度必为该空气状况下的湿球温度，同时由于干燥试验是在恒定的条件下进行，空气的湿度和湿含量、流速均不变，这样，空气与物料间的传热温差应为一定值，空气与物料间的传热速率也当恒定。但由于所传递的热量全部用来汽化水分，故水分汽化的速率不会改变，从而维持了物料恒速干燥的特征。

若从质量传递的基本原理来看，由于非结合水的蒸汽压与同温度下的纯水一致，在恒定干燥条件下，此蒸汽压与空气中的水蒸气分压之差，即传质推动力不变，故湿物料能以恒定的速率向空气中汽化水分。

在上述条件下，在物料表面水分汽化过程中，若湿物料内部水分向表面的扩散速率等于或大于水分的表面汽化速率，则物料表面总将维持湿润状态，物料的干燥速率也将停留在恒速干燥阶段。

恒速干燥阶段，干燥速度仅取决于物料表面水分汽化的速率，亦取决于外部的干燥条件（空气的温度、湿度和流速等），所以恒速干燥阶段又称表面汽化控制阶段，或表面蒸发阶段。

（3）降速干燥阶段。在恒速和降速干燥两个阶段的交界点称为临界点，此点的物料含水率称为临界含水率（w_c）。物料含水率降到临界含水率（w_c）后，干燥速率随着物料含水率的减少而降低，这是由于水分由物料内部向表面迁移的速度低于湿物料表面水分的汽化速率，使物料表面出现局部干燥区，因而表面温度逐渐上升。随着干燥过程的进行，干燥区将逐渐扩大。最后表面水分将完全汽化，水分的汽化面开始由物料表面向内部移动，干燥速率进一步降低，直到物料的含水率降至与外界空气达成平衡的平衡含水量。

在某些颗粒状或纤维状物料中，有很多大小不同的毛细管，其中微孔或小孔毛细管在其部分水分被干燥除去后，利用其较强的毛细管力能把大孔的水分吸过来。所以，在干燥中，一般总是大孔先干，小孔后干。在大孔部分的面积先干后，就造成了物料干燥表面的减小，这样，虽然这些毛细管水不一定产生蒸汽压的降低，但由于干燥表面积的减小而使干燥速率下降，从而进入降速干燥阶段。

总之，如果物料内部的水分能有足够的速度流向表面，及时补充被干燥的水量，则物料表面依然可以保持湿润，干燥速率也不变；若内部水分流出的速率低于物料表面的汽化速率，则将使物料温度升高，或部分表面变干，从而进入降速干燥阶段。随着物料的不断干燥，其内部水分愈来愈少，这样，水分由内部向表面传递的速率就越来越慢，干燥速率也就愈来愈小，表面物料温度则随之不断提高。

2. 非恒定干燥条件

在发酵工业中最多使用的是连续干燥器，物料在干燥器内是运动的，连续进出，与热空气的流向有并流或对流。在整个干燥器中，热空气的温度和湿度并不恒定。凡热空气状态不断变化的干燥过程称为非恒定干燥条件下的干燥。

(1) 并流干燥。干燥初期，湿物料与高温低湿空气接触，干燥速率较高，随着干燥过程的进行，干燥速率下降，在干燥末期，低湿物料与低湿空气接触，干燥速率最低。在整个过程中干燥速率的变化颇大。

(2) 对流干燥。干燥初期，湿物料与低湿空气接触，而干燥末期，低湿物料与高湿空气接触。在整个干燥过程中，干燥速率的变化较小。

并流干燥是发酵工业中最常用的干燥方法，这是因为在干燥初期表面蒸发阶段时，物料的温度始终为空气的湿球温度。当进入降速阶段，物料温度开始上升，但热空气温度已显著下降，这对热敏性产品较为有利。但是，由于干燥末期物料与热空气之间的温度差和湿度差较小，不易获得低含水率的产品。而对流干燥则相反。

(六) 干燥过程的节能方法

物料的干燥是能耗很大的单元操作。因此，降低干燥的能耗，对于降低产品的成本有重要的意义。

降低干燥过程的能耗，应考虑干燥过程的各个方面及各个环节，在保证产品收率和质量的前提下，从总体上达到最佳的节能效果。有关干燥节能的一些方法及措施如下：①应用高效能的干燥装置（如传导干燥装置），改善保温，防止热风泄漏，防止物料的过度干燥以提高物料的干燥速率和节能效果；②扩大干燥介质的种类。除热空气外，应用惰性气体、高温燃气，特别是应用过热蒸汽作为干燥介质，具有很多优点。首先过热蒸汽可循环使用（仅需冷凝排出干燥除水的蒸汽量），故热效率很高。过热蒸汽干燥物料表面没有惰性气膜，因此给热与干燥速率可有显著提高；③在恒速阶段用高气速，使物料在全混态下快速干燥。而在进入降速阶段后，则采用低气速，使物料在活塞流移动床状态下循序前进，这样不单消耗热汽少，且物料干燥程度均匀，尚可减少物料在床层内的停留时间；④在干燥前，对湿物料进行挤压或离心过滤，尽量降低物料的湿含量；⑤干燥过程中废气带走的热量占总热量支出的比例很大，降低排出废气的温度，或采用部分废气循环，则能大大提高干燥过程的热效率；⑥对废热（蒸汽冷凝水）进行回收，以及采用热泵干燥器等。

二、干燥设备

(一) 干燥设备的分类

干燥器种类繁多，按照不同的原则有不同的分类：

(1) 按照干燥方式分：传导干燥设备、对流干燥设备、辐射干燥设备和介电加热干燥设备。

(2) 按照物料是否被搅拌：搅拌式、静置式。

(3) 按照干燥器的形式：槽式、圆筒式、圆盘式、管束式、滚筒式、带式、箱式和隧道式等。

(4) 按照生产方式：间歇式、连续式。

(5) 按照物料在干燥时是否悬浮：气流式、闪蒸式、流化床式。

(二) 干燥工艺与设备的选型

选择合适的干燥器是提高产品质量，降低能耗和操作时间的关键所在。干燥器的选择与物料的性质、干燥器的特点、干燥速率以及干燥的经济性有关。干燥工艺与设备的选型原则如下。

1. 物料的性质

被干燥物料的状态和物料化学性质是决定干燥介质种类、干燥方法干燥设备的重要因素，也是决定干燥工艺的重要因素。

（1）物料的状态。根据状态，可把物料分为：溶液及泥浆状物料、冻结物料、膏糊状物料、粉粒状物料、块状物料等。状态不同所选择的设备也不同，如溶液及泥浆状物料一般只能选择喷雾干燥；膏糊状物料可供选择的设备也不多，除气流干燥和喷雾干燥外，还可选择带式、隧道式和滚筒式等，进料装置应带分散机或出料要进行粉碎；流化床干燥设备一般只能对粉状、粒状和块状的物料进行干燥，膏糊状物料需要特殊的进料装置。

（2）热敏性物料的干燥。热敏性物料不耐高温，不能长时间的受热，应选择在低温下就能干燥以及可以快速蒸发掉水分的干燥设备。例如，可使物料悬浮，受热时间短的气流干燥、喷雾干燥、流化床干燥、闪蒸干燥；可在低温下进行的真空干燥、冷冻干燥。

（3）易吸潮物料的干燥。易吸潮物料主要是一些溶解度较大或吸水性的物料，稍微吸收一点水后就出现结块、潮解。其干燥一方面在工艺上应降低传质介质-空气排出系统时的湿度，降低干燥后产品的含水率。常用方法有：进气除湿、增大空气流速、升高排气温度；另一方面要尽量与环境空气隔绝，防止水分再次被吸收。常用方法有干燥空气保护、快速真空包装。

（4）高临界含水率物料的干燥。高临界含水率物料干燥时，降速干燥阶段提前，为得到较好的干燥程度，必须延长受热时间。在工艺和设备选择上，应采用能将物料尽量分散并悬浮于热气流中，可控制受热时间和加热温度的卧式多室流化床干燥器；有时干燥器内还需设置内置式的加热器。例如，赖氨酸一水结晶干燥时，结晶水难以去除，除采用卧式多室式流化床干燥器外，还需在降速干燥段内置一个加热器。

（5）含糖量高和熔点低的物料的干燥。干燥温度若高于物料中某一组分的熔点，该组分处于熔融状态，容易导致大量物料粘在设备内壁上，影响产品的质量和收得率。干燥时，应降低加热空气的温度，设置振打装置和吹扫装置。

2. 产品的经济价值

各种产品的利润空间有很大的差别，1kg 产品的利润空间从几角钱到几百甚至上千元，在干燥设备选择上也会有所差别。利润空间大的产品如：可作为药物或者保健品的这一类活性物质，可选择投资大，运行费用高的冷冻干燥，而利润空间小的产品只能选择投资较少，运行费用相对较低的真空干燥或对流干燥设备。

3. 设备的热效率

传导干燥热效率高可到达 70%，而对流干燥只能达到 30%～35%。耐热物料的干燥可优先选择传导干燥设备。

4. 生产规模的大小

中小规模生产多采用间歇设备，大规模生产采用连续设备。

（三）气流干燥设备

1. 工艺流程

气流干燥是把含水的泥状、块状、粉粒状物料通过适当的方法使之分散到热气流中，在与热气流并流输送的同时进行干燥而获得粉粒状干燥制品的过程。如图 10-24 所示，长管式气流干燥的工艺流程及设备与气流输送的相似，也有真空和压力之分。

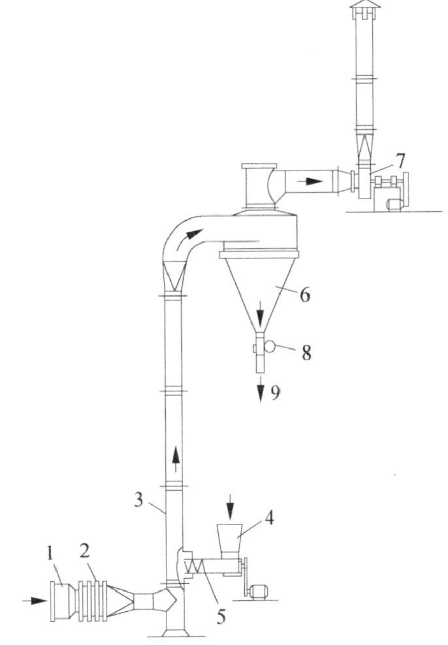

图 10-24　气流干燥流程

1. 空气过滤器；2. 预热器；3. 干燥管；4. 加料斗；5. 螺旋加料器；6. 旋风分离器；7. 风机；8. 锁气器；9. 产品出口

2. 主要部件

(1) 加热器。多采用蒸汽加热空气，当蒸汽不足以将空气温度升高到所需的温度时，可采用电加热来补偿。

(2) 加料方式。根据物料在加料前的不同状态而定。分为直接加料型、分散机型和粉碎机型。

(3) 干燥管段。竖直管段分为直管型、变径和脉冲管型。变径的目的是将在颗粒等速运动段的直径扩大，使物料与气流的相对速度加大，有利于颗粒表面气膜更新、加速传热、并使物料在干燥管内的停留时间加大。

3. 气流干燥的特点

干燥时间极短，只有几秒钟，可得到高度干燥的成品，适用于热敏性物料；适用于 0.7mm 以下，高含水率的物料，但不适于 w_c 高、降速段时间长的物料；干燥、输送、粉碎可在一个设备中完成，且有很大的装置规模；设备简单、结构紧凑，投资低、热损失小。操作稳定、便于自动化。

（四）旋转闪蒸干燥设备

1. 工艺流程

如图 10-25 所示，热空气切线进入干燥器底部，在搅拌器带动下形成强有力的旋转风场。膏状物料由螺旋加料器进入干燥器内，在高速旋转搅拌桨的强烈作用下，物料受撞击、摩擦及剪切力的作用下得到分散，块状物迅速粉碎，与热空气充分接触、受热、干燥。脱水后的干料随热气流上升，分级器将大颗料截留，小颗粒从环中心排出干燥器外，由旋风分离器和除尘器回收，未干透或大块物料受离心力作用甩向器壁，重新落到底部被粉碎干燥。

2. 主要部件

该设备的主要部件为搅拌型干燥器，干燥器本身在底部搅拌装置的作用下，对湿物料进行分散、粉碎和混合；热风切线进入干燥器，又在对物料进行干燥；依靠顶部的分级装置和离心力的作用，对物料进行分级。

3. 闪蒸干燥的特点

由于物料受到离心力、剪切、碰撞、摩擦而被微粒化呈高度分散状态，且气固两相间的相对速度差大，强化了传热传质。产生强烈的旋转气流，对器壁上物料产生强烈的

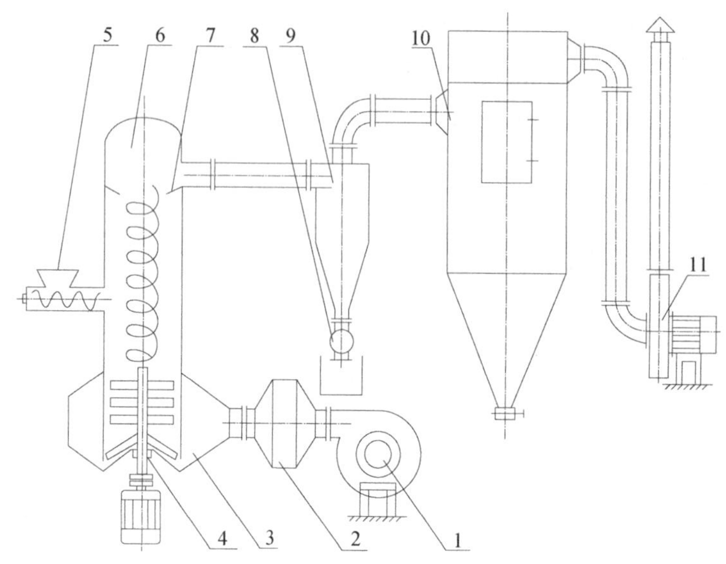

图 10-25　旋转闪蒸干燥机

1. 送风机；2. 加热器；3. 空气分配器；4. 搅拌机；5. 螺旋加料器；6. 干燥器；7. 分级器；8. 旋风分离器；9. 星形卸料器；10. 布袋除尘器；11. 引风机

冲刷、带出作用，消除沾壁。干燥室内周向气速高，物料停留时间短，达到高效、快速。干燥室上部分级器控制干燥物料的粒度和湿度。

（五）流化床干燥设备

1. 工艺原理

利用机械振动或气流的带动，使固体湿颗粒或粉末处于悬浮状态，此即流态化（流化床）状态。在悬浮状态下与热气流接触，每一颗固体物料都能与热气流充分接触，接触面积最大。湿物料中的水分吸收了热气流的热能而汽化，湿物料得以干燥。

2. 振动流化床干燥设备

振动流化床干燥器是通过振动电机使连续进入设备湿物料在筛板上处于流化床状态，增压后的空气从筛板下经加热和空气分布后与流化床状态的湿物料接触，干燥后的物料由出口端连续出料。含湿热气流由顶部排出，经回收和除尘后排空。

3. 沸腾流化床干燥设备

沸腾流化床干燥器是通过从筛板下经加热和空气分布后的热气流，使连续进入设备湿物料在筛板上被热气流吹起而处于流化床状态，流化床状态的湿物料在悬浮状态下与热气流接触而干燥。

（1）单层沸腾干燥器。单层沸腾干燥器的器身有圆柱形和圆锥形两种。立式单层筛板（图 10-26）。

为了限制未充分干燥的颗粒排出，必须增加颗粒在床层的停留时间。若限制未干燥颗粒的带出量为 0.1%，物料在床层中的停留时间为单个颗粒干燥时间的 250 倍；若限制带出量 1%，需要 25 倍时间。适用于处理量大而干燥不严格的场合。

（2）多层沸腾干燥器。如图 10-27 所示。湿物料由顶部加入上层沸腾床，经溢流管逐渐落入下层沸腾床，最后由卸料管排出。热空气由底部进入，向上通过各层后由顶部排出。

物料在干燥器内停留时间较均匀。若未干燥颗粒带出量为 0.1%，停留时间为 5 倍；带出量为 1%，停留时间为 2 倍。适用于降速干燥阶段较长或产品含水率要求低的物料。

（3）多室沸腾干燥器。如图 10-28 所示，多室沸腾干燥器外形为矩形箱式，连续操作。床层用竖向隔板分成小室，下部连通，物料依次经过各室最后经排出堰排出。该干燥器可以很好的控制物料在干燥室内的停留时间，保证干燥质量。

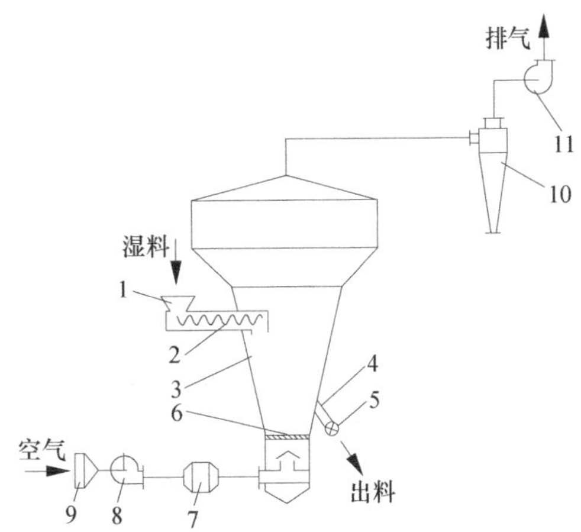

图 10-26　单层沸腾干燥器

1. 进料口；2. 螺旋输送机；3. 干燥器；4. 出料管；5. 出料阀；6. 空气分布器；7. 加热器；8. 鼓风机；9. 过滤器；10. 旋风分离器；11. 引风机

筛板下部可用不同的热风进管与每个小室相连，分别调节流量和温度。即整个干燥器可分成若干干燥段和冷却段，适应于热敏性物料的干燥。

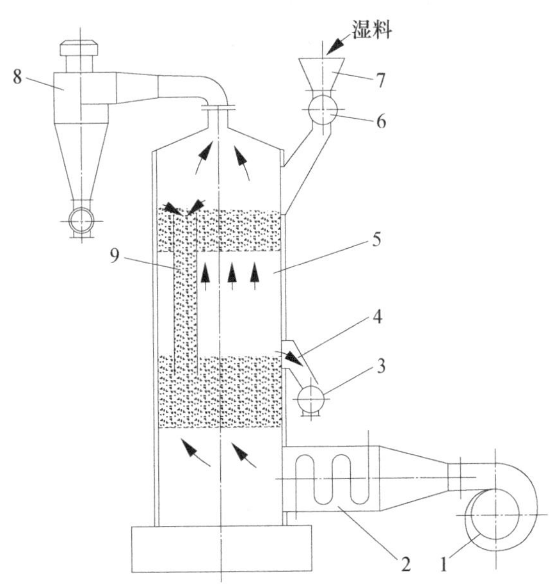

图 10-27　多层沸腾干燥器

1. 鼓风机；2. 加热器；3. 出料阀；4. 出料管 5. 干燥器；6. 进料阀；7. 进料口 8. 旋风分离器；9. 下料口

4. 沸腾干燥的特点

适用于无严重凝聚现象、颗粒直径在 30μm～6mm 范围内的湿物料；对膏糊状物料，只要经预处理和配备合适的喂料机构，也能适用；热效率高，物料在干燥器内的停留时间可任意调节；同一台设备，变更产品品种容易。设备占地面积小，生产能力大。动力消耗大，对气流速度有一定的要求，所处理的湿物料的含水率一般较低；碰撞剧烈，对于易碎物料或对表面形状、光泽有所要求的不宜采用。

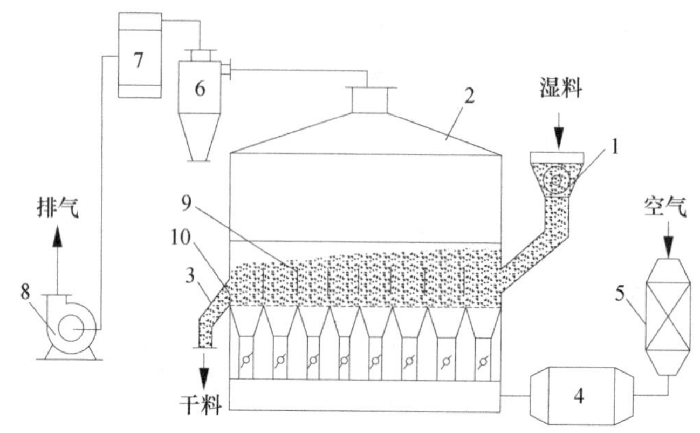

图 10-28 卧式多室沸腾干燥器

1. 加料器；2. 干燥室；3. 卸料管；4. 加热器；5. 空气过滤器；6. 旋风分离器；7. 袋滤器；8. 排风机；9. 隔板；10. 排出堰

（六）喷雾干燥设备

1. 工艺原理与流程

喷雾干燥是利用雾化器将料液（含水 50%以上的溶液、悬浮液、浆状液等）喷成雾滴分散于热气流中，使水分迅速蒸发而成为粉粒状干燥制品的一种干燥方式（图 10-29）。

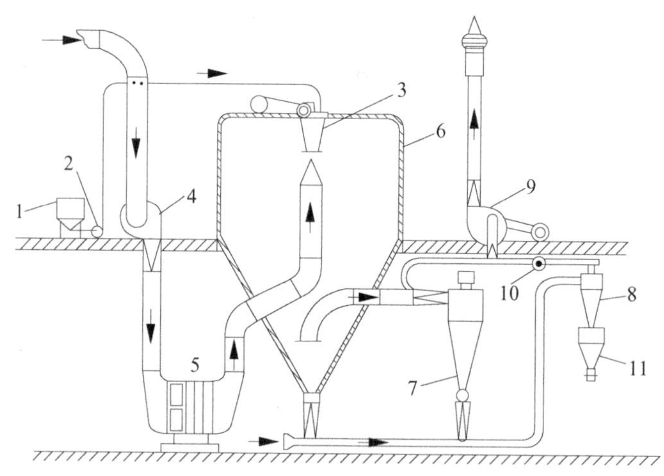

图 10-29 喷雾干燥设备与流程

1. 贮槽；2. 料泵；3. 雾化器；4. 进风口；5. 加热器；6. 干燥器；7，8. 旋风分离器；9. 排风机；10. 吸料风机；11. 贮斗

2. 主要部件

（1）雾化器。喷雾干燥的关键就是要将料液雾化，这样才能增大雾滴与热空气的接触面积，保证物料的瞬间干燥。常用的雾化器有离心式雾化器、压力雾化器和气流雾化器。

气流雾化器 压缩空气和料液分别在不同的通道内从雾化器喷嘴喷出。喷嘴出口的气流速度一般为 200～300m/s，而料液流出速度一般不超过 2m/s。两相流体之间存在很大的相对速度，由此产生的摩擦把料液拉成细长的液丝，最后断裂而形成球状雾滴。压缩空气压强越大，喷射速度也越大，雾滴也就越细。

压力雾化器　采用高压泵使液体加压到 20～200 大气压，并以一定速度沿切向进入压力雾化器的旋转室，使液体做旋转运动。液体在喷口以一叶双曲面状的液膜向外喷射。然后由于液膜的扩散拉成细丝，最后断裂成液滴。压力雾化器分成两种形式：①漩涡式：液体切向进料；②离心式：在喷嘴芯的头部开有与轴线倾斜的槽，引导液体形成旋转运动。

离心雾化器　将液体加入高速旋转的离心盘中，在离心力的作用下，液体不断被加速，在盘的外缘被高速抛出，拉成薄膜状并获得雾化。为了使雾化均匀，圆周线速度一般为 90～140m/s。

(2) 振打器和气扫。为了防止粉末在喷雾塔内粘壁，提高活性成分的回收率。可用振打器来将附在塔壁上的粉末振落；或用气扫装置来将附在塔壁上的粉末吹落。

振打器　在塔壁上设置一定数量的振打锤，各个锤依次振打塔壁以振落粉末。

气扫　由底部安装的电机、减速机、空心轴、吹气管构成。热空气从空心轴进入，由吹气管吹出。吹气管上开有许多小孔并紧贴塔壁行走。

(3) 热风分布盘。由塔顶进入的热风须经过扇形热风分布盘旋转而下，在塔内均匀分布。喷雾干燥的效果与热风分布盘的性能好坏有很大的关系，其作用主要在于：保证传热均匀，保证液滴充分干燥，减小离心喷雾塔塔径，防止粘壁现象。

3. 喷雾干燥的特点

能直接干燥溶液状态的物料使前工序简化（如可省去分离、浓缩工序），特别是对高黏度物料的浓缩；干燥时间短，温度低，适用于热敏性物料；可制得空心球状产品，溶解度很高；成品粒度小，产品收集和除尘要求高；设备庞大，占地面积大。

（七）热泵干燥设备

1. 工作原理

热泵与各种干燥装置结合组成的干燥装置称为热泵干燥装置。热泵应用于干燥过程的主要原理是利用热泵蒸发器回收干燥过程排气中的放热，经压缩升温后再加热进干燥室的空气，从而大幅度降低干燥过程的能耗。其原理示意如图 10-30 所示。

空气在干燥室、蒸发器（空气侧）、冷凝器（空气侧）及风道组成的封闭系统中循环流动，其基本工作过程如下。

空气在循环中的状态变化为：热干空气 5 进入干燥室，吸收物料的水分，自身降温加湿；出干燥室的温湿空气 6 进人蒸发器，在蒸发器中被降温析湿，变为温度较低、含水量极少的冷干空气状态［当空气被冷却到 0℃时，含水仅为约 4g(水蒸气)/kg(干空气)］，并进入冷凝器；在冷凝器中，冷干空气被加热为热干空气，再进入干燥室开始下一个循环，如此在于燥室中不断把湿物料中的水分吸走，在蒸发器中不断把水分凝结排出，从而实现湿物料的连续干燥。

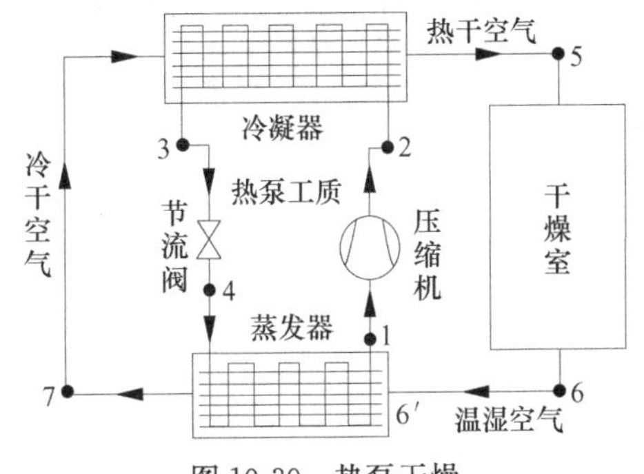

图 10-30　热泵干燥
(引自陈东，2006)

反映热泵干燥装置总体性能的主要指标是除湿能耗比 SMER（消耗单位能量所除去湿

物料中的水分量)，其定义为

$$SMER = \frac{\text{待干物料的水分去除量}}{\text{热泵干燥装置消耗的能量}} \tag{10-7}$$

式中，SMER——除湿能耗比，kg(水分)/(kWh)。

2. 主要特点

(1) 可实现低温（20～80℃）空气封闭循环干燥和无氧干燥，温度、湿度调控方便，物料干燥质量好，可满足大多数热敏物料的高质量干燥要求。

(2) 高效节能，热泵干燥装置的 SMER（消耗单位能量所除去湿物料中的水分量）通常为 1.0～4.0kg/(kW · h)，而传统对流干燥器的 SMER 为 0.2～0.6kg/(kW · h)。

(3) 可实现多功能，并可回收物料中的有用易挥发成分。

（八）微波干燥设备

1. 工作原理

工业上微波加热所用的频率为 9GHz、15GHz 和 24.5GHz，属于超高频干燥。微波干燥时，湿物料在高频电场中很快被均匀加热。由于水分的介电常数比固体物料的介电常数要大得多。当干燥到一定程度，物料内部的水分比表面多时，物料内部所吸收的电能或热能比表面多，致使物料内部的温度高于表面温度，温度梯度与水分扩散的浓度梯度方向一致，即传热和传质的方向一致。传热过程将促进物料内部水分的扩散，使干燥时间大大缩短，得到的干燥产品均匀而洁净。

2. 热泵干燥的主要特点

能适应各种形状，各种水分含量物料的干燥；低温干燥，适合热敏性物料的干燥；具有加热速度快，热效率极高，物料回收率 100%；结构紧凑，占地面积小。

思考题

1. 实现蒸发浓缩的条件是什么？真空蒸发的优缺点？
2. 蒸发浓缩的节能方法有哪些？
3. 简述沸点升高的原因及对蒸发、结晶操作的影响。
4. 简述热敏性、易结晶、高黏度物料的蒸发浓缩设备的选型原则。
5. 如何根据结晶操作曲线来控制结晶操作？
6. 用临界晶体半径来解释初级成核。
7. 结晶设备的应具有的结构和选型原则。
8. 临界含水率对干燥操作和质量的影响？
9. 干燥工艺和设备选择原则。
10. 干燥操作中的节能方法有哪些？

主要参考文献

曹军卫，马辉文. 2004. 微生物工程. 北京：科学出版社

曹译，王瑞林，张敏等. 2006. 鹿茸硫酸软骨素蛋白聚糖的分离纯化研究. 生物学杂志，23（5）：30-33

昌庆龙，刘会洲，陈家镛. 1995. 提纯工业级 α-淀粉酶：反胶团萃取的一个实际应用. 化工冶金，16（3）：229-234

陈东，谢继红. 2006. 热泵技术及其应用. 北京：化学工业出版社

陈复生，赵俊庭. 1997. 利用反胶团萃取技术同时分离植物蛋白和油脂. 食品科学，18（8）：42-46

陈洪章等. 2004. 生物过程工程与设备. 北京：化学工业出版社

陈来同. 2004. 生化工艺学. 北京：科学出版社

陈来同等. 2003. 生物化学产品制备技术. 北京：科学技术文献出版社

邓禹，堵国成，李秀芳等. 2007. 基于发酵液特性的透明质酸提取预处理工艺. 过程工程学报，7（2）：380-384

丁明玉. 2006. 现代分离方法与技术. 北京：化学工业出版社

董明，邵琼芳，李静等. 2006. 林可霉素发酵液组合连续絮凝. 化工学报，57（3）：630-635

范代娣，沈立新，米钰. 2004. 重组蛋白分离与分析. 北京：化学工业出版社

冯慧，伊德林，曾艳等. 2006. 亲和色谱法纯化抗大肠肿瘤相关抗原的单克隆抗体. 新乡医学院学报，23（6）：564-568

高孔荣，黄惠华，梁照为. 2005. 食品分离技术. 广州：华南理工大学出版社

高以烜，叶凌碧. 1989. 膜分离技术基础. 北京：科学出版社

郭勇. 2005. 现代生化技术（第二版）. 北京：科学出版社

何忠效. 2004. 生物化学实验技术. 北京：化学工业出版社

贺小贤. 2005. 现代生物工程技术导论. 北京：科学出版社

黄泓，张伟. 2003. 包含体的体外复性研究进展. 生命的化学，23（5）：397-400

黄继红，张鹰，章勤等. 2006. 无机膜分离谷氨酸菌体应用技术研究. 发酵科技通讯，35（3）：9-12

黄竹，袁勤生. 2001. 以硅胶和 Agarose 6B 为载体金属螯合亲和色谱分离纯化. 重组人 Cu，Zn-SOD 药物生物技术，8（5）：255-259

蒋维钧，余立新. 2006. 新型传质分离技术. 北京：化学工业出版社

李津，俞咏霆，董德祥. 2003. 生物制药设备和分离纯化技术. 北京：化学工业出版社

李娜. 2000. 耐污染超滤膜的研究及其耐污染特性研究. 中科院生态环境研究中心博士学位论文

李世强，王崇辉，佟明友. 2006. 1，3-丙二醇发酵液的絮凝除菌研究. 精细与专用化学品，14（16）：33-35

李淑芬，姜忠义. 2004. 高等制药分离工程. 北京：化学工业出版社

李文，柳丹，杨英歌等. 2007. 磁聚复配物对 L-乳酸发酵液的预处理研究. 食品与发酵工业，33（3）：53-56

李稳宏，吴红等. 1997. 两种醇沉方式对杜仲水提液中氯原酸含量的影响. 陕西师范大学学报（自然科学版），3：22-24

李旭祥. 2004. 分离膜制备与应用. 北京：化学工业出版社

李艳. 1999. 发酵工业概论. 北京：中国轻工业出版社

李以圭. 1981. 液液萃取过程和设备. 北京：原子能出版社

李元，陈松森，王渭池. 2002. 基因工程药物. 北京：化学工业出版社

梁捷，杨宇民. 2007. 从谷氨酸发酵液中分离菌体的方法. 环保科技，13（1）：47-48

梁世中. 2002. 生物工程设备. 北京：中国轻工业出版社

廖小雪，查丽杭，刘骁等. 2004. 吸附色谱分离麻黄生物碱的过程优化. 天然产物研究与开发，16（4）：281-285

林成招，张彦明，陈伟华等. 2003. 肝素亲和柱分离纯化乳铁蛋白. 色谱，21（4）：434

刘国诠．2003．生物工程下游技术（第二版）．北京：化学工业出版社

刘家祺．2001．分离过程与技术．天津：天津大学出版社

刘茉娥．1998．膜分离技术．北京：化工出版社

刘如林．1995．微生物工程概论．天津：南开大学出版社

刘瑞华，卫桃娥等．2007．茶皂甙纯化工艺研究．应用化工，7（1）：24-28

鲁诗锋，张代佳，修志龙．2006．1，3-丙二醇发酵液的絮凝处理及絮凝细胞的再利用．食品与发酵工业，32（9）：10-13

鲁晓翔，唐津忠．1999．CGM中醇溶蛋白的制备条件的优化．食品科学，20（7）：33-35

陆杰，王静康．1999．采用粒数衡算模型研究沉淀过程中粒子的聚结和破裂．化工学报，50（3）：303-308

陆九芳，李总成，包铁竹．1993．分离过程化学．北京：清华大学出版社

路秀玲，苏志国．2002．人血清白蛋白纯化技术研究进展．生物工程学报，18（6）：761-766

罗贵民．2003．酶工程．北京：化学工业出版社

毛忠贵．2005．生物工业下游技术．北京；中国轻工业出版社

欧阳平凯，胡永红．1999．生物分离原理及技术．北京：化学工业出版社

齐祥明，姚善泾，关怡新等．2005．一种新型蛋白质沉淀体系——加压CO_2-乙醇-水体系．化工学报，56（1）：135-141

施巧琴．2005．酶工程．北京：科学出版社

时钧，袁权，高从堦．2001．膜技术手册．北京：化学工业出版社

孙海翔，尹卓容，马美范．2002．高压均质破碎啤酒酵母细胞壁的研究．食品工业科技，2：66-67

孙彦．1998．生物分离工程．北京：化学工业出版社

孙彦．2005．生物分离工程（第二版）．北京：化学工业出版社

孙彦．2005．生物分离技术．北京：化学工业出版社

谭天伟．2007．生物分离技术．北京：化学工业出版社

陶健，毛立新等．2006．碱萃取酸等电沉淀制备荞麦蛋白．中国食品学报，6（3）：49-54

田洪涛．2007．现代发酵工艺原理与技术．北京：化学工业出版社

田亚平．2006．生化分离技术．北京：化学工业出版社

汪家鼎．2001．溶剂萃取手册．北京：化学工业出版社

汪锰，王湛，李政雄．2003．膜材料及其制备．北京：化学工业出版社

王车礼，史美仁．1997．菜籽粕脱毒提取菜籽蛋白研究进展．中国油脂，22（4）：53-57

王春雨，石建党，朱彦等．2005．染色质免疫沉淀技术在研究DNA与蛋白质相互作用中的应用．遗传，27（5）：801-807

王秋京，江连洲，鞠华伟．2007．壳聚糖对大豆蛋白发酵液的絮凝研究．大豆通报，1：21-24

王晓静，张晓涛，赵强等．2007．VB_{12}发酵液过滤特性研究及分离优化．化学工程，35（4）：30-33

王湛．2000．膜分离技术基础．北京：化学工业出版社

韦传宝，黄亚南．2007．舟山眼镜蛇毒神经生长因子的亲和色谱分离．生物学杂志，24（4）：41-44

邬敏辰，刘昱杉，李剑芳．2006．α-淀粉酶发酵液絮凝的研究．江苏食品与发酵，2：1-4

吴蕾，洪建辉，甘一如等．2001．高压匀浆破碎重组大肠杆菌提取包含体过程的研究．高校化学工程学报，15（2）：191-194

吴松刚．2004．微生物工程．北京：科学出版社

吴梧桐．2002．生物制药工艺学．长春：中国医药科技出版社

夏清．2006．化工原理（上册，下册）．天津：天津大学出版社

辛秀兰．2005．生物分离与纯化技术．北京：科学出版社

徐宝财，王媛，肖阳等．2004．反胶团萃取分离技术研究进展．日用化学工业，34（6）：390-393

徐庆阳，陈宁，方正星等．2006．金属膜对L-缬氨酸发酵液过滤的研究．天津科技大学学报，21（1）：2-4

严希康．1996．生化分离技术．上海：华东理工大学出版社

严希康．2001．生化分离工程．北京：化学工业出版社

杨翠竹，李艳，阮南等．2006．酵母细胞破壁技术研究与应用进展．食品科技，7：137-142

杨路清，张辉，张桂玲等．2007．酸化处理宁南霉素发酵液的工业化生产应用．陕西师范大学学报

（自然科学版），35（2）：33-35
姚汝华．1996．微生物工程工艺原理．广州：华南理工大学出版社
尹进，沈忠耀．2000．利用噬菌体破细胞壁分离胞内产物的展望．生物工程进展，20（6）：9-12
余龙江．2007．发酵工程原理与技术应用．北京：化学工业出版社
余喜理，张宝华，张剑秋．2002．液膜萃取技术及其应用研究进展．化学世界，（增刊）：185-186
俞建瑛，蒋宇，王善利．2005．生物化学实验技术．北京：化学工业出版社
俞俊棠，唐孝宣，邬行彦等．2003．新编生物工艺学（下册）．北京：化学工业出版社
俞俊棠，唐孝宣．2002．生物工艺学．上海：华东理工大学出版社
俞俊棠．1991．生物工艺学（上册，下册）．上海：华东理工大学出版社
袁勤生，赵健．2005．酶与酶工程．上海：华东理工大学出版社
张峻，吉伟之，陈晓云等．2002．吸附色谱法制备低聚原花青素．天然产物研究与开发，14（4）：31-33
张树．1998．酶制剂工业．北京：科学出版社
张树政．1984．酶制剂工业．北京：科学出版社
张一，杜连祥．2007．万古霉素发酵液凝聚与絮凝研究．中国抗生素杂志，32（5）：291-295
张志国．2004．应用在食品工业中的沉淀分离技术．食品研究与开发，25（2）：72-74
张志强，王云山，苏志国．2001．紫杉醇在常压反相色谱柱上的纯化．高校化学工程学报，15（1）：56-60
张志强，王云山，田桂莲等．2000．固相萃取及反相色谱分离提纯紫杉醇．药物生物技术，7（3）：157-160
甄永苏，邵荣光．2002．抗体工程药物．北京：化学工业出版社
郑领英，王学松．2000．膜技术．北京：化学工业出版社
周海东，倪晋仁，张建东等．2007．膜错流过滤对透明质酸发酵液的分级研究．膜科学与技术，27（2）：
周尽花，周春山等．2005．不同沉淀方法提取抽皮果胶的研究．中南林学院学报，10
周先碗，胡晓倩．2003．生物化学仪器分析与实验技术．北京：化学工业出版社
朱宛中，邱素梅，庄敏慧等．1996．眼用透明质酸钠制备方法的改进．生物技术通讯，1：7-10
Anand H. 2007. The effect of chemical pretreatment combined with mechanical disruption on the extent of disruption and release ofintracellular protein from *E. coli*. Biochemical Engineering Journal，35：166-173
Andrzej Heim. 2007. The effect of microorganism concentration on yeast cell disruption in a bead mill. Journal of Food Engineering，83：121-1
Anton PJM. 1995. Process-scale disruption of microorganisms. Biotechnology Advances，13（3）：491-551
Antonio AG，Matthew RB，Jaime RV，et al. 2004. 生物分离过程科学．刘铮，詹劲等译．北京：清华大学出版社
Axen R，Porath J，Ernback S. 1967. Chemical coupling of peptides and proteins to polysaccharides by means of cyanogens halides. Nature，214（95）：1302-1304
Brink LES，Romijn DJ. 1990. Reducing the protein fouling of polysulfone surfaces and fouling ultrafiltration membranes：optimization of the type of presorbed layer. Desalination，78：209-233
Cheryan M. 1986. Ultrafiltration Handbook. Basel：Technology Publishing Company，Inc
Chin Woi Ho. 2006. Efficient mechanical cell disruption of *Escherichia coli* by an ultrasonicator and recovery of intracellular hepatitis B core antigen. Process Biochemistry，41：1829-1834
Civas A，Fournet B，Coulombel C，et al. 1988. Purification and carbonhydrate structure of natural murine interferon-β. European Journal of Biochemistry，173：311-316
Cuatrecasas P，Wilchek M，Anfinsen CB. 1968. Selective enzyme purification by affinity chromatography. Proc Natl Acad Sci. USA，61：636-643
Drioli E，Criscuoli A，Curcio E. 2006. Membrane Contactors. London：Taylor& Francis Ltd
Drioli E，Giorno L. 1999. Biocatalytic Membrane Reactors. London：Taylor& Francis Ltd
Fadnavis NW，Satyavathi B，Deshpanda AA. 1997. Reversed micellar extraction of antibiotics from aqueous solutions. Biotechnology Progress，13（4）：503-505

Fane AG. 1990. Separation processes in biotechnology. New York：Asenjo Marcel Dekker Inc

Gabelman A，Hwang ST. 1999. Hollow fiber membrane contactors. Journal of Membrane Science，159：61-106

Gekas V，Hallstrom B. 1990. Microfiltration Membranes，cross-flow transport mechanism and fouling studies. Desalination，77：195-218

Gu Zhenyu，Su Zhiguo，Janson Jan-Christer. 2001. Urea gradient size-exclusion chromatography enhanced the yield of lysozyme refolding. Journal of Chromatography A，918：311-318

Kesting RE. 1971. Synthetic Polymer Membranes. New York：McGraw-Hill

Kim KJ，Fane AG，Fell CJD，Joy DC. 1992. Fouling mechanisms of membranes during protein ultrafiltration. Journal of Membrane Science，68：79-91

Kouhei Tsumoto，Daisuke Ejima，Izumi Kumagai，et al. 2003. Practical considerations in refolding proteins from inclusion bodies. Protein Expression and Purification，28：1-8

Lee SH，Ruckenstein E. 1988. Adsorption of protein onto polymeric surfaces of different hydrophilicities-A case study with bovine serum albumin. Journal of Colloid Interface Science，125：365

Li HG，Barbari TA. 1995. Performance of poly（vinly alcohol）thin-gel composite ultrafiltraiti on membranes. Journal of Membrane Science，105：71-78

Li Jing-Jing，Liu Yong-Dong，Wang Fang-Wei，et al. 2004. Hydrophobic interaction chromatography correctly refolding proteins assisted by glycerol and urea gradients. Journal of Chromatography A，1061：193-199

Librando V，Hutzinger O，Tringali G，et al. 2004. Supercritical fluid extraction of polycyclic aromatic hydrocarbons from marine sediments and soil samples. Chemosphere，54：1189-1197

Lightfoot EN，Moscariello JS. 2004. Biotechnology and Bioengineering. New York：John and Wiley Son

Liu Ben，Wenjing Li，Yiling Chang，et al. 2006. Extraction of berberine from rhizome of *Coptis chinensis* Franch using supercritical fluid extraction. Pharmaceutical and Biomedical Analysis，41（3）：1056-1060

Marion Létisse，Murielle Rozières，Abel Hiol，et al. 2006. Enrichment of EPA and DHA from sardine by supercritical fluid extraction without organic modifier. Super Fluid，38（1）：27-36

Marston FAM. 1986. The purification of eukaryotic polypeptides synthesized in *Escherichia coli*. Biochem. J，240：1-12

Masafumi Sakono，Tatsuo Maruyama，Noriho Kamiya，et al. 2004. Refolding of denatured carbonic anhydrase B by reversed micelles formulated with nonionic surfactant. Biochemical Engineering Journal，19：217-220

McDonough RM，Bauser H，Stroh N，et al. 1990. Concentration polarization and adsorption effects in crossflow ultrafiltration of proteins. Desalination，79：217-223

Muilder M. 1999. 膜技术基本原理. 李琳译. 北京：清华大学出版社

Petersen RJ. 1993. Composite RO and NF membrane. Journal of Membrane Science，83：81-150

Rautenbach R. 1998. 膜工艺-组件和装置设计基础. 王乐夫译. 北京：化学工业出版社

Stern AS，Pan YC，Urdal DL，et al. 1984. Purification to homogeneity and partial characterization of interleukin 2 from a human T-cell leukemia. Proc Natl Acad Sci. USA，81：871-875

Su CK，Chiang BH. 2003. Extration of immunoglobulin-G from colostral whey by reverse micelles. Journal of Dairy Science，86（5）：1639-1645

van Den Berg GB，Smolders CA. 1990. Flux decline in Ultrafitration Processes. Desalination，77：101-103

Vedaraman N，Srinivasakannan C，Brunner G，et al. 2005. Experimental and modeling studies on extraction of cholesterol from cow brain using supercritical carbon dioxide. Super Fluid，34：27-34

Xiao-Yan Dong，Ying Wang，Jin-Hui Shi，et al. 2002. Size exclusion chromatography with an artificial chaperone system enhanced lysozyme renaturation. Enzyme and Microbial Technology，30：792-797

Zeman LJ，Zydney AL. 1996. Microfiltration and ultrafiltration：principles and applications. New York：Marcel Dekker Inc